JISUANJI SUANFA SHEJI
YU FENXI

计算机算法设计
与分析

寇 伟　申国霞　王文霞　编著

中国水利水电出版社
www.waterpub.com.cn

内 容 提 要

本书深入浅出地介绍了计算机算法的基本理论和方法,主要内容包括算法导引、图的周游与最小支撑树算法分析、递归与分治策略分析、动态规划法的设计与分析、贪心算法的分析与优化、回溯法问题分析、分支限界法问题分析、NP 完全性分析、随机算法分析、近似算法的设计与分析、智能优化算法研究等。

图书在版编目(CIP)数据

计算机算法设计与分析 / 寇伟,申国霞,王文霞编
著. -- 北京 : 中国水利水电出版社,2014.9(2022.10重印)
ISBN 978-7-5170-2461-3

Ⅰ. ①计… Ⅱ. ①寇… ②申… ③王… Ⅲ. ①电子计
算机-算法设计②电子计算机-算法分析 Ⅳ.
①TP301.6

中国版本图书馆CIP数据核字(2014)第207482号

策划编辑:杨庆川 责任编辑:杨元泓 封面设计:崔 蕾

书 名	计算机算法设计与分析
作 者	寇 伟 申国霞 王文霞 编 著
出版发行	中国水利水电出版社
	(北京市海淀区玉渊潭南路 1 号 D 座 100038)
	网址:www. waterpub. com. cn
	E-mail:mchannel@263. net(万水)
	sales@ mwr. gov. cn
	电话:(010)68545888(营销中心)、82562819(万水)
经 售	北京科水图书销售有限公司
	电话:(010)63202643、68545874
	全国各地新华书店和相关出版物销售网点
排 版	北京鑫海胜蓝数码科技有限公司
印 刷	三河市人民印务有限公司
规 格	184mm×260mm 16 开本 19.75 印张 480 千字
版 次	2015年4月第1版 2022年10月第2次印刷
印 数	3001-4001册
定 价	69.00 元

前　言

计算机的普及极大地改变了人们的生活。目前,各行业、各领域都广泛采用了计算机信息技术,并由此产生出开发各种应用软件的需求。为了以最小的成本、最快的速度、最好的质量开发出适合各种应用需求的软件,必须遵循软件工程的原则。设计一个高效的程序不仅需要编程小技巧,更需要合理的数据组织和清晰高效的算法,这正是计算机科学领域数据结构与算法设计所研究的主要内容。

算法设计与分析是一门理论性与实践性相结合的学科,是计算机科学与计算机应用专业的核心。学习算法设计可以在分析解决问题的过程中,培养学习者抽象思维和缜密概括的能力,提高学习者的软件开发设计能力。

本书在编撰方面力求突出以下特点:

1. 力求做到难易适当、深入浅出,融会贯通;

2. 讲解理论重点、层次分明、通俗易懂;

3. 案例丰富,有利于读者掌握所学理论知识;

4. 体系完整、内容先进;

5. 取舍合理。

在学习算法设计的过程中,由于现实中的实际问题往往较复杂,需要具备丰富的领域知识、算法设计方法和技巧规范及软件工程的开发规范等综合技能。因此,需要通过一些简单、抽象的例子,对基础的算法策略进行讲解。

随着信息化时代的到来,计算机开发平台日新月异,软件应用拓展到了各个领域,各类算法和技巧层出不穷,本书只能是管中窥豹。若能达到本书的初衷——使读者能掌握到算法设计的基本方法和技巧,打好软件开发的基础,就深感满意了。

本书由寇伟、申国霞、王文霞撰写,具体分工如下:

第 5 章 ~ 第 7 章、第 10 章:寇伟(兰州职业技术学院);

第 1 章 ~ 第 4 章:申国霞(兰州职业技术学院);

第 8 章、第 9 章、第 11 章:王文霞(运城学院)。

本书在编撰过程中得到了许多同行专家的支持和帮助,在此表示衷心的感谢;编撰时参考了大量的相关著作和文献资料,选用了其中的部分内容,在此向有关作者表示由衷的感谢。

由于作者水平有限,书中错误或不当之处在所难免,热忱欢迎同行和广大读者朋友批评指正。

作　者
2014 年 6 月

目　　录

第1章　算法导引 ……………………………………………………………… 1
　1.1　算法研究的初衷 ………………………………………………………… 1
　1.2　算法与程序 ……………………………………………………………… 5
　1.3　算法的描述 ……………………………………………………………… 5
　1.4　算法设计的一般过程 …………………………………………………… 8
　1.5　算法的复杂性分析 ……………………………………………………… 9
　1.6　最优算法 ………………………………………………………………… 15
第2章　图的周游与最小支撑树算法分析 …………………………………… 19
　2.1　图的表示 ………………………………………………………………… 19
　2.2　广度优先搜索及应用 …………………………………………………… 20
　2.3　深度优先搜索及应用 …………………………………………………… 28
　2.4　计算最小支撑树的一个通用的贪心算法策略 ………………………… 38
　2.5　Kruskal 算法 …………………………………………………………… 40
　2.6　Prim 算法 ……………………………………………………………… 44
第3章　递归与分治策略分析 ………………………………………………… 49
　3.1　递归的调用与应用 ……………………………………………………… 49
　3.2　分治策略的设计思想 …………………………………………………… 54
　3.3　排序问题中的分治策略 ………………………………………………… 58
　3.4　大整数乘法 ……………………………………………………………… 63
　3.5　棋盘覆盖问题 …………………………………………………………… 64
第4章　动态规划法的设计与分析 …………………………………………… 67
　4.1　动态规划法的一般方法与求解步骤 …………………………………… 67
　4.2　最长公共子序列 ………………………………………………………… 69
　4.3　最大子段和 ……………………………………………………………… 72
　4.4　凸多边形最优三角剖分 ………………………………………………… 78
　4.5　多边形游戏 ……………………………………………………………… 81
　4.6　图像压缩 ………………………………………………………………… 83
　4.7　流水作业调度 …………………………………………………………… 86
　4.8　0/1 背包问题 …………………………………………………………… 89
　4.9　最优二叉搜索树 ………………………………………………………… 91
第5章　贪心算法的分析与优化 ……………………………………………… 95
　5.1　贪心法的概述 …………………………………………………………… 95
　5.2　哈夫曼编码 ……………………………………………………………… 97
　5.3　会场安排问题 …………………………………………………………… 101
　5.4　单源最短路径问题 ……………………………………………………… 104
　5.5　最小生成树问题 ………………………………………………………… 107
　5.6　多机调度问题 …………………………………………………………… 114
　5.7　删数字问题 ……………………………………………………………… 116
　5.8　背包问题 ………………………………………………………………… 117
第6章　回溯法问题分析 ……………………………………………………… 121
　6.1　回溯法的思想方法 ……………………………………………………… 121

6.2　n 皇后问题 ……………………………………………………… 126
6.3　图的着色问题 ………………………………………………… 130
6.4　哈密尔顿回路 ………………………………………………… 134
6.5　电路板排列问题 ……………………………………………… 137
6.6　连续邮资问题 ………………………………………………… 140
6.7　0/1 背包问题 ………………………………………………… 143
6.8　装载问题 ……………………………………………………… 149

第 7 章　分支限界法问题分析 …………………………………… 157
7.1　分支限界法的基本思想 ……………………………………… 157
7.2　旅行推销员问题 ……………………………………………… 159
7.3　单源最短路径问题 …………………………………………… 164
7.4　布线问题 ……………………………………………………… 167
7.5　0/1 背包问题 ………………………………………………… 171
7.6　装载问题 ……………………………………………………… 177

第 8 章　NP 完全性分析 ………………………………………… 189
8.1　NP 完全性理论 ……………………………………………… 189
8.2　P 类和 NP 类问题 …………………………………………… 195
8.3　多项式时间验证 ……………………………………………… 200
8.4　NP 完全性 …………………………………………………… 201
8.5　P 和 NP 语言类 ……………………………………………… 201
8.6　NP 完全语言类与 NP 完全问题 …………………………… 204

第 9 章　随机算法分析 …………………………………………… 219
9.1　随机数与数值随机化算法 …………………………………… 219
9.2　舍伍德(Sherwood)算法 …………………………………… 225
9.3　拉斯维加斯(Las Vegas)算法 ……………………………… 234
9.4　蒙特卡罗(Monte Carlo)算法 ……………………………… 240

第 10 章　近似算法的设计与分析 ……………………………… 246
10.1　近似算法的性能评价 ……………………………………… 246
10.2　顶点覆盖问题 ……………………………………………… 247
10.3　货郎担问题 ………………………………………………… 248
10.4　集合覆盖问题 ……………………………………………… 252
10.5　加权的顶点覆盖问题 ……………………………………… 255
10.6　MAX-3-SAT 问题 ………………………………………… 257
10.7　子集和问题 ………………………………………………… 258
10.8　鸿沟定理和不可近似性 …………………………………… 261

第 11 章　智能优化算法研究 …………………………………… 265
11.1　人工神经网络 ……………………………………………… 265
11.2　遗传算法 …………………………………………………… 277
11.3　粒子群优化算法 …………………………………………… 285
11.4　模拟退火算法 ……………………………………………… 289
11.5　蚁群优化算法 ……………………………………………… 294
11.6　分布估计算法 ……………………………………………… 302

参考文献 …………………………………………………………… 309

第1章 算法导引

1.1 算法研究的初衷

算法是计算机科学的重要基础,同时也是计算机科学研究中一项永恒主题。

1.1.1 算法在问题求解中的地位

Donald Knuth 曾经说过:程序就是蓝色的诗。若按照这个说法的话,那么,算法就是这首诗的灵魂。在各种计算机软件系统的实现中,算法设计往往处于核心地位。因为计算机不能分析问题并产生问题的解决方案,必须由人来分析问题,确定问题的解决方案,采用计算机能够理解的指令描述问题的求解步骤,然后让计算机执行程序最终获得问题的解。用计算机求解问题的一般过程如图 1-1 所示。

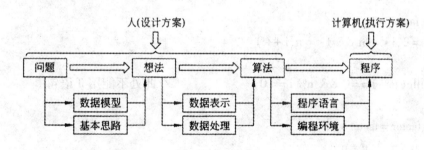

图 1-1　用计算机求解问题的一般过程

由问题到想法需要分析问题,将具体的数据模型抽象出来,形成问题求解的基本思路;由想法到算法需要完成数据表示(将数据模型存储到计算机的内存中)和数据处理(将问题求解的基本思路形成算法);由算法到程序需要将算法的操作步骤转换为某种程序设计语言对应的语句。

算法用来描述问题的解决方案,是形式化的、机械化的操作步骤。将人的想法描述成算法可以说是利用计算机解决问题的最关键的一步,也就是从计算机的角度设想计算机是如何一步一步完成这个任务的,告诉计算机需要做哪些事,按什么步骤去做。一般来说,对不同解决方案的抽象描述产生了相应的算法,而不同的算法将设计出相应的程序,这些程序的解题思路不同,复杂程度不同,解题效率也不相同。下面请看一个例子。

【例 1-1】　求两个自然数的最大公约数。

想法一:可以用短除法找出这两个自然数的所有公因子,将这些公因子相乘,结果就是这两个数的最大公约数。例如,48 和 36 的公因子有 2、2 和 3,则 48 和 36 的最大公约数是

$2 \times 2 \times 3 = 12$。

算法一:目前,只能用蛮力法逐个尝试找出两个数的公因子,可以用 $2 \sim \min\{m,n\}$ 进行枚举尝试。短除法求最大公约数的算法用伪代码描述如下。

输入:两个自然数 m 和 n

输出:m 和 n 的最大公约数

factor = 1;

循环变量 i 从 $2 \sim \text{rain}\{m,n\}$,执行下述操作;

如果 i 是 m 和 n 的公因子,则执行下述操作;

factor = factor * i:

m = m/i; n = n/i;

如果 i 不是 m 和 n 的公因子,则 i = i + 1;

输出 factor

算法实现一:程序由两层嵌套的循环组成,外层循环枚举所有可能的公因子,内层循环尝试 i 是否为 m 和 n 的公因子,重复的公因子可能是无法避免的,因此,内层循环不能用 if 语句。算法用 C++ 语言描述如下:

```
int CommFactor1( int m,int n)
{
    int i,factor = 1;
    for( i = 2;i < = m && i < = n;i ++ )
    {
        while( m% i == 0 && n% i ==0)              //此处不能用 if 语句
        {
            factor = factor * i;
            m = m/1;n = n/1;
        }
    }
    return factor;
}
```

想法二:一种效率更高的方法是欧几里得算法,其基本思想是将两个数辗转相除直到余数为 0。

算法二实现一:欧几里得算法用伪代码描述如下。

输入:两个自然数 m 和 n

输出:m 和 n 的最大公约数

m% n;

循环直到 r 等于 0

m = n;

n = r;

r = m% n;

输出 n;

算法二实现二:欧几里得算法用 C++语言描述如下:

```
int CommFactor2( int m, int n)
{
    int r = m% n;
        while( r! = 0)
        {
            m = n;
            n = r;
            r = m% n;
        }
        return n;
}
```

两种算法的比较:算法一的时间主要耗费在求余操作(m% i = =0 &&n% i = =0)上,算法二的时间主要耗费在求余操作(r = m% n)上,以 48 和 36 为例,算法一要进行 10 次求余操作,而算法二只需进行两次求余操作,也就是说,算法二比算法一的时间效率高。

需要强调的是,有些问题比较简单,其问题的解决方案非常容易得到,如果问题比较复杂,就需要更多的思考才能得到问题的解决方案。对于许多实际问题,写出一个可以正确运行的算法还不够,如果这个算法在规模较大的数据集上运行,那么运行效率就成为一个首要的问题。

1.1.2 算法训练能够提高计算思维能力

冯·诺依曼计算机是按存储程序方式进行工作的,计算机的工作过程可以看成是运行程序的过程。但是计算机不能分析问题并产生问题的解决方案,必须由人来分析问题,确定并描述问题的解决方案,因此,用计算机求解问题是建立在高度抽象的级别上,表现为采用形式化的方式描述问题,问题的求解过程是建立符号系统并对其实施变换的过程,并且变换过程是一个机械化、自动化的过程。在描述问题和求解问题的过程中,抽象思维和逻辑思维是主要的方式手段,如图 1-2 所示。

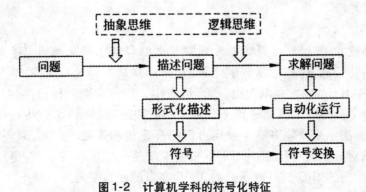

图 1-2 计算机学科的符号化特征

在 ACM/IEEE-CS 提交的 CC2005 中,将计算机专业的基本学科能力归纳为计算思维能力、算法设计与分析能力、程序设计与实现能力和系统能力,其中形式化、模型化、抽象思维与逻辑思维共同组成了计算思维。如前所述,在用计算机求解问题的过程中,最重要的环节就是将人的想法抽象为算法。算法不是问题的答案,而是经过精确定义的、用来获得答案的求解过程。算法设计过程是计算思维的具体运用,因此,算法训练就像一种思维体操,能够锻炼我们的思维,使思维变得更清晰、更有逻辑。

1.1.3　算法研究是推动计算机技术发展的关键

时间(速度)问题就是算法研究的核心。人们可能有这样的疑问:既然计算机硬件技术的发展使得计算机的性能不断提高,算法的研究还有必要吗?

计算机的功能越强大,人们就越想去尝试更复杂的问题,与此相应的,计算量也会相应地扩大。现代计算技术在计算能力和存储容量上的革命仅仅提供了计算更复杂问题的有效工具,无论硬件性能如何提高,算法研究始终是推动计算机技术发展的关键。实际上,我们不仅需要算法,而且需要"好"算法。可以肯定的是,发明(或发现)算法是一个非常有创造性和值得付出的过程。下面看几个例子。

1. 检索技术

20 世纪 50—60 年代,检索仅仅是在规模比较小的数据集合中发生。例如,编译系统中的标识符表,表中的记录个数一般在几十至数百这样的数量级。

20 世纪 70—80 年代,数据管理采用数据库技术,数据库的规模在 K 级或 M 级,检索算法的研究在这个时期取得了巨大的进展。

20 世纪 90 年代以来,Internet 引起计算机应用的急速发展,研究的热点也转向了海量数据的处理技术,而且数据驻留的存储介质、数据的存储方法以及数据的传输技术也发生了许多变化,这些变化使得检索算法的研究更为复杂也更为重要了。

近年来,智能检索技术成为基于 Web 信息检索的研究热点。使用搜索引擎进行 Web 信息检索时,一些搜索引擎前 50 个搜索结果中几乎有一半来自同一个站点的不同页面,这是检索系统缺乏智能化的一种表现。另外,在传统的 Web 信息检索服务中,信息的传输是按 Pull 模式进行的,即用户找信息。而采用 Push 方式,是信息找用户,用户想要获得自己感兴趣的信息无需进行任何信息检索,这就是智能信息推送技术。这些新技术的每一项重要进步都与算法研究的突破有关。

2. 压缩与解压缩

随着多媒体技术的发展,计算机的处理对象由原来的字符发展到图像、图形、音频、视频等多媒体数字化信息,这些信息数字化后,其特点就是数据量非常庞大。例如,音乐 CD 的采样频率是 44kHz,假定它是双声道,每声道占用 2 字节存储采样值,则 1 秒钟的音乐就需要 $44000 \times 2 \times 2 \approx 160KB$,存储一首 4 分钟长的歌曲,总计需要 $4 \times 60 \times 160 \approx 36MB$。而且,计算机总线无法承受处理多媒体数据所需的高速传输速度。因此,对多媒体数据的存储和传输都要求对数据进行压缩。MP3 压缩技术就是一个成功的压缩/解压缩算法,一个播放 3~4 分钟歌曲的 MP3 文件通常只需 3 MB 左右的磁盘空间。

3. 信息安全与数据加密

在计算机应用迅猛发展的同时,也面临着各种各样的威胁。一位酒店经理曾经描述了这样一种可能性:"如果我能破坏网络的安全性,想想你在网络上预订酒店房间所提供的信息吧!我可以得到你的名字、地址、电话号码和信用卡号码,我知道你现在的位置,将要去哪儿,何时去,我也知道你支付了多少钱,我已经得到足够的信息来盗用你的信用卡!"这种情景的确非常可怕。所以,在电子商务中,信息安全是最关键的问题,保证信息安全的一个方法就是对需要保密的数据进行加密。在这个领域,数据加密算法的研究是绝对必需的,其必要性与计算机性能的提高无关。

1.2 算法与程序

对于计算机科学来说,算法(algorithm)的概念至关重要。通俗地讲,算法是指解决问题的方法或过程。严格地讲,下述性质的指令序列是算法需要满足的。

①输入:有零个或多个外部量作为算法的输入。

②输出:算法产生至少一个量作为输出。

③确定性:组成算法的每条指令是清晰的、无歧义的。

④有限性:算法中每条指令的执行次数有限,执行每条指令的时间也有限。

程序(program)与算法有一定的差别。程序是算法用某种程序设计语言的具体实现。对于算法的性质,即有限性程序是无法满足的。例如操作系统,它是在无限循环中执行的程序,因而不是算法。然而可把操作系统的各种任务看成一些单独的问题,每一个问题由操作系统中的一个子程序通过特定的算法实现。该子程序得到输出结果后便终止。

1.3 算法的描述

要使计算机能够顺利完成人们预定的工作,设计一个算法是工作的第一步,然后再根据算法编写程序。

可以设计不同的算法来求解一个问题,同一个算法可以采用不同的形式来表述。

算法是问题的程序化解决方案。描述算法可以有多种方式,如自然语言方式、流程图方式、伪代码方式、计算机语言表示方式与表格方式等。

当一个算法使用计算机程序设计语言描述时,就是程序。本书采用 C 语言与自然语言相结合来描述算法。之所以采用 C 语言来描述算法,因为 C/C++语言功能丰富、表达能力强、使用灵活方便、应用面广,对于算法所处理的数据结构、计算过程都能够进行有效的描述,是目前计算机程序设计的首选语言。

为方便算法描述与程序设计,下面把 C 语言的基本要点作简要概括。

1. 标识符

可由字母、数字和下划线组成,标识符必须以字母或下划线开头,大小写的字母分别认为是两个不同的字符。

2. 常量

整型常量:十进制常数、八进制常数(以 o 开头的数字序列)、十六进制常数(以 ox 开头的数字序列)。

长整型常数(在数字后加字符 L)。

实型常量(浮点型常量):小数形式与指数形式。

字符常量:用单引号(撇号)括起来的一个字符,转义字符在此处也可以使用。

字符串常量:用双引号括起来的字符序列。

3. 表达式

(1)算术表达式

整型表达式:参加运算的运算量是整型量,结果也是整型数。

实型表达式:参加运算的运算量是实型量,运算过程中先转换成 double 型,结果为 double 型。

(2)逻辑表达式

用逻辑运算符连接的整型量,结果为一个整数(0 或 1),逻辑表达式可以认为是整型表达式的一种特殊形式。

(3)字位表达式

用位运算符连接的整型量,结果为整数。字位表达式可以看成是整型表达式的一种特殊形式。

(4)强制类型转换表达式

用"(类型)"运算符使表达式的类型进行强制转换,如(float)a。

(5)逗号表达式(顺序表达式)

形式为:表达式 1,表达式 2,…,表达式 n

顺序求出表达式 1,表达式 2,…,表达式 n 的值,结果为表达式 n 的值。

(6)赋值表达式

将赋值号" ="右侧表达式的值赋给赋值号左边的变量,赋值表达式的值为执行赋值后被赋值的变量的值。

(7)条件表达式

形式为:逻辑表达式? 表达式 1: 表达式 2

逻辑表达式的值若为非 0(真),则条件表达式的值等于表达式 1 的值;若逻辑表达式的值为 0(假),则条件表达式的值等于表达式 2 的值。

(8)指针表达式

对指针类型的数据进行运算。例如 p − 2、p1 − p2、&a 等(其中 p、p1、p2 均已定义为指针变量),结果为指针类型。

以上各种表达式可以包含有关的运算符,也可以是不包含任何运算符的初等量。例如,常数是算术表达式的最简单的形式。

表达式后加";",即为表达式语句。

4. 数据定义

对程序中用到的所有变量都需要进行定义,对数据要定义其数据类型,其存储类别也需要指定。

（1）数据类型标识符

int（整型），short（短整型），long（长整型），unsigned（无符号型），char（字符型），float（单精度实型），double（双精度实型），struct（结构体名），union（共用体名）。

（2）存储类别

auto（自动得），static（静态的），register（寄存器的），extern（外部的）。

变量定义形式：存储类别 数据类型 变量表列

如：static float x, y

5. 函数定义

存储类别 数据类型 ＜函数名＞（形参表列）

｛函数体｝

6. 分支结构

（1）单分支

if（表达式）＜语句1＞［else＜语句2＞］

功能：如果表达式的值为非0（真），则执行语句1；否则（为0，即假），执行语句2。所列语句可以是单个语句，也可以是用｛｝界定的若干个语句。多分支的实现可通过if嵌套的应用来表现。

（2）多分支

switch（表达式）

｛case 常量表达式1：＜语句1＞

case 常量表达式2：＜语句2＞

…

case 常量表达式n：＜语句n＞

default：＜语句n+1＞

｝

功能：取表达式1时，执行语句1；取表达式2时，执行语句2；…，其他所有情形，执行语句n+1。

case 常量表达式的值必须互不相同。

7. 循环结构

（1）while循环

while（表达式）语句

功能：表达式的值为非0（条件为真），执行指定语句（可以是复合语句）。直到表达式的值为0（假）时，脱离循环。

特点：先判断，后执行。

（2）do-while循环

do 语句

while（表达式）

功能：执行指定语句，判断表达式的值非0（真），再执行语句；直到表达式的值为0（假）

时,循环才会结束。

特点:先执行,后判断。

(3)for 循环

for(表达式 1;表达式 2;表达式 3)语句

功能:解表达式 1;求表达 2 的值:若非 0(真),则执行语句;求表达式 3;再求表达式 2 的值;……;直至表达式 2 的值为 0(假)时,脱离循环。

以上三种循环,若执行到 break 语句,提前终止循环。若执行到 continue,结束本次循环,跳转下一次循环判定。

需要注意的是,在不致引起误解的前提下,有时对描述的 C 语句进行适当简写或配合汉字标注,用以简化算法框架描述。

例如,从键盘输入整数 n,按 C 语言的键盘输入函数应写为:

scanf("% d",&n);

可简写为:scanf(n);

或简写为:输入整数 n;

要输出整数量 $a(1),a(2),\cdots,a(n)$,按 C 语言的输出函数应写为:

for(k = 1;k < = n;k ++)

printf("% d",a[k]);

可简写为:printf(a(1) - a(n));

或简写为:输出 a(1 - n);

1.4　算法设计的一般过程

算法是问题的解决方案,这个解决方案本身并不是问题的答案,而是能获得答案的指令序列。不言而喻,由于实际问题千奇百怪,问题求解的方法也就各不相同,所以,算法的设计过程是一个充满智慧的灵活过程,它要求设计人员根据实际情况具体问题具体分析。在设计算法时,遵循图 1-3 所示的一般过程可以在一定程度上指导算法的设计。

1. 理解问题

对于待求解的问题,首先搞清楚求解的目标是什么,已经给出了哪些已知信息、显式条件或隐含条件,计算结果的表达应当使用哪种形式的数据来对其进行表达。准确地理解算法的输入是什么,明确要求算法做的是什么,即明确算法的入口和出口,这是设计算法的切入点。如果没有全面、准确和认真地分析问题,结果往往是事倍功半,造成不必要的反复,甚至留下严重隐患。

2. 选择算法设计技术

算法设计技术是本书讨论的主题。算法设计技术(algorithm design technique,也称算法设计策略)是设计算法的一般性方法,

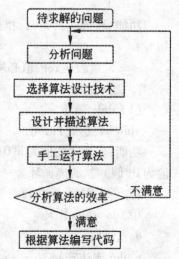

图 1-3　算法设计的一般过程

不同计算领域的多种问题都可以用其进行解决。本书讨论的算法设计技术是已经被证明对算法设计非常有用的通用技术,这些算法设计技术构成了一组强有力的工具,在为新问题(即没有令人满意的已知算法可以解决的问题)设计算法时,可以运用这些技术设计出新的算法。

3. 设计并描述算法

在构思和设计了一个算法之后,将所设计的求解步骤记录下来必须进行清晰准确的记录,即描述算法。常用的描述算法的方法有自然语言、流程图、程序设计语言和伪代码等,其中伪代码是比较合适的描述算法的方法。本书采用 C++ 语言和自然语言相结合的伪代码来描述算法,并且几乎所有算法都采用程序设计语言给出了算法实现。

4. 手工运行算法

由计算机无法检测出逻辑错误,因为计算机只会执行程序,而不会理解动机。经验和研究都表明,发现算法(或程序)中的逻辑错误的重要方法就是手工运行算法,即跟踪算法。跟踪者要像计算机一样,用一个具体的输入实例手工执行算法,并且这个输入实例要最大可能地暴露算法中的错误。即使有几十年经验的高级软件工程师,也经常利用此方法查找算法中的逻辑错误。

5. 分析算法的效率

算法效率体现在两个方面:时间效率和空间效率,时间效率显示了算法运行得有多快,空间效率则显示了算法需要多少额外的存储空间,相比而言,算法的时间效率是我们关注的重点。事实上,计算机的所有应用问题,包括计算机自身的发展,都是围绕着"时间——速度"这样一个中心进行的。一般来说,一个好的算法首先应该是比同类算法的时间效率高,算法的时间效率用时间复杂性来度量。

6. 实现算法

现代计算机技术还不能将伪代码形式的算法直接"输入"进计算机中,而需要把算法转变为特定程序设计语言编写的程序。在把算法转变为程序的过程中,虽然现代编译器提供了代码优化功能,然而一些技巧还是会被用到,例如,在循环之外计算循环中的不变式、合并公共子表达式、用开销低的操作代替开销高的操作等。一般来说,这样的优化对算法速度的影响是一个常数因子,程序可能会提高 10% ~50% 的速度。

需要强调的是,一个好算法是反复努力和重新修正才会得到的,即使得到了一个貌似完美的算法,它也还是有改进的空间的,换言之,需要不断重复上述问题求解的一般过程,直到算法满足预定的目标要求。

1.5　算法的复杂性分析

算法复杂性的是由运行该算法所需计算机资源的多少来体现的。算法的复杂性越高,所需的计算机资源越多;反之,算法的复杂性越低,所需的计算机资源越少。

计算机资源,最重要的是时间资源与空间资源。因此,算法的复杂性有时间复杂性与空间复杂性之分。需要计算机时间资源的量称为时间复杂度,需要计算机空间资源的量称为空间复杂度。算法的效率是由时间复杂度和空间复杂度来体现的。

算法分析是指对算法的执行时间与所需空间的估算,定量给出运行算法所需的时间数量级与空间数量级。

1.5.1　时间复杂度

算法是解决问题的方法,一个问题可以有多种解决方法,不同的算法有不同的优缺点。如何对算法进行比较呢?算法可以比较的方面很多,如易读性、健壮性、可维护性、可扩展性等,但这些都不是最关键的方面,算法的核心和灵魂是效率,也就是解决问题的速度。试想,一个需要运行很多年才能给出正确结果的算法,就是其他方面的性能再好,也是一个不实用的算法。

算法的时间复杂性(time complexity)分析是一种事前分析估算的方法,它是对算法所消耗资源的一种渐进分析方法。忽略具体机器、编程语言和编译器的影响就是所谓的渐进分析,渐进分析只关注在输入规模增大时算法运行时间的增长趋势。渐进分析的好处是大大降低了算法分析的难度,是从数量级的角度评价算法的效率。

1. 输入规模与基本语句

刨除和计算机软硬件有关的因素,输入规模可以说是影响算法时间代价的最主要因素。输入规模(input scale)是指输入量的多少,一般来说,它可以从问题描述中得到。例如,找出100 以内的所有素数。输入规模是 100;对一个具有 n 个整数的数组进行排序,输入规模是 n。一个显而易见的事实是:几乎所有的算法,对于规模更大的输入都需要运行更长的时间。例如,需要更多时间来对更大的数组排序,更大的矩阵转置需要更长的时间。所以运行算法所需要的时间 T 是输入规模 n 的函数,记作 $T(n)$。

通常情况下,要精确地表示算法的运行时间函数很困难,即使能够给出,也可能是个相当复杂的函数,函数的求解本身也是相当复杂的。考虑到算法分析的主要目的在于比较求解同一个问题的不同算法的效率,为了客观地反映一个算法的运行时间,可以用算法中基本语句的执行次数来度量算法的工作量。基本语句(basic statement)是执行次数与整个算法的执行次数成正比的语句,基本语句对算法运行时间的贡献最大,是算法中最重要的操作。

【例1-2】　对如下顺序查找算法,请找出输入规模和基本语句。

```
inc seqsearch(int A[ ],int n,int k)          //在数组 A[n]中查找值为 k 的记录
{
    for( int i = 0;i < n;i ++ )
      if( A[i] == k )break;
    if ( i == n )return 0;                   //查找失败,返回失败的标志 0
    else return(i + 1);                      //查找成功,返回记录的序号
}
```

解: 算法运行时间是循环语句的主要消耗,循环的执行次数取决于待查找记录个数 n 和待查值 k 在数组中的位置,每执行一次 for 循环,都要执行一次元素比较操作。因此,输入规模是待查找的记录个数 n,基本语句是比较操作(A[i] == k)。

【例1-3】　对如下起泡排序算法,请找 m 输入规模和基本语句。

```
void BubbleSort(int r[ ],int n)
{
```

```
int bound,exchange = n - 1;              //第一趟起泡排序的区间是[0, n - 1]
while(exchange! - 0)                      //当上一趟排序有记录交换时
{
    bound = exchange;exchange = 0;
    for(int j = 0;j < bound;j ++ )        //一趟起泡排序区间是[0, bound]
        if(r[j] > r[j + 1])
        {
            int temp = r[j];r[j] = r[j + 1];r[j + 1] = temp;  //交换记录
            exchange = j;                 //记载每一次记录交换的位置
        }
}
```

解:算法由两层嵌套的循环组成,每一趟待排序区间的长度决定了内层循环的执行次数,也就是待排序记录个数,外层循环的终止条件是在一趟排序过程中没有交换记录的操作,是否有交换记录的操作取决于相邻两个元素的比较结果,也就是说,每执行一次 for 循环,都要执行一次比较操作,而交换记录的操作却不一定执行。因此,输入规模是待排序的记录个数 n,基本语句是比较操作($r[j] > r[j + 1]$)。

【例1-4】 下列算法实现将两个升序序列合并成一个升序序列,请找出输入规模和基本语句。

```
void Union(int A[ ],int n,int B[ ],int m,int C[ ])   //合并 A[n] 和 B[m]
{
    int i = 0,j = 0;k = 0;
    while(i < n && j < m)
    {
        if(A[i] <= B[j]) c[k ++ ] = A[i ++ ];         //A[i]与 B[j]中较小者存入 c[k]
        else c[k ++ ] = B[j ++ ];
    }
    while(i < n) c[k ++ ]A[i ++ ];                     //收尾处理,序列 A 中还有剩余记录
    while(j < m) c[k ++ ] = B[j ++ ];                  //收尾处理,序列 B 中还有剩余记录
}
```

解:算法由三个并列的循环组成,三个循环将序列 A 和 B 扫描一遍,因此,两个序列的长度 n 和 m 就是输入规模。第 1 个循环根据比较结果决定执行两个赋值语句中的一个,因此,可以将比较操作($A[i] <= B[j]$)作为基本语句,第 2 个循环的基本语句是赋值操作($C[k ++] = A[i ++]$),第 3 个循环的基本语句是赋值操作($C[k ++] = B[j ++]$)。

2. 算法的渐进分析

算法的渐进分析不是从时间量上度量算法的运行效率,而是度量算法运行时间的增长趋势。也就是说,只考察当输入规模充分大时,算法中基本语句的执行次数在渐近意义下的阶,通常使用大 O(读做大欧)符号表示。

若存在两个正的常数 c 和 n_0，对于任意 $n \geq n_0$，都有 $T(n) \leq c \times f(n)$，则称 $T(n) = O(f(n))$（或称算法在 $O(f(n))$ 中）。

增长率的上限可通过大 O 符号来描述，表示 $T(n)$ 的增长最多像 $f(n)$ 增长的那样快，这个上限的阶越低，结果就越有价值。大 O 符号的含义如图 1-4 所示，为了说明这个定义，将问题的输入规模 n 扩展为实数。

需要注意的是，前面介绍的内容表明了对于函数 $f(n)$ 来说，可能存在多个函数 $T(n)$，使得 $T(n) = O(f(n))$，换言之，$O(f(n))$ 实际上是一个函数集合，这个函数集合具有同样的增长趋势，$T(n)$ 只是这个集合中的一个函数。而且对于常量 c 和 n_0 的特定值的选择前面介绍的内容给出了很大的自由度，例如，下列推导都是合理的：

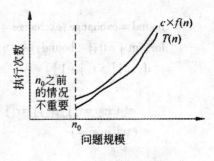

图 1-4 大 O 的符号含义

【例 1-5】 分析例 1-4 中合并算法的时间复杂性。

解：假设在退出第 1 个循环后 i 的值为 n，j 的值为 m'，说明序列 A 处理完毕，第 2 个循环将不执行，则第 1 个循环的时间复杂性为 $O(n + m')$，第 3 个循环的时间复杂性为 $O(m - m')$，因此，算法的时间复杂性为 $O(n + m' + m - m') = O(n + m)$；假设在退出第 1 个循环后 j 的值为 m，i 的值为 n'，说明序列 B 处理完毕，第 3 个循环将不执行，则第 1 个循环的时间复杂性为 $O(n' + m)$，第 2 个循环的时间复杂性为 $O(n' - n)$，因此，算法的时间复杂性为 $O(n' + m + n - n') = O(n + m)$。综上，三个循环将序列 A 和 B 分别扫描一遍，算法的时间复杂性为 $O(n + m)$。

3. 最好、最坏和平均情况

有些算法的时间代价是由问题的输入规模决定的，而与输入的具体数据没有直接关系。例如，例 1-4 的合并算法对于任意两个有序序列，算法的时间复杂性都是 $O(n + m)$。但是，对于某些算法，即使输入规模相同，如果输入数据不同，其时间代价也不相同。

【例 1-6】 分析中顺序查找算法的时间复杂性。

解：顺序查找从第一个元素开始，依次比较每一个元素，直至找到 k，而一旦找到了 k，算法计算也就结束了。如果数组的第一个元素恰好就是 k，算法只要比较一个元素就行了，这是最好情况，时间复杂性为 $O(1)$；如果数组的最后一个元素是 k，算法就要比较 n 个元素，这是最坏情况，时间复杂性为 $O(n)$；如果在数组中查找不同的元素，假设数据是等概率分布的，则

$$\sum_{i=1}^{n} p_i c_i = \frac{1}{n} \sum_{i=1}^{n} i = \frac{n+1}{2} = O(n)$$

，即平均要比较大约一半的元素，这是平均情况，时间复杂性和最坏情况同数量级。

一般来说，最好情况（best case）不能作为算法性能的代表，因为发生的概率微乎其微，对于条件的考虑太乐观了。但是，当最好情况出现的概率较大的时候，最好的情况也应该对其进行分析。

分析最坏情况（worst case）有一个好处：可以知道算法的运行时间最坏能坏到什么程度，这一点在实时系统中尤其重要。

通常需要分析平均情况（average case）的时间代价，特别是算法要处理不同的输入时，但它要求已知输入数据是如何分布的，也就是考虑各种情况发生的概率，然后根据这些概率计算

出算法效率的期望值(这里指的是加权平均值),因此,平均情况分析比最坏情况分析更困难。通常假设是等概率分布,这也是在没有其他额外信息时能够进行的唯一可能假设。

4. 非递归算法的时间复杂性分析

从算法是否递归调用的角度,算法可以进一步划分为非递归算法和递归算法。对非递归算法时间复杂性的分析,关键是建立一个代表算法运行时间的求和表达式,然后用渐进符号表示这个求和表达式。

【例1-7】 分析起泡排序算法的时间复杂性。

解:起泡排序算法的基本语句是比较操作,其执行次数由排序的趟数来具体决定。最好情况下,待排序记录序列为升序,算法只执行一趟,进行了 $n-1$ 次比较,时间复杂性为 $O(n)$。最坏情况下,待排序记录序列为降序,每趟排序在无序序列中只有一个最大的记录被交换到最终位置,算法执行 $n-1$ 趟,第 $i(1 \leqslant i < n)$ 趟排序执行了 $n-i$ 次比较,则记录的比较次数为 $\sum_{i=1}^{n-1}(n-i) = \dfrac{n(n-1)}{2}$,时间复杂性为 $O(n^2)$。

在平均情况中,初始序列中逆序的个数是需要考虑的方面。设 $a_1, a_2, \cdots, a_n$ 是集合 $\{1, 2, \cdots, n\}$ 的一个排列,如果 $i < j$ 且 $a_i > a_j$,则序偶 (a_i, a_j) 称为该排列的一个逆序(inverse order)。例如,2,3,1 有两个逆序:(3,1) 和 (2,1)。为了确定相邻的两个记录是否需要交换,必须对这两个记录进行比较,因此,初始序列中逆序的个数,也就是记录比较次数的下界。n 个记录共有 $n!$ 种排列,所有排列中逆序的平均个数,就是算法所需平均比较次数的下界。

例如,集合 $\{1, 2, 3\}$ 有 3! = 6 种排列:123(0)、132(1)、213(1)、231(2)、312(2) 和 321(3),括号中是每种排列的逆序个数。令 $S(k)$ 表示逆序个数为 k 的排列数目,则有:$S(0) = 1$、$S(1) = 2$、$S(2) = 2$ 和 $S(3) = 1$。令 $\mathrm{mean}(n)$ 表示 n 个元素的所有排列中逆序的平均个数,则

$$\mathrm{mean}(3) = \frac{1}{3!}[S(0) \times 1 + S(1) \times 1 + S(2) \times 2 + S(3) \times 3] = 1.5$$

对于 n 个记录的所有初始排列,最好情况下,逆序的个数是 0,最坏情况下,逆序的个数是 $n(n-1)/2$,其余所有排列,逆序的个数在这二者之间。Donald Kunth 对逆序的分布规律做了大量的研究,得出了下面的式子:

$$\mathrm{mean}(n) = \frac{1}{n!} \sum_{k=0}^{n(n-1)/2} S(k) \times k = \sum_{k=1}^{n} \frac{k-1}{2} = \frac{1}{4}n(n-1)$$

因此,平均情况下,起泡排序的时间复杂性是 $O(n^2)$,与最坏情况同数量级。

非递归算法分析进行的步骤为:

①确定问题的输入规模。在大多数情况下,输入规模的确定还是比较容易实现的,可以从问题的描述中得到。

②找出算法中的基本语句。算法中执行次数最多的语句就是基本语句,通常是最内层循环的循环体。

③检查基本语句的执行次数和输入规模是否存在依赖关系。如果基本语句的执行次数还依赖于其他一些特性(如数据的初始分布),则需要分别研究最好情况、最坏情况和平均情况的效率。

④建立基本语句执行次数的求和表达式。计算基本语句的执行次数,通常是建立一个代

表算法运行时间的求和表达式。

⑤用渐进符号表示这个求和表达式。计算基本语句执行次数的数量级,用大 O 符号来描述算法增长率的上限。

5. 递归算法的时间复杂性分析

对递归算法时间复杂性的分析,关键是根据递归过程建立递推关系式,然后再将这个递推关系式求解出即可。扩展递归(extended recursion)是一种常用的求解递推关系式的基本技术,扩展就是将递推关系式中等式右边的项根据递推式进行替换,扩展后的项被再次扩展,依此下去,会得到一个求和表达式,然后就可以借助于求和技术了。

【例1-8】 使用扩展递归技术分析下面递推式的时间复杂性。

$$T(n) = \begin{cases} 7 & n = 1 \\ 2T(n/2) + 5n^2 & n > 1 \end{cases}$$

解: 为了简单起见,假定 $n = 2^k$。将递推式像下面这样扩展:

$$T(n) = 2T(n/2) + 5n^2 = 2(2T(n/4) + 5(n/2)^2) + 5n^2$$
$$= 2(2(2T(n/8) + 5(n/4)^2) + 5(n/2)^2) + 5n^2$$
$$\vdots$$
$$= 2^k T(1) + 2^{k-1} \times 5\left(\frac{n}{2^{k-1}}\right)^2 + \cdots + 2 \times 5\left(\frac{n}{2}\right)^2 + 5n^2$$

最后这个表达式可以使用如下的求和表示:

$$T(n) = 7n + 5\sum_{i=0}^{k-1}\left(\frac{n}{2^i}\right)^2 = 7n + 5n^2\left(2 - \frac{1}{2^{k-1}}\right) = 10n^2 - 3n \leq 10n^2 = O(n^2)$$

本质上来说,递归算法是一种分而治之的方法,它能够把复杂问题分解为若干个简单问题来求解,递归算法通常满足如下通用分治递推式:

$$T(n) = \begin{cases} c & n = 1 \\ aT(n/b) + cn^k & n > 1 \end{cases}$$

其中 a, b, c 和 k 都是常数。这个递推式描述了大小为 n 的原问题分解为若干个大小为 n/b 的子问题,其中 a 个子问题需要求解,cn^k 是合并各个子问题的解需要的工作量。

设 $T(n)$ 是一个非递减函数,且满足通用分治递推式,则有如下结果成立:

$$T(n) = \begin{cases} O(n^{\log_b a}) & a > b^k \\ O(n^k \log_b n) & a = b^k \\ O(n^k) & a < b^k \end{cases}$$

证明:下面使用扩展递归技术对通用分治递推式进行推导,并假定 $n = b^m$。

这个求和是一个几何级数,其值是由比率 $r = \dfrac{b^k}{a}$ 来决定的,注意到 $a^m = a^{\log_b n} = n^{\log_b a}$,则有以下三种情况:

① $r < 1:\sum_{i=0}^{m} r^i < \dfrac{1}{1-r}$, 由于 $a^m = n^{\log_b a}$,所以 $T(n) = O(n^{\log_b a})$。

② $r = 1:\sum_{i=0}^{m} r^i = m + 1 = \log_b n + 1$, 由于 $a^m = a^{\log_b n} = n^{\log_b a}$,所以 $T(n) = O(n^k \log_b n)$。

③ $r > 1$: $\sum\limits_{i=0}^{m} r^i = \dfrac{r^{m+1}-1}{r-1} = O(r^m)$, $T(n) = O(a^m r^m) = O(b^{km}) = O(n^k)$。

1.5.2 空间复杂度

算法的空间复杂度是指算法运行的存储空间,是实现算法所需的内存空间的大小。

通常情况下,固定空间需求与可变空间需求两部分共同组成了一个程序运行所需的存储空间。固定空间需求包括程序代码、常量与结构变量等所占的空间。可变空间需求包括数组元素所占的空间与运行递归所需的系统栈空间等。

通常用算法设置的变量(数组)所占内存单元的数量级来定义该算法的空间复杂度。

如果一个算法占的内存空间很大,即使其时间复杂度很低,在实际应用时该算法实现起来难度也是相当大的几乎是无法实现的。

先看以下 3 个算法的变量设置:

①int x,y,z;
②#define N 1000
int k,j,a[N],b[2 * N];
③#define N 100
int k,j,a[N],b[10 * N];

其中①设置三个简单变量,占用三个内存单元,其空间复杂度为 $O(1)$。

②设置两个简单变量与两个一维数组,占用 $3n+2$ 个内存单元,显然其空间复杂度为 $O(n)$。

③设置两个简单变量与一个二维数组,占用 $10n^2+2$ 个内存单元,显然其空间复杂度为 $O(n^2)$。

由上可见,二维或三维数组是空间复杂度高的主要因素之一。在算法设计时,为降低空间复杂度,高维数组要尽量避免。

空间复杂度与前面时间复杂度概念相同,其分析相对比较简单,在以下论述某一算法时,如果其空间复杂度不高,不至于因所占有的内存空间而影响算法实现时,通常不涉及对该算法的空间复杂度讨论。

1.6 最优算法

算法是问题的解决方法,针对一个问题可以设计出不同的算法,不同算法的时间复杂性也可能存在一定的差异。能否确定某个算法是求解该问题的最优算法?是否还存在更有效的算法?如果我们能够知道一个问题的计算复杂性下界,也就是求解该问题的任何算法(包括尚未发现的算法)所需的时间下界,就可以较准确地评价解决该问题的各种算法的效率,进而确定已有的算法还有多少改进的余地。

1.6.1 问题的计算复杂性下界

求解这个问题所需的最少工作量就是该问题的计算复杂性下界,求解该问题的任何算法的时间复杂性都不会低于这个下界,通常采用大 Ω(读做大欧米伽)符号来分析某个问题或某类算法的时间下界。例如,已经证明基于比较的排序算法的时间下界为 $\Omega(n\log_2 n)$,那么,不存在基于比较的排序算法,其时间复杂性小于 $O(n\log_2 n)$。

如果存在两个正的常数 c 和 n_0 的话,对于任意 $n \geqslant n_0$,都有 $T(n) \geqslant c \times g(n)$,则称 $T(n) = \Omega(g(n))$(或称算法在 $\Omega g(n)$ 中)。

大 Ω 符号用来描述增长率的下限,表示 $T(n)$ 的增长至少像 $f(n)$ 增长的那样快。与大 O 符号对称,这个下限的阶越高,相应的,结果就越有价值。大 Ω 符号的含义如图 1-5 所示。

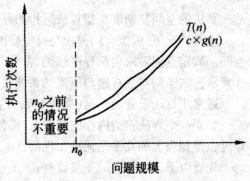

图 1-5　大 Ω 符号的含义

对于任何待求解的问题,如果能找到一个尽可能大的函数 $g(n)$(n 为输入规模),使得求解该问题的所有算法都可以在 $\Omega(g(n))$ 的时间内完成,则函数 $g(n)$ 就是该问题的计算复杂性下界(lowerbound)。如果已经知道一个和下界的效率类型相同的算法,则称该下界是紧密(closed)的。

通常情况下,大 Ω 符号与大 O 符号配合以证明某问题的一个特定算法是该问题的最优算法,或是该问题中的某算法类中的最优算法。一般情况下,如果能够证明某问题的时间下界是 $\Omega(g(n))$,那么,对以时间 $O(g(n))$ 来求解该问题的任何算法,都认为是求解该问题的最优算法(optimal algorithm)。

【例 1-9】　如下算法实现在一个数组中求最小值元素,证明该算法是最优算法。

```
int ArrayMin(int a[ ],int n)
{
    int min = a[0];
    for(int i = 1;i < n;i ++ )
        if(a[i] < min) min = a[i];
    return min;
}
```

证明: 在这个算法中,需要进行的比较操作共计 $n-1$ 次,其时间复杂性是 $O(n)$。下面证明对于任何 n 个整数,求最小值元素至少需要进行 $n-1$ 次比较,即该问题的时间下界是 $\Omega(n)$。

将 n 个整数划分为三个动态的集合 A、B 和 C,其中 A 为未知元素的集合,B 为已经确定不是最小元素的集合,C 是最小元素的集合,任何一个通过比较求最小值元素的算法都要从三个集合为 $(n,0,0)$(即 $|A| = n$,$|B| = 0$,$|C| = 0$)的初始状态开始,经过运行,最终到达 $(0,n-1,1)$ 的完成状态,如图 1-6 所示。

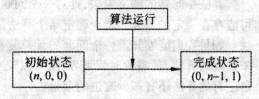

图 1-6　通过比较求最小值元素的算法

从本质上看来,这个过程是将元素从集合 A 向 B 和 C 移动的过程,但每次比较,至多能把一个较大的元素从集合 A 移向集合 B,因此,任何求最小值算法至少要进行 $n-1$ 次比较,其时间下界是 $\Omega(n)$。所以,算法 ArrayMin 是最优算法。

确定和证明某个问题的计算复杂性下界的确定和证明难度都相当的大,因为这涉及求解该问题的所有算法,而枚举所有可能的算法并加以分析,显然是不可能的。事实上,存在大量问题,它们的下界是不清楚的,大多数已知的下界要么是平凡的,要么是在忽略某些基本运算(如算术运算)的意义上,应用某种计算模型(如判定树模型)推导出来的。

1.6.2 平凡下界

确定一个问题的计算复杂性下界的简单方法是,对问题的输入中必须要处理的元素进行计数,同时,对必须要输出的元素进行计数。因为任何算法至少要"读取"所有要处理的元素,并"写出"它的全部输出,这种计数方法产生的是一个平凡下界(ordinary lower bound)。例如,任何生成 n 个不同元素的所有排列对象的算法必定属于 $\Omega(n!)$,因为输出的规模是 $n!$;计算两个 n 阶矩阵乘积的算法必定属于 $\Omega(n^2)$,因为算法必须处理两个输入矩阵中的 n^2 个元素,并输出乘积中的 n^2 个元素。

无需借助任何计算模型或进行复杂的数学运算,平凡下界即可推导出来,但是平凡下界往往过小而意义不大。例如,TSP 问题的平凡下界是 $\Omega(n^2)$,因为对于 n 个城市的 TSP 问题,问题的输入是 $n(n-1)/2$ 个距离,问题的输出是构成最优回路的 $n+1$ 个城市的序列,但是,这个平凡下界是没有任何实际意义的,因为 TSP 问题至今还没有找到一个多项式时间算法。

1.6.3 判定树模型

许多算法的工作方式都是对输入元素进行比较,例如排序和查找算法,因此可以用判定树来研究这些算法的时间性能。判定树(decision tree)是满足如下条件的二叉树:

① 每一个内部结点都和一个形如 $x \leq y$ 的比较保持对应关系,如果关系成立,则控制转移到该结点的左子树,否则,控制转移到该结点的右子树;

② 每一个叶子结点表示问题的一个结果。在用判定树模型建立问题的时间下界时,通常求解问题的所有算术运算都会被忽略,只考虑执行分支的转移次数。

需要注意的是,判定树中叶子结点的个数可能大于问题的输出个数,因为对于某些算法,不同的比较路径可得到的输出是相同的。但是,判定树中叶子结点的个数必须至少和可能的输出一样多。对于一个问题规模为 n 的输入,算法可以沿着判定树中一条从根结点到叶子结点的路径来完成,比较次数等于路径中经过的边的个数。

【例 1-10】 用判定树模型求解排序问题的时间下界。

解: 基于比较的排序算法是通过对输入元素两两比较进行的,可以用判定树来描述完整的比较过程。例如,对三个元素进行排序的判定树如图 1-7 所示,判定树中每一个内部结点代表一次比较,每一个叶子结点表示算法的一个输出。显然,最坏情况下的时间复杂性不超过判定树的高度。

由判定树模型不难看出,可以把排序算法的输出解释为对一个待排序序列的下标求一种排列,这样一来序列中的元素就会按照升序进行排列。例如,待排序序列是 $\{a_1, a_2, a_3\}$,则下标的一个排列 321 使得输出满足 $a_3 < a_2 < a_1$,且该输出对应判定树中一个叶子结点。因此,将一个具有 n 个元素的序列排序后,可能的输出有 $n!$ 个。也就是说,判定树的叶子结点至少有

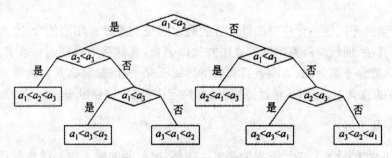

图 1-7　对三个数进行排序的判定树

n! 个。至少具有 n! 个叶子结点的判定树,其高度是 $\Omega(n\log_2 n)$,所以,基于比较的排序算法的时间下界是 $\Omega(n\log_2 n)$。因此,如果一个基于比较的排序算法的时间复杂性是 $O(n\log_2 n)$,就认为它是基于比较的排序算法中的最优算法。

第 2 章 图的周游与最小支撑树算法分析

2.1 图的表示

一个无向图 $G(V,E)$ 由两个集合组成,一个是顶点的集合 V,另一个是边的集合 E。集合 E 里的一条边就是无序的一对顶点。一个有向图可以类似地定义,其差别在于,有向图中的每条边都是有方向的,即对应于有序的一对顶点。这里我们仅讨论简单图(simple graph)的表示,也就是说图中没有平行边和自回路。图 2-1(a) 为无向图的例子,图 2-1(b) 为有向图的例子。

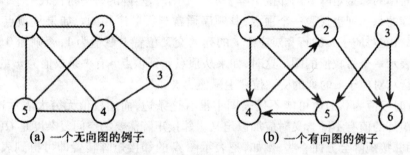

(a) 一个无向图的例子   (b) 一个有向图的例子

图 2-1　无向图和有向图的例子

在计算机里,我们通常用邻接表或邻接矩阵来表示一个无向图或有向图。

2.1.1　邻接表

图 2-2 给出了用邻接表来表示图 2-1 中无向图和有向图的例子。在邻接表中,对每一个顶点 u,我们用一个链表把所有与 u 相邻的顶点串起来。与 u 相邻的顶点的集合记为 $Adj(u)$。如果这个图 $G(V,E)$ 是有向图,则 $Adj(u)$ 中的每个元素是从 u 开始的一条有向边的另一端的顶点,即 $Adj(u) = \{v \mid (u,v) \in E\}$。例如,在图 2-1(b) 中,$Adj(u) = \{6\}$。我们称 $Adj(u)$ 中的顶点为 u 的邻居或前向邻居。有时,我们想知道谁是 u 的后向邻居,即有边指向 u 的那些点。我们把它们记为集合 $Adj^-(u)$,即 $Adj^-(u) = \{w \mid (w,u) \in E\}$。显然,从顶点 u 的链表中,我们可以找到所有 $Adj(u)$ 中的顶点,但找不到 $Adj^-(u)$ 中的点。如果要方便地找出 $Adj^-(u)$ 中的点,有一个办法是构造一个辅助图 G^T,称为图 G 的转置图(transpose graph)。G^T 是把图 G 中的每一条边的方向取反而得到的。显然,图 G^T 中的 $Adj(u)$ 就是图 G 中的 $Adj^-(u)$,反之亦然。对于无向图来讲,前向邻居和后向邻居是同一个集合。$Adj(u)$ 中的顶点在 u 的链表中的顺序可任意,或根据应用问题的需要而定。造好每个顶点的链表后,把这些链表的头用一个数组组织起来就是这个图的邻接表。邻接表需要的空间复杂度是 $O(n+m)$。这里,$n = |V|$ 是顶点的个数,$m = |E|$ 是边的个数。

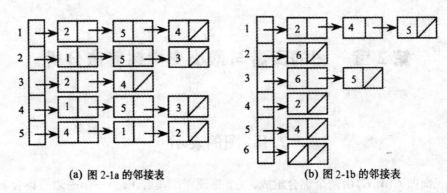

(a) 图 2-1a 的邻接表   (b) 图 2-1b 的邻接表

图 2-2   无向图和有向图的邻接表示例

2.1.2   邻接矩阵

邻接矩阵是另一种常用的图的表示法。图 2-3(a)和图 2-3(b)分别给出了表示图 2-1 中无向图和有向图的邻接矩阵。用邻接矩阵表示一个图时,矩阵的每一行代表一个顶点,其顺序可任意。矩阵的每一列也代表一个顶点,其顺序通常与行顺序相同。如果从顶点 u 到顶点 v 有一条边,那么在对应于 u 的行和对应于 v 的列的交叉位置上赋值为 1,否则为 0。邻接矩阵还可以用来表示一个带权值的图。这时,如果从顶点 u 到顶点 v 有一条权值为 w 的边,那么在对应于 u 的行和对应于 v 的列的交叉位置上赋值为 w。

注意,有时权值为 0 的边可能不代表图中没有这条边,而用权值无穷大表示这条边不存在,所以,当矩阵的值有不同含义时应加以定义。邻接矩阵需要的空间复杂度是 $O(n^2)$。在某些情况下,用邻接矩阵会方便一些,例如,把表示图 G 的邻接矩阵转置即可得到表示图 G^T 的邻接矩阵。

	1	2	3	4	5
1	0	1	0	1	1
2	1	0	1	0	1
3	0	1	0	1	0
4	1	0	1	0	1
5	1	1	0	1	0

	1	2	3	4	5	6
1	0	1	0	1	1	0
2	0	0	0	0	0	1
3	0	0	0	0	1	1
4	0	1	0	0	0	0
5	0	0	0	1	0	0
6	0	0	0	0	0	0

(a) 表示图 8-1a 的邻接矩阵   (b) 表示图 8-1b 的邻接矩阵

图 2-3   表示图 2-1 中两图的邻接矩阵

2.2   广度优先搜索及应用

设图 G 的初始状态是所有顶点均未访问过。以 G 中任选一顶点 v 为起点,则广度优先搜索定义如下:

首先访问出发点 v,接着依次访问 v 的所有邻接点 $w_1, w_2, \cdots, w_t$,然后再依次访问与 w_1,

$w_2, \cdots, w_t$ 邻接的所有未曾访问过的顶点。依此类推,直至图中所有和起点 v 有路径相通的顶点都已访问到为止。此时从 v 开始的搜索过程结束。

若 G 是连通图,则一次就能搜索完所有结点;否则,在图 G 中另选一个尚未访问的顶点作为新源点继续上述的搜索过程,直至 G 中所有顶点均已被访问为止。

2.2.1　算法思路与框架

1. 算法的基本思路

此算法主要用于解决在显式图中寻找某一方案的问题,解决问题的方法就是通过搜索图的过程中进行相应的操作,从而解决问题。由于在搜索过程中一般不能确定问题的解,只有在搜索结束后,才能得出问题的解。这样在搜索过程中,有一个重要操作就是记录当前找到的解决问题的方案。

算法设计的基本步骤为:

①确定图的存储方式;

②设计图搜索过程中的操作,其中包括为输出问题解而进行的存储操作;

③输出问题的结论。

2. 算法框架

从广度优先搜索定义可以看出活结点的扩展是按先来先处理的原则进行的,所以在算法中要用"队"来存储每个 E - 结点扩展出的活结点。

为了算法的简洁,抽象地定义:

Queue:队列类型;

InitQueue( ):队列初始化函数;

EnQueue(Q,k):入队函数;

QueueEmpty(Q):判断队空函数;

DeQueue(Q):出队函数。

在实际应用中根据操作的方便性,用数组或链表实现队列。

在广度优先扩展结点时,一个结点可能多次作为扩展对象,这是需要避免的。一般开辟数组 visited 记录图中结点被搜索的情况。

在算法框架中以输出结点值表示"访问",具体应用中可根据实际问题进行相应的操作。

(1)邻接表表示图的广度优先搜索算法

```
// n 为结点个数,数组元素的初值均置为 0
int visited[n];
bfs(int k, graph head[ ])
{
    int i;
    //队列初始化
    queue Q;
    edgenode * p;
```

```
//队列初始化
InitQueue(Q);
//访问源点 vk
print("visit vertex",k);
visited[k] = 1;
//vk 已经访问,将其入队
EnQueue(Q,k);
//队非空则执行
while(not QueueEmpty(Q))
{
// vi 出队为 E - 结点
i = DeQueue(Q);
//取 vi 的边表头指针
p = head[i].firstedge;
//扩展 E - 结点
while(p < >null)
{
    //若 vj 未访问过
    if(visited[p --> adjvex] = 0)
    {
        //访问 vj
        print("visitvertex",p_ > adjvex);
        visited[p --> adjvex] = 1;
        EnQueue(Q,p --> adjvex);
    }
    p = p --> next;
}
}
}
```

(2)邻接矩阵表示的图的广度优先搜索算法

```
bfsm(int k,graph g[ ][100],int n)
{
    int i,j;
    queue Q;
    InitQueue(Q);
    //访问源点 vk
    print("visit vertex",k);
```

```
visited[k] = 1;
EnQueue(Q,k);
while(not QueueEmpty(Q))
{
    // vi 出队
    i = DeQueue(Q);
    //扩展结点
    for(j = 0;j < n;j = j + 1)
        if(g[i][j] = 1 and visited[j] = 0)
        {
            print("visit vertex",j);
            visited[j] = 1;
            EnQueue(Q,j);
        }
}
```

2.2.2　广度优先搜索的应用

【例2-1】　已知若干个城市的地图,求从一个城市到另一个城市的路径,要求路径中经过的城市最少。

算法设计:图的广度优先搜索类似于树的层次遍历,逐层搜索正好可以尽快找到一个结点与另一个结点相对而言最直接的路径。所以此问题适应广度优先算法。

下面通过一个具体例子来进行算法设计。

图2-4 表示的是从城市 A 到城市 H 的交通图。从图中可以看出,从城市 A 到城市 H 要经过若干个城市。现要找出一条经过城市最少的一条路线。

图的邻接矩阵表示,如表 2-1 所示,0 表示能走,1 表示不能走。

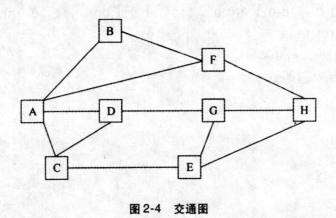

图 2-4　交通图

表2-1 图2-4 的邻接矩阵

	A	B	C	D	E	F	G	H
A	0	1	1	1	0	1	0	0
B	1	0	0	0	0	1	0	0
C	1	0	0	1	1	0	0	0
D	1	0	1	0	0	0	1	0
E	0	0	1	0	0	0	1	1
F	1	1	0	0	0	0	0	1
G	0	0	0	1	1	0	0	1
H	0	0	0	0	1	1	1	0

具体过程如下：

①将城市 A(编号1) 入队，队首指针 qh 置为0，队尾指针 qe 置为1。

②将队首指针所指城市的所有可直通的城市入队，当然如果这个城市在队中出现过就不入队，然后将队首指针加1，得到新的队首城市。重复以上步骤，直到城市 H(编号为8) 入队为止。当搜索到城市 H 时，搜索结束。

③输出经过最少城市线路。

数据结构设计：

考虑到算法的可读性，用线性数组 a 作为活结点队的存储空间。为了方便输出路径，队列的每个结点有两个成员，a[i].city 记录入队的城市，a[i].pre 记录该城市的前趋城市在队列中的下标，这样通过 a[i].pre 就可以倒推出最短线路。即活结点队同时又是记录所求路径的空间。因此，数组队并不能做成循环队列，所谓"出队"只是队首指针向后移动，其空间中存储的内容并不能被覆盖。

和广度优先算法框架一样，设置数组 visited[ ] 记录已搜索过的城市。

算法如下：

```
7int jz[8][8] = {{0,1,1,1,0,1,0,0},{1,0,0,0,0,1,0,0},{1,0,0,1,1,0,0,0},{1,0,
    1,0,0,0,1,0}, {0,0,1,0,0,0,1,1},{1,1,0,0,0,0,0,1},{0,0,0,1,1,0,0,1},{0,
    0,0,0,1,1,1,0}};
struct{int city,pre,} sq[100];
int qh,qe,i,visited[100];
main( )
    {
    int i,n = 8;
    for(i = 1;i < = n,i = i + 1)
    {
        visited[i] = 0;
        search( );
```

```
    }
search( )
{
    qh = 0;
    qe = 1;
    sq[1]. city = 1;
    sq[1]. pre = 0;
    visited[1] = 1;
    //当队不空
    while( qh < > qe)
    {
        //结点出队
        qh = qh + 1;
        //扩展结点
        for( i = 1; i < = n, i = i + 1)
            if( jz[ sq[ qh]. city][ i] = 1 and visited[ i] = 0)
            {
                //结点入队
                qe = qe + 1;
                sq[ qe]. city = i;
                sq[ qe]. pre = qh;
                visited[ i] = 1;
                if( sq[ qe]. city = 8)
                {
                    out( );
                    return;
                }
            print( "Non solution. ");
    }
    //输出路径
    out( )
    {
        print( sq[ qe]. City);
        while( sq[ qe]. pre < > 0)
            {
                qe = sq[ qe]. pre;
                print( ' – – ', sq[ qe]. city);}
    }
```

算法分析:

算法的时间复杂度是 $O(n)$。算法的空间复杂性为 $O(n^2)$,包括图本身的存储空间和搜索时辅助空间"队"的存储空间。

【例2-2】 走迷宫问题。

迷宫是许多小方格构成的矩形,如图2-5所示,在每个小方格中有的是墙(图中的"1")有的是路(图中的"0")。走迷宫就是从一个小方格沿上、下、左、右四个方向到邻近的方格,当然不能穿墙。设迷宫的入口是在左上角(1,1),出口是右下角(8,8)。根据给定的迷宫,找出一条从入口到出口的路径。

1,1

0	0	0	0	0	0	0	0
0	1	1	1	1	0	1	0
0	0	0	0	1	0	1	0
0	1	0	0	0	0	1	0
0	1	0	1	1	0	1	0
0	1	0	0	0	0	1	1
0	1	0	0	1	0	0	0
0	1	1	1	1	1	1	0

8,8

图2-5 矩形图

算法设计:

从入口开始广度优先搜索所有可到达的方格入队,再扩展队首的方格,直到搜索到出口时算法结束。

根据迷宫问题的描述,若把迷宫作为图,则每个方格为顶点,其上、下、左、右的方格为其邻接点。迷宫是 $8 \times 8 = 64$ 个结点的图,那样邻接矩阵将是一个 64×64 的矩阵,且需要编写专门的算法去完成迷宫的存储工作。显然没有必要,因为搜索方格的过程是有规律的。对于迷宫中的任意一点 $A(Y,X)$,有4个搜索方向:向上 $A(Y-1,X)$;向下 $A(Y+1,X)$;向左 $A(Y,X-1)$;向右 $A(Y,X+1)$。当对应方格可行(值为0),就扩展为活结点,同时注意防止搜索不要出边界就可以了。

数据结构设计:

这里同样用数组做队的存储空间,队中结点有3个成员:行号、列号、前一个方格在队列中的下标。搜索过的方格不另外开辟空间记录其访问的情况,而是用迷宫原有的存储空间,元素值置为" -1"时,标识已经访问过该方格。

为了构造循环体,用数组 fx[ ] = {1, -1,0,0},fy[ ] = {0,0, -1,1}模拟上下左右搜索时的下标的变化过程。

算法如下:

```
int maze[8][8] = {{0,0,0,0,0,0,0,0},{0,1,1,1,1,0,1,0},{0,0,0,0,1,0,1,0},{0,
1,0,0,0,0,1,0},{0,1,0,1,1,0,1,0},{0,1,0,0,0,0,1,1},{0,1,0,0,1,0,0,0},{0,1,
1,1,1,1,1,0}};
//下标起点为1
int fx[4] = {1, -1,0,0},fy[4] = {0,0, -1,1};
struct{int x,y,pre;}sq[100];
int qh,qe,i,j,k;
main( )
{
    search( );
}
search( )
{
    qh = 0;
    qe = 1;
    maze[1][1] = -1;
  sq[1].pre = 0;
  sq[1].x = 1;
  sq[1].y = 1;
//当队不空
  while(qh <  > qe)
  {
    //出队
    qh = qh + 1;
    //搜索可达的方格
    for(k = 1;k <= 4;k = k + 1)
    {
        i = sq[qh].x + fx[k];
        j = sq[qh].y + fy[k];
        if( check(i,j) = 1)
        {
            //入队
            qe = qe + 1;
            sq[qe].x = i;
            sq[qe].y = j;
            sq[qe].pre = qh;
            maze[i][j] = -1;
            if(sq[qe].x = 8 and sq[qe].y = 8)
```

```
                        out( );
                        return;
                    }
                }
            }
        print("Non solution.");
    }
    check(int i,int j)
    {
        int flag =1;
        //是否在迷宫内
        if(i <1 or i >8 or j <1 or j >8)
            flag =0;
        //是否可行
        if(maze[i][j] =1 or maze[i][j] = -1)
            flag =0;
        return(flag);
    }
//输出过程
out( );
{
    print(" (",sq[qe].x,","sq[qe].y,")");
    while(sq[qe].pre < >0)
    {
        qe = sq[qe].pre;
        print('--',"(",sq[qe].x,","sq[qe].y,")");
    }
}
```

算法分析：

这个题目的时间复杂度是 $O(n)$。算法的空间复杂性为 $O(n^2)$，包括图本身的存储空间和搜索时辅助空间"队"的存储空间。

2.3　深度优先搜索及应用

给定图 G 的初始状态是所有顶点均未曾访问过，在 G 中任选一顶点 v 为初始出发点（源点或根结点），则深度优先遍历可定义如下：

首先访问出发点 v，并将其标记为已访问过；然后依次从 v 出发搜索 v 的每个邻接点（子结点)w。若w未曾访问过,则以w为新的出发点继续进行深度优先遍历,直至图中所有和源点v有路径相通的顶点(亦称为从源点可达的顶点)均已被访问为止。若此时图中仍有未访问的顶点,则另选一个尚未访问的顶点作为新的源点重复上述过程,直至图中所有顶点均已被访问为止。

深度搜索与广度搜索的相似之处在于:最终都要扩展一个结点的所有子结点。深度搜索与广度搜索的区别在于扩展结点的过程不同,深度搜索扩展的是E-结点的邻接结点(子结点)中的一个,并将其作为新的E-结点继续扩展,当前E-结点仍为活结点,待搜索完其子结点后,回溯到该结点扩展它的其他未搜索的邻接结点。而广度搜索,则是连续扩展E-结点的所有邻接结点(子结点)后,E-结点就成为一个死结点。

2.3.1 算法框架

1. 算法的基本思路

深度优先搜索和广度优先搜索的基本思路相同。由于深度优先搜索的E-结点是分多次进行扩展的,所以它可以搜索到问题所有可能的解方案。但对于搜索路径的问题,不像广度优先搜索容易得到最短路径。

和广度优先搜索一样,搜索过程中也需要记录解决问题的方案。

深度优先搜索算法设计的基本步骤为:

①确定图的存储方式。

②设计搜索过程中的操作,其中包括为输出问题解而进行的存储操作。

③搜索到问题的解,则输出;否则回溯。

④一般在回溯前应该将结点状态恢复为原始状态,特别是在有多解需求的问题中。

2. 算法框架

从深度优先搜索定义可以看出算法是递归定义的,用递归算法实现时,将结点作为参数,这样参数栈就能存储现有的活结点。当然若是用非递归算法,则需要自己建立并管理栈空间。

同样用"输出结点值"抽象地表示实际问题中的相应操作。

(1)用邻接表存储图的搜索算法

```
//n 为结点个数,数组元素的初值均置为 0
int visited[n];
graph head[100];
//head 图的顶点数组
dfs( int k)
{
    //ptr 图的边表指针
    edgenode * ptr;
    visited[k] =1;
    print("访问",k);
    //顶点的第一个邻接点
    ptr = head[k]. firstedge;
```

```
    //遍历至链表尾
    while( ptr <  > NULL)
        {
            if( visited[ ptr – > vertex] = 0)
            //递归遍历
            dfs( ptr – > vertex);
            //下一个顶点
            ptr = ptr – > nextnode;
        }
}
```

算法分析：

图中有 n 个顶点，e 条边。如果用邻接表表示图，由于总共有 $2e$ 个边结点，所以扫描边的时间为 $O(e)$。而且对所有顶点递归访问 1 次，所以遍历图的时间复杂性为 $O(n+e)$。

（2）用邻接矩阵存储图的搜索算法

```
//n 为结点个数,数组元素的初值均置为 0
int visited[ n];
graph g[  ][100],int n;
dtsm( int k)
{
    int j;
    print("访问",k);
    visited[ k] = 1;
    //依次搜索 vk 的邻接点
    for( j = 1;j <= n;j = j + 1)
    if( g[ k][ j] = 1 and visited[ j] = 0)
    //(vk,vj)∈E,且 vj 未访问过,故 vj 为新出发点
    dfsm( g,j)
}
```

如果用邻接矩阵表示图，则查找每一个顶点的所有的边，所需时间为 $O(n)$，则遍历图中所有的顶点所需的时间为 $O(n^2)$。

2.3.2 深度优先搜索的应用

问题同例 2-2，这里采用深度优先搜索算法解决。

算法设计：

深度优先搜索，就是一直向着可通行的下一个方格行进，直到搜索到出口就找到一个解。若行不通时，则返回上一个方格，继续搜索其他方向。

数据结构设计：

广度优先搜索算法的路径是依赖"队列"中存储的信息，在深度优先搜索过程中虽然也有

辅助存储空间栈,但并不能方便地记录搜索到的路径。因为并不是走过的方格都是可行的路径,也就是通常说的可能走入了"死胡同"。所以,还是利用迷宫本身的存储空间,除了记录方格走过的信息,还要标识是否可行:

//标识走过的方格

maze[i][j] = 3

//标识走入死胡同的方格

maze[i][j] = 2

这样,最后存储为"3"的方格为可行的方格。而当一个方格4个方向都搜索完还没有走到出口,说明该方格或无路可走或只能走入了"死胡同"。

算法如下:

int maze[8][8] = {{0,0,0,0,0,0,0,0},{0,1,1,1,1,0,1,0},{0,0,0,0,1,0,1,0},{0,1,0,0,0,0,1,0},{0,1,0,1,1,0,1,0},{0,1,0,0,0,0,1,1},{0,1,0,0,1,0,0,0},{0,1,1,1,1,1,1,0}},

//下标从1开始

fx[4] = {1,1,0,0},fy[4] = {0,0,-1,1};

int 1,1,k,total;

```
main( )
{
    int total = 0;
    //入口坐标设置已走标志
    maze[1][1] = 3;
    search(1,1);
}
search(int i,int j)
{
    int k,newi,newj;
    //搜索可达的方格
    for(k = 1;k <= 4;k = k + 1)
    if(check(i,j,k) = 1)
    {
        newi = i + fx[k];
        newj = j + fy[k];
        //来到新位置后,设置已走过标志
        maze[newi][newj] = 3;
        //如到出口则输出,否则下一步递归
        if(newi = 8 and newj = 8)
            out( );
        else
```

```
        search(newi,newj);
}
    //某一方格只能走入死胡同
    maze[i][j] = 2;
}
out( )
{
    int i,j;
        for(i = 1;i <= 8;i = i + 1)
          print("换行符");
        for(j = 1;j <= 8;j = j + 1)
          if(maze[i][j] = 3)
          {
              print("V ");
              //统计总步数
              total = total + 1;
          }
        else
              print(" * ");
}
    print("Total is",total);
}
check(int i,int j,int k)
{
        int flag = 1;
        i = i + fx[k];
        j = j + fy[k];
        //是否在迷宫内
        if(i < 1 or i > 8 or j < 1 or j > 8)
        flag = 0:
        //是否可行
        else if(maze[i][j] <  >0)
            flag = 0:
        return(flag);
}
```

①和广度优先算法一样每个方格有 4 个方向可以进行搜索,这样一个结点(方格)有可能多次成为"活结点",而在广度优先算法中一个结点(方格)就只有一次成队后就变成了死结点,不再进行操作。

②与广度优先算法相比较在空间效率上二者相近,都需要辅助空间。

需要注意:用广度优先算法,最先搜索到的就是一条最短的路径,而用深度优先搜索则能方便地找出一条可行的路径,但要保证找到最短的路径,需要找出所有的路径,再从中筛选出最短的路径。请改进算法求问题的最短路径。

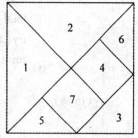

【例2-3】 如图2-6所示的七巧板,试设计算法,使用至多4种不同颜色对七巧板进行涂色(每块涂一种颜色),要求相邻区域的颜色互不相同,打印输出所有可能的涂色方案。

问题分析:

本题实际上是一个简化的"4色地图"问题,无论地图多么复杂,只须用4种颜色就可以将相邻的区域分开。为了让算法能识别不同区域间的相邻关系,把七巧板上每一个区域看成一个顶点,若两个区域相邻,则相应的顶点间用一条边相连,这样就将七巧板转化为图,该

图2-6　七巧板

问题就是一个图的搜索问题了。数据采用邻接矩阵存储如下(顶点编号如图2-6所示):

```
0 1 0 0 1 0 1
1 0 0 1 1 0 1 0
0 0 0 0 0 0 1 1
0 1 0 0 0 0 1 1
1 0 0 0 0 0 0 1
0 1 1 1 0 0 0
1 0 1 1 1 0 0
```

算法设计:

在深度优先搜索顶点(即不同区域)时,并不加入任何涂色的策略,只是对每一个顶点逐个尝试4种颜色,检查当前顶点的颜色是否与前面已确定的相邻顶点的颜色发生冲突,若没有发生冲突,则继续以同样的方法处理下一个顶点;若4个颜色都尝试完毕,仍然与前面顶点的颜色发生冲突,则返回到上一个还没有尝试完4种颜色的顶点,再去尝试别的颜色。已经有研究证明,对任意的平面图至少存在一种4色涂色法,问题肯定是有解的。

按顺序分别对1号,2号,…,7号区域进行试探性涂色,用1,2,3,4号代表4种颜色。

涂色过程:

①对某一区域涂上与其相邻区域不同的颜色。

②若使用4种颜色进行涂色均不能满足要求,则回溯一步,更改前一区域的颜色。

③转步骤①继续涂色,直到全部区域全部涂色为止,输出结果。

算法如下:

```
//下标从1开始
int data[7][7],n,color[7],total;
main( )
{
    int i,j;
    for(i = 1;i <= 7;i = i + 1)
```

```
            for(j = 1;j <= 7;j = j + 1)
                input(data[i][j]);
            for(j = 1;j <= 7;j = j + 1)
                color[j] = 0;
                total = 0;
                try(1);
                print("换行符,Total = ",total);
    }
    try(int s)
    {
            int i;
            if(s > 7)
                output( );
            else
                for(i = 1;i <= 4;i = i + 1)
            {
                color[s] = i;
                if(colorsame(s) = 0)
                    try(s + 1);
            }
    //判断相邻点是否同色
    colorsame(int s)
    {
            int i,flag;
            flag = 0;
        for(i = 1;i <= s - 1;i = i + 1)
            if(data[i][s] = 1 and color[i] = color[s])
                flag = 1;
        return(flag);
    }
    output( )
    {
        int i;
        print("换行符,serial number:",total);
        for(i = 1;i <= n;i = i + 1)
        print(color[i]);
        total = total + 1;
    }
```

【例2-4】 割点的判断及消除。

网络安全相关概念如下：

假设有两个通信网，如图 2-7 和图 2-8 所示。图中结点代表通信站，边代表通信线路。这两个图虽然都是无向连通图，但它们所代表通信网的安全程度却截然不同。在图 2-7 所代表通信网中，如果结点 2 代表的通信站发生故障，除它本身不能与任何通信站联系外，还会导致 1,3,4,5,10 号通信站与 5,6,7,8 号通信站之间的通信中断。结点 3 和结点 5 代表的通信站，若出故障也会发生类似的情况。而图 2-8 所示的通信网则不然，不管哪一个站点（仅一个）发生故障，其余站点之间仍可以正常通信。

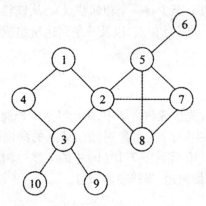

图 2-7　一个连通图

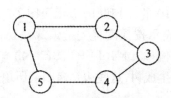

图 2-8　不含割点的连通图

出现以上差异的原因在于，这两个图的连通程度不同。图 2-7 是一个含有称之为割点 2,3,5 的连通图，而图 2-8 是不含割点的连通图。在一个无向连通图 G 中，当且仅当删去 G 中的顶点 v 及所有依附于 v 的边后，可将图分割成两个以上的连通分量，则称 v 为图 G 的割点（Vertex Connectivity）。将图 2-7 的结点 2 和与之相连的所有边删去后留下两个彼此不连通的非空分图，如图 2-9 所示。结点 2 就是割点。

没有割点的连通图称为重连通图（Biconnected Graph）。一个通信网络图的连通度越高，其系统越可靠，无论是哪一个站点单独出现故障或遭到外界破坏，都不影响系统的正常工作；又如，一个航空网若是重连通的，则当某条航线因天气等原因关闭时，旅客仍可从别的航线绕道而行；再如，若将大规模集成电路中的关键线路设

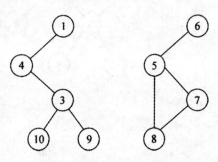

图 2-9　图 2-7 删去割点 2 的结果

计成重连通的，则在某些元件失效的情况下，整个电路的功能不受影响，反之，在战争中，若要摧毁敌方的运输线，仅须破坏其运输网中的割点即可。

网络安全比较低级的要求就是重连通图。在重连通图上，任何一对顶点之间至少存在有两条路径，在删除某个顶点及与该顶点相关联的边时，也不破坏图的连通性。不是所有的无向连通图都是重连通图，根据重连通图的定义可以看出，其等价定义是"如果无向连通图 G 根本不包含割点，则称 G 为重连通图"。

以重连通图作为通信网络安全的判别及改进，要讨论的问题如下：

判别一个通信网络是否安全，若不安全则找出改进的方法。直接一点说就是能找出无向

图中的割点,并能用简单的方法消灭找到的割点。

下面给出连通图 G 割点的判别。

算法设计:

从有关图论的资料中不难查到,连通图中割点的判别方法如下。

(1)从图的某一个顶点开始深度优先遍历图,得到深度优先生成树。

(2)用开始遍历的顶点作为生成树的根,则有:

①根顶点是图的割点的充要条件是,根至少有两个相邻结点。

②其余顶点 u 是图的割点的充要条件是,该顶点 u 至少有一个相邻结点 w,从该相邻结点出发不可能通过该相邻结点顶点 w 和该相邻结点 w 的子孙顶点,以及一条回边所组成的路径到 u 的祖先(图中非生成树的边称为回边)。

③特别的,叶结点不是割点。

下面通过例子说明算法设计的过程。

图 2-10 的(a)和(b)显示了图 2-7 所示的深度优先生成树。图中,每个结点的外面都有一个数,它表示按深度优先检索算法访问这个结点的次序,这个数叫做该结点的深度优先数(DFN)。例如,DFN(1) = 1,DFN(4) = 2,DFN(8) = 10 等。图 2-10(b)中的实线边构成这个深度优先生成树,这些边是递归遍历顶点的路径,叫做树边,虚线边为回边。

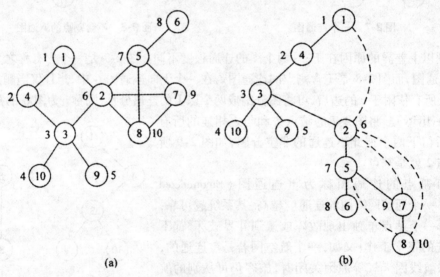

(a)   (b)

图 2-10　树图

若对图 Graph = (V, {Edge})重新定义遍历时的访问数组 Visited 为 DFN,并引入一个新的数组 L,则由一次深度优先遍历便可求得连通图中存在的所有割点。

定义:

$$L[u] = Min\left\{DFU[u], L[w], DFN[k] \middle| \begin{array}{l} w \text{ 是 } u \text{ 在 DFS 生成树上的孩子结点;} \\ k \text{ 是 } u \text{ 在 DFS 生成树上由回边联结的祖先结点;} \\ (u,w) \in \text{实边;} \\ (u,k) \in \text{虚边}. \end{array}\right\}$$

显然,L[u]是结点 u 通过一条子孙路径且至多关联一条回边,所以可能到达的最低深度优先数。

如果 u 不是根，那么当且仅当 u 有一个使得 $L[w] \geqslant DFN[u]$ 的相邻结点 w 时，u 是一个割点。因为 w 通过一条子孙路径且至多关联一条回边所可能到达的最低深度比 u 的深度优先树还要深，这就意味着去掉 u 后，w 不能有一条路径回到 u 的某个祖先，于是就会产生两个分图，所以 u 就是割点。对于图 2-7(b)所示的生成树，各结点的最低深度优先数是：

$$L[1:10] = \{1,1,1,1,6,8,6,6,5,4\}。$$

由此，结点 3 是割点，因为它的儿子结点 10 有 $L[10] = 4 > DFN[3] = 3$。同理，结点 2，5 也是割点。

按后根次序访问深度优先生成树的结点，可以很容易地算出 $L[u]$。于是，为了确定图 G 的割点，必须既完成对 G 的深度优先检索，产生 G 的深度优先生成树 T，又要按后根次序访问树 T 的结点。设计计算 DFN 和 L 的算法 TRY，在图搜索的过程中将两件工作同时完成。

由于计算 $L[u]$ 与 u 结点的父或子结点有关，所以不同于一般深度优先图搜索的函数，这里 TRY 函数有两个参数，一个是深度优先搜索起点结点 u，另一个是它的父亲 v。设置数组 DFN 为全局量，并将其初始化为 0，表示结点还未曾搜索过。用变量 num 记录当前结点的深度优先数，也设置为全局变量，被初始化为 1。变量 n 是 G 的结点数。

算法如下：

```
int DFN[100],L[100],num-1,n;
TRY(u,v)
{
    DFN[u] = num;
    L[u] = num;
    num = num + 1;
    while(每个邻接于 u 的结点 w)
      if(DFN[w] = 0)
        {
          TRY(w,u);
          if(L[u] > L[w])
            L[u] = L[w];
        }
      else if(w < > v)
        if(L[u] > DFN[w])
            L[u] = DFN[w];
}
```

算法说明：

算法 TRY 实现了对图 G 的深度优先检索；在检索期间，对每个新访问的结点赋予深度优先数；同时对这棵树中每个结点 u 计算了 $L[u]$ 的值。

由算法可以看出，在结点 u 检测完毕返回时，$L[u]$ 已正确地算出。要指出的是，如果 $w \neq v$，则 (u,w) 是一条回边或者 $DFN[w] > DNF[u] \geqslant L[u]$。在这两种情况下 $L[u]$ 都能得到正确的修正。

算法分析：

如果连通图 G 有 n 个结点 e 条边，且 G 由邻接表表示，算法的计算时间为 $O(n+e)$。

为了确定使非重连通图转化为重连通图，必然需要增加的边集，去除图中的割点。一般的方法是找出图 G 的最大重连通子图。$G'(V',E')$ 是 G 的最大重连通子图，指的是 G 中再没有这样的重连通子图 $G''(V'',E'')$ 存在，使得 $V' \subset V''$ 且 $E' \subset E''$。最大重连通子图称为重连通分图。图 2-8 所示的只有一个重连通分图，即这个图的本身。图 2-7 所示的重连通分图在图 2-11 中列出。

两个重连通分图至多有一个公共结点，且这个结点就是割点。因而可以推出任何一条边不可能同时出现在两个不同的重连通分图中。选取两个重连通分图中不同的结点连接为边，则生成的新图为重连通的。多个重连通分图的情况依此。

使用这个方法将图 2-7 变成重连通图，需要对应于割点 3 增加边 $(4,10)$ 和 $(10,9)$；对应割点 2 增加边 $(1,5)$；对应割点 5 增加 $(6,7)$，结果如图 2-12 所示。

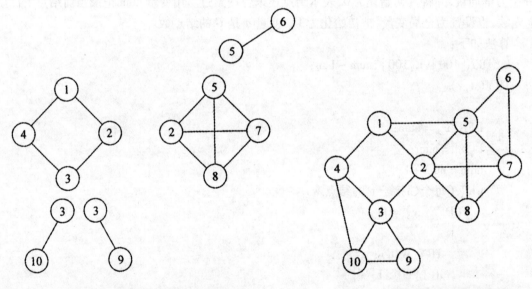

图 2-11　图 2-7 所示的重连通分图　　　　图 2-12　图 2-7 改进为重连通图

2.4　计算最小支撑树的一个通用的贪心算法策略

最小支撑树的算法主要有两个：Kruskal 算法和 Prim 算法。

这个通用的贪心算法策略其实很简单，它每次从图 $G(V,E)$ 中选出一条边放在集合 A 中。集合 A 一开始为空集，贪心算法保证每次选出的边都是最小支撑树中的边。这样，经过了 $|V|-T$ 次选择，集合 A 中的边就组成了一棵最小支撑树。因为贪心算法的一个原则是不更改它前面每一步的决定，所以每一次选中的边必须是"安全"的，即这条边连同集合 A 中已有的边一起必须包含在某个 MST 中，而不会由于这条边的加入使得集合 A 发展不成一个 MST。显然，集合 A 中所有边组成了图 $G(V,E)$ 的一个子图，称为由集合 A 导出的子图，简称子图 A。我

们把集合 A 和子图 A 看成一回事。

下面是这个通用的贪心算法的伪码。

Generic-MST(G , w)

1　　$A \leftarrow \varnothing$

2　　while A does not form a spanning tree　　//只要 A 还没有形成一棵支撑树

3　　　　find a safe edge (u,v) or A　　　　//找一条安全的边 (u,v)

4　　　　$A \leftarrow A \cup \{(u,v)\}$　　　　　　//把边 (u,v) 加到子图 A 中

5　　endwhile

6　　return A

7　　End

现在的问题是如何去找一条安全的边。我们需要引入顶点分割的概念。

【定义 2-1】　图 $G(V,E)$ 一个顶点分割(cut，简称为割)，$C=(P,V-P)$，就是把图 G 的顶点集合 V 划分成两个非空子集，P 和 $V-P$。任一个顶点必须属于 P 或者 $V-P$，但不能同属于两者。

给定图 $G(V,E)$ 一个割，$C=(P,V-P)$，我们就可以讨论它与每条边的关系。

【定义 2-2】　给定图 $G(V,E)$ 的一个割，$C=(P,V-P)$，如果一条边 (u,v) 的两端点 u 和 v 分属于这两个顶点集合，即 $u \in P$ 和 $v \in V-P$，那么，我们说这个割与边 (u,v) 相交，而边 (u,v) 称为一条交叉边(cross edge)。

【定义 2-3】　如果图 $G(V,E)$ 一个割，$C=(P,V-P)$，与一个边的集合 $A \subseteq E$ 中每一条边都不相交，那么，我们说这个割与集合 A 不相交，或者说这个割尊重(respect)集合 A。

【定义 2-4】　给定图 $G(V,E)$ 一个割，$C=(P,V-P)$，所有交叉边组成的集合称为这个割的交集，记为 $B(C)$。交集 $B(C)$ 中权值最小的边称为最小交叉边。

图 2-13 给出了一个割的例子，其中，$P=\{a,b,d,f,h\}$，$V-P=\{c,e,g,i\}$。粗线条表示集合 A 中的边，并与这个割不相交，交集

$$B(C)=\{(a,c),(b,g),(d,c),(d,e),(d,e),(d,g),(h,g),(h,i)\},$$

最小交叉边是权值为 2 的 (b,g)。显然，如果集合 A 不含回路并与一个割不相交，那么集合 A 加上一条交叉边后也不会含有回路。

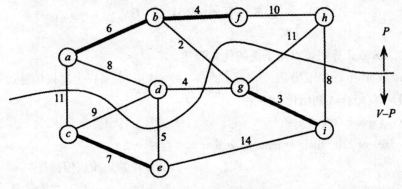

图 2-13　一个割的例子

【定理2-1】 假设 $G(V,E)$ 是一个加权的连通图,集合 $A\subseteq E$ 是 E 的一个子集且包含在某个 MST 中。如果有一个割 $C=(P,V-P)$ 与集合 A 不相交,那么它的最小交叉边是一条安全边。

证明:假设 T 是一个包含集合 A 的 MST,而边 (u,v) 是割 $C=(P,V-P)$ 的最小交叉边。如果边 (u,v) 也属于 T,那么定理得证。

下面我们考虑 (u,v) 属于 T 的情况。

因为边 (u,v) 是一条交叉边,顶点 u 和 v 分属割的两边,所以,如果沿着 T 中从 u 到 v 的路径走,一定会碰到另一条交叉边 (x,y)。图 2-14 显示了这种情况。图中粗线条表示集合 A 里的边。

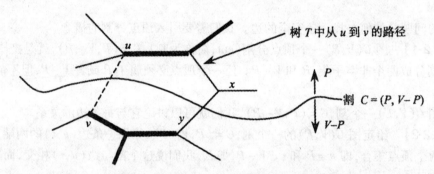

图2-14 如果边 (u,v) 不属于 T,则一定有另一条交叉边 (x,y) 属于 T

显然,把边 (x,y) 从 T 中删去会把 T 断开为两棵子树,分别含有顶点 u 和 v。这时如果把边 (u,v) 加进去,则会把这两棵子树又连成一棵支撑树 T',$T'=(T-\{(x,y)\}\cup\{(u,v)\})$。因为边 (u,v) 是一条最小交叉边,$w(u,v)\leqslant w(x,y)$,所以有:

$$W(T')=W(T)-w(x,y)+w(u,v)\leqslant W(T)$$

因为 T 是一个 MST,$W(T)$ 是所有支撑树中最小的,所以必有 $W(T')=W(T)$。即 T 也是一个 MST 且包含了边 (u,v)。总之,集合 $A\cup\{(u,v)\}$ 包含在某一个 MST 中。所以边 (u,v) 是安全的。

2.5 Kruskal 算法

简单来说,Kruskal 算法可以用下面的伪码表达。

```
MST-Kruskal-AbstractG( K D)              //这里,G 是一个加权的连通图
1   A←∅   //集合 A 初始化为空集
2   Constmct graphT(V,A)                 //图 T 有顶点集合 V,边的集合 A
3   Sort edges of E by their weights such that e₁≤e₂≤…≤eₘ
                                         //图 G 的边按权值排序
4   fori←1 to m                          //按序逐条边检查并做选择
5       if adding   eᵢtoAdoes not create a cycle  //如果把边 eᵢ 加到子图 A 中不产生回路
```

6   then $A \leftarrow A \cup \{e_i\}$ //那么就把 e_i 选上并加到子图 A 中去

7   endif

8   endfor

9   return graph $T(V, A)$ //由顶点集合 V 和集合 A 中边组成的图就是解

10   End

正确性证明：

Kruskal 算法的正确性可以用定理 2-1 结合归纳法来证明。一开始，集合 A 为空集，显然包含在任一个 MST 中。假设我们已经检查了前 $i-1$ 条边并做了正确选择，即这时的集合 A 包含在某个 MST 中。我们证明算法对边 e_i 的决定也是正确的。分两种情况讨论：

①把 e_i 加到子图 A 中后产生回路。因为任何树不含回路，而且 e_i 不可能是任何尊重 A 的割的交叉边，所以 e_i 不可取。

②把 e_i 加到子图 A 中后不产生回路。假设 e_i 的两端点为 u 和 v，$e_i = (u, v)$。因为无回路，所以在加进 e_i 之前，子图 A 中的边不包含从 u 到 v 的路径，即 u 和 v 在 A 中属于不同的连通分支。那么我们可以有这样一个割 $C = (P, V-P)$，其中 P 含有所有与顶点连通的点。显然，这个割与集合 A 不相交。因为 $v \in V-P$，$e_i = (u, v)$ 是一条关于这个割的交叉边，而且是最小交叉边。这是因为所有权值比 e_i 小的边都已检查过，要么被选在集合 A 中，不可能是交叉边，要么不可以被选中而丢弃。注意，被丢弃的边不可能是交叉边，因为它们与 A 中边形成回路，不可能与割相交。所以，根据定理 2-1，$e_i = (u, v)$ 是个安全边。图 2-15 显示，当 e_i 加到子图 A 中不形成回路时，这个割的构造和 $e_i = (u, v)$ 成为交叉边的情形。

所以，Kruskal 算法结束时，A 中的边属于一个 MST。这时 $T(V, A)$ 必定是一个连通图，否则由于图 G 是连通的，运算中一定丢弃了一条连接两个不同分支而不形成回路的边，这与算法矛盾，所以 $T(V, A)$ 就是一个 MST。

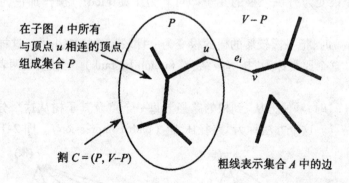

在子图 A 中所有
与顶点 u 相连的顶点
组成集合 P

割 $C = (P, V-P)$

粗线表示集合 A 中的边

图 2-15 Kruskal 算法正确性证明中所用割的形成和 $e_i = (u, v)$ 是最小交叉边的图示

上面的 Kruskal 算法比较抽象，我们还需要讨论如何具体实现这个算法。其中第 3 行的排序不用讨论，我们已知这一步需要 $O(m \lg m) = O(m g \ln)$ 时间。关键是，第 4 行的循环在检查每一条边时，如何检测出有回路？有一个方法就是把子图 A 中每一个连通分支中的点组织为一个集合，并分配一个分支号码。一开始，每一个顶点 u 自己形成一个集合。我们

用 Make-set(u)表示这个初始化操作。然后,每当我们检查下一条边(u,v)时,需要做如下两件事:

①找出 u 和 v 的分支号。用 Find(u)和 Find(v)表示找分支号的操作,也表示找到的分支号。

②如果 u 和 v 的分支号相同,那么边(u,v)的加入会形成回路,否则无回路。有回路时,我们不需做任何事,不选这条边即可。当无回路时,我们把这条边加到子图 A 中。这时,u 和 v 分属的两个连通分支就合成一个分支了。我们需要把它们对应的集合并为一个集合并保留一个分支号。我们用 Union(u,v)示这个操作。

显然,对有 n 个顶点和 m 条边的图,我们需要有 $2m$ 个 Find( )操作和$(n-1)$次 Union( )操作。如果我们给每个顶点标上它的分支号,那么 Find( )操作只需 $O(1)$ 时间,但是在做 Union( )时却需要对一个分支中的顶点逐个更改其分支号。采用什么数据结构最好呢? 这是算法中著名的问题之一,称为合并—寻找(Union-Find)问题。

如果我们用链表把每个分支中的点组织起来,我们可以把分支号放在链表头部而其他每个点有指针指向头部。这样 Find( )操作只需 $O(1)$ 时间。当我们需要做 Union( )时,我们总是把短的那个链表接在长的后面,并更改短链表中每个点的指针使其指向长链表的头。这样做,每个顶点最多被更新 $\lg n$ 次,因为每更新一次,该顶点所在的链表长度至少加倍,但不会超过 n。因此,总的时间复杂度为 $O(m+n\lg n)$。这是因为 $2m$ 个 Find( )操作需要 $O(m)$ 时间,而$(n-1)$次 Union( )操作的主要部分是对短链表中每个顶点的指针的更新,而每个顶点最多被更新 $\lg n$ 次。

比用链表更快的办法是用一棵根树把每个分支中的点组织起来,其分支号放在根结点里。这样当我们需要做 Find(u)时,就需要从顶点 u 开始,顺着父亲指针走到根结点才能找到分支号。所以,所需时间取决于从 u 到根的路径长度。但是,做 Union( )操作就简单了。我们只要把两棵树中的一个根变为另一个根的儿子即可。为了使 Find( )操作加快,我们采取了两个办法:

①在做 Union( )时,把一棵较矮的树的根变为一棵较高的树的儿子。这样使最坏情形下,路径长度不增加。这个原则称为"按等级结合"(union by rank)。当然,当两者一样时,可以任意选择。

②在做 Find(u)时,顺便把从"到根的路径上每一个点及其子树从这个分支断开,然后让它们各自指向根结点。这个办法称为"路径压缩"(path compression)。图 2-16 用例子解释了

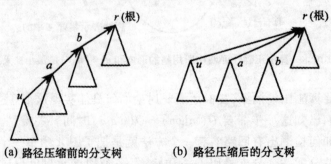

(a) 路径压缩前的分支树　　　(b) 路径压缩后的分支树

图 2-16　路径压缩技术示例

这个办法。这样做使得这些点及其子树中点到根的路径都大大缩短,在下次做 Find( )时可以很快。

上面这个 Union-Find 算法的时间复杂度为 $O(m\alpha(n))$,其中 $\alpha(n)$ 是随 n 增长极为缓慢的函数,因为它是随 n 增长极为迅速的 Ackermann 函数的反函数。对任何可以想象到的应用问题,$\alpha(n)$ 可认为是一个很小的常数。

用 Union-Find 算法后,Kruskal 算法可以写得更具体些。

MSTIKruskal$G(V,E)$

1 $A\leftarrow\emptyset$

2 Construct graph$T(V,A)$　　　　　　//图 T 有顶点集合 V,边的集合 A

3 Sort edges of E by their weights SUCh that $e_1\leqslant e_2\leqslant\cdots\leqslant e_m$

　　　　　　　　　　　　　　//边按权值排序

4 for each vertex $v\in V$

5 　　 Make – Set(v)　　　　　　　　//初始化 T 中每个分支

6 endfor

7 for $i\leftarrow1$ to$m$

8 　　 Let $e_i = (u,v)$

9 　　 if Find$(u)\neq$ Find(v)

10 　　　 then$A\leftarrow A\cup\{e_i\}$　　　　//e_i 是一条安全边

11 　　　　 Union(u,v)　　　　　　//把 u 和 v 所在子树合并

12 　　 endif

13 endfor

14 return graph$T(V,A)$

15 End

显然,Kruskal 算法的复杂度主要取决于排序,所以时间复杂度是 $O(mgln)$。

下面用一个例子结束对 Kruskal 算法的讨论。

【例2-5】　用图形显示 Kruskal 算法逐步找出下面无向图的一棵最小支撑树的过程。

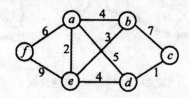

解:我们按图中边的权值从小到大逐条边地检查,并用 Kruskal 算法决定取舍。图 2-17a ~ i 逐步显示了这个过程,图中箭头指向每一步所检查的边。我们用粗线条表示该条边被选入集合 A,否则表示丢弃,最后,图 2-17 显示所有粗线条的边组成一个 MST。这个 MST 的总权值是 16。

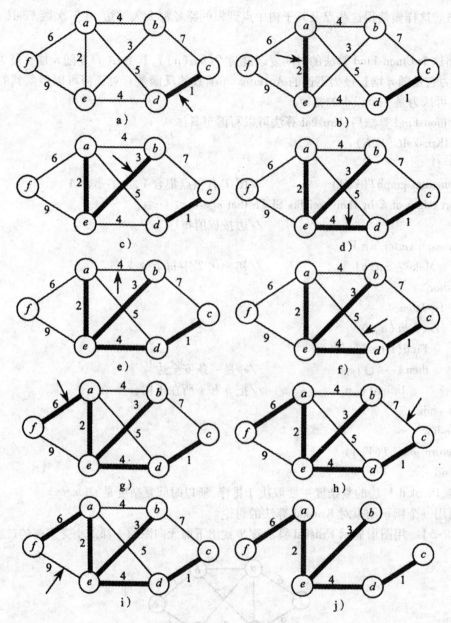

图 2-17 Kruskal 算法示例

2.6 Prim 算法

Prim 算法是另一个最小支撑树的算法,它也遵循通用的贪心算法的步骤,但与 Kruskal 算法不同的是,它每次找的安全边必须与当前的子图 A 中的点相关联。即子图 A 只有一个连通分支,即一棵正在逐步发展的树。开始时,我们选一个顶点 s 作为根,而边的集合 A 是空集。那么 Prim 算法是如何去找下一条安全边的呢? 假设集合 A 中的边所关联的点为集合 $V(A)$,

为方便起见,我们就用 A 表示 $V(A)$。Prim 算法每次使用的割是把集合 A 中的点放在割的一边而其余顶点则放在割的另一边,即 $C = (A, V-A)$。那么,最小交叉边就一定是所有当前树 A 以外的点和 A 中点相连的边中权值最小的一条边。Prim 算法每次都这样去找安全边,根据定理 2-1,Prim 算法正确。初始时,A 中只有一个点 s。其余点都在 A 外面。

现在要讨论如何能很快找到最小交叉边。我们为每一个树 A 以外的点 v,找出一条与 v 关联的权值最小的交叉边 (u,v),记为 $d(v) = w(u,v)$,$\pi(v) = u$。意思是,A 到 v 的最小交叉边有权 $w(u,v)$,其另一端点是 A 中的点 u,称为 v 的父亲。值 $d(v)$ 亦可看做顶点 v 和树 A 的距离。显然,一条安全边就是所有树 A 以外的点中一条最小交叉边。即在集合 A 之外的点中找一个点 v 使得 $d(v) = \underset{v \in V-A}{\text{Min}}\, d(v)$,那么 (u,v) 就是一条安全边了,这里,$u = \pi(v)$。图 2-18 解释了这个做法。

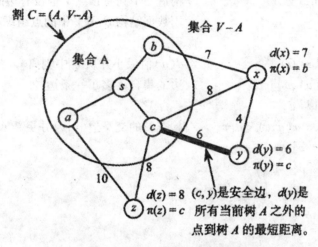

图 2-18 Prim 算法找安全边示例

图 2-18 中,集合 A 之外的点有 3 个,分别是 x, y, z。它们的最小交叉边分别是 (b,x),(c,y) 和 (c,z),并分别有权值 $d(x) = 7$,$d(y) = 6$ 和 $d(z) = 8$。因为 $d(y) = 6$ 最小,所以 (c,y) 是一条安全边,图 2-18 中用粗线条标出。

当 Prim 算法把这一条安全边 $(\pi(v), v)$ 加到树 A 上去之后,树 A 就变大了,多了一条边和一个点 v。这时,再要找下一条安全边,现在的割就不能用了。下一步用的割要包含这个新加的点 v 在 A 里边。这对 A 之外的某些点的最小交叉边会产生影响而需要改动。哪些点的最小交叉边可能会受影响呢?正好是和点 A 相邻的那些点,即 $Adj(v)$ 中的点,因为这些点与 v 之间的边成为新的交叉边,并有可能会更小。例如,在图 2-18 中,点 y 被加到 A 中,它的邻居 x 受到影响,因为边 (y,x) 变成了一条交叉边,而且权值 4 比当前 $d(x) = 7$ 更小。所以每次把一条安全边加到 A 中后,必须对新添加到 A 的点的邻居逐一检查并做必要的更新。

为了使算法更简洁,在初始化时,所有点都在 A 外,A 是一个空集。我们用一个数据结构 Q 把所有 A 以外的点 v 组织起来,使我们能很快找到最小的 $d(v)$ 以及更新 $Adj(v)$ 中点 x 的值 $d(x)$。我们稍后讨论哪种数据结构用于 Q 比较好。一开始,置每个点 v 的 $d(v) = \infty$ 和 $\pi(v) = nil$,但置 $d(s) = 0$。这样,在后面循环中,第一个被选中的点一定是 s,因为它的 $d(s) =$

0 是最小的。这第一步作用就是把点 s 第一个选入 A 中。以后的每一步都是根据上面讨论的方法找出一条安全边。

下面是 Prim 算法的伪码。

```
MST-Prim(G(V,E),w,s)
1  for each v∈V                    //初始化
2      d(v)←∞
3      π(v)←nil
4  endfor
5  d(s)←0
6  A←∅                            //边的集合为空
7  Construct graph T(V,A)         //构造一个只有顶点 V 但没有边的图
8  Q←V                           //用数据结构 Q 把 V 中的点组织起来
9  while Q≠∅
10     u←Extract-Min(Q)          //d(u)值最小并从 Q 中剥离
11     A←A∪{(π(u),u)}           //边的集合 A 多了一条边
12     for each v∈Adj[u]
13         if v∈Q and w(u,v)<d[v]  //检查新的交叉边(u,v)并更新 d[v]
14             then d[v]←w(u,v)
15                 π[v]←u
16         endif
17     endfor
18 endwhile
19 return T(V,A)
20 End
```

在我们讨论哪种数据结构用于 Q 比较好之前，先来看一个例子。我们仍用例 2-5 中的图来解释 Prim 算法是如何得到一个 MST 的。图 2-19 逐步演示了 Prim 算法的计算过程。其中，起始点是 a，子树 A 中顶点和边用粗线表示。

下面我们讨论哪种数据结构用于 Q 比较好。

（1）用数组存储 $d[\ ]$

假设顶点编号为 $1,2,\cdots,n$。显然，算法中第 9 行开始的循环部分占用主要时间。循环要进行 n 次，而每一步循环做如下两件事：

一是找出最小 $d[u]$ 值后把点 u 加入集合 A 中；

二是检查和更新点 u 的邻居。

因为是数组，找出最小 $d[u]$ 值需要 $O(n)$ 时间，所以完成第一件事所要的总时间为 n 次循环 $\times O(n) = O(n^2)$。现在看第二件事。因为检查和更新点 u 的一个邻居只需 $O(1)$ 时间，并且整个算法中对点 u 的每个邻居只检查和更新一次，所以 n 次循环中，第二件事所需总时间与图中边的个数成正比。因为边的条数不会超过 n^2，用数组作为数据结构的 Prim 算法的复杂度

是 $O(n^2)$。与 Kruskal 算法相比,各有千秋。当图中边的个数稀少时 $\left(<\dfrac{n^2}{\lg n}\right)$,Kruskal 算法占优势。

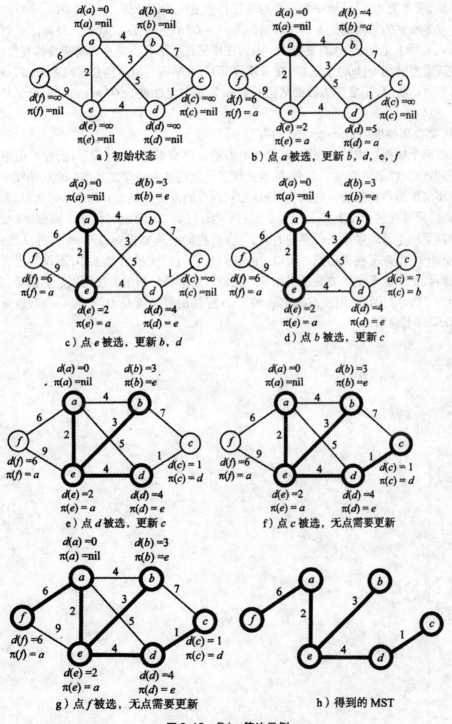

图 2-19　Prim 算法示例

（2）用堆（Heap）存储 $d[\ ]$

我们把顶点按它们的 $d[u]$ 值（$1\leqslant u\leqslant n$），组织成一个最小堆。算法仍然需要循环 n 次，每次仍然做两件事。对第一件事，最小 $d[u]$ 可以立即在根结点那里得到。当然，把点 u 放到子树 A 中后，需要把 $d[u]$ 从堆中删除并对堆进行修复。我们知道，这需要 $O(\lg n)$ 时间。所以完成第一件事所要的总时间为 n 次循环 $\times O(\lg n)=O(n\lg n)$。现在看第二件事。更新点 u 的一个邻居 v，实际上是把 $d[v]$ 的值变小。因为在堆里把一个数字减小后是需要修复堆的，所以每一个更新需要时间 $O(\lg n)$。这样，在最坏情况下，这第两件事所需总时间为 $O(m\lg n)$，这里 m 是边的个数。所以，用堆作为数据结构的 Prim 算法的复杂度是 $O(m\lg n)$，与 Kruskal 算法打成平手。

（3）用斐波那契堆（Fibonacci Heap）存储 $d[\ ]$

对上面两个数据结构的分析可知，数组对做第二件事效率高，达到最优，而堆做第一件事有优势，但做第二件事很费时。那么，能否把堆进行改进使它做第二件事时也很快呢？这就是发明斐波那契堆的最初想法。它的主要思路是，在我们需要更新点 u 的一个邻居时，我们不对堆进行修复，只是在这个点上打上记号。这样一来，只要 $O(1)$ 就可以了。那么，什么时候修复呢？等到下一个循环做第一件事的时候。这时，我们必须要找到最小 $d[u]$ 并从堆里删除。这时，最小 $d[u]$ 也许不在根结点。所以，在这时，我们进行大的修复工作，不仅找出和删除最小 $d[u]$，而且把前面未完成的更新工作最后完成。用平摊分析的方法可以证明这第二件事所需总时间为 $O(m)$。因此，用斐波那契堆的 Prim 算法的复杂度是 $O(n\lg n+m)$。这个复杂度当然比 Kruskal 算法好。

第3章 递归与分治策略分析

3.1 递归的调用与应用

递归是算法设计中的一种重要的方法。递归方法即通过函数或过程调用自身将问题转化为本质相同但规模较小的子问题。递归方法具有易于描述和理解、证明简单等优点,在动态规划、贪心算法、回溯法等诸多算法中都有着极为广泛的应用,是许多复杂算法的基础。递归方法中所使用的"分而治之"的策略称为分治策略。

3.1.1 递归与递归调用

一个函数在它的函数体内调用它自身称为递归(recursion)调用。是一个过程或函数在其定义或说明中直接或间接调用自身的一种方法,通常把一个大型复杂的问题层层转化为一个与原问题相似的规模较小的问题来求解。递归策略只需少量的程序就可描述出解题过程所需要的多次重复计算,大大地减少了程序的代码量。递归的能力在于用有限的语句来定义对象的无限集合。用递归思想写出的程序往往十分简洁易懂。一般来说,递归需要有边界条件、递归前进段和递归返回段。当边界条件不满足时,递归前进;当边界条件满足时,递归返回。

使用递归要注意以下几点。

①递归就是在过程或函数里调用自身;

②在使用递增归策略时,必须有一个明确的递归结束条件,称为递归出口递归和分治是相统一的,递归算法中含有分治思想,分治算法中也常用递归算法。

例如有函数 r,如下:

```
int r(int a)
{
    b = r(a - 1);
    return b;
}
```

这个函数是一个递归函数,但是运行该函数将无休止地调用其自身,这显然是不正确的。为了防止递归调用无终止地进行,必须在函数内有终止递归调用的手段。常用的办法是加条件判断,满足某种条件后就不再作递归调用,然后逐层返回。

构造递归方法的关键在于建立递归关系。这里的递归关系可以是递归描述的,也可以是递推描述的。

3.1.2 递归应用

下面举例说明递归设计的简单应用。

【例 3-1】 用递归法计算 ,$n!$。

$n!$ 的计算是一个典型的递归问题。使用递归方法来描述程序,十分简单且易于理解。

(1)描述递归关系

递归关系是这样的一种关系。设 $\{U_1, U_2, U_3, \cdots, U_n, \cdots\}$ 是一个序列,如果从某一项 k 开始,U_n 和它之前的若干项之间存在一种只与 n 有关的关系,这便称为递归关系。

注意到,当 $n \geq 1$ 时,$n! = n*(n-1)!$($n=0$ 时,$0!=1$),这就是一种递归关系。对于特定的 $k!$,它只与 k 与 $(k-1)!$ 有关。

(2)确定递归边界

在(1)的递归关系中,对大于 k 的 U_n 的求解将最终归结为对 U_k 的求解。这里的 U_k 称为递归边界(或递归出口)。在本例中,递归边界为 $k=0$,即 $0!=1$。对于任意给定的 $N!$,程序将最终求解到 $0!$。

确定递归边界十分重要,如果没有确定递归边界,将导致程序无限递归而引起死循环。例如以下程序:

```
#include < stdio. h >
int f( int x) {
    return( f( x - 1 ) );
}
main( ) {
printf( f( 5 ) );
}
```

它没有规定递归边界,运行时将无限循环,会导致错误。

(3)写出递归函数并译为代码

将(1)和(2)中的递归关系与边界统一起来用数学语言来表示,即

$$n! = n*(n-1)! \qquad 当 n \geq 1 时$$
$$n! = 1 \qquad 当 n = 0 时$$

再将这种关系翻译为代码,即一个函数:

```
long ff( int n) {
long f;
if( n < 0) prinf( "n < 0,input error" );
else if( n == 0 || n == 1) f = 1;
    else f = ff( n - 1 ) * n;
return( f );
}
```

(4)完善程序

主要的递归函数已经完成,将程序依题意补充完整即可。

```
#include < stdio - h >
long ff( int n) {
long f;
```

```
if( n < 0) printf( " n < 0, input error" );
else if( n == 0| |n == 1)f = 1;
        else f = ff( n – 1) * n;
return( f) ;
}
Void main( )
{int n;
     long y;
     printf( " \n input a integer number: \n" );
scanf( "% d" &n) ;
y = ff( n) ;
printf( "% d! = % 1d" ,n,y) ;
}
```

程序中给出的函数 ff 是一个递归函数。主函数调用 ff 后即进入函数 ff 执行,如果 $n < 0$, $n == 0$ 或 $n == 1$ 时都将结束函数的执行,否则就递归调用 ff 函数自身。由于每次递归调用的实参为 $n – 1$,即把 $n – 1$ 的值赋予形参 n,最后当 $n – 1$ 的值为 1 时再作递归调用,形参 n 的值也为 1,将使递归终止,然后可逐层退回。

下面我们再举例说明该过程。设执行本程序时输入为 5,即求 5 !。在主函数中的调用语句即为 $y = ff(5)$,进入 ff 函数后,由于 $n = 5$,不等于 0 或 1,故应执行 $f = ff(n – 1) * n$,即 $f = ff(5 – 1) * 5$。该语句对 ff 作递归调用即 ff(4)。递归分为递推和回归,展开结果如图 3-1 所示。

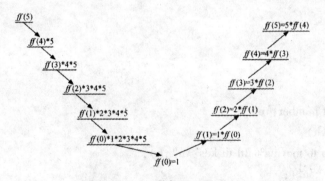

图 3-1　递归展开图

进行 4 次递归调用后,ff 函数形参取得的值变为 1,故不再继续递归调用而开始逐层返回主调函数。ff(1) 的函数返回值为 1,ff(2) 的返回值为 $1 * 2 = 2$,ff(3) 的返回值为 $2 * 3 = 6$,ff(4) 的返回值为 $6 * 4 = 24$,最后返回值 ff(5) 为 $24 * 5 = 120$。

综上,得出构造一个递归方法基本步骤,即描述递归关系、确定递归边界、写出递归函数并译为代码,最后将程序完善。

以上例 3-1 也可以不用递归的方法来完成。如可以用递推法,即从 1 开始乘以 2,再乘以 3……直到 n。递推法比递归法更容易理解和实现。但是有些问题则只能用递归算法才能实现。典型的问题是 Hanoi 塔问题。

【例3-2】 一块板上有三根针,A、B、C。A 针上套有 n 个大小不等的圆盘,大的在下,小的在上。要把这 n 个圆盘从 A 针移动 c 针上,每次只能移动一个圆盘,移动可以借助 B 针进行。但在任何时候,任何针上的圆盘都必须保持大盘在下,小盘在上。从键盘输入 n,要求给出移动的次数和方案。

解:由圆盘的个数建立递归关系。当 $n=1$ 时,只要将唯一的圆盘从 A 移到 C 即可。当 $n>1$ 时,只要把较小的 $(n-1)$ 片按移动规则从 A 移到 B,再将剩下的最大的从 A 移到 C(即中间"借助"B 把圆盘从 A 移到 C),再将 B 上的 $(n-1)$ 个圆盘按照规则从 B 移到 C(中间"借助"A)。

本题的特点在于不容易用数学语言写出具体的递归函数,但递归关系明显,仍可用递归方法求解。代码如下:

```c
#include < stdio. h >
hanoi( int n, int x, int y, int z)
{
        if( n == 1)
        printf("% C --> % c\n",x,z);
        else
        {
        hanoi( n - 1,x,z,y);
        printf( "% C --> % c\n",x,z);
        hanoi( n - 1,y,x,z);
        }
}
void main( )
{
int h;
printf( " \ninput number:\n" );
scanf( "% d" ,&h);
printf( "the step to moving% 2d diskes:\n",h);
hanoi(h,'a','b','c');
}
```

从程序中可以看出,hanoi 函数是一个递归函数,它有四个形参 n、x、y、z。n 表示圆盘数, x、y、z 分别表示三根针。hanoi 函数的功能是把 x 上的 n 个圆盘移动到 z 上。当 $n=1$ 时,直接把 x 上的圆盘移至 z 上,输出 $x-->z$。如 $n-1$ 则分为三步:递归调用 move 函数,把 $n-1$ 个圆盘从 x 移到 y;输出 $x-->z$;递归调用 move 函数,把 $n-1$ 个圆盘从 y 移到 z。在递归调用过程中 $n=n-1$,故 n 的值逐次递减,最后 $n=1$ 时,终止递归,逐层返回。当 $n=4$ 时程序运行的结果为:

input number:4

the step to moving 4 diskes:

a———>b a———>C b———>c a———>b c———>a c———>b

a———>b a———>c b———>c b———>a c———>a b———>c

a———>b a———>c b———>c

上述的两个示例中都应用了函数的递归调用,并且使问题变得简单,算法的复杂度也不高,但并不是所有的问题都用递归可以简化问题,如下例。

【例 3-3】 将正整数 s 表示成一系列正整数之和,$n = n1 + n2 + \cdots + nk$,其中 $n1 > n2 > \cdots > nk$ $k > 1$。正整数 s 的不同划分个数称为 s 的划分数,记为 $p(s)$。例如 6 有 11 种不同的划分,所以 $p(6) = 11$,分别是:

6; 5 + 1; 4 + 2; 4 + 1 + 1; 3 + 3; 3 + 2 + 1; 3 + 1 + 1 + 1;

2 + 2 + 2; 2 + 2 + 1 + 1; 2 + 1 + 1 + 1 + 1; 1 + 1 + 1 + 1 + 1 + 1。

应用递归设计求整数 s 的拆分数。

(1)递归算法设计

设 n 的"最大零数不超过 m"的拆分式个数为 $q(n,m)$,则

$$q(n,m) = 1 + q(n,n-1) \quad (n = m)$$

等式右边的"1"表示 n 只包含等于 n 本身;$q(n,n-1)$ 表示 n 的所有其他拆分,即最大零数不超过 $n-1$ 的拆分。

$$q(n,m) = q(n,m-1) + q(n-m,m) \quad (1 < m < n)$$

其中 $q(n,m-1)$ 表示零数中不包含 m 的拆分式数目;$q(n-m,m)$ 表示零数中包含 m 的拆分数目,因为如果确定了一个拆分的零数中包含 m,则剩下的部分就是对 $n-m$ 进行不超过 m 的拆分。

加入递归的停止条件。第一个停止条件:$q(n,1) = 1$,表示当最大的零数是 1 时,该整数 n 只有一种拆分,即 n 个 1 相加。第二个停止条件:$q(1,m) = 1$,表示整数 $n = 1$ 只有一个拆分,不管上限 m 是多大。

(2)递归程序实现

```
/*整数拆分递归计数*/
#include <stdio.h>
long q(int n,int m)              /*定义递归函数 q(n,m)*/
{if(n < 1 || m < 1)return 0;
if(n == 1 || m == 1)return 1;
if(n < m)return q(n,n);
if(n == m)return q(n,m-1) + 1;
return q(n,m-1) + q(n-m,m);
    }
void main()
{int z,s;                        /*调用递归函数 q(s,s)*/
printf("请输入 s:");scanf("%d",&s);
printf("p(%d) = %1d\n",s,q(s,s));
}
```

（3）程序运行示例与说明

运行程序，输入 20，

   p(20) = 627

以上程序计算 s 的划分数，分别多次调用 $q(1,1)$，$\cdots$，$q(s-1,s-1)$，这样的程序会造成子问题重复计算，所以复杂度较高。要将递归算法改写为效率较高的递推，将在下两章介绍。

3.2 分治策略的设计思想

3.2.1 分治法基本思想

分治法（Divide and Conquer）是一种用得较多的有效方法，它的基本思想是将问题分解成若干子问题，然后求解子问题。子问题较原问题要容易些，先得出子问题的解，由此得出原问题的解，就是所谓"分而治之"的思想，在上面的递归方法介绍中所使用的"分而治之"的策略称为分治策略。

"分而治之"的思想经常应用于现实生活中，对于求解一个复杂的问题或一个较大的问题，经过系统地分析，将其划分成一些简单问题或较小问题进行解决。当这些子问题解决后，把他们的解联结起来，得到原问题的解。

在算法设计中，首先对求解问题进行系统的分析，之后将其分解成若干性质相同的子问题，所得结果称为求解子集，再对这些求解子集分别处理。如果某些子集还需分而治之，再递归的使用上述方法，直到求解子集不需要再细分为止。最后归并子集的解即得原问题的解。

宏观的看，分治法可以划分成问题的分解和子集解的合并两个过程，如图3-2所示。

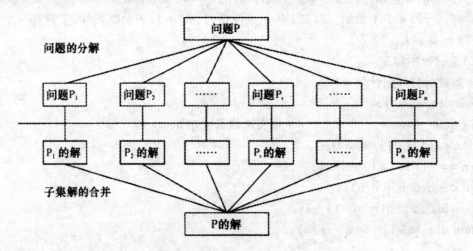

图 3-2　分治算法设计过程图

因而对分治法算法设计过程可以如下描述：

设原问题输入为 $a[n]$，简记为 $(1,n)$；

子问题输入为 $a[p]\rightarrow a[q]$，$1\leqslant p\leqslant q\leqslant n$，简记为 (p,q)。

已知：

SOLUTION;

int divide(int,int);

int small(int,int);

SOLUTION conquer(int,int);

SOLUTION combine(SOLUTION,SOLUTlON);

分治法的抽象控制算法为:

```
SOLUTION DandC(p,q)/* divide and conquer */
{
if(small(p,q))
return conquer(p,q);
else
{
m = divide(p,q);
return combine(DandC(p,m),DandC(m+1,q));
}
}
```

3.2.2　分治算法设计方法和特点

分治法求解思想可以从下面的一个实例的求解中体现:

【例3-4】　在含有 n 个不同元素的集合 $a[n]$ 中同时找出它的最大和最小元素。不妨设 $n=2^m,m \geqslant 0$。

对求 n 个数的最大和最小,可以设计出许多种算法,这里使用分治法设计求解。

1. 直接搜索

StraitScareh(n,&max,&min)

```
{ * max = * min = a[0];
    for(i =1;i < n;i ++)                    /*语句1*/
    {  if(a[i] > * max) * max = a[i];
    if(a[i] < * min) * min = a[i];
    }
}
```

其中比较次数为 $2(n-1)$;

如果我们将 StraitSearch( )函数种语句 1 改写成

if(a[i] > ,lcmaX), * max = a[i];

else if(a[i] < * min) * min = a[i];

则有:

最好情况比较次数为 $n-1$,最坏情况比较次数为 $2(n-1)$,平均情况比较次数为 $3/2(n-1)$。

2. 分治法

集合只有一个元素时:

```
    * max = * min = a[i]:
```
集合只有两个元素时：
```
    if(a[i] < a[j]){ * max = a[j]; * min = a[i];}
else{ * max = a[i]; * min = a[j];}
```
集合中有更多元素时，将原集合分解成两个子集，分别求两个子集的最大和最小元素，再合并结果。

算法如下：
```
typedef struct{
Elem Type max:
Elem Type min;
}SOLUTION;
SOLUTION MaxMin(i,j)
{
SOLUTION s,s1,s2;
    if(i == j){s. max = s. min = a[i];remms;}
if(i == j - 1)
{   if(a[i] < a[j]){s. max = a[j];s. min = a[i];}
else{s. max = a[i];s. min = a[j];}
return s:
}
k = (i + j)/2;
s1 = MaxMin(i,k);s2 = MaxMin(k + 1,j);
(s1. max > = s2. max)？(s. max = s1. max):(s. max = s2. maX);
(s1. min < = s2. min)？(s. min = s1. rain):(s. min = s2. min);
return S;
}
```

输入一组数 a = {22,10,60,78,45,51,8,36}，调用 MaxMin 函数，划分区间，区间划分将一直进行到只含有 1 个或 2 个元素时为止，然后求子解，并返回。上述算法执行流程如图 3-3 所示。

通过对例 3-4 执行过程的分析，可以得出分治算法设计的两个基本特征。

①分治法求解子集是规模相同、求解过程相同的实际问题的分解。

②求解过程反复使用相同的求解子集来实现的，这种过程可以使用递归函数来实现算法，也可以使用循环。用分治法设计出来的程序一般是一个递归算法，因而例 3-4 中是用递归来实现的。

3.2.3 分治法的时间复杂度

算法的时间复杂度是衡量一个算法优劣的重要指标，在分治的过程中，一般采用的算法是一个递归算法，因而分治法的计算效率在于在递归的求解过程中的时间消耗。

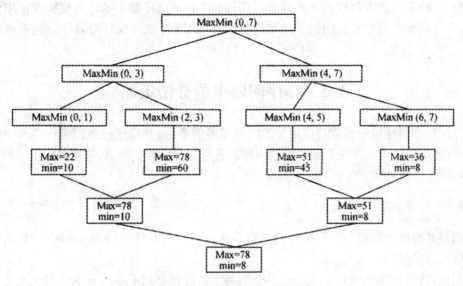

图 3-3　MaxMin 算法执行过程图

对例 3-4 中 MaxMin 过程的性能分析(仅考虑算法中的比较运算),则计算时间 $T(n)$ 为:

$$T(n) = \begin{cases} 0 & n = 1 \\ 1 & n = 2 \\ T(\lfloor n/2 \rfloor) + T(\lceil n/2 \rceil) & n > 2 \end{cases}$$

当 n 是 2 的幂时 $(n = 2k)$,化简上式有:

$$\begin{aligned} T(n) &= 2(n/2) + 2 \\ &= 2(2T(n/4) + 2) + 2 \\ &= 2k - 1T(2) + \\ &= 2k - 1 + 2k - 2 \\ &= 3n/2 - 2 \end{aligned}$$

性能比较:

(1)与 StraitS earch 算法相比,比较次数减少了 25% $(3n/2 - 2 : 2n - 2)$,已经达到了以元素比较为基础的找最大最小元素的算法计算时间的下界。

(2)递归调用存在以下几个问题。

①空间占用量大。

有 $\lfloor \log n \rfloor + 1$ 级的递归;

入栈参数有 i、j、$fmax$、$fmin$ 和返回地址 5 个值。

②时间可能不比预计的理想。

当元素 $A(i)$ 和 $A(j)$ 的比较与 i 和 j 的比较在时间上相差不大时,算法 MaXMin 不可取。

因为分治法设计算法的递归特性,所以若将原问题所分成的两个子问题的规模大致相等,则总的计算时间可用递归关系式表示如下:

$$T(n) = \begin{cases} g(n) & n \text{ 足够小} \\ 2T(n/2) + f(n) & \text{否则} \end{cases}$$

其中 $T(n)$ 表示输入规模为 n 的计算时间;$g(n)$ 表示对足够小的输入规模直接求解的计算时间;$f(n)$ 表示对两个子区间的子结果进行合并的时间(该公式针对具体问题有各种不同的变形)。

3.3　排序问题中的分治策略

归并排序和快速排序是成功应用分治法的完美例子,归并排序按照记录在序列中的位置对序列进行划分,快速排序按照记录的值对序列进行划分。相比而言,快速排序以一种更巧妙的方式实现了分治技术。

3.3.1　归并排序

应用归并排序方法对一个记录序列进行升序排列。归并排序(merge sort)的分治策略如图 3-4 所示,描述如下。

①划分:将待排序序列 $r_1, r_2, \cdots, r_n$ 划分为两个长度相等的子序列 $r_1 \cdots r_{n/2}$ 和 $r_{n/2+1}, \cdots, r_n$。

②求解子问题:分别对这两个子序列进行排序,得到两个有序子序列。

③合并:将这两个有序子序列合并成一个有序序列。

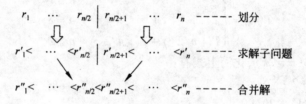

图 3-4　归并排序的分治思想

归并排序首先执行划分过程,将序列划分为两个子序列,如果子序列的长度为 1,则划分结束,否则继续执行划分,结果将具有 n 个待排序的记录序列划分为 n 个长度为 1 的有序子序列;然后进行两两合并,得到 $\lceil n/2 \rceil$ 个长度为 2(最后一个有序序列的长度可能是 1)的有序子序列,再进行两两合并,得到 $\lceil n/4 \rceil$ 个长度为 4 的有序序列(最后一个有序序列的长度可能小于 4),……直至得到一个长度为 n 的有序序列。图 3-5 给出了一个归并排序的例子。

设对数组 r[n] 进行升序排列,归并排序的递归算法用伪代码描述如下。

归并排序 MergeSort

输入:待排序数组 r[n],待排序区间[s,t]

输出:升序序列 r[s] ~ r[t]

①如果 s 等于 t,则待排序区间只有一个记录,算法结束;

②计算划分中点:m = (s + t)/2;

③对前半个子序列 r[s] ~ r[m] 进行升序排列;

④对后半个子序列 r[m + 1] ~ r[t] 进行升序排列;

⑤合并两个升序序列 r[s] ~ r[m] 和 r[m + 1] ~ r[t]。

这个办法。这样做使得这些点及其子树中点到根的路径都大大缩短,在下次做 Find( )时可以很快。

上面这个 Union-Find 算法的时间复杂度为 $O(m\alpha(n))$,其中 $\alpha(n)$ 是随 n 增长极为缓慢的函数,因为它是随 n 增长极为迅速的 Ackermann 函数的反函数。对任何可以想象到的应用问题,$\alpha(n)$ 可认为是一个很小的常数。

用 Union-Find 算法后,Kruskal 算法可以写得更具体些。

MSTIKruskal$G(V,E)$

1　$A \leftarrow \emptyset$

2　Construct graph$T(V,A)$　　　　　//图 T 有顶点集合 V,边的集合 A

3　Sort edges of E by their weights SUCh that $e_1 \leqslant e_2 \leqslant \cdots \leqslant e_m$

　　　　　　　　　　　　　　　//边按权值排序

4　for each vertex $v \in V$

5　　　Make – Set(v)　　　　　　//初始化 T 中每个分支

6　endfor

7　for $i \leftarrow 1$ to m

8　　　Let $e_i = (u,v)$

9　　　if Find$(u) \neq$ Find(v)

10　　　　then$A \leftarrow A \cup \{e_i\}$　　　//e_i 是一条安全边

11　　　　　　Union(u,v)　　　　　//把 u 和 v 所在子树合并

12　　　endif

13　endfor

14　return graph$T(V,A)$

15　End

显然,Kruskal 算法的复杂度主要取决于排序,所以时间复杂度是 $O(m\mathrm{g}ln)$。

下面用一个例子结束对 Kruskal 算法的讨论。

【例 2-5】　用图形显示 Kruskal 算法逐步找出下面无向图的一棵最小支撑树的过程。

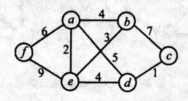

解:我们按图中边的权值从小到大逐条边地检查,并用 Kruskal 算法决定取舍。图 2-17a ~ i 逐步显示了这个过程,图中箭头指向每一步所检查的边。我们用粗线条表示该条边被选入集合 A,否则表示丢弃,最后,图 2-17 显示所有粗线条的边组成一个 MST。这个 MST 的总权值是 16。

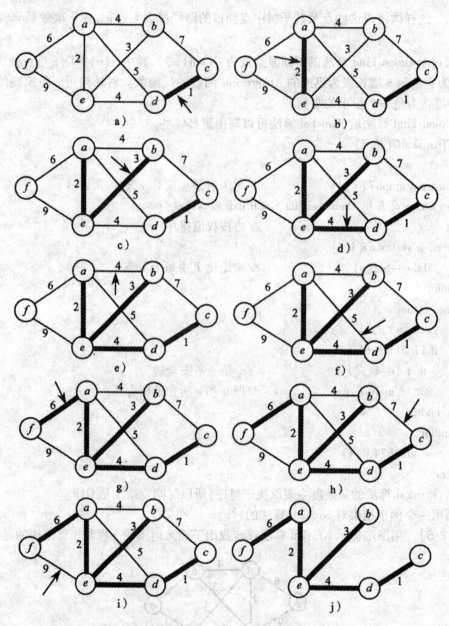

图 2-17　Kruskal 算法示例

2.6　Prim 算法

　　Prim 算法是另一个最小支撑树的算法,它也遵循通用的贪心算法的步骤,但与 Kruskal 算法不同的是,它每次找的安全边必须与当前的子图 A 中的点相关联。即子图 A 只有一个连通分支,即一棵正在逐步发展的树。开始时,我们选一个顶点 s 作为根,而边的集合 A 是空集。那么 Prim 算法是如何去找下一条安全边的呢?假设集合 A 中的边所关联的点为集合 $V(A)$,

为方便起见,我们就用 A 表示 $V(A)$。Prim 算法每次使用的割是把集合 A 中的点放在割的一边而其余顶点则放在割的另一边,即 $C = (A, V-A)$。那么,最小交叉边就一定是所有当前树 A 以外的点和 A 中点相连的边中权值最小的一条边。Prim 算法每次都这样去找安全边,根据定理 2-1,Prim 算法正确。初始时,A 中只有一个点 s。其余点都在 A 外面。

现在要讨论如何能很快找到最小交叉边。我们为每一个树 A 以外的点 v,找出一条与 v 关联的权值最小的交叉边 (u, v),记为 $d(v) = w(u, v)$,$\pi(v) = u$。意思是,A 到 v 的最小交叉边有权 $w(u, v)$,其另一端点是 A 中的点 u,称为 v 的父亲。值 $d(v)$ 亦可看做顶点 v 和树 A 的距离。显然,一条安全边就是所有树 A 以外的点中一条最小交叉边。即在集合 A 之外的点中找一个点 v 使得 $d(v) = \underset{v \in V-A}{\text{Min}} d(v)$,那么 (u, v) 就是一条安全边了,这里,$u = \pi(v)$。图 2-18 解释了这个做法。

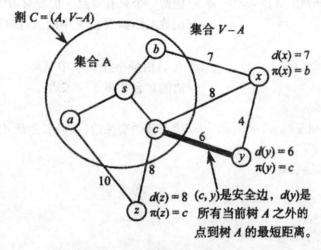

图 2-18 Prim 算法找安全边示例

图 2-18 中,集合 A 之外的点有 3 个,分别是 x, y, z。它们的最小交叉边分别是 (b, x),(c, y) 和 (c, z),并分别有权值 $d(x) = 7$,$d(y) = 6$ 和 $d(z) = 8$。因为 $d(y) = 6$ 最小,所以 (c, y) 是一条安全边,图 2-18 中用粗线条标出。

当 Prim 算法把这一条安全边 $(\pi(v), v)$ 加到树 A 上去之后,树 A 就变大了,多了一条边和一个点 v。这时,再要找下一条安全边,现在的割就不能用了。下一步用的割要包含这个新加的点 v 在 A 里边。这对 A 之外的某些点的最小交叉边会产生影响而需要改动。哪些点的最小交叉边可能会受影响呢? 正好是和点 A 相邻的那些点,即 $Adj(v)$ 中的点,因为这些点与 v 之间的边成为新的交叉边,并有可能会更小。例如,在图 2-18 中,点 y 被加到 A 中,它的邻居 x 受到影响,因为边 (y, x) 变成了一条交叉边,而且权值 4 比当前 $d(x) = 7$ 更小。所以每次把一条安全边加到 A 中后,必须对新添加到 A 的点的邻居逐一检查并做必要的更新。

为了使算法更简洁,在初始化时,所有点都在 A 外,A 是一个空集。我们用一个数据结构 Q 把所有 A 以外的点 v 组织起来,使我们能很快找到最小的 $d(v)$ 以及更新 $Adj(v)$ 中点 x 的值 $d(x)$。我们稍后讨论哪种数据结构用于 Q 比较好。一开始,置每个点 v 的 $d(v) = \infty$ 和 $\pi(v) = nil$,但置 $d(s) = 0$。这样,在后面循环中,第一个被选中的点一定是 s,因为它的 $d(s) =$

0 是最小的。这第一步作用就是把点 s 第一个选入 A 中。以后的每一步都是根据上面讨论的方法找出一条安全边。

下面是 Prim 算法的伪码。

MST-Prim$(G(V,E),w,s)$

```
1 for each v∈V                     //初始化
2       d(v)←∞
3       π(v)←nil
4 endfor
5 d(s)←0
6 A←Ø                             //边的集合为空
7 Construct graph T(V,A)          //构造一个只有顶点 V 但没有边的图
8 Q←V                             //用数据结构 Q 把 V 中的点组织起来
9 while Q≠Ø
10  u←Extract-Min(Q)              //d(u)值最小并从 Q 中剥离
11  A←A∪{(π(u),u)}               //边的集合 A 多了一条边
12  for each v∈Adj[u]
13      if v∈Q and w(u,v)<d[v]    //检查新的交叉边(u,v)并更新 d[v]
14          then d[v]←w(u,v)
15              π[v]←u
16      endif
17  endfor
18 endwhile
19 return T(V,A)
20 End
```

在我们讨论哪种数据结构用于 Q 比较好之前，先来看一个例子。我们仍用例 2-5 中的图来解释 Prim 算法是如何得到一个 MST 的。图 2-19 逐步演示了 Prim 算法的计算过程。其中，起始点是 a，子树 A 中顶点和边用粗线表示。

下面我们讨论哪种数据结构用于 Q 比较好。

（1）用数组存储 $d[\ ]$

假设顶点编号为 $1,2,\cdots,n$。显然，算法中第 9 行开始的循环部分占用主要时间。循环要进行 n 次，而每一步循环做如下两件事：

一是找出最小 $d[u]$ 值后把点 u 加入集合 A 中；

二是检查和更新点 u 的邻居。

因为是数组，找出最小 $d[u]$ 值需要 $O(n)$ 时间，所以完成第一件事所要的总时间为 n 次循环 $\times O(n)=O(n^2)$。现在看第二件事。因为检查和更新点 u 的一个邻居只需 $O(1)$ 时间，并且整个算法中对点 u 的每个邻居只检查和更新一次，所以 n 次循环中，第二件事所需总时间与图中边的个数成正比。因为边的条数不会超过 n^2，用数组作为数据结构的 Prim 算法的复杂度

是 $O(n^2)$。与 Kruskal 算法相比,各有千秋。当图中边的个数稀少时 $\left(<\dfrac{n^2}{\lg n}\right)$,Kruskal 算法占优势。

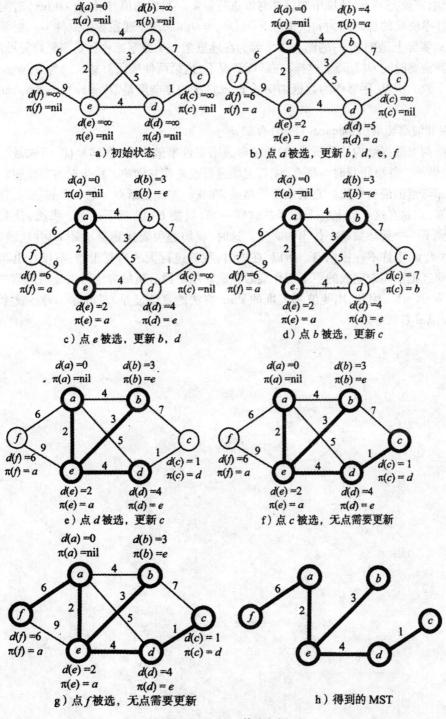

图 2-19　Prim 算法示例

（2）用堆（Heap）存储 $d[\ ]$

我们把顶点按它们的 $d[u]$ 值（$1 \leq u \leq n$），组织成一个最小堆。算法仍然需要循环 n 次，每次仍然做两件事。对第一件事，最小 $d[u]$ 可以立即在根结点那里得到。当然，把点 u 放到子树 A 中后，需要把 $d[u]$ 从堆中删除并对堆进行修复。我们知道，这需要 $O(\lg n)$ 时间。所以完成第一件事所要的总时间为 n 次循环 $\times O(\lg n) = O(n\lg n)$。现在看第二件事。更新点 u 的一个邻居 v，实际上是把 $d[v]$ 的值变小。因为在堆里把一个数字减小后是需要修复堆的，所以每一个更新需要时间 $O(\lg n)$。这样，在最坏情况下，这第二件事所需总时间为 $O(m\lg n)$，这里 m 是边的个数。所以，用堆作为数据结构的 Prim 算法的复杂度是 $O(m\lg n)$，与 Kruskal 算法打成平手。

（3）用斐波那契堆（Fibonacci Heap）存储 $d[\ ]$

对上面两个数据结构的分析可知，数组对做第二件事效率高，达到最优，而堆做第一件事有优势，但做第二件事很费时。那么，能否把堆进行改进使它做第二件事时也很快呢？这就是发明斐波那契堆的最初想法。它的主要思路是，在我们需要更新点 u 的一个邻居时，我们不对堆进行修复，只是在这个点上打上记号。这样一来，只要 $O(1)$ 就可以了。那么，什么时候修复呢？等到下一个循环做第一件事的时候。这时，我们必须要找到最小 $d[u]$ 并从堆里删除。这时，最小 $d[u]$ 也许不在根结点。所以，在这时，我们进行大的修复工作，不仅找出和删除最小 $d[u]$，而且把前面未完成的更新工作最后完成。用平摊分析的方法可以证明这第二件事所需总时间为 $O(m)$。因此，用斐波那契堆的 Prim 算法的复杂度是 $O(n\lg n + m)$。这个复杂度当然比 Kruskal 算法好。

第 3 章　递归与分治策略分析

3.1　递归的调用与应用

递归是算法设计中的一种重要的方法。递归方法即通过函数或过程调用自身将问题转化为本质相同但规模较小的子问题。递归方法具有易于描述和理解、证明简单等优点,在动态规划、贪心算法、回溯法等诸多算法中都有着极为广泛的应用,是许多复杂算法的基础。递归方法中所使用的"分而治之"的策略称为分治策略。

3.1.1　递归与递归调用

一个函数在它的函数体内调用它自身称为递归(recursion)调用。是一个过程或函数在其定义或说明中直接或间接调用自身的一种方法,通常把一个大型复杂的问题层层转化为一个与原问题相似的规模较小的问题来求解。递归策略只需少量的程序就可描述出解题过程所需要的多次重复计算,大大地减少了程序的代码量。递归的能力在于用有限的语句来定义对象的无限集合。用递归思想写出的程序往往十分简洁易懂。一般来说,递归需要有边界条件、递归前进段和递归返回段。当边界条件不满足时,递归前进;当边界条件满足时,递归返回。

使用递归要注意以下几点。

①递归就是在过程或函数里调用自身;

②在使用递增归策略时,必须有一个明确的递归结束条件,称为递归出口递归和分治是相统一的,递归算法中含有分治思想,分治算法中也常用递归算法。

例如有函数 r,如下:

```
int r(int a)
{
  b = r(a - 1);
  return b;
}
```

这个函数是一个递归函数,但是运行该函数将无休止地调用其自身,这显然是不正确的。为了防止递归调用无终止地进行,必须在函数内有终止递归调用的手段。常用的办法是加条件判断,满足某种条件后就不再作递归调用,然后逐层返回。

构造递归方法的关键在于建立递归关系。这里的递归关系可以是递归描述的,也可以是递推描述的。

3.1.2　递归应用

下面举例说明递归设计的简单应用。

【例3-1】 用递归法计算,$n!$。

$n!$ 的计算是一个典型的递归问题。使用递归方法来描述程序,十分简单且易于理解。

(1)描述递归关系

递归关系是这样的一种关系。设 $\{U_1,U_2,U_3,\cdots,U_n,\cdots\}$ 是一个序列,如果从某一项 k 开始,U_n 和它之前的若干项之间存在一种只与 n 有关的关系,这便称为递归关系。

注意到,当 $n\geq1$ 时,$n!=n*(n-1)!$($n=0$ 时,$0!=1$),这就是一种递归关系。对于特定的 $k!$,它只与 k 与 $(k-1)!$ 有关。

(2)确定递归边界

在(1)的递归关系中,对大于 k 的 U_n 的求解将最终归结为对 U_k 的求解。这里的 U_k 称为递归边界(或递归出口)。在本例中,递归边界为 $k=0$,即 $0!=1$。对于任意给定的 $N!$,程序将最终求解到 $0!$。

确定递归边界十分重要,如果没有确定递归边界,将导致程序无限递归而引起死循环。例如以下程序:

```
#include < stdio. h >
int f( int x) {
   retum( f( x –1) );
}
main( ) {
printf( f( 5) );
}
```

它没有规定递归边界,运行时将无限循环,会导致错误。

(3)写出递归函数并译为代码

将(1)和(2)中的递归关系与边界统一起来用数学语言来表示,即

$$n!=n*(n-1)! \qquad 当 n\geq1 时$$
$$n!=1 \qquad 当 n=0 时$$

再将这种关系翻译为代码,即一个函数:

```
long ff( int n) {
long f;
if( n <0) primf( "n <0,input error" );
else if( n == 0||n == 1) f =1;
     else f = ff( n –1) * n;
return( f) ;
}
```

(4)完善程序

主要的递归函数已经完成,将程序依题意补充完整即可。

```
#include < stdio – h >
long ff( int n) {
long f;
```

```
if(n<0)printf("n<0,input error");
else if(n==0||n==1)f=1;
    else f=ff(n-1)*n;
return(f);
}
Void main()
{int n;
    long y;
    printf("\n input a integer number:\n");
scanf("%d"&n);
y=ff(n);
printf("%d!=%1d",n,y);
}
```

程序中给出的函数 ff 是一个递归函数。主函数调用 ff 后即进入函数 ff 执行,如果 $n<0$,$n==0$ 或 $n=1$ 时都将结束函数的执行,否则就递归调用 ff 函数自身。由于每次递归调用的实参为 $n-1$,即把 $n-1$ 的值赋予形参 n,最后当 $n-1$ 的值为 1 时再作递归调用,形参 n 的值也为 1,将使递归终止,然后可逐层退回。

下面我们再举例说明该过程。设执行本程序时输入为 5,即求 5!。在主函数中的调用语句即为 $y=ff(5)$,进入 ff 函数后,由于 $n=5$,不等于 0 或 1,故应执行 $f=ff(n-1)*n$,即 $f=ff(5-1)*5$。该语句对 ff 作递归调用即 $ff(4)$。递归分为递推和回归,展开结果如图 3-1 所示。

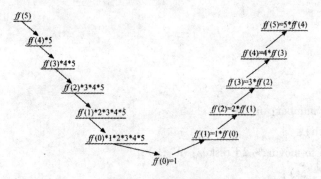

图 3-1 递归展开图

进行 4 次递归调用后,ff 函数形参取得的值变为 1,故不再继续递归调用而开始逐层返回主调函数。$ff(1)$ 的函数返回值为 1,$ff(2)$ 的返回值为 $1*2=2$,$ff(3)$ 的返回值为 $2*3=6$,$ff(4)$ 的返回值为 $6*4=24$,最后返回值 $ff(5)$ 为 $24*5=120$。

综上,得出构造一个递归方法基本步骤,即描述递归关系、确定递归边界、写出递归函数并译为代码,最后将程序完善。

以上例 3-1 也可以不用递归的方法来完成。如可以用递推法,即从 1 开始乘以 2,再乘以 3……直到 n。递推法比递归法更容易理解和实现。但是有些问题则只能用递归算法才能实现。典型的问题是 Hanoi 塔问题。

【例3-2】 一块板上有三根针,A、B、C。A针上套有 n 个大小不等的圆盘,大的在下,小的在上。要把这 n 个圆盘从 A 针移动 c 针上,每次只能移动一个圆盘,移动可以借助 B 针进行。但在任何时候,任何针上的圆盘都必须保持大盘在下,小盘在上。从键盘输入 n,要求给出移动的次数和方案。

解: 由圆盘的个数建立递归关系。当 $n=1$ 时,只要将唯一的圆盘从 A 移到 C 即可。当 $n>1$ 时,只要把较小的 $(n-1)$ 片按移动规则从 A 移到 B,再将剩下的最大的从 A 移到 C(即中间"借助"B 把圆盘从 A 移到 C),再将 B 上的 $(n-1)$ 个圆盘按照规则从 B 移到 C(中间"借助"A)。

本题的特点在于不容易用数学语言写出具体的递归函数,但递归关系明显,仍可用递归方法求解。代码如下:

```
#include < stdio. h >
hanoi( int n,int x,int y,int z)
{
    if( n ==1)
    printf( "% C -->% c\n",x,z);
    else
    {
    hanoi( n-1,x,z,y);
    printf( "% C -->% c\n",x,z);
    hanoi( n-1,y,x,z);
    }
}
void main( )
{
int h;
printf( " \ninput number: \n" );
scanf( "% d" ,&h);
printf( " the step to moving% 2d diskes: \n" ,h);
hanoi( h,'a','b','c');
}
```

从程序中可以看出,hanoi 函数是一个递归函数,它有四个形参 n、x、y、z。n 表示圆盘数,x、y、z 分别表示三根针。hanoi 函数的功能是把 x 上的 n 个圆盘移动到 z 上。当 $n=1$ 时,直接把 x 上的圆盘移至 z 上,输出 $x-->z$。如 $n-1$ 则分为三步:递归调用 move 函数,把 $n-1$ 个圆盘从 x 移到 y;输出 $x-->z$;递归调用 move 函数,把 $n-1$ 个圆盘从 y 移到 z。在递归调用过程中 $n=n-1$,故 n 的值逐次递减,最后 $n=1$ 时,终止递归,逐层返回。当 $n=4$ 时程序运行的结果为:

input number:4

the step to moving 4 diskes:

a——>b	a——>C	b——>c	a——>b	c——>a	c——>b
a——>b	a——>c	b——>c	b——>a	c——>a	b——>c
a——>b	a——>c	b——>c			

上述的两个示例中都应用了函数的递归调用，并且使问题变得简单，算法的复杂度也不高，但并不是所有的问题都用递归可以简化问题，如下例。

【例 3-3】　将正整数 s 表示成一系列正整数之和，$n = n1 + n2 + \cdots + nk$，其中 $n1 > n2 > \cdots > nk$　$k >= 1$。正整数 s 的不同划分个数称为 s 的划分数，记为 $p(s)$。例如 6 有 11 种不同的划分，所以 $p(6) = 11$，分别是：

6；　5 + 1；　4 + 2；　4 + 1 + 1；　3 + 3；　3 + 2 + 1；3 + 1 + 1 + 1；

2 + 2 + 2；　2 + 2 + 1 + 1；　2 + 1 + 1 + 1 + 1；　1 + 1 + 1 + 1 + 1 + 1。

应用递归设计求整数 s 的拆分数。

（1）递归算法设计

设 n 的"最大零数不超过 m"的拆分式个数为 $q(n,m)$，则

$$q(n,m) = 1 + q(n,n-1) \quad (n = m)$$

等式右边的"1"表示 n 只包含等于 n 本身；$q(n,n-1)$ 表示 n 的所有其他拆分，即最大零数不超过 $n-1$ 的拆分。

$$q(n,m) = q(n,m-1) + q(n-m,m) \quad (1 < m < n)$$

其中 $q(n,m-1)$ 表示零数中不包含 m 的拆分式数目；$q(n-m,m)$ 表示零数中包含 m 的拆分数目，因为如果确定了一个拆分的零数中包含 m，则剩下的部分就是对 $n-m$ 进行不超过 m 的拆分。

加入递归的停止条件。第一个停止条件：$q(n,1) = 1$，表示当最大的零数是 1 时，该整数 n 只有一种拆分，即 n 个 1 相加。第二个停止条件：$q(1,m) = 1$，表示整数 $n = 1$ 只有一个拆分，不管上限 m 是多大。

（2）递归程序实现

```
/* 整数拆分递归计数 */
#include < stdio. h >
long q( int n,int m)           /* 定义递归函数 q(n,m) */
{if( n <1 Ⅱ m <1)return O;
if( n == 1 ‖ m == 1)return 1;
if( n < m)return q(n,n);
if( n = in)return q(n,m-1) +1;
return q(n,m-1) + q(n-m,m);
    }
void main( )
{int z,s;                      /* 调用递归函数 q(s,s) */
printf( "请输入 s:");scanf( "% d",&s);
printf( "p(% d) = % 1d\n",s,q(s,s));
}
```

（3）程序运行示例与说明

运行程序，输入 20，

    p(20) = 627

以上程序计算 s 的划分数，分别多次调用 $q(1,1)$，…，$q(s-1,s-1)$，这样的程序会造成子问题重复计算，所以复杂度较高。要将递归算法改写为效率较高的递推，将在下两章介绍。

3.2 分治策略的设计思想

3.2.1 分治法基本思想

分治法（Divide and Conquer）是一种用得较多的有效方法，它的基本思想是将问题分解成若干子问题，然后求解子问题。子问题较原问题要容易些，先得出子问题的解，由此得出原问题的解，就是所谓"分而治之"的思想，在上面的递归方法介绍中所使用的"分而治之"的策略称为分治策略。

"分而治之"的思想经常应用于现实生活中，对于求解一个复杂的问题或一个较大的问题，经过系统地分析，将其划分成一些简单问题或较小问题进行解决。当这些子问题解决后，把他们的解联结起来，得到原问题的解。

在算法设计中，首先对求解问题进行系统的分析，之后将其分解成若干性质相同的子问题，所得结果称为求解子集，再对这些求解子集分别处理。如果某些子集还需分而治之，再递归的使用上述方法，直到求解子集不需要再细分为止。最后归并子集的解即得原问题的解。

宏观的看，分治法可以划分成问题的分解和子集解的合并两个过程，如图 3-2 所示。

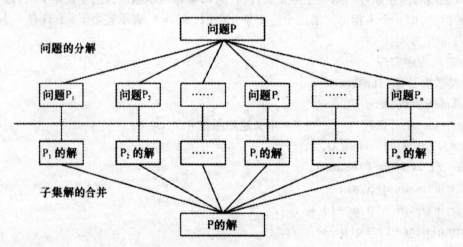

图 3-2　分治算法设计过程图

因而对分治法算法设计过程可以如下描述：

设原问题输入为 $a[n]$，简记为 $(1,n)$；

子问题输入为 $a[p] \rightarrow a[q]$，$1 \leqslant p \leqslant q \leqslant n$，简记为 (p,q)。

已知：

SOLUTION；

int divide(int,int)；

int small(int,int)；

SOLUTION conquer(int,int)；

SOLUTION combine(SOLUTION,SOLUTlON)；

分治法的抽象控制算法为：

```
SOLUTION DandC(p,q)/ * divide and conquer * /
{
if( small( p,q ) )
return conquer( p,q )；
else
{
m = divide( p,q )；
return combine( DandC( p,m ),DandC( m + 1,q ) )；
}
}
```

3.2.2　分治算法设计方法和特点

分治法求解思想可以从下面的一个实例的求解中体现：

【例3-4】　在含有 n 个不同元素的集合 $a[n]$ 中同时找出它的最大和最小元素。不妨设 $n = 2^m,m \geqslant 0$。

对求 n 个数的最大和最小，可以设计出许多种算法，这里使用分治法设计求解。

1. 直接搜索

```
StraitScareh( n,&max,&min )
{ * max = * min = a[0]；
    for( i = 1;i < n;i ++ )              / * 语句1 * /
    {   if( a[i] > * max ) * max = a[i]；
    if( a[i] < * min ) * min = a[i]；
    }
}
```

其中比较次数为 $2(n - 1)$；

如果我们将 StraitSearch( ) 函数种语句1改写成

if(a[i] > ,lcmaX), * max = a[i]；

else if(a[i] < * min) * min = a[i]；

则有：

最好情况比较次数为 $n - 1$,最坏情况比较次数为 $2(n - 1)$,平均情况比较次数为 $3/2(n - 1)$。

2. 分治法

集合只有一个元素时：

```
* max = * min = a[i];
```
集合只有两个元素时：
```
if( a[i] < a[j] ){ * max = a[j]; * min = a[i];}
else{ * max = a[i]; * min = a[j];}
```
集合中有更多元素时,将原集合分解成两个子集,分别求两个子集的最大和最小元素,再合并结果。

算法如下：
```
typedef struct{
Elem Type max;
Elem Type min;
}SOLUTION;
SOLUTION MaxMin(i,j)
{
SOLUTION s,s1,s2;
    if( i == j ){s. max = s. min = a[i];remms;}
if( i == j - 1)
{    if( a[i] < a[j] ){s. max = a[j]; s. min = a[i];}
else{s. max = a[i]; s. min = a[j];}
return s;
}
k = ( i + j )/2;
s1 = MaxMin(i,k); s2 = MaxMin(k + 1,j);
( s1. max > = s2. max)? ( s. max = s1. max):( s. max = s2. maX);
( s1. min < = s2. min)? ( s. min = s1. rain):( s. min = s2. min);
return S;
}
```

输入一组数 a = {22,10,60,78,45,51,8,36},调用 MaxMin 函数,划分区间,区间划分将一直进行到只含有 1 个或 2 个元素时为止,然后求子解,并返回。上述算法执行流程如图 3-3 所示。

通过对例 3-4 执行过程的分析,可以得出分治算法设计的两个基本特征。

①分治法求解子集是规模相同、求解过程相同的实际问题的分解。

②求解过程反复使用相同的求解子集来实现的,这种过程可以使用递归函数来实现算法,也可以使用循环。用分治法设计出来的程序一般是一个递归算法,因而例 3-4 中是用递归来实现的。

3.2.3 分治法的时间复杂度

算法的时间复杂度是衡量一个算法优劣的重要指标,在分治的过程中,一般采用的算法是一个递归算法,因而分治法的计算效率在于在递归的求解过程中的时间消耗。

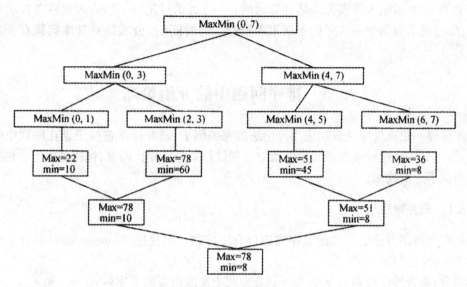

图 3-3　MaxMin 算法执行过程图

对例 3-4 中 MaxMin 过程的性能分析(仅考虑算法中的比较运算),则计算时间 $T(n)$ 为:

$$T(n) = \begin{cases} 0 & n = 1 \\ 1 & n = 2 \\ T(\lfloor n/2 \rfloor) + T(\lceil n/2 \rceil) & n > 2 \end{cases}$$

当 n 是 2 的幂时($n = 2k$),化简上式有:

$$\begin{aligned} T(n) &= 2(n/2) + 2 \\ &= 2(2T(n/4) + 2) + 2 \\ &= 2k - 1 T(2) + \\ &= 2k - 1 + 2k - 2 \\ &= 3n/2 - 2 \end{aligned}$$

性能比较:

(1)与 StraitS earch 算法相比,比较次数减少了 25% ($3n/2 - 2 : 2n - 2$),已经达到了以元素比较为基础的找最大最小元素的算法计算时间的下界。

(2)递归调用存在以下几个问题。

①空间占用量大。

有 $\lfloor \log n \rfloor + 1$ 级的递归;

入栈参数有 i、j、$fmax$、$fmin$ 和返回地址 5 个值。

②时间可能不比预计的理想。

当元素 $A(i)$ 和 $A(j)$ 的比较与 i 和 j 的比较在时间上相差不大时,算法 MaXMin 不可取。

因为分治法设计算法的递归特性,所以若将原问题所分成的两个子问题的规模大致相等,则总的计算时间可用递归关系式表示如下:

$$T(n) = \begin{cases} g(n) & n \text{ 足够小} \\ 2T(n/2) + f(n) & \text{否则} \end{cases}$$

其中 $T(n)$ 表示输入规模为 n 的计算时间；$g(n)$ 表示对足够小的输入规模直接求解的计算时间；$f(n)$ 表示对两个子区间的子结果进行合并的时间（该公式针对具体问题有各种不同的变形）。

3.3　排序问题中的分治策略

归并排序和快速排序是成功应用分治法的完美例子，归并排序按照记录在序列中的位置对序列进行划分，快速排序按照记录的值对序列进行划分。相比而言，快速排序以一种更巧妙的方式实现了分治技术。

3.3.1　归并排序

应用归并排序方法对一个记录序列进行升序排列。归并排序（merge sort）的分治策略如图 3-4 所示，描述如下。

①划分：将待排序序列 $r_1, r_2, \cdots, r_n$ 划分为两个长度相等的子序列 $r_1 \cdots r_{n/2}$ 和 $r_{n/2+1}, \cdots, r_n$。

②求解子问题：分别对这两个子序列进行排序，得到两个有序子序列。

③合并：将这两个有序子序列合并成一个有序序列。

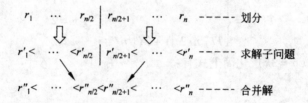

图 3-4　归并排序的分治思想

归并排序首先执行划分过程，将序列划分为两个子序列，如果子序列的长度为 1，则划分结束，否则继续执行划分，结果将具有 n 个待排序的记录序列划分为 n 个长度为 1 的有序子序列；然后进行两两合并，得到 $\lceil n/2 \rceil$ 个长度为 2（最后一个有序序列的长度可能是 1）的有序子序列，再进行两两合并，得到 $\lceil n/4 \rceil$ 个长度为 4 的有序序列（最后一个有序序列的长度可能小于 4），……直至得到一个长度为 n 的有序序列。图 3-5 给出了一个归并排序的例子。

设对数组 $r[n]$ 进行升序排列，归并排序的递归算法用伪代码描述如下。

归并排序 MergeSort

输入：待排序数组 $r[n]$，待排序区间 $[s, t]$

输出：升序序列 $r[s] \sim r[t]$

①如果 s 等于 t，则待排序区间只有一个记录，算法结束；

②计算划分中点：$m = (s + t)/2$；

③对前半个子序列 $r[s] \sim r[m]$ 进行升序排列；

④对后半个子序列 $r[m+1] \sim r[t]$ 进行升序排列；

⑤合并两个升序序列 $r[s] \sim r[m]$ 和 $r[m+1] \sim r[t]$。

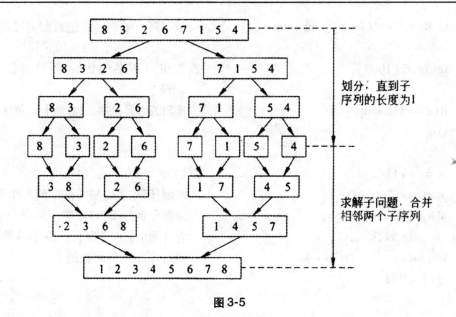

图 3-5

设待排序记录个数为 n，则执行一趟合并算法的时间复杂性为 $O(n)$，所以，归并排序算法存在如下递推式：

归并排序的时间代价是 $O(n\text{long}_2 n)$。

归并排序的合并步需要将两个相邻的有序子序列合并为一个有序序列，在合并过程中可能会破坏原来的有序序列，所以，合并不能就地进行。归并排序需要与待排序记录序列同样数量的存储空间，以便存放归并结果，因此其空间复杂性为 $O(n)$。

设将两个相邻的有序子序列 r[s] ~ r[m] 和 r[m+1] ~ r[t] 合并为一个有序序列 r1[s] ~ r1[t]，函数 Merge 实现合并操作。归并排序算法用 C++语言描述如下：

```
void Me rge(int r[ ],int r 1[ ],int s,int m,int t)    //合并子序列
{
    i nt i = s,   j = m + 1,k = s;
    while(i < = m&&j < = t)
    {
    if(r[i] < = r[j])r1[k ++ ] = r[i ++ ];       //取 r[i]和 r[j]中较小者放入 r1[k]
    else r1[k ++ ] = r[j ++ ];
    }
    while(i < = m)                               //若第一个子序列没处理完,则进行收尾
                                                   处理
    r 1[k ++ ] = r[i ++ ];
    whil e(j < = t)                              //若第二个子序列没处理完,则进行收尾
                                                   处理
    r1[k ++ ] = r[j ++ ];
}
```

```
void Me rge sort(int r[ ],int s,int t)          //对序列 r[s] ~ r[t]进行归并排序
{
    int m,r1[1000];                             //数组 r1 是临时数组,假设最多 1000 个
                                                  记录
    if(s==t)return;                             //递归的边界条件,只有一个记录,已经有序
    else
    {
        m=(s+t)/2;                              //划分
        Mergesort(r,s,m);                       //求解子问题 1,归并排序前半个子序列
        Mergesort(r,m+1,t);                     //求解子问题 2,归并排序后半个子序列
        Merge(r,r1,s,m,t);                      //合并两个有序子序列,结果存在数组 r1 中
        for(int i=s,i<=t;i++)                   //将有序序列传回数组 r 中
        r[i]=r1[i];
    }
}
```

3.3.2 快速排序

应用快速排序方法对一个记录序列进行升序排列。快速排序(quick sort)的分治策略如下,如图 3-6 所示。

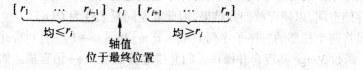

图 3-6 快速排序的分治思想

①划分:选定一个记录作为轴值,以轴值为基准将整个序列划分为两个子序列 $r_1 \cdots r_{i-1}$ 和 $r_{i+1} \cdots r_n$,轴值的位置 i 在划分的过程中确定,并且前一个子序列中的记录均小于或等于轴值,后一个子序列中的记录均大于或等于轴值。

②求解子问题:分别对划分后的每一个子序列递归处理。

③合并:由于对子序列 $r_1 \cdots r_{i-1}$ 和 $r_{i+1} \cdots r_n$ 的排序是就地进行的,所以合并不需要执行任何操作。

首先对待排序记录序列进行划分,划分的轴值应该遵循平衡子问题的原则,使划分后的两个子序列的长度尽量相等,这是决定快速排序算法时间性能的关键。轴值的选择有很多方法,例如,可以随机选出一个记录作为轴值,从而期望划分是较平衡的。

假设以第一个记录作为轴值,图 3-7 给出了一个划分的例子(黑体代表轴值)。

以轴值为基准将待排序序列划分为两个子序列后,对每一个子序列分别递归进行处理。图 3-8 所示是一个快速排序的完整的例子。

设函数 Partition 实现对序列 r[first] ~ r[end]进行划分,快速排序对各个子序列的排序是

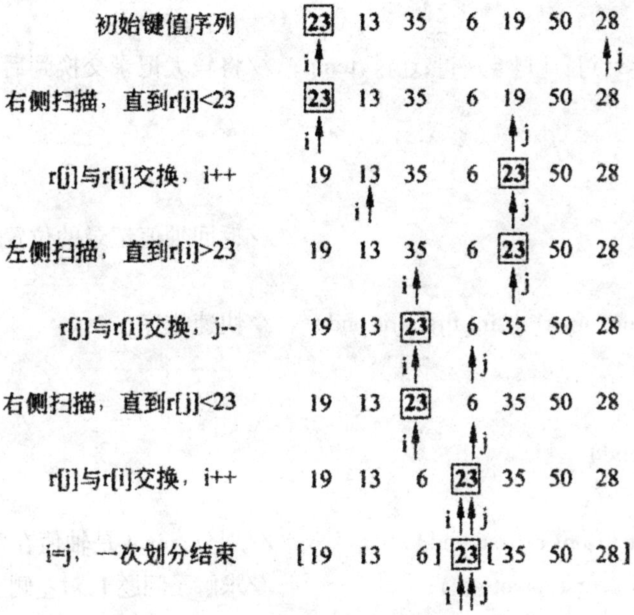

```
初始键值序列          23  13  35  6  19  50  28
                     i↑                      ↑j

右侧扫描，直到r[j]<23    23  13  35  6  19  50  28
                     i↑              ↑j

r[j]与r[i]交换，i++     19  13  35  6  23  50  28
                        i↑          ↑j

左侧扫描，直到r[i]>23    19  13  35  6  23  50  28
                            i↑      ↑j

r[j]与r[i]交换，j--     19  13  23  6  35  50  28
                            i↑    ↑j

右侧扫描，直到r[j]<23    19  13  23  6  35  50  28
                            i↑  ↑j

r[j]与r[i]交换，i++     19  13  6  23  35  50  28
                               i↑j

i=j，一次划分结束     [19  13  6]  23 [35  50  28]
                               i↑j
```

图 3-7　一次划分的过程示例

```
初始键值序列          23  13  35  6  19  50  28
一次划分之后        [19  13  6]  23 [35  50  28]
分别进行快序排序    [6  13]  19  23 [28]  35 [50]
                    6 [13]  19  23  28  35  50
最终结果            6  13  19  23  28  35  50
```

图 3-8　快速排序的执行过程

就地进行，不需要合并子问题的解。快速排序算法用 C++ 语言描述如下：

```cpp
int Partition( int r[ ],int first,int end)          //划分
{
    int i = fi r st,j = end;                        //初始化待划分区间
    while( i < j )
    {
        whi l e( i < j&&r[ i ] < = r[ j ] )j - - ;   //右侧扫描
        i f   ( i < j )
        {
            int temp = r[ i ];r[ i ]:r[ j ];r[ j ] = temp;   //将较小记录交换到前面
            i ++ ;
        }
        whi l e( i < j&&r[ i ] < = r[ j ] )i ++ ;    //左侧扫描
        i f   ( i < j )
```

```
        {
            i nt temp = r[i];r[i] = r[j];r[j]:temp;    //将较大记录交换到后面
            j -- ;
        }
    }
    return i;                              //返回轴值记录的位置
}
Void Quicks ort( int r[ ] ,int first,int end)     //快速排序
{
    int pivot;
    if( firs t < end)
    {
        pivot = Part iti on(r,first,end);      //划分,pivot 是轴值在序列中的位置
        Quicks ort( r,first,pivot – 1);        //求解子问题1,对左侧子序列进行快速排序
        Quicks ort( r,pivot + 1 ,end);         //求解子问题2,对右侧子序列进行快速排序
    }
}
```

最好情况下,每次划分对一个记录定位后,该记录的左侧子序列与右侧子序列的长度相同。在具有 n 个记录的序列中,一次划分需要对整个待划分序列扫描一遍,则所需时间为 $O(n)$。设 $T(n)$ 是对 n 个记录的序列进行排序的时间,每次划分后,正好把待划分区间划分为长度相等的两个子序列,则有:

$$T(n) = 2T(n/2) + n = 2(2T(n/4) + n/2)) + n = 4T(n/4) + 2n$$
$$= 4(2T(n/8) + n/4) + 2n = 8T(n/8) + 3n$$
$$\vdots$$
$$= nT(1) + n\log2 n = O(n\log2 n)$$

最坏情况下,待排序记录序列正序或逆序,每次划分只得到一个比上一次划分少一个记录的子序列(另一个子序列为空)。此时,必须经过 $n-1$ 次递归调用才能把所有记录定位,而且第 i 趟划分需要经过 $n-i$ 次比较才能找到第 i 个记录的位置,因此,时间复杂性为:

$$\sum_{i=1}^{n-1} (n-i) = \frac{1}{2} n(n-1) = O(n^2)$$

平均情况下,设轴值记录的关键码第 k 小 $(1 \leqslant k \leqslant n)$,则有:

$$T(n) = \frac{1}{n} \sum_{k=1}^{n} (T(n-k) + T(k-1)) + n = \frac{2}{n} \sum_{k=1}^{n} T(k) + n$$

这是快速排序的平均时间性能,可以用归纳法证明,其数量级也为 $O(n\log_2 n)$。

由于快速排序是递归执行的,需要一个栈来存放每一层递归调用的必要信息,其最大容量应与递归调用的深度一致。最好情况下要进行 $|\log_2 n|$ 次递归调用,栈的深度为 $O(\log_2 n)$;最坏情况下,因为要进行 $n-1$ 次递归调用,所以,栈的深度为 $O(n)$;平均情况下,栈的深度为 O

$(\log_2 n)$。

3.4　大整数乘法

通常,在分析算法的计算复杂性时,都将加法和乘法运算当作基本运算来处理,即将执行一次加法或乘法运算所需的计算时间,当作一个仅取决于计算机硬件处理速度的常数。这个假定仅在参加运算的整数能在计算机硬件对整数的表示范围内直接处理时才是合理的。然而,在某些情况下,要处理很大的整数,它无法在计算机硬件能直接表示的整数范围内进行处理。若用浮点数来表示它,则只能近似地表示它的大小,计算结果中的有效数字也受到限制。若要精确地表示大整数并在计算结果中要求精确地得到所有位数上的数字,就必须用软件的方法来实现大整数的算术运算。

设 X 和 Y 都是 n 位的二进制整数,现在要计算它们的乘积 XY。可以用小学所学的方法来设计计算乘积 XY 的算法,但是这样做计算步骤太多,效率较低。如果将每 2 个 1 位数的乘法或加法看作一步运算,那么这种方法要进行 $O(n^2)$ 步运算才能算出乘积 XY。下面用分治法来设计更有效的大整数乘积算法。

将 n 位二进制整数 X 和 Y 都分为 2 段,每段的长为 $n/2$ 位(为简单起见,假设 n 是 2 的幂),如图 3-9 所示。

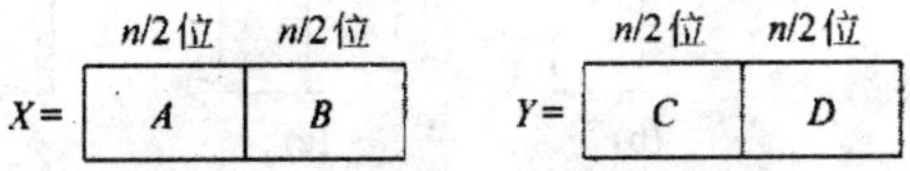

图 3-9　大整数 X 和 Y 的分段

由此,$X = A2^{n/2} + B$,$Y = C2^{n/2} + D$,X 和 Y 的乘积为,

$$XY = (A2^{n/2} + B)(C2^{n/2} + D) = AC2^n + (AD + CB)2^{n/2} + BD$$

如果按此式计算 XY,则必须进行 4 次 $n/2$ 位整数的乘法(AC,AD,BC 和 BD),以及 3 次不超过 $2n$ 位的整数加法(分别对应于式中的加号),此外还要进行 2 次移位(分别对应于式中乘 $2n$ 和乘 $2n/2$)。所有这些加法和移位共用 $O(n)$ 步运算。设 $T(n)$ 是 2 个 n 位整数相乘所需的运算总数,则有

$$T(n) = \begin{cases} O(1) & n = 1 \\ 4T(n/2) + O(n) & n > 1 \end{cases}$$

由此可得 $T(n) = O(n2)$。因此,直接用此式来计算 X 和 Y 的乘积并不比小学生的方法更有效。要想改进算法的计算复杂性,必须减少乘法次数。下面把 XY 写成另一种形式

$$XY = AC2^n + ((A - B)(D - C) + AC + BD)2^{n/2} + BD$$

此式看起来似乎更复杂些,但它仅需做 3 次 $n/2$ 位整数的乘法(AC,BD 和 $(A - B)(D - C)$),6 次加、减法和 2 次移位。由此可得

$$T(n) = \begin{cases} O(1) & n = 1 \\ 3T(n/2) + O(n) & n > 1 \end{cases}$$

容易求得其解为 $T(n) = O(n^{\log 3}) = O(n^{1.59})$。这是一个较大的改进。

上述二进制大整数乘法同样可应用于十进制大整数的乘法以减少乘法次数,提高算法效率。

3.5 棋盘覆盖问题

在一个 $2^k \times 2^k$ 个方格组成的棋盘中,恰有一个方格与其他方格不同,称该方格为一特殊方格,且称该棋盘为一特殊棋盘。显然,特殊方格在棋盘上出现的位置有 4^k 种情形。因而对任何 $k \geqslant 0$,有 4^k 种不同的特殊棋盘。图 3-10 中的特殊棋盘是当 $k = 2$ 时 16 个特殊棋盘中的一个。

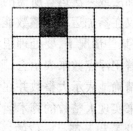

图 3-10 $k = 2$ 时的一个特殊棋盘

在棋盘覆盖问题中,要用图 3-11 所示的 4 种不同形态的 L 型骨牌覆盖给定的特殊棋盘上除特殊方格以外的所有方格,且任何 2 个 L 型骨牌不得重叠覆盖。易知,在任何一个 $2^k \times 2^k$ 的棋盘覆盖中,用到的 L 型骨牌个数恰为 $(4^k - 1)/3$。

用分治策略,可以设计出解棋盘覆盖问题的简洁算法。

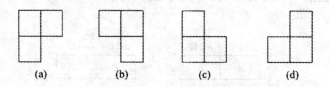

(a)   (b)   (c)   (d)

图 3-11 4 种不同形态的 L 型骨牌

当 $k > 0$ 时,将 $2^k \times 2^k$ 棋盘分割为 4 个 $2^{k-1} \times 2^{k-1}$ 子棋盘,如图 3-12(a)所示。

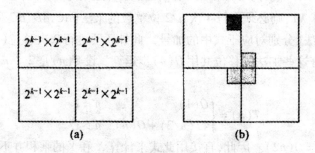

(a)   (b)

图 3-12 棋盘分割

特殊方格必位于 4 个较小子棋盘之一中,其余 3 个子棋盘中无特殊方格。为了将这 3 个无特殊方格的子棋盘转化为特殊棋盘,可以用一个 L 型骨牌覆盖这 3 个较小棋盘的会合处,如图 3-12(b)所示,这 3 个子棋盘上被 L 型骨牌覆盖的方格就成为该棋盘上的特殊方格,从而将原问题转化为 4 个较小规模的棋盘覆盖问题。递归地使用这种分割,直至棋盘简化为 1×1 棋盘。

实现这种分治策略的算法 chessBoard 可实现如下:

```
public void chessBoard(int tr,int tc,int dr,int dc,int size)
{
    if(size == 1)return;
    int t = tile ++ ,                        //L型骨牌号
        s = size/2;                          //分割棋盘
//覆盖左上角子棋盘
    if(dr < tr + s && dc < tc + s)
//特殊方格在此棋盘中
        chessBoard(tr,tc,dr,dc,s);
        else{//此棋盘中无特殊方格
//用t号L型骨牌覆盖右下角
        board[tr + s - 1][tc + s - 1] = t;
//覆盖其余方格
        chessBoard(tr,tc,tr + s - 1,tc + s - 1,s);}
//覆盖右上角子棋盘
    if(dr < tr + s && dc > = tc + s)
//特殊方格在此棋盘中
        chessBoard(tr,tc + s,dr,dc,s);
        else{//此棋盘中无特殊方格
//用t号L型骨牌覆盖左下角
        board[tr + s - 1][tc + s] = t;
//覆盖其余方格
        chessBoard(tr,tc + s,tr + s - 1,tc + s,s);}
//覆盖左下角子棋盘
    if(dr > = tr + s && dc < tc + s)
//特殊方格在此棋盘中
        chessBoard(tr + s,tc,dr,dc,s);
        else{//用t号L型骨牌覆盖右上角
        board[tr + s][tc + s - 1] = t;
//覆盖其余方格
        chessBoard(tr + s,tc,tr + s,tc + s - 1,s);}
//覆盖右下角子棋盘
    if(dr > = tr + s && dc > = tc + s)
//特殊方格在此棋盘中
        chessBoard(tr + s,tc + s,dr,dc,s);
        else{//用t号L型骨牌覆盖左上角
        board[tr + s][tc + s] = t;
```

//覆盖其余方格
        chessBoard(tr + s,tc + s,tr + s,tc + s,s) ;)
}

上述算法中,用整型数组 board 表示棋盘。board[0][0]是棋盘的左上角方格。tile 是算法中的一个全局整型变量,用来表示 L 型骨牌的编号,其初始值为 0。算法的输入参数如下:

tr:棋盘左上角方格的行号;

tc:棋盘左上角方格的列号;

dr:特殊方格所在的行号;

dc:特殊方格所在的列号;

size:2^k,棋盘规格为 $2^k \times 2^k$。

设 $T(k)$ 是算法 chessBoard 覆盖一个 $2^k \times 2^k$ 棋盘所需的时间。从算法的分割策略可知,$T(k)$满足如下递归方程解此递归方程可得 $T(k) = O(4^k)$。由于覆盖 $2^k \times 2^k$ 志棋盘所需的 L 型骨牌个数为$(4^k - 1)/3$,故算法 chessBoard 是一个在渐近意义下最优的算法。

第4章　动态规划法的设计与分析

4.1　动态规划法的一般方法与求解步骤

动态规划是运筹学的一个分支,是求解决策过程最优化的数学方法。20 世纪 50 年代英国数学家贝尔曼(Rechard Bellman)等人在研究多阶段决策过程的优化问题时,提出了著名的最优性原理,把多阶段决策过程转化为一系列单阶段问题逐个求解,创立了解决多阶段过程优化问题的新方法——动态规划。

动态规划问世以来,在相关行业得到了广泛的应用。例如最短路线、库存管理、资源分配、装载等问题,使用动态规划方法比用其他方法求解更为方便。

4.1.1　动态规划法的一般方法

多阶段决策问题,是指这样的一类特殊的活动过程,问题可以分解成若干相互联系的阶段,在每一个阶段都要做出决策,从而形成一个决策序列,该决策序列也称为一个策略。对于每一个决策序列,可以在满足问题的约束条件下该策略的优劣可以通过一个数值函数(即目标函数)来进行衡量。多阶段决策问题的最优化求解目标是获取导致问题最优值的最优决策序列(最优策略),即得到最优解。

【例 4-1】　已知 6 种物品和一个可载重量为 60 的背包,物品 $i(i=1,2,\cdots,6)$ 的重量为 w_i 分别为 $(15,17,20,12,9,14)$,产生的效益为 p_i 分别为 $(32,37,46,26,21,30)$。在装包时每一件物品可以装入,也可以不装,但不可拆开装。确定如何装包,使所得装包总效益最大。

这就是一个多阶段决策问题,装每一件物品就是一个阶段,每一个阶段都要有一个决策:这一件物品装包还是不装。这一装包问题的约束条件为 $\sum_{i=1}^{6} x_i w_i \leqslant 60$,目标函数为 $\max \sum_{i=1}^{6} x_i p_i, x_i \in \{0,1\}$。

对于这 6 个阶段的问题,如果每一个阶段都面临 2 个选择,那么存在的决策序列共计 2^6 个。应用贪心算法,按单位重量的效益从大到小装包,得第 1 件与第 6 件物品不装,依次装第 5、3、2、4 件物品,这就是一个决策序列,或简写为整数 x_i 的序列 $(0,1,1,1,1,0)$,该策略所得总效益为 130。第 1 件与第 4 件物品不装,第 2、3、5、6 件物品装包,或简写为整数的序列 $(0,1,1,0,1,1)$,这一决策序列的总载重量为 60,满足约束条件,使目标函数即装包总效益达最大值 134,即最优值为 134;因而决策序列 $(0,1,1,0,1,1)$ 为最优决策序列,即最优解,这是应用动态规划求解的目标。

在求解多阶段决策问题中,当时的状态并影响以后的发展使得各个阶段的决策受到影响,即引起状态的转移。一个决策序列是随着变化的状态而产生的。应用动态规划设计使多阶段决策过程达到最优(成本最省,效益最高,路径最短等),依据动态规划最优性原理:"作为整个过程的最优策略具有这样的性质,无论过去的状态和决策如何,对前面的决策所形成的状态而言,余下的诸决策必须构成最优策略"。也就是说,最优决策序列中的任何子序列都是最优的。

"最优性原理"用数学语言描述:假设为了解决某一多阶段决策过程的优化问题,需要依次做出 n 个决策 $D_1, D_2, \cdots, D_n$,如若这个决策序列是最优的,对于任何一个整数 $k, 1 < k < n$,和前面 k 个决策没有直接关系,以后的最优决策只取决于由前面决策所确定的当前状态决定了以后的最优决策,即以后的决策序列 $D_{k+1}, D_{k+2}, \cdots, D_n$ 也是最优的。

问题的最优子结构特性充分体现了最优性原理。当一个问题的最优解中包含了子问题的最优解时,则称该问题具有最优子结构特性。最优子结构特性使得在从较小问题的解构造较大问题的解时,问题的最优解是仅需考虑的内容,这样的话求解问题的计算量就会在很大程度上得到减少。最优子结构特性是动态规划求解问题的必要条件。

例如,在下例中求得在数字串 847313926 中插入 5 个乘号,使乘积最大的最优解为:

$8 * 4 * 731 * 3 * 92 * 6 = 38737152$

该最优解包含了在 84731 中插入 2 个乘号使乘积最大为 $8 * 4 * 731$;在 7313 中插入 1 个乘号使乘号最大为 $731 * 3$;在 3926 中插入 2 个乘号使乘积最大为 $3 * 92 * 6$ 等子问题的最优解,这就是最优子结构特性。

最优性原理是动态规划的基础。任何一个问题,如果失去了这个最优性原理的支持,就不可能用动态规划设计求解。能采用动态规划求解的问题以下条件是必须要满足的:

①问题中的状态必须满足最优性原理;

②问题中的状态必须满足无后效性。

所谓无后效性是指:"下一时刻的状态只与当前状态有关,而和当前状态之前的状态无关,当前状态是对以往决策的总结"。

4.1.2 动态规划法的求解步骤

动态规划求解最优化问题,通常按以下几个步骤进行。

①把所求最优化问题分成若干个阶段,找出最优解的性质,并刻画其结构特性。如前所述,最优子结构特性是动态规划求解问题的必要条件,只有满足最优子结构特性的多阶段决策问题才能应用动态规划设计求解。

②将问题发展到各个阶段时所处不同的状态表示出来,确定各个阶段状态之间的递推关系,并确定初始(边界)条件。各个阶段的最优值的表示可通过相应数组的设置来实现,分析归纳出各个阶段状态之间的转移关系,是应用动态规划设计求解的核心所在。

③应用递推求解最优值。递推计算最优值是动态规划算法的实施过程。具体应用顺推还是逆推,与所设置的表示各个阶段最优值的数组密切相关。

④根据计算最优值时所得到的信息,构造最优解。构造最优解就是具体求出最优决策序列。通常在计算最优值时,更多信息的记录是根据问题具体实际情况来定的,根据所记录的信息构造出问题的最优解。

以上步骤前 3 个是动态规划设计求解最优化问题的基本步骤。当只需求解最优值时,第

4个步骤可以省略。若需求出问题的最优解,则必须执行第4个步骤。

4.2　最长公共子序列

1. 案例提出

一个给定序列的子序列是在该序列中删去若干项后所得到的序列。用数学语言表述,给定序列 $X = \{x_1, x_2, \cdots, x_m\}$,另一序列 $Z = \{z_1, z_2, \cdots, z_k\}$,$X$ 的子序列是指存在一个严格递增下标序列 $\{i_1, i_2, \cdots, i_k\}$ 使得对于所有 $j = 1, 2, \cdots, k$ 有 $z_j = x_{i_j}$,例如,序列 $Z = \{b, d, c, a\}$ 是序列 $X = \{a, b, c, d, c, b, a\}$ 的一个子序列,或按紧凑格式:书写序列"bcba"是"abcbdab"的一个子序列。

若序列 Z 是序列 X 的子序列,又是序列 Y 的子序列,则称 Z 是序列 X 和 Y 的公共子序列。例如,序列"bcba"是"abcbdab"与"bdcaba"的公共子序列。

给定两个序列 $X = \{x_1, x_2, \cdots, x_m\}$ 和 $Y = \{y_1, y_2, \cdots, y_n\}$,找出序列 X 和 Y 的最长公共子序列。

例如,给出序列 X:hsbafdreghsbacdba 与序列 Y:acdbegshbdrabsa,这两个序列的最长公共子序列如何求出呢?

2. 动态规划设计

求序列 X 与 Y 的最长公共子序列可以使用枚举法:列出 X 的所有子序列,检查 X 的每一个子序列是否也是 Y 的子序列,并将其中公共子序列的长度记录下来,通过比较最终求得 X 与 Y 的最长公共子序列。

对于一个长度为 m 的序列 X,其每一个子序列对应于下标集 $\{1, 2, \cdots, m\}$ 的一个子集,即 X 的子序列数目多达 2^m 个。由此可见应用枚举法求解是指数时间的。

最长公共子序列问题具有最优子结构性质,使用动态设计规划不失为好的解决办法。

(1)建立递推关系

设序列 $X = \{x_1, x_2, \cdots, x_m\}$ 和 $Y = \{y_1, y_2, \cdots, y_n\}$ 的最长公共子序列为 $Z = \{z_1, z_2, \cdots, z_k\}$,$\{x_i, x_{i+1}, \cdots, x_m\}$ 与 $\{y_j, y_{j+1}, \cdots, y_n\}$($i = 0, 1, \cdots, m; j = 0, 1, \cdots, n$)的最长公共子序列的长度为 $c(i, j)$。

- 若 $i = m+1$ 或 $j = n+1$,此时为空序列,$c(i, j) = 0$(边界条件);
- 若 $x(1) = y(1)$,则有 $z(1) = x(1)$,$c(1, 1) = c(2, 2) + 1$(其中1为 $z(1)$ 这一项);
- 若 $x(1) \neq y(1)$,则 $c(1, 1)$ 取 $c(2, 1)$ 与 $c(1, 2)$ 中的最大者;
- 一般地,若 $x(i) = y(j)$,则 $c(i, j) = c(i+1, j+1) + 1$;
- 若 $x(i) \neq y(j)$,则 $c(i, j) = \max(c(i+1, j), c(i, j+1))$。

因而归纳为递推关系:

$$c(i, j) = \begin{cases} c(i+1, j+1) + 1 & 1 \leq i \leq m, 1 \leq j \leq n, x_i = y_j \\ \max(c(i, j+1), c(i+1, j)) & 1 \leq i \leq m, 1 \leq j \leq n, x_i \neq y_j \end{cases}$$

边界条件:

$$c(i, j) = 0, i = m+1 \text{ 或 } j = n+1$$

(2)逆推计算最优值

根据以上递推关系,逆推计算最优值 $c(0, 0)$ 流程为:

```
for(i = 0; i <= m; i++) c[i][n] = 0;                    //赋初始值
```

```
for(j=0;j<=n;j++) c[m][j]=0;
for(i=m-1;i>=0;i--)                    //计算最优值
for(j=n-1;j>=0;j--)
    if(x[i]==y[j])
        c[i][j]=c[i+1][j+1]+1;
    else if(c[i][j+1]>c[i+1][j])
            c[i][j]=c[i][j+1];
    else c[i][j]=c[i+1][j];
printf("长公共子串的长度为:%d",c[0][0]);   //输出最优值
```

以上算法时间复杂度为 $O(mn)$。

(3)构造最优解

为构造最优解,也就是最长公共子序列的求出,可设置数组 $s(i,j)$,当 $x(i)=y(j)$ 时 $s(i,j)=1$;当 $x(i)\neq y(j)$ 时 $s(i,j)=0$。

X 序列的每一项与 Y 序列的所有项一一对比,根据 $s(i,j)$ 与 $c(i,j)$ 取值具体构造最长公共子序列。实施 $x(i)$ 与 $y(j)$ 比较,其中 $i=0,1,\cdots,m-1$;$j=t,1,\cdots,n-1$;变量 t 从 0 开始取值,当确定最长公共子序列一项时,$t=j+1$。这么做的原因是为了避免重复取项。

若 $s(i,j)=1$ 且 $c(i,j)=c(0,0)$ 时,取 $x(i)$ 为最长公共子序列的第 1 项;

随后,若 $s(i,j)=1$ 且 $c(i,j)=c(0,0)-1$ 时,取 $x(i)$ 最长公共子序列的第 2 项;

一般地,若 $s(i,j)=1$ 且 $c(i,j)=c(0,0)-w$ 时(w 从 0 开始,每确定最长公共子序列的一项,w 增 1),取 $x(i)$ 最长公共子序列的第 $w+1$ 项。

构造最长公共子序列描述:

```
for(t=0,w=0,i=0;i<=m-1;i++)
for(j=t;j<=n-1;j++)
    if(s[i][j]==1&&c[i][j]==c[0][0]-w)
    {
        printf("%c",x[i]);
        w++;t=j+1;break;
    }
```

(4)算法的复杂度分析

以上动态规划算法的时间复杂度为 $O(n^2)$。

3. 最长公共子序列 C 程序实现

```
//最长公共子序列(c623)
#include <stdio.h>
#define N 100
void main()
{
    char x[N],y[N];
```

```
int i,j,m,n,t,w,c[N][N],s[N][N];
printf("请输入序列 x:");                        //先后输入序列
scanf("%s",x);
printf("请输入序列 y:");scan("%s",y);
for(m=0,i=0;x[i]! = '\0';i++) m++;
for(n=0,i=0;y[i]! = '\0';i++) n++;
for(i=0;i<=m;i++) c[i][n]=0;                    //赋边界值
for(j=0;j<=n;j++) c[m][j]=0;
for(i=m-1;i>=0;i--)                             //递推计算最优值
for(j=n-1;j>=0;j--)
    if(x[i]==y[j])
    {
      c[i][j]=c[i+1][j+1]+1;
      s[i][j]=1;
    }
    else
    {
      s[i][j]=0;
      if(c[i][j+1]>c[i+1][j])
          c[i][j]=c[i][j+1];
      else c[i][j]=c[i+1][j];
    }
printf("最长公共子序列的长度为:%d",c[0][0]);       //输出最优值
printf("\n 最长公共子序列为:");                    //构造最优解
t=0;w=0;
for(i=0;i<=m-1;i++)
for(j=t;j<=n-1;j++)
    if(s[i][j]==1&&c[i][j]==c[0][0]-w)
    {
      printf("%c",x[i]);
      w++;t=j+1;break;
    }
    printf("\n");
}
```

4.3　最大子段和

给定由 n 个整数(可能为负整数)组成的序列 $a_1,a_2,\cdots a_n$,求该序列形如 $\sum_{k=i}^{j} a_k$ 的子段和最大值。当所有整数均为负整数时其最大子段和为 0。按照这个定义推证,所求的最有值为

$$\max\left\{0,\max_{1\le i\le j\le n}\sum_{k=i}^{j} a_k\right\}$$

例如,当 $(a_1,a_2,a_3,a_4,a_5,a_6)=(-2,11,-4,13,-5,-2)$ 时, $\sum_{k=2}^{4} a_k = 20$。

1. 最大子段和问题的简单算法

对于最大子段和问题,求解算法比较多,下面介绍一下简单的方法。其中用数组 a[ ] 存储给定的 n 个整数 $a_1,a_2,\cdots a_n$。

```
int MaxSum(int n,int * a,int & besti,int & bestj)
{
    int sum =0;
    for( int i =1;i <=n;i ++ )
    for( int j =i;j <=n;j ++ ){
        int thissum =0;
        for( int k =i;k <=j;k ++ ) thissum += a[ k ];
        if( thissum > sum ){
            sum = thissum;
            besti = i;
            bestj = j;
        }
    }
    return sum;
}
```

从这个算法的三个 for 循环可以看出,它所需的计算时间是 $O(n^3)$。事实上,如果注意到 $\sum_{k=i}^{j} a_k = a_j + \sum_{k=i}^{j-1} a_k$,则可将算法中的最后一个 for 循环省去,使得重复计算得以有效避免,从而使算法得以改进。改进后的算法可描述为:

```
int MaxSum(int n,int * a,int & besti, int & bestj)
{
    int sum =0;
    for( int i =1;i <=n;i ++ ){
        int thissum =0;
```

```
        for( int j = i; j < = n; j ++ ) {
            thissum + = a[ j] ;
            if( thissum > sum) {
                sum = thissum;
                besti = i;
                bestj = j;
            }
        }
    }
    return sum;
}
```

改进后的算法显然只需要 $O(n^2)$ 的计算时间。上述改进是在算法设计技巧上的一个改进, 能充分利用已经得到的结果, 避免重复计算, 使得计算时间得以有效节省。

2. 最大子段和问题的分治算法

针对最大子段和这个具体问题本身的结构, 还可以从算法设计的策略上对上述 $O(n^2)$ 计算时间算法加以更深刻的改进。从这个问题的解的结构可以看出, 用分治法进行求解也是可行的。

如果将所给的序列 a[1:n] 分为长度相等的两段 a[1:n/2] 和 a[n/2+1:n], 这两段的最大子段和可分别将其求出, 则 a[1:n] 的最大子段和有三种情形:

①a[1:n] 的最大子段和与 a[1:n/2] 的最大子段和相同;

②a[1:n] 的最大子段和与 a[n/2+1:n] 的最大子段和相同;

③a[1:n] 的最大子段和为 $\sum_{k=2}^{4} a_k$, 且 $1 \leq i \leq n/2, n/2+1 \leq j \leq n$。

①和②这两种情形可递归求得。对于情形③, 容易看出, a[n/2] 与 a[n/2+1] 在最优子序列中。因此, 可以在 a[1:n/2] 中计算出 $s1 = \max_{1 \leq i \leq n/2} \sum_{k=i}^{n/2} a[k]$, 并在 a[n/2+1:n] 中计算出 $s2 = \max_{n/2+1 \leq i \leq n} \sum_{k=n/2+1}^{i} a[k]$。则 $s1+s2$ 即为出现情形③时的最优值。据此可设计出求最大子段和的分治算法如下。

```
int MaxSubSum( int * a, int left, int right)
{
    int sum = 0;
    if( left == right) sum = a[ left] >0? a[left] :0;
    else{
    int center = ( left + right)/2;
        int leftsum = MaxSubSum( a, left, center);
        int rightsum = MaxSubSum( a, center +1, right);
```

```
        int s1 = 0;
        int lefts = 0;
        for( int i = center; i > = left; i -- ) {
            lefts + = a[ i ];
            if( lefts > s1) s1 = lefts;
        }
        int s2 = 0;
        int rights = 0;
        for( int i = center + 1; i < = right; i ++ ) {
            rights + = a[ i ];
            if( rights > s2) s2 = rights;
        }
        sum = s1 + s2;
        if( sum < leftsum) sum = leftsum;
        if( sum < rightsum) sum = rightsum;
    }
    return Sum;
}
int MaxSum( int n, int * a)
{
return MaxSubSum( a, 1, n);
}
```

该算法所需的计算时间 $T(n)$ 满足典型的分治算法递归式

$$T(n) = \begin{cases} O(1) & n \leq c \\ 2T(n/2) + O(n) & n > c \end{cases}$$

解此递归方程可知, $T(n) = O(n\log n)$。

3. 最大子段和问题的动态规划算法

在上述分治算法的分析中注意到,若记 $b[j] = \max\limits_{1 \leq i \leq j} \{ \sum\limits_{k=i}^{j} a[k] \}, 1 \leq j \leq n$, 则所求的最大子段和为

$$\max_{1 \leq i \leq j \leq n} \sum_{k=i}^{j} a[k] = \max_{1 \leq j \leq n} \max_{1 \leq i \leq j} \sum_{k=i}^{j} a[k] = \max_{1 \leq j \leq n} b[j]$$

由 $b[j]$ 的定义不难知道,当 $b[j-1] > 0$ 时 $b[j] = b[j-1] + a[j]$,否则 $b[j] = a[j]$。由此可以计算出 $b[j]$ 的动态规划递归式

$$b[j] = \max\{b[j-1] + a[j], a[j]\}, \quad 1 \leq j \leq n$$

据此,可设计求出最大子段和的动态规划算法如下。

```
int MaxSum( int n,int * a)
{
    int sum = 0,b = 0;
    for( int i = 1;i < = m;i + + ){
        if( b > 0)b + = a[ i];
        else b = a[ i];
        if( b > sum)sum = b;
    }
return sum;
}
```

上述算法显然需要 $O(n)$ 计算时间和 $O(n)$ 空间。

4. 最大子段和问题与动态规划算法的推广

最大子段和问题可以很自然地推广到高维的情形。

①最大子矩阵和问题:给定一个 m 行 n 列的整数矩阵 A,试求矩阵 A 的一个子矩阵,使其各元素之和为最大。

最大子段和问题向二维的推广就是最大子矩阵和问题。用二维数组 $a[1:m][1:n]$ 表示给定的 m 行 n 列的整数矩阵。子数组 $a[i1:i2][j1:j2]$ 表示左上角和右下角行列坐标分别为 $(i1,j1)$ 和 $(i2,j2)$ 的子矩阵,其各元素之和记为

$$s(i1,i2,j1,j2) = \sum_{i=i1}^{i2} \sum_{j=j1}^{j2} a[i][j]$$

最大子矩阵和问题的最优值为 $\max\limits_{\substack{1 \le i1 \le i2 \le m \\ 1 \le j1 \le j2 \le n}} s(i1,i2,j1,j2)$。

如果有直接枚举的方法解最大子矩阵和问题,需要 $O(m^2 n^2)$ 时间。注意到

$$\max_{\substack{1 \le i1 \le i2 \le m \\ 1 \le j1 \le j2 \le n}} s(i1,i2,j1,j2) = \max_{1 \le i1 \le i2 \le m} \left\{ \max_{1 \le j1 \le j2 \le n} s(i1,i2,j1,j2) \right\} = \max_{1 \le i1 \le i2 \le m} t(i1,i2)$$

式中, $t(i1,i2) = \max\limits_{1 \le j1 \le j2 \le n} s(i1,i2,j1,j2) = \max\limits_{1 \le j1 \le j2 \le n} \sum_{j=j1}^{j2} \sum_{i=i1}^{i2} a[i][j]$。

设 $b[j] = \sum\limits_{i=i1}^{i2} a[i][j]$,则 $t(i1,i2) = \max\limits_{1 \le j1 \le j2 \le n} \sum_{j=j1}^{j2} b[j]$。

注意看出,这正是一维情形的最大子段和问题。因此,想要设计出解最大子矩阵和问题的动态规划算法 MaxSum2,可以借助于最大子段和问题的动态规划算法 MaxSum,算法 MaxSum 如下。

```
int MaxSum2( int m,int n,int * * a)
{
    int sum = 0;
    int * b = new int[ n + 1];
    for( int i = 1;i < = m;i + + ){
        for( int k = 1;k < = n;k + + ) b[ k] = 0;
```

```
    for( int j = i;j < = m;j ++ ) {
      for( int k = 1;k < = n;k ++ )  b[ k ] + = a[ j ][ k ];
      int max = MaxSum( n,b);
      if( max > sum) sum = max;
      }
    }
  return sum;
  }
```

由于解最大子段和问题的动态规划算法 MaxSum 需要 $O(n)$ 时间,故算法 MaxSum2 的双重 for 循环需要 $O(m^2 n)$ 计算时间。从而算法 MaxSum2 需要 $O(m^2 n)$ 计算时间。特别地,当 $m = O(n)$ 时,算法 MaxSum2 需要 $O(n^3)$ 计算时间。

②最大优子段和问题:给定由 n 个整数(可能为负整数)组成的序列 $a_1,a_2,\cdots,a_n$,以及一个正整数 m,要求确定序列 $a_1,a_2,\cdots,a_n$ 的 m 个不相交子段,使这 m 个子段的总和达到最大。

最大 m 子段和问题是最大子段和问题在子段个数上的推广。也就是说,最大子段和问题是最大 m 子段和问题当 $m = 1$ 时的特殊情形。

设 $b(i,j)$ 表示数组 a 的前 j 项中 i 个子段和的最大值,且第 i 个子段含 $a[j]$ ($1 \le i \le m, i \le j \le m$),则所求的最优值显然为 $\max_{m \le j \le n} b(m,j)$。与最大子段和问题类似,计算 $b(i,j)$ 的递归式为

$$b(i,j) = \max\{b(i,j-1) + a[j], \max_{i-1 \le t \le j} b(i-1,t) + a[j]\}(1 \le i \le m, i \le j \le n)$$

其中,$b(i,j-1) + a[j]$ 项表示第 i 个子段含 $a[j-1]$,而 $\max_{i-1 \le t \le j} b(i-1,t) + a[j]$ 项表示第 i 个子段仅含 $a[j]$。初始时,$b(0,j) = 0, (1 \le j \le n); b(i,0) = 0 (1 \le i \le m)$。

根据上述计算 $b(i,j)$ 的动态规划递归式,可设计解最大 m 子段和问题的动态规划算法如下。

```
int Maxbum( int m,int n,int * a)
{
if( n < m || m < 1) return 0;
int * * b = new int * [ m + 1];
for( int i = 0;i < = m;i ++ ) b[ i ] = new int[ n + 1];
for( int i = 0;i < = m;i ++ )b[ i ][ 0] = 0;
for( int j = 1;j < = n;j ++ )b[ 0][ j] = 0;
for( int i = 1;i < = m;i ++ )
  for( int j = i;j < = n - m + i;j ++ )
    if( j > i) {
      b[ i ][ j ] = b[ i ][ j - 1 ] + a[ j ];
      for( int k = i - 1;k < j;k ++ )
        if( b[ i ][ j ] < b[ i - 1 ][ k ] + a[ j ]) b[ i ][ j ] = b[ i - 1 ][ k ] + a[ j ];
      }
```

```
        else b[i][j] = b[i-1][j-1] + a[j];
    int sum = 0;
    for(int j = m;j <= n;j ++)
      if(sum < b[m][j]) sum = b[m][j];
    return sum;
}
```

上述算法显然需要 $O(mn^2)$ 计算时间和 $O(mn)$ 空间。

在上述算法中,计算 b[i][j] 时只用到数组 b 的第 $i-1$ 行和第 i 行的值。因而算法中只要存储数组 b 的当前行,对于整个数组无需全部存储。另一方面,$\max\limits_{i-1\leqslant t<j} b(i-1,t)$ 的值可以在计算第 $i-1$ 行时预先计算并保存起来。计算第 i 行的值时不必重新计算,节省了计算时间和空间。按此思想可对上述算法做进一步改进如下:

```
int Maxbum(int m,int n,int *a)
{
    if(n < m || m < 1) return 0;
    int *b = new int[n+1];
    int *c = new int[n+1];
    b[0] = 0;c[1] = 0;
    for(int i = 1;i <= m;i ++){
      b[i] = b[i-1] + a[i];
      c[i-1] = b[i];
      int max = b[i];
      for(int j = i+1;j <= i+n-m;j ++){
        b[j] = b[j-1] > c[j-1]? b[j-1] + a[j]:c[j-1] + a[j];
        c[j-1] = max;
        if(max < b[j])max = b[j];
        }
      c[i+n-m] = max;
      }
    int sum = 0;
    for(int j = m;j <= n;j ++)
    if(sum < b[j])sum = b[j];
    return sum;
}
```

上述算法需要 $O(m(n-m))$ 计算时间和 $O(n)$ 空间。当 m 或 $n-m$ 为常数时,上述算法需要 $O(n)$ 计算时间和 $O(n)$ 空间。

4.4 凸多边形最优三角剖分

用动态规划算法能有效地解凸多边形的最优三角剖分问题。从表面上来看这是一个几何问题,但在本质上它与矩阵连乘积的最优计算次序问题极为相似。

多边形是平面上一条分段线性闭曲线。也就是说,多边形是由一系列首尾相接的直线段所组成的。组成多边形的各直线段称为该多边形的边。连接多边形相继两条边的点称为多边形的顶点。若多边形的边除了连接顶点外没有别的交点,则称该多边形为一简单多边形。一个简单多边形将平面分为 3 个部分:被包围在多边形内的所有点构成了多边形的内部;多边形本身构成多边形的边界;而平面上其余包围着多边形的点构成了多边形的外部。当一个简单多边形及其内部构成闭凸集时,称该简单多边形为一凸多边形。意思就是,凸多边形边界上或内部的任意两点所连成的直线段上所有点均在凸多边形的内部或边界上。

通常情况下,凸多边形可以用多边形顶点的逆时针序列来表示,即 $P = \{v_0, v_1, \cdots, v_{n-1}\}$ 表示有 n 条边 $v_0v_1, v_1v_2, \cdots, v_{n-1}v_n$ 的凸多边形。其中,约定 $v_0 = v_n$。

若 v_i 与 v_j 是多边形上不相邻的两个顶点,则 v_iv_j 线段称为多边形的一条弦。弦 v_iv_j 将多边形分割成两个多边形 $\{v_i, v_{i+1}, \cdots, v_j\}$ 和 $\{v_j, v_{j+1}, \cdots, v_i\}$。

多边形的三角剖分是将多边形分割成互不相交的三角形的弦的集合 T。图 4-1 是一个凸七边形的两个不同的三角剖分。

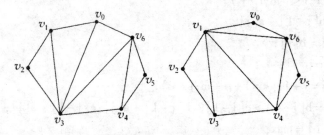

图 4-1 一个凸七边形的两个不同的三角剖分

在凸多边形 P 的三角剖分 T 中,各弦互不相交,且集合 T 已达到最大,即 P 的任一不在 T 中的弦必与 T 中某一弦相交。在有九个顶点的凸多边形的三角剖分中,恰有 $n-3$ 条弦和 $n-2$ 个三角形。

凸多边形最优三角剖分的问题:给定凸多边形 $P = \{v_0, v_1, \cdots, v_{n-1}\}$,以及定义在由多边形的边和弦组成的三角形上的权函数 ω。要求确定该凸多边形的三角剖分,使得该三角剖分所对应的权,即该三角剖分中诸三角形上权之和为最小。

三角形上各种各样的权函数 ω 可以对其进行定义。例如,

$$\omega = (v_iv_jv_k) = |v_iv_j| + |v_jv_k| + |v_kv_i|$$

其中,$|v_iv_j|$ 是点 v_i 到 v_j 的欧氏距离。相应于此权函数的最优三角剖分即为最小弦长三角剖分。

本节所述算法可适用于任意权函数。

1. 三角剖分的结构及其相关问题

凸多边形的三角剖分与表达式的完全加括号方式之间具有十分紧密的联系。正如所看到的,矩阵连乘积的最优计算次序问题等价于矩阵链的最优完全加括号方式。可从它们所对应的完全二叉树的同构性看出这些问题之间的相关性。

一个表达式的完全加括号方式相应于一棵完全二叉树,称为表达式的语法树。例如,完全加括号的矩阵连乘积$((A_1(A_2A_3))A_4(A_5A_6))$相应的语法树如图 4-2(a)所示。

语法树中每一个叶结点表示表达式中一个原子。在语法树中,若一结点有一个表示表达式E_l的左子树,以及一个表示表达式E_r的右子树,则以该结点为根的子树表示表达式(E_lE_r)。因此,有 n 个原子的完全加括号表达式对应于唯一的一棵有 n 个叶结点的语法树,反之亦然。

通过使用语法树也可以表示凸多边形$\{v_0,v_1,\cdots,v_{n-1}\}$的三角剖分。例如,图 4-2(a)中凸多边形的三角剖分可用图 4-2(b)所示的语法树表示。该语法树的根结点为边 v_0v_6。三角剖分中的弦组成其余的内结点。多边形中除 v_0v_6 边外的各边都是语法树的一个叶结点。树根 v_0v_6 是三角形 $v_0v_3v_6$ 的一条边。该三角形将原多边形分为三个部分:三角形 $v_0v_3v_6$,凸多边形 $\{v_0,v_1,\cdots,v_3\}$ 和凸多边形 $\{v_3,v_4,\cdots,v_6\}$。三角形 $v_0v_3v_6$ 的另外两条边,即弦 v_0v_3 和 v_3v_6 为根的两个儿子。以它们为根的子树表示凸多边形 $\{v_0,v_1,\cdots,v_3\}$ 和 $\{v_3,v_4,\cdots,v_6\}$ 的三角剖分。

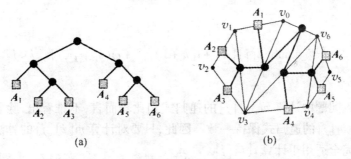

图 4-2 表达式语法树和三角剖分的对应

在一般情况下,凸 n 边形的三角剖分和一棵有 $n-1$ 个叶结点的语法树保持对应关系。反之,也可根据一棵有 $n-1$ 个叶结点的语法树产生相应的凸 n 边形的三角剖分。也就是说,凸 n 边形的三角剖分与有 $n-1$ 个叶结点的语法树之间存在一一对应关系。由于 n 个矩阵的完全加括号乘积与 n 个叶结点的语法树之间存在一一对应关系,因此,n 个矩阵的完全加括号乘积也与凸 $(n+1)$ 边形中的三角剖分之间存在一一对应关系。图 4-2(a)和(b)表示出这种对应关系。矩阵连乘积 $A_1A_2\cdots A_n$ 中的每个矩阵 A_i 对应于凸 $(n+1)$ 边形中的一条边 $v_{i-1}v_i$。三角剖分中的一条弦 $v_iv_j,i<j$,和矩阵连乘积 $A[i+1:j]$ 保持对应关系。

事实上,凸多边形最优三角剖分问题的特殊情形也就是矩阵连乘积的最优计算次序问题。对于给定的矩阵链 $A_1A_2\cdots A_n$,定义与之相应的凸 $(n+1)$ 边形 $P=\{v_0,v_1,\cdots,v_n\}$,使得矩阵 A_i 与凸多边形的 $v_{i-1}v_i$ 一一对应。若矩阵 A_i 的维数为 $p_{i-1}\times p_i,i=1,2,\cdots,n$,则定义三角形 $v_iv_jv_k$ 是上的权函数值为:$\omega(v_iv_jv_k)=p_ip_jp_k$。依此权函数的定义,凸多边形 P 的最优三角剖分所对应的语法树给出矩阵链 $A_1A_2\cdots A_n$ 的最优完全加括号方式。

2. 最优子结构性质

凸多边形的最优三角剖分问题有最优子结构性质。

事实上,若凸$(n+1)$边形$P=\{v_0,v_1,\cdots,v_n\}$的最优三角剖分T包含三角形$v_0v_kv_n$,$1\leq k\leq n-1$,则T的权为三个部分权的和:三角形$v_0v_kv_n$的权,子多边形$\{v_0,v_1,\cdots,v_k\}$和$\{v_k,v_{k+1},\cdots,v_n\}$的权之和。可以确定的是,由$T$所确定的这两个子多边形的三角剖分也是最优的。因为若有$\{v_0,v_1,\cdots,v_k\}$或$\{v_k,v_{k+1},\cdots,v_n\}$的更小权的三角剖分将导致$T$不是最优三角剖分的矛盾。

3. 最优三角剖分的递归结构

首先,定义$j-i\geq 1$为凸子多边形$\{v_{i-1},v_i,\cdots,v_j\}$的最优三角剖分所对应的权函数值,即其最优值。为方便起见,设退化的多边形$\{v_{i-1},v_i\}$具有权值0。据此定义,要计算的凸$(n+1)$边形P的最优权值为$t[1][n]$。

可以利用最优子结构性质递归地计算出$t[i][j]$的值。由于退化的2顶点多边形的权值为0,所以$t[i][j]=0,1,2,\cdots,n$。当$j-i\geq 1$时,凸子多边形$\{v_{i-1},v_i,\cdots,v_j\}$至少有3个顶点。由最优子结构性质,$t[i][j]$的值应为$t[i][k]$的值加上$t[k+1][j]$的值,再加上三角形$v_{i-1}v_kv_j$的权值,其中,$i\leq k\leq j-1$。由于在计算时还不知道$k$的确切位置,而$k$的所有可能位置只有$j-i$个,因此,可以在这$j-i$个位置中选出使$t[i][j]$值达到最小的位置。由此,$t[i][j]$可递归地定义为

$$t[i][j]=\begin{cases} 0 & i=j \\ \min_{i\leq k<j}\{t[i][k]+t[k+1][j]+\omega(v_{i-1}v_kv_j)\} & i<j \end{cases}$$

4. 计算最优值

与矩阵连乘积问题中计算$m[i][j]$的递归式相比较而言,不难看出,除了权函数的定义外,$t[i][j]$与$m[i][j]$的递归式保持一致。因此,只要对计算$m[i][j]$的算法 matrixChain 进行很小的修改就完全适用于计算$t[i][j]$。

下面描述的计算凸$(n+1)$边形$P=\{v_0,v_1,\cdots,v_n\}$的最优三角剖分的动态规划算法 minWeightTriangulation 以凸多边形$P=\{v_0,v_1,\cdots,v_n\}$和定义在三角形上的权函数ω作为输入。

```
public static void minWeightTriangulation(int n,int[][]t,int[][]s)
{
    for(int i=1;i<=n;i++)t[i][j]=0;
    for(int r=2;r<=n;r++)
        for(int i=1;i<=n-r+1;i++){
            int j=i+r-1;
            t[i][j]=t[i+1][j]+w(i-1,i,j);
            s[i][j]=i;
            for(int k=i+1;k<i+r-1;k++){
                int u=t[i][k]+t[k+1][j]+w(i-1,k,j);
                if(u<t[i][j]){
                    t[i][j]=u;
```

$$s[i][j] = k;\}$$

$$\}$$

$$\}$$

$$\}$$

和算法 matrixChain 相同,算法 minWeightTriangulation 占用 $O(n^2)$ 空间,耗时 $O(n^2)$。

5. 构造最优三角剖分

算法 minWeightTriangulation 在计算每一个凸子多边形 $\{v_{i-1},v_i,\cdots,v_j\}$ 的最优值时,最优三角剖分中所有三角形信息是通过数组 s 实现记录的。$s[i][j]$ 记录了与 v_{i-1} 和 v_j 一起构成三角形的第 3 个顶点的位置。据此,用 $O(n)$ 时间就可构造出最优三角剖分中的所有三角形。

4.5　多边形游戏

多边形游戏是一个单人玩的游戏,开始时有一个由 n 个顶点构成的多边形。每个顶点被赋予一个整数值,每条边被赋予一个运算符" + "或" * "。所有边依次用整数从 1 到 n 编号。

游戏第 1 步,将一条边删除。

随后 $n-1$ 步按以下方式操作:

①选择一条边 E 及由 E 连接着的 2 个顶点 $v1$ 和 $v2$;

②用一个新的顶点取代边 E 及由 E 连接着的 2 个顶点 $v1$ 和 $v2$,将由顶点 $v1$ 和 $v2$ 的整数值通过边 E 上的运算得到的结果赋予新顶点。

最后,所有边都被删除,游戏结束。游戏的得分就是所剩顶点上的整数值。

问题:对于给定的多边形,计算最高得分。

从表面上看,该问题类似于上一节中讨论过的凸多边形最优三角剖分问题,但二者的最优子结构性质不同。多边形游戏问题的最优子结构性质更具有一般性。

1. 最优子结构性质

设所给的多边形的顶点和边的顺时针序列为

$$op[1],v[1],op[2],v[2],\cdots,op[n],v[n]$$

其中,$op[i]$ 表示第 i 条边所相应的运算符,$v[i]$ 表示第 i 个顶点上的数值,$i=1\sim n$。

在所给多边形中,从顶点 $i(1\leqslant i\leqslant n)$ 开始,长度为 j(链中有 j 个顶点)的顺时针链 $p(i,j)$ 可表示为

$$v[i],op[i+1],\cdots,v[i+j-1]$$

如果这条链的最后一次合并运算在 $op[i+s]$ 处发生 $(1\leqslant s\leqslant j-1)$,则可在 $op[i+s]$ 处将链分割为两个子链 $p(i,s)$ 和 $p(i+s,j-s)$。

设 $m1$ 是对子链 $p(i,s)$ 的任意一种合并方式得到的值,而在所有可能的合并中得到的最小值和最大值就是 a 和 b。$m2$ 是 $p(i+s,j-s)$ 的任意一种合并方式得到的值,而 c 和 d 分别是在所有可能的合并中得到的最小值和最大值。依此定义有

$$a\leqslant m1\leqslant b,c\leqslant m2\leqslant d$$

由于子链 $p(i,s)$ 和 $p(i+s,j-s)$ 的合并方式决定了 $p(i,j)$ 在 $op[i+s]$ 处断开后的合并方式,在 $op[i+s]$ 处合并后其值为

$$m = (m1) \, op[i+s] \, (m2)$$

①$op[i+s] = '+'$时,显然有

$$a + c \leqslant m \leqslant b + d$$

也就是说,由链$p(i,j)$合并的最优性可推出子链$p(i,s)$和$p(i+s,j-s)$的最优性,且最大值和子链的最大值保持一一对应的关系,最小值和子链的最小值保持对应关系。

②当$op[i+s] = '*'$时,情况会有所改变。由于让$v[i]$可取负整数,子链的最大值相乘未必能得到主链的最大值。但是注意到最大值一定在边界点达到,即

$$\min\{ac, ad, bc, bd\} \leqslant m \leqslant \max\{ac, ad, bc, bd\}$$

换句话说,主链的最大值和最小值可由子链的最大值和最小值得到。例如,当$m = ac$时,最大主链由它的两条最小子链组成;同理,当$m = bd$时,最大主链由它的两条最大子链组成。无论哪种情形发生,由主链的最优性均可推出子链的最优性。

综上可知,最优子结构性质在多边形游戏问题中能够满足。

2. 递归求解

由前面的分析可知,为了求链合并的最大值,必须同时求子链合并的最大值和最小值。因此在整个计算过程中,最大值和最小值也应该直接计算出。

设$m[i,j,0]$是链$p(i,s)$合并的最小值,而$m[i,j,1]$是最大值。若最优合并在$op[i+s]$处将$p(i,j)$分为2个长度小于j的子链$p(i,s)$和$p(i+s,j-s)$,且从顶点i开始的长度小于j的子链的最大值和最小值均已计算出。为了叙述起来方便,记

$$a = m[i,i+s,0], b = mm[i,i+s,1], c = m[i+s,j-s,0], d = m[i+s,j-s,1]$$

①当$op[i+s] = '+'$时,

$$m[i,j,0] = a + c$$
$$m[i,j,1] = b + d$$

②当$op[i+s] = '*'$时,

$$m[i,j,0] = \min\{ac, ad, bc, bd\}$$
$$m[i,j,1] = \max\{ac, ad, bc, bd\}$$

将①和②综合起来看,将$p(i,s)$在$op[i+s]$处断开的最大值记为$\max f(i,j,s)$,最小值记为$\min f(i,j,s)$,则

$$\min f(i,j,s) = \begin{cases} a+c & op[i+s] = '+' \\ \min\{ac, ad, bc, bd\} & op[i+s] = '*' \end{cases}$$

$$\max f(i,j,s) = \begin{cases} b+d & op[i+s] = '+' \\ \max\{ac, ad, bc, bd\} & op[i+s] = '*' \end{cases}$$

由于最优断开位置s有$1 \leqslant s \leqslant j-1$的$j-1$种情况,由此可知
初始边界值显然为

$$m[i,1,0] = v[i], 1 \leqslant i \leqslant n$$
$$m[i,1,1] = v[i], 1 \leqslant i \leqslant n$$

由于多边形是封闭的,在$i+s > n$上面的计算中,当时,顶点$i+s$实际编号为$(i+s) \bmod n$。按上述递推式计算出的$m[i,n,1]$即为游戏首次删去第i条边后得到的最大得分。

3. 算法描述

基于以上讨论可设计解多边形游戏问题的动态规划算法如下：

```
void MinMax( int n, int i, int s, int j, int & minf, int & maxf)
{
    int e[4];
    int a = m[i][s][0], b = m[i][s][1], r = (i+s-1)%n+1, c = m[r][j-s][0], d = m
        [r][j-s][1];
    if( op[r] == 't') { minf = a + c; maxf = b + d; }
    else{
        e[1] = a * c; e[2] = a * d; e[3] = b * c; e[4] = b * d;
        minf = e[1]; maxf = e[1];
        for( int r = 2; r < 5; r++ ) {
            if( minf > e[r] ) minf = e[r];
            if( maxf < e[r] ) maxf = e[r];
        }
    }
}

int PolyMax( int n)
{
int minf, maxf;
for( int j = 2; j <= n; j++ )
    for( int i = 1; i <= n; i++ )
    for( int s = 1; s < j; s++ ) {
    MinMax( n, i, s, j, minf, maxf, m, op);
    if( m[i][j][0] > minf) m[i][j][0] = minf;
    if( m[i][j][1] < maxf) m[i][j][1] = maxf;
    }
int temp = m[1][n][1];
for( int i = 2; i <= n; i++ )
    if( temp < m[i][n][1] ) temp = m[i][n][1];
    return temp;
}
```

4. 计算复杂性分析

类似于凸多边形最优三角剖分问题，上述算法需要 $O(n^3)$ 计算时间。

4.6　图像压缩

在计算机中常用像素点灰度值序列 $\{p_1, p_2, \cdots, p_n\}$ 表示图像。其中，整数 $p_i (1 \leqslant i \leqslant n)$ 表

示像素点 i 的灰度值。通常灰度值的范围是 $0 \sim 255$。因此，一个像素需要用 8 位来表示。

图像的变位压缩存储格式将所有的像素点序列 $\{p_1, p_2, \cdots, p_n\}$ 分割成 m 个连续段 S_1, $S_2, \cdots, S_m$。第 i 个像素段 S_i 中 $(1 \leqslant i \leqslant m)$，有 $l[i]$ 个像素，且该段中每个像素都只用 $b[i]$ 表示。设 $t[i] = \sum_{k=1}^{i-1} l[k]$，$1 \leqslant i \leqslant m$，则第 i 个像素段 S_i 为

$$S_i = \{p_{t[i]+1}, \cdots, p_{t[i]+l[i]}\} \quad 1 \leqslant i \leqslant m$$

设 $h_i = \left[\log \left(\max_{t[i]+1 \leqslant k \leqslant t[i]+l[i]} p_k + 1 \right) \right]$，则 $h_i \leqslant b[i] \leqslant 8$。因此需要用 3 位表示 $b[i]$，$1 \leqslant i \leqslant m$。如果限制 $1 \leqslant l[i] \leqslant 255$，则需要用 8 位表示 $l[i]$，$1 \leqslant i \leqslant m$。因此，第 i 个像素段所需的存储空间为 $l[i] * b[i] + 11$ 位。按此格式存储像素序列 $\{p_1, p_2, \cdots, p_n\}$，需要的存储空间为 $\sum_{i=1}^{m} l[i] * b[i] + 11m$ 位。

图像压缩问题要求确定像素序列 $\{p_1, p_2, \cdots, p_n\}$ 的最优分段，使得依此分段所需的存储空间最少。其中，$0 \leqslant p_i \leqslant 256$，$1 \leqslant i \leqslant n$。每个分段的长度不超过 256 位。

1. 最优子结构性质

设 $l[i], b[i]$，$1 \leqslant i \leqslant m$ 是 $\{p_1, p_2, \cdots, p_n\}$ 的最优分段。可以看出，$l[1], b[1]$ 是 $\{p_1, \cdots, p_{l[1]}\}$ 的最优分段，且 $l[i], b[i]$，$2 \leqslant i \leqslant m$ 是 $\{p_{l[1]+1}, \cdots, p_n\}$ 的最优分段。即最优子结构性质在图像压缩问题中是可以满足的。

2. 递归计算最优值

设 $s[i]$，$1 \leqslant i \leqslant n$ 是像素序列 $\{p_1, \cdots, p_i\}$ 的最优分段所需的存储位数。由最优子结构性质可以知道

$$s[i] = \min_{1 \leqslant k \leqslant \min\{i, 256\}} \{s[i-k] + k * b\max(i-k+1, i)\} + 11$$

其中，$b\max(x, j) = \left[\log \left(\max_{i \leqslant k \leqslant j} \{p_k\} + 1 \right) \right]$。

据此可设计解图像压缩问题的动态规划算法如下：

```
static final int lmax = 256;
static final int header = 11;
static int m;
public static void compress( int p[], int s[], int [], int b[])
{
    int n = p. length - 1;
    s[0] = 0;
    for( int i = 1; i < = n; i ++ ) {
        b[i] = length( p[i]);
        int bmax = b[i];
        s[i] = s[i - 1] + bmax;
        l[i] = 1;
        for( int j = 2; j < = i && j < = lmax; j ++ ) {
```

```
        if( bmax < b[ i − j + 1 ] ) bmax = b[ i − j + 1 ] ;
        if( s[ i ] > s[ i − j ] + j ∗ bmax ) {
            s[ i ] = s[ i − j ] + j ∗ bmax
            l[ i ] = j ;
            }
    }
    s[ i ] + = header ;
    }
}

private static int length( int i )
{
    int k = 1 ;
    i = i/2 ;
    while( i > 0 ) {
        k ++ ;
        i = i/2 ;
    }
    return k ;
}
```

3. 构造最优解

在算法 compress 中,最优分段所需的信息是用 $l[i]$ 和 $b[i]$ 记录下来的。最优分段的最后一段的段长度和像素位数分别存储于 $l[n]$ 和 $b[n]$ 中。其前一段的段长度和像素位数存储于 $l[n - l[n]]$ 和 $b[n - l[n]]$ 中。依次类推,由算法计算出的 l 和 b 可在 $O(n)$ 时间内构造出相应的最优解。具体算法可实现如下:

```
private static void traceback( int n , int s[ ] , int l[ ] )
{
    if( n == 0 ) return ;
    traceback( n − l[ n ] , s , 1 ) ;
    s[ m ++ ] = n − l[ n ] ;
}
public static void output( int s[ ] , int l[ ] , int b[ ] )
{
    int n = s. length − 1 ;
    System. out. println( "The optimal value" + s[ n ] ) ;
    m = 0 ;
    traceback( n , s , 1 ) ;
    s[ m ] = n ;
    System. out. println( "Decomposed into" + m + "segments" ) ;
    for( int j = 1 ; j <= m ; j ++ ) {
```

```
        l[j] = l[s[j]];
        b[j] = b[s[j]];
    }
    for( int j = 1; j <= m; j ++ )
        System. out. println( l[j] + "," + b[j] );
    }
}
```

4. 计算复杂性分析

算法 compress 显然只需 $O(n)$ 空间。由于算法 compress 中对 j 的循环次数不超过 256，故对每一个确定的 i，可在 $O(1)$ 时间内完成 $\min\limits_{1 \leqslant j \leqslant \min\{i,256\}} \{s[i-j] + j * bmax(i-j+1,i)\}$ 的计算。因此，整个算法所需的计算时间为 $O(n)$。

4.7　流水作业调度

n 个作业 $\{1,2,\cdots,n\}$ 要在由 2 台机器 M_1 和 M_2 组成的流水线上完成加工。每个作业加工的顺序都是先在 M_1 上加工，然后在 M_2 上加工。M_1 和 M_2 加工作业 i 所需的时间分别 a_i 和 $b_i,1 \leqslant i \leqslant n$。在流水作业调度问题中，这 n 个作业的最优加工顺序是需要确定的，使得从第一个作业在机器 M_1 上开始加工，到最后一个作业在机器 M_2 上加工完成所需的时间最少。

从直观的角度上来看，一个最优调度应使机器 M_1 没有空闲时间，且机器 M_2 的空闲时间最少。在一般情况下，机器 M_2 上会有机器空闲和作业积压两种情况。

设全部作业的集合为 $N = \{1,2,\cdots,n\}$。$S \subseteq N$ 是 N 的作业子集。在一般情况下，机器 M_1 开始加工 S 中作业时，机器 M_2 还在加工其他作业，要等时间 t 后才可以使用机器 M_2。将这种情况下完成 S 中作业所需的最短时间记为 $T(S,t)$。流水作业调度问题的最优值为 $T(N,0)$。

1. 最优子结构性质

流水作业调度问题具有最优子结构性质。

设 π 是所给 n 个流水作业的一个最优调度，它所需的加工时间为 $a_{\pi(1)} + T'$。其中，T' 是在机器 M_2 的等待时间为 $b_{\pi(1)}$ 时，安排作业 $\pi(2),\cdots,\pi(n)$ 所需的时间。

记 $S = N - \{\pi(1)\}$，则有 $T' = T(S,b_{\pi(1)})$。

事实上，由 T 的定义知 $T' \geqslant T(S,b_{\pi(1)})$。若 $T' > T(S,b_{\pi(1)})$，设 π' 是作业集 S 在机器 M_2 的等待时间为 $b_{\pi(1)}$ 情况下的一个最优调度，则 $\pi(1),\pi'(2),\cdots,\pi'(n)$ 是 N 的一个调度，且该调度所需的时间为 $a_{\pi(1)} + T(S,b_{\pi(1)}) < a_{\pi(1)} + T'$。这与 π 是 N 的一个最优调度矛盾。故 $T' \leqslant T(S,b_{\pi(1)})$。从而 $T' = T(S,b_{\pi(1)})$。这点充分证明了流水作业调度问题具有最优子结构的性质。

2. 递归计算最优值

由流水作业调度问题的最优子结构性质可知，

$$T(N,0) = \min_{1 \leqslant i \leqslant n} \{a_i + T(N-\{i\},b_i)\}$$

推广到一般情形下便有

$$T(S,t) = \min_{i \in S}\{a_i + T(S - \{i\}, b_i + \max\{t - a_i, 0\})\}$$

式中，$\max\{t - a_i, 0\}$ 这一项是由于在机器 M_2 上，作业 i 须在 $\max\{t, a_i\}$ 时间之后才能开工。因此，在机器 M_1 上完成作业 i 之后，在机器上还需

$$b_i + \max\{t, a_i\} - a_i = b_i + \max\{t - a_i, 0\}$$

时间才能完成对作业 i 的加工。

按照上述递归式，流水作业调度问题的动态规划算法不难设计出。但是，对递归式的深入分析表明，算法还可进一步得到简化。

3. 流水作业调度的 Johnson 法则

设 π 是作业集 S 在机器 M_2 的等待时间为 t 时的任一最优调度。若在这个调度中，安排在最前面的两个作业分别是 i 和 j，即 $\pi(1) = i, \pi(2) = j$，则由动态规划递归式可得

$$T(S,t) = a_i + T(S - \{i\}, b_i + \max\{t - a_i, 0\}) = a_i + a_j + T(S - \{i,j\}, t_{ij})$$

式中，

$$\begin{aligned}
t_{ij} &= b_j + \max\{b_i + \max\{t - a_i, 0\} - a_j, 0\} \\
&= b_j + b_i - a_j + \max\{\max\{t - a_i, 0\}, 0, a_j - b_i\} \\
&= b_j + b_i - a_j + \max\{t - a_i, a_j - b_i, 0\} \\
&= b_j + b_i - a_j - a_i + \max\{t, a_i + a_j - b_i, a_i\}
\end{aligned}$$

如果作业 i 和 j 满足 $\min\{b_i, a_j\} \geq \min\{b_j, a_i\}$，则称作业 i 和 j 满足 Johnson 不等式。

如果作业 i 和 j 不满足 Johnson 不等式，则交换作业 i 和作业 j 的加工顺序后，作业 i 和 j 满足 Johnson 不等式。

在作业集 S 当机器 M_2 的等待时间为 t 时的调度 π 中，作业 i 和作业 j 的加工顺序就会被交换，得到作业集 S 的另一调度 π'，它所需的加工时间为

$$T'(S,t) = a_i + a_j + T(S - \{i,j\}, t_{ji})$$

式中，$t_{ji} = b_j + b_i - a_i - a_j + \max\{t, a_i + a_j - b_j, a_j\}$。

当作业 i 和 j 不满足 Johnson 不等式 $\min\{b_i, a_j\} \geq \min\{b_j, a_i\}$ 时，有

$$\max\{-b_i, -a_j\} \leq \max\{-b_j, -a_i\}$$

从而

$$a_i + a_j + \max\{-b_i, -a_j\} \leq a_i + a_j + \max\{-b_j, -a_i\}$$

因此可得

$$\max\{a_i + a_j - b_i, a_i\} \leq \max\{a_i + a_j - b_j, a_j\}$$

因此对任意 t 有

$$\max\{t, a_i + a_j - b_i, a_i\} \leq \max\{t, a_i + a_j - b_j, a_j\}$$

从而，$t_{ij} \leq t_{ji}$。由此可见 $T(S,t) \leq T'(S,t)$。

换句话说，当作业 i 和作业 j 不满足 Johnson 不等式时，交换它们的加工顺序后，作业 i 和 j 满足 Johnson 不等式，且加工时间不会有增加。由此可知，对于流水作业调度问题，一个最优调度 π 是一定存在的，使得作业 $\pi(i)$ 和 $\pi(i+1)$ 满足 Johnson 不等式

$$\min\{b_{\pi(i)}, a_{\pi(i+1)}\} \geq \min\{b_{\pi(i+1)}, a_{\pi(i)}\}, 1 \leq i \leq n - 1$$

称这样的调度 π 为满足 Johnson 法则的调度。

进一步还可以证明,调度 π 满足 Johnson 法则当且仅当对任意 $i<j$ 有

$$\min\{b_{\pi(i)},a_{\pi(j)}\} \geq \min\{b_{\pi(j)},a_{\pi(i)}\}$$

由此可知,任意两个满足 Johnson 法则的调度具有相同的加工时间,从而所有满足 Johnson 法则的调度均为最优调度。至此,将流水作业调度问题转化为求满足 Johnson 法则的调度问题。

4. 算法描述

从上面的分析可以知道,在流水作业调度问题中,满足 Johnson 法则的最优调度是一定存在的,且容易由下面的算法确定。

流水作业调度问题的 Johnson 算法:

①令 $N_1 = \{i\,|\,a_i<b_i\}$,$N_2 = \{i\,|\,a_i\geq b_i\}$;

②将 N_1 中作业依 a_i 的非减序排序;将 N_2 中作业依 b_i 的非增序排序;

③N_1 中作业接 N_2 中作业构成满足 Johnson 法则的最优调度。

算法可具体实现如下:

```
int FlowShop(int n,int a,int b,int c)
{
  class Jobtype{
  public:
    int operator <= (Jobtype a)eonst
    {return(key <= a. key);}
    int key,index;
    bool job;
  };
  Jobtype * d = new Jobtype[n];
  for(int i =0;i < n;i ++){
    d[i]. key = a[i] >b[i]? b[i]:a[i];
    d[i]. job = a[i] <= b[i];
    d[i]. index = i;
  }
  sort(d,n);
  int j =0,k = n -1;
  for(int i =0;i < n;i ++){
    if(d[i]. job)c[j ++ ] = d[i]. index;
    else c[k -- ] = d[i]. index;
  }
  j = a[c[0]];
  k = j + b[c[0]];
  for(int i =1;i < n;i ++){
    j = a[c[0]];
```

```
    k = j < k? k + b[c[i]]:j + b[c[i]];
}
    delete d;
    return k;
}
```

5. 计算复杂性分析

算法 FlowShop 的计算时间主要耗费在对作业集的排序上。因此，在最坏情况下算法 FlowShop 所需的计算时间为 $O(n\log n)$，所需的空间显然为 $O(n)$。

4.8 0/1 背包问题

给定 n 种物品和一个背包，物品 $i(1 \le i \le n)$ 的重量是 w_i，其价值为 v_i，背包容量为 C，对每种物品要么装入背包要么不装入背包。如何选择装入背包的物品，使得装入背包中物品的总价值最大？

1. 最优子结构性质

设 $(x_1, x_2, \cdots, x_n)$ 是 0/1 背包问题的最优解，则 $(x_2, \cdots, x_n)$ 是下面子问题的最优解：

$$\begin{cases} \sum_{i=2}^{n} w_i x_i \le C - w_1 x_1 \\ x_i \in \{0,1\} (2 \le i \le n) \end{cases}$$

$$\max \sum_{i=2}^{n} w_i x_i$$

如若不然，设 $(x_2, \cdots, x_n)$ 是上述问题的一个最优解，则 $\sum_{i=2}^{n} v_i y_i > \sum_{i=2}^{n} v_i x_i$，且 $w_1 x_1 + \sum_{i=2}^{n} w_i y_i \le C$。因此 $v_1 x_1 + \sum_{i=2}^{n} v_i y_i > v_1 x_1 + \sum_{i=2}^{n} v_i x_i = \sum_{i=1}^{n} v_i x_i$，这说明 $(x_1, y_2, \cdots, y_n)$ 是 0/1 背包问题的最优解且比 $(x_1, x_2, \cdots, x_n)$ 更优，这样的就会导致矛盾。

2. 递归关系

子问题如何定义呢？0/1 背包问题可以看作是决策一个序列 $(x_1, x_2, \cdots, x_n)$，对任一变量 x_i 的决策是决定 $x_i = 1$ 还是 $x_i = 0$。设 $V(n, C)$ 表示将 n 个物品装入容量为 C 的背包获得的最大价值，显然，初始子问题是把前面 i 个物品装入容量为 0 的背包和把 0 个物品装入容量为 j 的背包，得到的价值均为 0，即：

$$V(i,0) = V(0,j) = 0 \quad 0 \le i \le n, 0 \le j \le C$$

考虑原问题的一部分，设 $V(i,j)$ 表示将前 $i(1 \le i \le n)$ 个物品装入容量为 $j(0 \le j \le C)$ 的背包获得的最大价值，在决策 x_i 时，已确定了 $(x_1, \cdots, x_{i-1})$，则问题无非是下列两种状态之一：

①背包容量不足以装入物品 i，则装入前 i 个物品得到的最大价值和装入前 $i-1$ 个物品得到的最大价值是相同的，即 $x_i = 0$，背包的价值不会有任何增加。

②背包容量可以装入物品 i，如果把第 i 个物品装入背包，则背包中物品的价值等于把前 $i-1$ 个物品装入容量为 $j - w_i$ 的背包中的价值加上第 i 个物品的价值 v_i；如果第 i 个物品没有

装入背包,则背包中物品的价值和把前 $i-1$ 个物品装入容量为 j 的背包中所取得的价值两者是等同的。显然,取二者中价值较大者作为把前 i 个物品装入容量为 j 的背包中的最优解。则得到如下递推式:

$$V(i,j) = \begin{cases} V(i-1,j) & j < w_i \\ \max\{V(i-1,j),V(i-1,j-w_i)+v_i\} & j \geq w_i \end{cases}$$

为了确定装入背包的具体物品,从 $V(n,C)$ 的值向前推,如果 $V(n,C) > V(n-1,C)$,表明第 n 个物品被装入背包,前 $n-1$ 个物品被装入容量为 $C-w_n$ 的背包中;否则,第 n 个物品没有被装入背包,前 $n-1$ 个物品被装入容量为 C 的背包中。依此类推,直到确定第 1 个物品是否被装入背包中为止。由此,得到如下函数:

$$x_i = \begin{cases} 0 & V(i,j) = V(i-1,j) \\ 1 \quad j = j-w_i & V(i,j) > V(i-1,j) \end{cases}$$

例如,有 5 个物品,其重量分别是 $(2,2,6,5,4)$,价值分别为 $(6,3,5,4,6)$,背包的容量为 10,图 4-3 所示就是动态规划法求解 0-1 背包问题的过程,具体过程如下。

		0	1	2	3	4	5	6	7	8	9	10	
	0	0	0	0	0	0	0	0	0	0	0	0	$x_1=1$
$w_1=2\ v_1=6$	1	0	0	6	6	6	6	6	6	6	6	6	$x_2=1$
$w_2=2\ v_2=3$	2	0	0	6	6	9	9	9	9	9	9	9	$x_3=0$
$w_3=6\ v_3=5$	3	0	0	6	6	9	9	9	9	11	11	14	$x_4=0$
$w_4=5\ v_4=4$	4	0	0	6	6	9	9	9	10	11	13	14	$x_5=1$
$w_5=4\ v_5=6$	5	0	0	6	6	9	9	9	12	12	15	**15**	

图 4-3 0/1 背包问题的求解过程

首先求解初始子问题,把前面 i 个物品装入容量为 0 的背包和把 0 个物品装入容量为 j 的背包,即 $V(i,0) = V(0,j) = 0$,将第 0 行和第 0 列初始化为 0。

再对第一个阶段的子问题进行求解,装入前 1 个物品,确定各种情况下背包能够获得的最大价值:由于 $1 < w_1$,则 $V(1,1) = 0$;由于 $2 = w_1$,则 $V(1,2) = \max\{V(0,2),V(1,2-w_1)+v_1\}$;依此计算,填写第 1 行。

再求解第二个阶段的子问题,装入前 2 个物品,确定各种情况下背包能够获得的最大价值:由于 $1 < w_2$,则 $V(2,1) = 0$;由于 $2 = w_2$,则 $V(2,2) = \max\{V(1,2),V(1,2-w_2)+v_2\}$;依此计算,填写第 2 行。

依此类推,直到第 n 个阶段,$V(5,10)$ 便是在容量为 10 的背包中装入 5 个物品时取得的最大价值。为了求得装入背包的物品,从 $V(5,10)$ 开始回溯,由于 $V(5,10) > V(4,10)$,则物品 5 装入背包,$j = j-w_5 = 6$;由于 $V(4,6) = V(3,6)$,$V(3,6) = V(2,6)$,则物品 4 和 3 没有装入背包;由于 $V(2,6) > V(1,6)$,则物品 2 装入背包,$j = j-w_2 = 4$;由于 $V(1,4) > V(0,4)$,则物品 1 装入背包,问题的最优解 $X = \{1,1,0,0,1\}$ 即可得到。

3. 算法描述

设 n 个物品的重量存储在数组 $w[n]$ 中,价值存储在数组 $v[n]$ 中,背包容量为 C,数组 V

[n+1][C+1]存放迭代结果,其中 V[i][j]表示前 i 个物品装入容量为 j 的背包中获得的最大价值,数组 x[n]存储装入背包的物品,动态规划法求解0/1 背包问题的算法实现如下:

```
int KnapSack(int w[ ], int v[ ], int n,int C)
{
    int i,j;
    for(i =0;i <= n;i ++ )              //初始化第0列
        V[i][0] =0;
    for(j =0;j <= C;j ++ )             //初始化第0行
        V[0][j] =0
    for(i =1;i <= n;i ++ )             //计算第 i 行,进行第 i 次迭代
        for(j =1;j <= c;j ++ )
            if(j < w[i])V[i][j] = V[i-1][j];
            else V[i][j] = max(V[i-1][j],V[i-1][j-w[i]] + V[i]);
    for(j =c,i = n;i >0;i -- )          //求装入背包的物品
    {
        if(V[i][j] > V[i-1][j])
        {
            x[i] =1;j = j - w[i];
        }
        else x[i] =0;
    }
    return v[n][c];                     //返回背包取得的最大价值
}
```

4. 计算复杂性分析

在算法 KnapSack 中,第一个 for 循环的时间性能是 $O(n)$,第二个 for 循环的时间性能是 $O(C)$,第三个循环是两层嵌套的 for 循环,其时间性能是 $O(n \times C)$,第四个 for 循环的时间性能是 $O(n)$,所以,算法的时间复杂性也就是 $O(n \times C)$。

4.9　最优二叉搜索树

设 $S = \{x_1,x_2,\cdots,x_n\}$ 是有序集,且 $x_1 < x_2 < \cdots < x_n$,表示有序集 S 的二叉搜索树利用二叉树的结点存储有序集中的元素。它具有下述性质:存储于每个结点中的元素 x 大于其左子树中任一结点所存储的元素,小于其右子树中任一结点所存储的元素。二叉搜索树的叶结点是形如 (x_i,x_{i+1}) 的开区间。在表示 S 的二叉搜索树中搜索元素 x,返回的结果不外乎两种情形之一:

①在二叉搜索树的内结点中找到 $x = x_i$;

②在二叉搜索树的叶节点中确定 $x \in (x_i,x_{i+1})$。

设在第①种情形中找到元素 $x = x_i$ 的概率为 b_i;在第②种情形中确定 $x \in (x_i,x_{i+1})$ 的概率

为 a_i。其中,约定 $x_0 = -\infty$, $x_{n+1} = +\infty$ 。不难得出

$$a_i \geq 0 \quad 0 \leq i \leq n$$
$$b_j \geq 0 \quad 1 \leq j \leq n$$
$$\sum_{i=0}^{n} a_i + \sum_{j=0}^{n} b_j = 1$$

在表示 S 的二叉搜索树 T 中,设存储元素 x_i 的结点深度为 c;叶节点 (x_j, x_{j+1}) 的结点深度为 d_j,则 $p = \sum_{i=1}^{n} b_i(1+c_i) + \sum_{j=0}^{n} a_j d_j$ 表示在二叉搜索树 T 中进行一次搜索所需要的平均比较次数。p 又称为二叉搜索树 T 的平均路长。在一般情形下,不同的二叉搜索树的平均路长存在一定的差异。

最优二叉搜索树问题是对于有序集 S 及其存取概率分布 $(a_0, b_1, a_1, \cdots, b_n, a_n)$,在所有表示有序集 S 的二叉搜索树中找出一棵具有最小平均路长的二叉搜索树。

1. 最优子结构性质

二叉搜索树 T 的一棵含有结点 $x_i, \cdots, x_j$ 和叶结点 $(x_{i-1}, x_i), \cdots, (x_j, x_{j+1})$ 的子树可以看作是有序集 $\{x_i, \cdots, x_j\}$ 关于全集合 (x_{i-1}, x_{j+1}) 的一棵二叉搜索树,下面的条件概率即为其存储概率:

$$\bar{b}_k = b_k / w_{ij} \quad i \leq k \leq j$$
$$\bar{a}_h = a_h / w_{ij} \quad i-1 \leq h \leq j$$

其中,$w_{ij} = a_{i-1} + b_i + \cdots + b_j + a_j, 1 \leq i \leq j \leq n$。

设 T_{ij} 是有序集 $\{x_i, \cdots, x_j\}$ 关于存取概率 $(\bar{a}_{i-1}, \bar{b}_i, \cdots, \bar{b}_j, \bar{a}_j)$ 的一棵最优二叉搜索树,其平均路长为 p_{ij}。T_{ij} 的根结点存储元素 x_m。其左右子树 T_l 和 T_r 的平均路长分别为 p_l 和 p_r。由于 T_l 和 T_r 中结点深度是它们在 T_{ij} 中的结点深度减 1,不难得出

$$w_{i,j} p_{i,j} = w_{i,j} + w_{i,m-1} p_l + w_{m+1,j} p_r$$

由于 T_l 是关于结合 $\{x_i, \cdots, x_{m-1}\}$ 的一棵二叉搜索树,故 $p_l \geq p_{i,m-1}$。若 $p_l > p_{i,m-1}$ 则用 $T_{i,m-1}$ 替换 T_l 可得到平均长比 T_{ij} 更小的二叉搜索树。这与 T_{ij} 是最优二叉搜索树矛盾。故 T_l 是一棵最优二叉搜索树。T_r 也是一棵最优二叉搜索树这一点不难验证。因此,最优二叉搜索树问题具有最优子结构性质。

2. 递归计算最优质值

最优二叉搜索树 T_{ij} 的平均路长为 p_{ij},则所求的最优值为 $p_{1,n}$。由最优二叉搜索树问题的最优子结构性质可建立计算 $p_{i,j}$ 的递归式如下:

$$w_{i,j} p_{i,j} = w_{i,j} + \min_{i \leq k \leq j} \{w_{i,k-1} p_{i,k-1} + w_{k+1,j} p_{k+1,j}\}$$

初始时,$p_{i,i-1} = 0, 1 \leq i \leq n$。

记 $w_{i,j} p_{i,j} = m(i,j)$,则 $m(1,n) = w_{1,n} p_{1,n} = p_{1,n}$ 为所求的最优值。

计算 $m(i,j)$ 的递归式为

$$m(i,j) = w_{i,j} + \min_{i \leq k \leq j} \{m(i,k-1) + m(k+1,j)\} \quad i \leq j$$
$$m(i,i-1) = 0 \quad 1 \leq i \leq n$$

据此,可设计出解最优二叉搜索树问题的动态规划算法 optimalBinarySearchTree 如下:

```
public static void optimalBinarySearchTree(float[ ]a,float[ ]b,float[ ][ ]m,int[ ][ ]s,float[ ][ ]w)
{
    int n = a. length - 1;
    for( int i = 0; i < = n; i ++ ) {
        w[ i + 1 ][ i ] = a[ i ];
        m[ i + 1 ][ i ] = 0;
    }
    for( int r = 0; r < n; r ++ )
        for( int i = 1; i < = n - r; i ++ ) {
            int j = i + r;
            w[ i ][ j ] = w[ i ][ j - 1 ] + a[ j ] + b[ j ];
            m[ i ][ j ] = m[ i + 1 ][ j ];
            s[ i ][ j ] = i;
            for( int k = i + 1; k < = j; k ++ ) {
                float t = m[ i ][ k - 1 ] + m[ k + 1 ][ j ];
                if( t < im[ i ][ j ] ) {
                    m[ i ][ j ] = t;
                    s[ i ][ j ] = k; }
                }
            m[ i ][ j ] += w[ i ][ j ];
        }
}
```

3. 构造最优解

算法 optimalBinarySearchTree 中用 $s[i][j]$ 保存最优子树 $T(i,j)$ 的根结点中元素。当 $s[1][n] = k$ 时，x_k 为所求二叉搜索树根结点元素。其左子树为 $T(1,k-1)$。因此，$i = s[1][k-1]$ 表示 $T(1,k-1)$ 的根结点元素为 x_i。依此类推，在 $O(n)$ 时间内，容易由 s 记录的信息构造出所求的最优二叉搜索树。

4. 计算复杂性分析

算法中用到 3 个二维数组 m,s 和 w，故所需的空间为 $O(n^2)$。

$\min\limits_{i \leqslant k \leqslant j}\{m(i,k-1) + m(k+1,j)\}$ 的计算就是算法的计算重点。对于固定的 r，它需要计算时间 $O(j-i+1) = O(r+1)$。因此算法所耗费的总时间为 $\sum\limits_{r=0}^{n-1} \sum\limits_{i=1}^{n-r} O(r+1) = O(n^3)$。

事实上，在上述算法中，可以证明

$$\min\limits_{i \leqslant k \leqslant j}\{m(i,k-1) + m(k+1,j)\} = \min\limits_{s[i][j-1] \leqslant k \leqslant s[i+1][j]}\{m(i,k-1) + m(k+1,j)\}$$

由此可对算法做进一步改进如下：

```
public static void obst(float[ ]a,float[ ]b,float[ ][ ]m,int[ ][ ]s,float[ ][ ]w)
{
    int n = a. length - 1;
```

```
for( int i = 0;i <= n;i ++ ) {
    w[ i +1][ i] = a[ i] ;
    m[ i +1][ i] = 0;
    s[ i +1][ i] = 0;
}
for( int r = 0;r < n;r ++ )
    for( int i = 1;i <= n − r;i ++ ) {
        int j = i + r;
        i1 = s[ i][ j −1] > i? s[ i][ j −1] :i;
        j1 = s[ i +1][ j] > i? s[ i +1][ j] :j;
        w[ i][ j] = w[ i][ j −1] + a[ j] + b[ j];
        m[ i][ j] = m[ i][ i1 −1] + m[ i1 +1][ j];
        s[ i][ j] = i1 ;
        for( int k = i1 +1;k <= j1;k ++ ) {
            float t = m[ i][ k −1] + m[ k +1][ j];
            if( t <= m[ i][ j] ) {
                m[ i][ j] = t;
                s[ i][ j] = k;
            }
        }
        m[ i][ j] += w[ i][ j];
    }
}
```

改进后算法 obst 所需的计算时间为 $O(n^2)$,所需的空间为 $O(n^2)$ 。

第5章 贪心算法的分析与优化

5.1 贪心法的概述

在众多的算法设计策略中,贪心法可以算得上是最接近人们日常思维的一种解题策略,它以其简单、直接和高效而受到重视。尽管该方法并不是从整体最优方面来考虑问题,而是从某种意义上的局部最优角度做出选择,但对范围相当广泛的许多实际问题它通常都能产生整体最优解,如单源最短路径问题、最小生成树等。在一些情况下,即使采用贪心法不能得到整体最优解,但其最终结果却是最优解的很好近似解。正是基于此,该算法在对 NP 完全问题的求解中发挥着越来越重要的作用。另外,近年来贪心法在各级各类信息学竞赛、ACM 程序设计竞赛中经常出现,竞赛中的一些题目常常需要选手经过细致的思考后得出高效的贪心算法。为此,学习该算法具有很强的实际意义和学术价值。

5.1.1 贪心法的基本思想

贪心法是一种稳扎稳打的算法,它从问题的某一个初始解出发,在每一个阶段都根据贪心策略来做出当前最优的决策,逐步逼近给定的目标,尽可能快地求得更好的解。当达到算法中的某一步不能再继续前进时,算法终止。贪心法可以理解为以逐步的局部最优,达到最终的全局最优。

从算法的思想中,很容易得出以下结论:

①贪心法的精神是"今朝有酒今朝醉"。每个阶段面临选择时,贪心法都做出对眼前来讲是最有利的选择,不考虑该选择对将来是否有不良影响。

②每个阶段的决策一旦做出,就不可更改,该算法不允许回溯。

③贪心法是根据贪心策略来逐步构造问题的解。如果所选的贪心策略不同,则得到的贪心算法就不同,贪心解的质量当然也不同。因此,该算法的好坏关键在于正确地选择贪心策略。

贪心策略是依靠经验或直觉来确定一个最优解的决策。该策略一定要精心确定,且在使用之前最好对它的可行性进行数学证明,只有证明其能产生问题的最优解后再使用,不要被表面上看似正确的贪心策略所迷惑。

④贪心法具有高效性和不稳定性,因为它可以非常迅速地获得一个解,但这个解不一定是最优解,即便不是最优解,也一定是最优解的近似解。

5.1.2 贪心法的两个重要性质

何时能、何时应该采用贪心法呢?一般认为,凡是经过数学归纳法证明可以采用贪心法的情况都应该采用它,因为它具有高效性。可惜的是,它需要证明后才能真正运用到问题的求解中。

那么能采用贪心法的问题具有怎样的性质呢？这个提问很难给予肯定的回答。但是，从许多可以用贪心法求解的问题中，可以看到这些问题一般都具有两个重要的性质：最优子结构性质和贪心选择性质。换句话说，如果一个问题具有这两大性质，那么使用贪心法来对其求解总能求得最优解。

1. 最优子结构性质

当一个问题的最优解一定包含其子问题的最优解时，称此问题具有最优子结构性质。换句话说，一个问题能够分解成各个子问题来解决，通过各个子问题的最优解能递推到原问题的最优解。那么原问题的最优解一定包含各个子问题的最优解，这是能够采用贪心法来求解问题的关键。因为贪心法求解问题的流程是依序研究每个子问题，然后综合得出最后结果。而且，只有拥有最优子结构性质才能保证贪心法得到的解是最优解。

在分析问题是否具有最优子结构性质时，通常先设出问题的最优解，给出子问题的解一定是最优的结论。然后，采用反证法证明"子问题的解一定是最优的"结论成立。证明思路是：设原问题的最优解导出的子问题的解不是最优的，然后在这个假设下可以构造出比原问题的最优解更好的解，从而导致矛盾。

2. 贪心选择性质

贪心选择性质是指所求问题的整体最优解可以通过一系列局部最优的选择获得，即通过一系列的逐步局部最优选择使得最终的选择方案是全局最优的。其中每次所做的选择，可以依赖于以前的选择，但不依赖于将来所做的选择。

可见，贪心选择性质所做的是一个非线性的子问题处理流程，即一个子问题并不依赖于另一个子问题，但是子问题间有严格的顺序性。

在实际应用中，至于什么问题具有什么样的贪心选择性质是不确定的，需要具体问题具体分析。对于一个具体问题，要确定它是否具有贪心选择性质，必须证明每一步所做的贪心选择能够最终导致问题的一个整体最优解。首先考察问题的一个整体最优解，并证明可修改这个最优解，使其以贪心选择开始。而且做了贪心选择后，原问题简化为一个规模更小的类似子问题。然后，用数学归纳法证明，通过每一步做贪心选择，最终可得到问题的一个整体最优解。其中，证明贪心选择后的问题简化为规模更小的类似子问题的关键在于利用该问题的最优子结构性质。

5.1.3 贪心法的解题步骤及算法设计模式

利用贪心法求解问题的过程通常包含如下三个步骤：

①分解：将原问题分解为若干个相互独立的阶段。

②解决：对于每个阶段依据贪心策略进行贪心选择，求出局部的最优解。

③合并：将各个阶段的解合并为原问题的一个可行解。

依据该步骤，设计出的贪心法的算法设计模式如下：

```
Greedy(A,n)
{
    //A[0:n-1]包含 n 个输入，即 A 是问题的输入集合
```

将解集合 solution 初始化为空；

for(i = 0 ; i < n ; i ++)　　　　　　//原问题分解为 n 个阶段

{

x = select(A)；　　　　　　　　//依据贪心策略做贪心选择，求得局部最优解

if(x 可以包含在 solution)　　　　//判断解集合 solution 在加 A x 后是否满足约束条件

solution = union(solution , x)；　//部分局部最优解进行合并

}

return(解向量 solution)；　　　　//n 个阶段完成后，得到原问题的最优解

}

贪心法是在少量运算的基础上做出贪心选择而不急于考虑以后的情况，一步一步地进行解的扩充，每一步均是建立在局部最优解的基础上。

5.2　哈夫曼编码

哈夫曼编码是广泛地用于数据文件压缩的十分有效的编码方法。其压缩率通常在 20%~90% 之间。哈夫曼编码算法用字符在文件中出现的频率表来建立一个用 0、1 串表示各字符的最优表示方式。

给出现频率高的字符较短的编码，出现频率较低的字符以较长的编码，可以大大缩短总码长。

例如一个包含 100000 个字符的文件，各字符出现频率不同，如表 5-1 所示。定长变码需要 3 00 000 位，而按表中变长编码方案，文件的总码长为：

$(45 \times 1 + 13 \times 3 + 12 \times 3 + 16 \times 3 + 9 \times 4 + 5 \times 4) \times 1000 = 224000$。

比用定长码方案总码长较少约 45% 。

表 5-1　　定长码与变长码

字　　符	a	B	C	d	e	f
频率(千次)	45	13	12	16	9	5
定长码	000	001	010	011	100	101
变长码	0	101	100	111	1101	1100

对每一个字符规定一个 0、1 串作为其代码，并要求任一字符的代码都不是其他字符代码的前缀。这种编码称为前缀码。

编码的前缀性质可以使译码方法非常简单。

表示最优前缀码的二叉树总是一棵完全二叉树，即树中任一结点都有 2 个子结点。

平均码长定义为：

$$B(T) = \sum_{c \in C} f(c) d_T(c)$$

使平均码长达到最小的前缀码编码方案称为给定编码字符集 C 的最优前缀码。哈夫曼提出构造最优前缀码的贪心算法，由此产生的编码方案称为哈夫曼编码。哈夫曼算法以自底

向上的方式构造表示最优前缀码的二叉树 T。算法以 $|C|$ 个叶结点开始,执行 $|C|-1$ 次的"合并"运算后产生最终所要求的树 T。

HUFFMAN(c)

1.　$n \leftarrow |c|$

2.　$Q \leftarrow C$

3.　for $i \leftarrow$ to $n-1$

4.　　do allocate a new code z

5.　left$[z] \leftarrow x \leftarrow$ EXTRACT-MIN(Q)

6.　right$[z] \leftarrow y \leftarrow$ EXTRACT-MIN(Q)

7.　f$[z] =$ f$[x] +$ f$[y]$

8.　INSERT(Q,z)

9.　return EXTRACT-MIN(Q)

时间分析,我们假设 Q 是作为最小二叉堆实现的。对包含个字符的集合 C,第二行中对 Q 的初始化可用建堆法所用的时间 $O(n)$ 内完成。第 $3 \sim 8$ 行中的 for 循环执行了 $n-1$ 次,又因每一次堆操作需要 $O(n\log n)$ 时间,故整个循环需要 $O(n\log n)$ 时间。这样,作用于 n 个字符集合的 HUFFMAN 的总的运行时间为 $O(n\log n)$。

```
/* Huffman 编码问题的设计和实现 */
#include < stdio. h >
#include < malloc-h >
#include < stdlib. h >
#define MAXLEN        100
#define MAXVALUE   10000
/* 结点结构定义 */
typedef   struct
{int weight;  /* 权值 */
   int nag;    /* 标记 */
   int parent;  /* 指向父结点的指针 */
   int lchild;
   int rchild;
}HuffNode;
/* Huffman 编码结构 */
typedef struct
{char bit[MAXLEN];
   int len;
   int weight;
}Code;
/* HuffTree 初始化 */
void HuffmanlInit( int weight[ ], int n, HuffNode hufftree[ ])
```

```
{int i;
  /* huffman 结构初始化,n 个叶结点的二叉树有 2n - 1 个结点   */
  for( i = 0;i < 2 * n - 1;i ++ ){
    hufftree[i]. weight = ( i < n )? weight[i]:0;
    hufftree[i]. parent = - 1;/* 根,无父结点 */
    hufftree[i]. flag = 0;
    hufftree[i]. 1child = - 1;/* i 不可能是某结点的左子树或右子树 */
    hufftree[i]. rchild = - 1;
    }
}
/* 建立权值为 weight[0.. n - 1]的 n 个结点的 HuffTree */
void Huffman( int weight[ ],int n,HuffNode hufftree[ ])
{int i,j,m1,m2,x1,x2;
  Huffmanlnit( weight,n,hufftree);/* 初始化 */
  /* 构造 n - 1 个非叶结点 */
  for( i = 0;i < n - 1;i ++ ){
    m1 = m2 = MAXVALUE;   /* m1 <= m2   */
    x1:x2 = 0;
    for( j = 0;j < n + i;j ++ ){/* 在森林中找两个权值最小的结点 */
    if( hufftree[j]. flag == 0){/* 该结点未加入到 huffman 树中 */
    if( hufftree[j]. weight < m1){
    m2 = m1;
    x2 = x1;
        m1 = hufftree[j]. weight;
    x1 = j;
    }else if( hufflree[j]. weight < m2){
    m2 = hufftree[j]. weight;
    x2 = j;
    }
    }
    }
    humree[x1]. parent = n + i;
    humree[x2]. parent = n + i;
    humree[x1]. nag = 1;
    humree[x2]. flag = 1;
    hufftree[n + i]. weight = hufftree[x 1]. weight + hufftree[x2],weight;
    hufftree[n + i]. 1child = x1;
    hufftree[n + i]. rchild = x2;
```

```
            }
          }
/* huffman 编码函数 */
Void   HuffmanCode(HuffNode hufftree[ ],int n,Code huffcode[ ])
{   Code   cd;
    int i,j,child,parent;
    for(i=0;i<n;i++){/* 求第 i 个结点的 Huffman 编码 */
        cd.len=0;
        cd.weight=hufftree[i].weight;
        child=i;
        parent=hufftree[i].parent;/* 回溯 */
        while(parent !=-1){
        cd.bit[cd.len++]:(hufftree[parent].1child=child)?'0':'1';
        child=parent;
        parent=humree[child].parent;
        >
        for(j=0;j<cd.len;j++)
        huffcode[i].bit[j]=cd.bit[cd.len-1-j];
        huffcode[i].bit[cd.len]='\0';
        huffcode[i].len=cd.len;
        huffcode[i].weight=cd.weight;
        )
)
/*   打印 huffman 编码   */
Void PrintCode(Code   c[ ],int n)
{int  i;
    printf("OutPut code:\n");
    for(i=0;i<n;it-+)
    printf("weight=%d   code   %s\n",c[i].weight,c[i].bit);
}
/* 测试程序 */
Void main(Void)
{int w[ ]={3,1,4,8,2,5,7};
HuffNode huff[100];
Code hcode[10];
Huffman(w,7,huff;
HuffmanCode(huff,7,hcode);
PrintCode(hcode,7);
```

```
getch();
}
```

5.3　会场安排问题

5.3.1　贪心策略

贪心法求解会场安排问题的关键是如何设计贪心策略,使得算法在依照该策略的前提下按照一定的顺序来选择相容会议,以便安排尽量多的会议。根据给定的会议开始时间和结束时间,会场安排问题至少有三种看似合理的贪心策略可供选择。

①每次从剩下未安排的会议中选择具有最早开始时间且不会与已安排的会议重叠的会议来安排。这样可以增大资源的利用率。

②每次从剩下未安排的会议中选择使用时间最短且不会与已安排的会议重叠的会议来安排。这样看似可以安排更多的会议。

③每次从剩下未安排的会议中选择具有最早结束时间且不会与已安排的会议重叠的会议来安排。这样可以使下一个会议尽早开始。

到底选用哪一种贪心策略呢？选择策略①,如果选择的会议开始时间最早,但使用时间无限长,这样只能安排1个会议来使用资源;选择策略②,如果选择的会议的开始时间最晚,那么也只能安排1个会议来使用资源;由策略①和策略③,人们容易想到一种更好的策略:"选择开始时间最早且使用时间最短的会议"。根据"会议结束时间—会议开始时间 + 使用资源时间"可知,该策略便是策略③。直观上,按这种策略选择相容会议可以给未安排的会议留下尽可能多的时间。也就是说,该算法的贪心选择的意义是使剩余的可安排时间段极大化,以便安排尽可能多的相容会议。

5.3.2　算法的设计和描述

根据问题描述和所选用的贪心策略,对贪心法求解会场安排问题的 GreedySelector 算法设计思路如下:

①初始化。将 n 个会议的开始时间存储在数组 B 中;将 n 个会议的结束时间存储在数组 E 中且按照结束时间的非减序排序:$e_1 \leqslant e_2 \leqslant \cdots \leqslant e_n$,数组 B 需要做相应调整;采用集合 A 来存储问题的解,即所选择的会议集合,会议 i 如果在集合 A 中,当且仅当 $A[i]$ = true。

②根据贪心策略,算法 GreedySelector 首先选择会议1,即令 $A[1]$ = true。

③依次扫描每一个会议,如果会议 i 的开始时间不小于最后一个选入集合 A 中的会议的结束时间,即会议 i 与 A 中会议相容,则将会议 i 加入集合 A 中;否则,放弃会议 i,继续检查下一个会议与集合 A 中会议的相容性。

设会议 i 的起始时间 b_i 和结束时间 e_i 的数据类型为自定义结构体类型 struct time;则 GreedySelector 算法描述如下:

```
void GreedySelector( int n, struct time B[ ], struct time E[ ], bool A[ ] )
{
```

```
E 中元素按非减序排列,B 中对应元素做相应调整;
int i,j;
A[1] = true;            //初始化选择会议的集合 A,即只包含会议 1
j = i;i = 2;            //从会议 i 开始寻找与会议 j 相容的会议
while(i <= n)
if(B[i] > = E[j]){A[i]:true;j = i}
else A[i] = false;
}
```

【例 5-1】 设有 11 个会议等待安排,用贪心法找出满足目标要求的会议集合。这些会议按结束时间的非减序排列如表 5-2 所示。

表 5-2　11 个会议按结束时间的非减序排列表

会议 i	1	2	3	4	5	6	7	8	9	10	11
开始时间 b_i	1	3	0	5	3	5	6	8	8	2	12
结束时间 e_i	4	5	6	7	8	9	10	11	12	13	14

根据贪心策略可知,算法每次从剩下未安排的会议中选择具有最早的完成时间且不会与已安排的会议重叠的会议来安排。具体的求解过程如图 5-1 所示。

会议 i	1	2	3	4	5	6	7	8	9	10	11
开始时间 b_i	1	3	0	5	3	5	6	8	8	2	12
结束时间 e_i	4	5	6	7	8	9	10	11	12	13	14

图 5-1　会议安排问题的贪心法求解过程示意图

因为会议 1 具有最早的完成时间,因此 GreedySelector 算法首先选择会议 1 加入解集合 A。由于 $b_2 < e_1$、$b_3 < e_1$,显然会议 2 和会议 3 与会议 1 不相容,所以放弃它们,继续向后扫描,由于 $b_4 > e_1$,可见会议 4 与会议 1 相容,且在剩下未安排会议中具有最早完成时间,符合贪心策略,因此将会议 4 加入解集合 A。然后在剩下未安排会议中选择具有最早完成时间且与会议 4 相容的会议。以此类推,最终选定的解集合 A 为{1,0,0,1,0,0,0,1,0,0,1},即选定的会议集合为{1,4,8,11}。

从 GreedySelector 算法的描述中可以看出,该算法的时间主要消耗在将各个活动按结束时间从小到大进行排列操作。若采用快速排序算法进行排序,算法的时间复杂性为 O(nlogn)。显然该算法的空间复杂性是常数阶,即 $S(n) = O(1)$。

(1)贪心选择性质

贪心选择性质的证明即证明会场安排问题存在一个以贪心选择开始的最优解。设 $C = \{1,2,\cdots,n\}$ 是所给的会议集合。由于 C 中的会议是按结束时间的非减序排列,故会议 1 具有最早结束时间。因此,该问题的最优解首先选择会议 1。

设 C^* 是所给的会场安排问题的一个最优解,且 C^* 中会议也按结束时间的非减序排列,

C^* 中的第一个会议是会议 k。若 $k=1$，则 C^* 就是一个以贪心选择开始的最优解。若 $k>1$，则设 $C'=C-\{k\}\cup\{1\}$。由于 $e_1 \leqslant e_k$，且 $C^*-\{k\}$ 中的会议是互为相容的且它们的开始时间均大于等于 e_k，故 $C^*-\{k\}$ 中的会议的开始时间一定大于等于 e_1，所以 C' 中的会议也是互为相容的。又由于 C' 中会议个数与 C^* 中会议个数相同且 C^* 是最优的，故 C' 也是最优的。即 C' 是一个以贪心算法选择活动 1 开始的最优会议安排。因此，证明了总存在一个以贪心选择开始的最优会议安排方案。

(2)最优子结构性质

进一步，在做了贪心选择，即选择了会议 1 后，原问题就简化为对 C 中所有与会议 1 相容的会议进行会议安排的子问题。即若 A 是原问题的一个最优解，则 $A'=A-\{1\}$ 是会议安排问题 $C_1=\{i\in C\,|\,b_i \geqslant e_1\}$ 的一个最优解。

证明(反证法)：假设 A' 不是会场安排问题 C_1 的一个最优解。设 A_1 是会场安排问题 C_1 的一个最优解，那么 $|A_1|>|A'|$。令 $A_2=A_1\cup\{1\}$，由于 A_1 中的会议的开始时间均大于等于 e_1，故 A_2 是会议安排问题 C 的一个解。又因为 $|A_2|=|A_1\cup\{1\}|>|A'\cup\{1\}|=A|$，所以 A 不是会场安排问题 C 的最优解。这与 A 是原问题的最优解矛盾，所以 A' 是会场安排问题 C 的一个最优解。

5.3.3　算法的正确性证明

前面已经介绍过，使用贪心法并不能保证最终的解就是最优。但对于会场安排问题，贪心法 GreedySelector 却总能求得问题的最优解，即它最终所确定的相容活动集合 A 的规模最大。

贪心算法的正确性证明需要从贪心选择性质和最优子结构性质两方面进行。因此，GreedySelector 算法的正确性证明只需要证明会场安排问题具有贪心选择性质和最优子结构性质即可。下面采用数学归纳法来对该算法的正确性进行证明。

(1)贪心选择性质

贪心选择性质的证明即证明会场安排问题存在一个以贪心选择开始的最优解。设 $C=\{1,2,\cdots,n\}$ 是所给的会议集合。由于 C 中的会议是按结束时间的非减序排列，故会议 1 具有最早结束时间。因此，该问题的最优解首先选择会议 1。

设 C 是所给的会场安排问题的一个最优解，且 $C*$ 中会议也按结束时间的非减序排 $k>1$，则设 $C'=C^*-\{k\}\cup\{1\}$。由于 $e_1 \leqslant e_k$，且 $C^*-\{k\}$ 中的会议是互为相容的且它们的开始时间均大于等于 e_k，故 $C^*-\{k\}$ 中的会议的开始时间一定大于等于 e_1，所以 C' 中的会议也是互为相容的。又由于 C' 中会议个数与 C^* 中会议个数相同且 C^* 是最优的，故 C' 也是最优的。即 C' 是一个以贪心算法选择活动 1 开始的最优会议安排。因此，证明了总存在一个以贪心选择开始的最优会议安排方案。

(2)最优子结构性质

进一步，在做了贪心选择，即选择了会议 1 后，原问题就简化为对 C 中所有与会议 1 相容的会议进行会议安排的子问题。即若 A 是原问题的一个最优解，则 $A'=A-\{1\}$ 是会议安排问题 $C_1=\{i\in C\,|\,b_i \geqslant e_1\}$ 的一个最优解。

证明(反证法)：假设 A' 不是会场安排问题 C_1 的一个最优解。设 A_1 是会场安排问题 $C1$

的一个最优解,那么$|A_1| > |A'|$。令$A_2 = A_1 \cup \{1\}$,由于A_1中的会议的开始时间均大于等于e_1,故A_2是会议安排问题C的一个解。又因为$|A_2 = A_1 \cup \{1\}| > |A' \cup \{1\} = A|$,所以$A$不是会场安排问题$C$的最优解。这与$A$是原问题的最优解矛盾,所以$A'$是会场安排问题$C$的一个最优解。

5.4 单源最短路径问题

给定一个有向带权图$G = (V, E)$,其中每条边的权是一个非负实数。另外,给定V中的一个顶点,称为源点。现在要计算从源点到所有其他各个顶点的最短路径长度,这里的路径长度是指路径上经过的所有边上的权值之和。这个问题通常称为单源最短路径问题。

5.4.1 Dijkstra算法思想及算法设计

1. Dijkstra 算法思想

对于一个具体的单源最短路径问题,如何求得该最短路径呢?一个传奇人物的出现使得该问题迎刃而解,他就是迪杰斯特拉(Dijkstra)。他提出按各个顶点与源点之间路径长度的递增次序,生成源点到各个顶点的最短路径的方法,即先求出长度最短的一条路径,再参照它求出长度次短的一条路径,以此类推,直到从源点到其他各个顶点的最短路径全部求出为止,该算法俗称 Dijkstra 算法。Dijkstra 对于它的算法是这样说的:"这是我自己提出的第一个图问题,并且解决了它。令人惊奇的是我当时并没有发表。但这在那个时代是不足为奇的,因为那时,算法基本上不被当作一种科学研究的主题。"

2. Dijkstra 算法设计

假定源点为u。顶点集合V被划分为两部分:集合S和$V - S$,其中S中的顶点到源点的最短路径的长度已经确定,集合$V - S$中所包含的顶点到源点的最短路径的长度待定,称从源点出发只经过S中的点到达$V - S$中的点的路径为特殊路径。Dijkstra 算法采用的贪心策略是选择特殊路径长度最短的路径,将其相连的$V - S$中的顶点加入到集合S中。

Dijkstra 算法的求解步骤设计如下:

步骤1:设计合适的数据结构。设置带权邻接矩阵C,即如果$<u, x> \in E$,令$C[u][x] = <u, x>$的权值,否则,$C[u][x] = 0$;采用一维数组 dist 来记录从源点到其他顶点的最短路径长度,例如 dist$[x]$表示源点到顶点x的路径长度;采用一维数组p来记录最短路径。

步骤2:初始化。令集合$S = \{u\}$,对于集合$V - S$中的所有顶点x,设置 dist$[x] = C[u][x]$(注意,x只是一个符号,它可以表示集合$V - S$中的任一个顶点);如果顶点i与源点相邻,设置$p[i] = u$,否则$p[i] = -1$。

步骤3:在集合$V - S$中依照贪心策略来寻找使得 dist$[x]$具有最小值的顶点t,即 dist$[t] = \min\{\text{dist}[x] | x \in (V - S)\}$,满足该公式的顶点$t$就是集合$V - S$中距离源点$u$最近的顶点。

步骤4:将顶点t加入集合S中,同时更新集合$V - S$。

步骤5:如果集合$V - S$为空,算法结束;否则,转步骤6。

步骤6:对集合$V - S$中的所有与顶点t相邻的顶点x,如果 dist$[x] > \text{dist}[t] + C[t][x]$,则 dist$[x] = \text{dist}[t] + C[t][x]$并设置$p[x] = t$。转步骤3。

由此,可求得从源点 u 到图 G 的其余各个顶点的最短路径及其长度。

5.4.2　单源最短路径问题的构造实例

【例 5-2】　在如图 5-2 所示的有向带权图中,求源点 0 到其余顶点的最短路径及最短路径长度。

根据算法思想和求解步骤,很容易得出算法的执行过程:初始时,设置集合 $S = \{0\}$,对所有与源点 0 相邻的顶点 1 和 2,设置 $p[1] = p[2] = 0$,而与源点 0 不相邻的顶点 3 和 4,则设置 $p[3] = p[4] = -1$。然后在集合 $V - S$ 的各个顶点中,由于 dist[1] 最小,可见距离源点 0 最近的顶点为顶点 1,因此将 1 加入集合 S,并将其从集合 $V - S$ 中删去,同时更新所有与顶点 1 相邻的顶点到源点 0 的最短路径长度,其中 dist[2] = 24、dist[3] = 23,因此 $p[2] = 1$,$p[3] = 1$。接下来,再次从 $V - S$ 的各个顶点中,找出距离源点 0 最近的顶点,容易看出 dist[3] 最小,因此,将顶点 3 加入集合 S,同时将

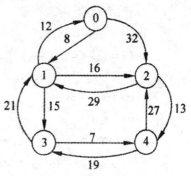

图 5-2　有向带权图

其从 $V - S$ 中删去,并更新所有与顶点 3 相邻的顶点到源点 0 的最短路径长度,其中 dist[4] = 30,设置 $p[4] = 3$;继续从 $V - S$ 的各个顶点中,找出距离源点 0 最近的顶点,易得 dist[2] 最小,因此,将顶点 2 加入集合 S,并从 $V - S$ 中删去,并更新所有与顶点 2 相邻的顶点到源点 0 的最短路径长度。由于 $V - S$ 中只剩下顶点 4,则将其加入集合 S,并从 $V - S$ 中删去,算法结束。

对于例 5-2,经 Dijkstra 算法计算后,数组 dist 记录了源点到其他各个顶点的最短路径长度。其中,dist[1] = 8,dist[2] = 24,dist[3] = 23,dist[4] = 30;数组 p 记录了最短路径,$p[1] = 0$,$p[2] = 1$,$p[3] = 1$,$p[4] = 3$。如果要找出从源点 0 到顶点 4 的最短路径,可以从数组 p 得到顶点 4 的前驱顶点为 3,而顶点 3 的前驱顶点为 1,顶点 1 的前驱顶点为 0。于是从源点 0 到顶点 4 的最短路径为 0,1,3,4。同理,可找出从源点 0 到顶点 3 的最短路径为 0,1,3;而源点 0 到顶点 2 的最短路径为 0,1,2;源点 0 到顶点 1 的最短路径为 0,1。

5.4.3　Dijkstra 算法描述

n:顶点个数;u:源点;$C[n][n]$:带权邻接矩阵;dist[ ]:记录某顶点与源点 u 的最短路径长度;$p[ ]$:记录某顶点到源点的最短路径上的该顶点的前驱顶点。

```
void Dijkstra( int n,int u,float dist[ ],int p[ ],int C[ n][ n] )
    {
    bool s[n];            //如果 s[i]等于 true,说明顶点 i 已加入集合 s;否则,顶点 i
                            属于集合 V - S
    for( int i = 1;i < = n;i + + )
    {
    dist[i]:c[u][i];        //初始化源点 u 到其他各个顶点的最短路径长度
    s[i] = fal se;
```

```
        if( dist[i] == ∞ )
        p[i] = -1;                    //满足条件,说明顶点 i 与源点 u 不相邻,设置 p[i] = -1
        else
        p[i] = u;                     //说明顶点 i 与源点 u 相邻,设置 p[i]:u
        }                             //for 循环结束
    dist[u] = 0;
    s[u] = true;                      //初始时,集合 s 中只有一个元素:源点 u
    for(i = 1;i <= n;i ++ )
    {
    int temp = ∞ ;
    int t = u;
    for( int j = 1; j <= n;j ++ )
                                      //在集合 V - S 中寻找距离源点 u 最近的顶点 t
    if((! s[j])&&(dist[j] < temp))
    {
    t = j;
    temp = dist[j];
    )
    if(t == u)break;                  //找不到 t,跳出循环
    s[t] = true;                      //否则,将 t 加入集合 s
    for(j = 1;j <= nj j ++ )          //更新与 t 相邻接的顶点到源点 u 的距离
    if((! s[j])&&(C[t][j] < ∞ )
    if( dist[j] > (dist[t] + C[t][j]))
    {
    dist[j] = dist[t] + C[t][j];
    p[j] = t J;
    }
    }
}
```

从算法的描述中,不难发现语句 if((! s[j])&&(dist[j] < temp)) 对算法的运行时间贡献最大,因此选择将该语句作为基本语句。当外层循环标号为 1 时,该语句在内层循环的控制下,共执行 n 次,外层循环从 $1 \sim n$,因此,该语句的执行次数为 $n \times n = n^2$,算法的时间复杂性为 $O(n^2)$。

实现该算法所需的辅助空间包含为数组 s 和变量 i、j、t 和 temp 所分配的空间,因此,Dijkstra 算法的空间复杂性为 $O(n)$。

5.4.4 算法的正确性证明

Dijkstra 算法的正确性证明,即证明该算法满足贪心选择性质和最优子结构性质。

（1）贪心选择性质

Dijkstra 算法是应用贪心法设计策略的又一个典型例子。它所做的贪心选择是从集合 $V-S$ 中选择具有最短路径的顶点 t，从而确定从源点 u 到 t 的最短路径长度 $dist[t]$。这种贪心选择为什么能得到最优解呢？换句话说，为什么从源点到 t 没有更短的其他路径呢？

事实上，假设存在一条从源点 u 到 t 且长度比 $dist[t]$ 更短的路，设这条路径初次走出 S 之外到达的顶点为 $x \in V-S$，然后徘徊于 S 内外若干次，最后离开 S 到达 t。

在这条路径上，分别记 $d(u,x)$，$d(x,t)$ 和 $d(u,t)$ 为源点 u 到顶点 x，顶点 x 到顶点 t 和源点 u 到顶点 t 的路径长度，那么，依据假设容易得出：

$$dist[z] \le d(u,x)$$

$$d(u,x) + d(x,t) = d(u,t)dist[t]$$

利用边权的非负性，可知 $d(x,t) \ge 0$，从而推得 $dist[x] < dist[t]$。此与前提矛盾，从而证明了 $dist[t]$ 是从源点到顶点 t 的最短路径长度。

（2）最优子结构性质

要完成 Dijkstra 算法正确性的证明，还必须证明最优子结构性质，即算法中确定的 $dist[t]$ 确实是当前从源点到顶点 t 的最短路径长度。为此，只要考察算法在添加 t 到 S 中后，$dist[t]$ 的值所起的变化就行了。将添加 t 之前的 S 称为老 S。当添加了 t 之后，可能出现一条到顶点 j 的新的特殊路径。如果这条新路径是先经过老 S 到达顶点 t，然后从 t 经一条边直接到达顶点 j，则这条路径的最短长度是 $dist[t] + C[t][j]$。这时，如果 $dist[t] + C[t][j] < dist[j]$，则算法中用 $dist[t] + C[t][j]$ 作为 $dist[j]$ 的新值。如果这条新路径经过老 S 到达 t 后，不是从 t 经一条边直接到达 j，而是先回到老 S 中某个顶点 x，最后才到达顶点 j，那么由于 x 在老 S 中，因此 x 比 t 先加入 S，故从源点到 x 的路径长度比从源点到 t，再从 t 到 x 的路径长度小。于是当前 $dist[j]$ 的值小于从源点经 x 到 j 的路径长度，也小于从源点经 t 和 x，最后到达 j 的路径长度。因此，在算法中不必考虑这种路径。可见，无论算法中 $dist[t]$ 的值是否有变化，它总是关于当前顶点集 S 到顶点 t 的最短路径长度。

5.5　最小生成树问题

假设已知一无向连通图 $G=(V,E)$，其加权函数为 $w:E \to R$，我们希望找到图 G 的最小生成树。后文所讨论的两种算法都运用了贪心方法，但在如何运用贪心法上却有所不同。

下列的算法 GENERNIC – MIT 正是采用了贪心算法，每步形成最小生成树的一条边。算法设置了集合 A，该集合一直是某最小生成树的子集。在每步决定是否把边 (u,v) 添加到集合 A 中，其添加条件是 $A \cup \{(u,v)\}$ 仍然是最小生成树的子集。我们称这样的边为 A 的安全边，因为可以安伞地把它添加到 A 中而不会破坏上述条件。

GENERNIC-MIT(G,W)

1. $A \leftarrow \theta$
2. while A 没有形成一棵生成树
3. 　　 do　找出 A 的一条安全边 (u,v);
4. 　　　 $A \leftarrow A \cup \{(u,v)\}$;

5. return A

注意从第1行以后,A 显然满足最小生成树子集的条件。第2~4行的循环中保持着这一条件,当第5行中返回集合 A 时,A 就必然是一最小生成树。算法最棘手的部分自然是第3行的寻找安全边。必定存在一生成树,因为在执行第3行代码时,根据条件要求存在一生成树 T,使 $A \subseteq T$,且若存在边 $(u,v) \in T$ 且 $(u,v) \notin A$,则 (u,v) 是 A 的安全边。

下面介绍两个算法:Kruskal 算法和 Prim 算法

Kruskal 算法是直接基于上面中给出的一般最小生成树算法的基础之上的。该算法找出森林中连结任意两棵树的所有边中具有最小权值的边 (u,v) 作为安全边,并把它添加到正在生长的森林中。设 C_1 和 C_2 表示边 (u,v) 连结的两棵树。因为 (u,v) 必是连 C_1 和其他某棵树的一条轻边,所以可知 (u,v) 对 C_1 是安全边。Kruskal 算法同时也是一种贪心算法,因为算法每一步添加到森林中的边的权值都尽可能小。

Kruskal 算法的实现类似于计算连通支的算法。它使用了分离集合数据结构以保持数个互相分离的元素集合。每一集合包含当前森林中某个树的结点,操作 FIND-SET(u) 返回包含纠的集合的一个代表元素,因此我们可以通过 FIND $-$ SET(v) 来确定两结点 u 和 v 是否属于同一棵树,通过操作 UNION 来完成树与树的联结。

MST-KRUSKAL(G,w)

1. $A \leftarrow \theta$

2. for 每个结点 v $V[G]$

3.   do MAKE-SET(v)

4. 根据权 w 的非递减顺序对 E 的边进行排序

5. for 每条边 $(u,v) \in E$,按权的非递减次序

6.   do if FIND-SET$(u) \neq$ FIND $-$ SET(v)

7.   then $A \leftarrow A \cup \{(u,v)\}$

8.   UNION(u,v)

9.   return A

Kruskal 算法在图 $G = (V,E)$ 上的运行时间取决于分离集合这一数据结构如何实现。我们采用在分离集合中描述的按行结合和通路压缩的启发式方法来实现分离集合森林的结构,这是由于从渐近意义上来说,这是目前所知的最快的实现方法。初始化需占用时间 $O(V)$,第4行中对边进行排序需要的运行时间为 $O(E\log E)$;对分离集的森林要进行 $O(E)$ 次操作,总共需要时间 $O(E\alpha(E,V))$,其中 α 函数为 Ackerman 函数的反函数。因为 $\alpha(E,V) = O(\log E)$,所以 Kruskal 算法的全部运行时间为 $O(E\log E)$。

正如 Kruskal 算法一样,Prim 算法也是第上面中讨论的一般最小生成树算法的特例。Prim 算法的执行非常类似于寻找图的最短通路的 Dijkstra 算法。Prim 算法的特点是集合 A 中的边总是只形成单棵树。因为每次添加到树中的边都是使树的权尽可能小的边,因此上述策略也是贪心的。

有效实现 Prim 算法的关键是设法较容易地选择一条新的边添加到由 A 的边所形成的树中,在下面韵伪代码中,算法的输入是连通图 G 和将生成的最小生成树的根 r。在算法执行过程中,不在树中的所有结点都驻留于优先级基于 key 域的队列 Q 中。对每个结点 v,key$[v]$ 是

连接 v 到树中结点的边所具有的最小权值;按常规,若不存在这样的边则 key$[v] = \infty$。域 $\pi[v]$ 说明树中 v 的"父母"。在算法执行中,GENERIC-MST 的集合们隐含地满足:

$A = \{(v,\pi[v]) \mid v \in V - \{r\} - Q\}$

当算法终止时,优先队列 Q 为空,因此 G 的最小生成树 A 满足:

$A = \{(v,\pi[v]) \mid v \in V - \{r\}\}$

MST-PRIM(G,W,r)

1. $Q \leftarrow V[G]$
2. for 每个 $u \in Q$
3.   do key$[u] \leftarrow \infty$
4. key$[r] \leftarrow 0$
5. $\pi[r] \leftarrow$ NIL
6. while $Q \neq ?$
7.   do $u \leftarrow$ EXTRACT-MIN(Q)
8.   for 每个 $v \in$ Adj$[u]$
9.   do if $v \in Q$ and $w(u,v) <$ key$[v]$
10.   then $\pi[v] \leftarrow u$
11.   key$[v] \leftarrow w(u,v)$

Prim 算法的性能取决于我们如何实现优先队列 Q。若用二叉堆来实现 Q,我们可以使用过程 BUILD-HEAP 来实现第 1~4 行的初始化部分,其运行时间为 $O(V)$。循环需执行 $|V|$ 次,且由于每次 EXTRACToMIN 操作需要 $O(\log V)$ 的时间,所以对 EXTRACT-MIN 的全部调用所占用的时间为 $O(V\log V)$。第 8~11 行的 *for* 循环总共要执行 $O(E)$ 次,这是因为所有邻接表的长度和为 $2|E|$。在 for 循环内部,第 9 行对队列 Q 的成员条件进行测试可以在常数时间内完成,这是由于为每个结点空出 1 位(bit)的空间来记录该结点是否在队列 Q 中,并在该结点被移出队列时随时对该位进行更新。第 11 行的赋值语句隐含一个对堆进行的 DECREASE-KEY 操作,该操作在堆上可用 $O(\log V)$ 的时间完成。因此,Prim 算法的整个运行时间为 $O(V\log V + E\text{loR}V) = O(E\log V)$,从渐近意义上来说,它和实现 Kruskal 算法的运行时间相同。

通过使用 Fibonacci 堆,Prim 算法的渐近意义上的运行时间可得到改进。在 Fibonacci 堆中我们已经说明,如果 $|V|$ 个元素被组织成 Fibonacci 堆,可以在 $O(\log V)$ 的平摊时间内完成 EXTRACT-MIN 操作,在 $O(1)$ 的平摊时间里完成 DECREASE-KEY 操作(为实现第 11 行的代码),因此,若我们用 Fibonacci 堆来实现优先队列 Q,Prim 算法的运行时间可以改进为 $O(E + V\log V)$。

//图的存储结构以数组邻接矩阵表示,用普里姆(Prim)算法构造图的最小生成树。

```
#include < iostream. h >
#include < stdio-h >
#iIlclude < stdlib. h
#include < string. h >
#define   TRUE 1
```

```
#define   FALSE 0
#define NULL 0
#define   OVERFLOW-2
#define   OK    1
#define   ERROR 0
typedef int Status;
typedef int VRType;
typedef char InfoType;                    //弧相关的信息
typedefchar VertexType[10];               //顶点的名称为字符串
#define INFINITY     32767                //INT_MAX 最大整数
#define MAX_VERTEX_NUM  20                //最大顶点数
typedef enum{DG,DN,AG,AN}GraphKind;       //有向图,有向网,无向图,无向网
typedef struct ArcCell{
   VRType      adj;                       //VRType 是顶点的关系情况,对无权图用 1
                                          或 0 表示有关系否,对带权图(网)
                                          //则填权值。
   InfoType  * info;                      //指向该弧相关信息的指针
}ArcCell,AdjMatrix[MAX vERTEX_NUM][MAX VERTEX_NUM];
typedef struct{
   VertexType vexs[MAX_VERTEX_NUM];//顶点数据元素
AdjMatrix arcs;                           //二维数组作邻接矩阵
int vexnum,arcnum;                        //图的当前顶点数和弧数
   GraphKind kind;                        //图的种类标志
}MGraph;
Status CreateGraph(MGraph&G,GraphKind kd){
                                          //采用数组邻接矩阵表示法,构造图 G
   Status CreateDG(MGraph&G);
   Status CreateDN(MGraph&G);
   Status  CreateAG(MGraph&G);
   Status  CreateAN(MGraph&G);
   Status  CreateAN(MGraph&G);
   G. kind = kd;
   SWitch(G. kind){
   case DG:return CreateDG(G);            //构造有向图 G
   case DN ~ return CreateDN(G);          //构造有向网 G
   case AG ~ return CreateAG(G);          //构造无向图 G
   case AN ~ return CreateAN(G);          //构造无向网 G
   default ~ return    ERROR;
```

```
    }
  }
  Status   CreateDG(MGraph&G){
  return OK;
  }
  Status   CreateDN(MGraph&G){
  return OK;
  }
  Status   CreateAG(MGraph&G){
  return 0K;
  }
  Status   CreateAN(MGraph&G){//构造无向网 G
    int i,j,k;
char v[3],w[3],VWinfo[10]={"   "};//边有关信息置空
char v[10][3]={"v1","vl","v2","v2","v5","v5","v6","v6","v4","v4"};
char w[10][3]={"v2","v3","v5","v3","v6","v3","v4","v3","v1","v3"};
int q[10]={ 6,1,3,5,6,6,2,4,5,5   };
char vwinfo[10]={"   "};
printf("输入要构造的网的顶点数和弧数:\n");
scanf("% d,% d",&G. vexnum,&G. arcnum);
G. vexnum = 6;   G. arcnum = 1 0;
    printf("依次输入网的顶点名称 v1   v2   …等等:\n");
for(i = 0;i < G. vexnum;i ++ )SCanf("% s",G. vexs[i]);//构造顶点数据
  strcpy(G. vexs[0],"V1");   strcpy(G. vexs[1],"V2");   strcpy(G. vexs[2],"v3");
  strcpy(G. vexs[3],"v4");   strcpy(G. vexs[4],"v5");   strcpy(G. vexs[5],"V6");
    for(i = 0;i < G. vexnum;i ++ )
    for(j = 0;j < G. vexnum;j ++ ){G. arcs[i]D]. adj = INFINITY;   G. arcs[i][j]info =
      NULL;}//初始化邻接矩阵
  printf("按照: 顶点名1   顶点名2权值输入数据:\n");
    for(k = 0;k < G. arcnum;k ++ ){
scanf("% s% s   % d". v. w&q):
    for(i = 0;i < G. vexnum;i ++ )if( strcmp(G. vexs[i],v[k]) = 0)break;
//查找出 v 在 vexs[]中的位置 i
    if(i = G. vexnum)return ERROR;
    f. or(j = 0:j < G. vexnum;j ++ )if( strcmp(G. vexs[j],w[k]) == 0)break;
//查找出 V 在 vexs[]中的位置 j
    if(j = G. vexnum)return ERROR;
    G. arcs[i][j]. adj = q[k];//邻接矩阵对应位置置权值
```

```
              G. arcs[j][i]. adj:q[k];//邻接矩阵对称位置置权值
    G. arcs[i][j]. info = (char  * )malloc(10);strcpy(G. arcs[i][j]. info,VWinfo);
    //置 A 边有关信息
            }
        return OK;
        }
        Void PrintMGraph(MGraph&G){
      int i,j;
      SWitch(G. kind){
        case DG:
        for(i = 0;i < G. V9xnum;i ++ ){
        for(i = 0;j < G. vexnum;j ++ ){
        printf("   % d|",G. arcs[i][j]. adj);
        if(G. arCS[i][j]. info = NULL)
        printf("NULL");
        else
        printf("% s 路",G. arCS[i][j]. info);
        }
        printf(" \n");
        }
        break;
        case DN:
        for(i = O;i < G. vex. num;i ++ ){
        for(j = O;j < G. vexnum;j ++ ){
        if(G. arCS[i][j]. adj!  =0)printf("   % d |",G. arcs[i][j]. adj);
        else printf("∞    |");
        }
        printf(" \n");
        }
        break;
    case AG:
            for(i = 0;i < G. vexnum;i ++ ){
        for(j = 0;j < G. Vexnum;j ++ ){
        primf("   % d |",G. arcs[i][j]. adj);
        }
        printf(" \n");
        }
        break;
```

```
    case AN:
    for(i=0;i<G. Vexrlum;i++){
    for(j=0;j<G. Vexnum;j++){
    if(G. arcs[i][j]. adj<INFINITY)printf("  %d |",G. arcs[i][j]. adj);
    else{printf("  ∞ |");}
    }
    printf("\n");
    }
    }
return;
}
Status MiniSpanTree_PRIM(MGraph G,VertexType u){
    int i,j,k,r,min;
    struct{
    VertexType adj Vex;
    VRType    lowcost;
  >closedge[MAX_VERTEX_NUM];          //定义辅助数组
    k=LocateVex(G,u);
    for(i=O;i<G. Vexnum;i++)if(strcmp(G. Vexs[i],u)=0)brek;
//查找出 v 在 vexs[]中的位置 i
    if(i==G. Vexnum)return ERROR;
    k. ---i;
for(j=O;j<G. vexnum;++j)              //辅助数组初始化
    if(j!=k){strcpy(closedge[j]. adjVex,u);  closedgeD]. 10wcost=G. arcs[k]D]. adj; >
closedge[k]. 10wcost=0;               //初始,U={O,即 v1}
for(i=1;i<G. Vexnum;++i){
    k=mininuin(closedge);            //求权值最小的顶点
    min=INFINITY;
    for(r==O;r<G. VeXnum;r++){
    if(closedge[r]. lowcost>0&&closedge[r]. lowcost<Inin){
    k--r;min=closedge[r]. 10wcost;)
    }
    printf("k=%d  %s——>%s\n",k,closedge[k]. adjvex,G. vexs[k]);
//输出边
    closedge[k]. 10wcost=0;
    for(int j==0;j<G. vexnum;++j)
    if(G. arcs[k][j]. adj<closedge[j]. 10wcost){
                         //新顶点并入 U 集后,重新选择最小边
```

```
        strcpy(closedgeD. adjvex,G. vexs[k]);
        closedge[j]. 10wcost = G. arcs[k][j]. adj;
        }
        }
    return OK;
    >
    void main(){
        MGraph ANN;
        printf("构造无向网\n");
        CreateGraph(ANN,AN);              //采用数组邻接矩阵表示法,构造有向网 AGG
        PrintMGraph(ANN);
        MiniSpanTree PRIM(ANN,"V 1");
        return;
    }
```

5.6　多机调度问题

设有 n 个独立的作业$\{1,2,\cdots,n\}$,由 m 台相同的机器进行加工处理。作业 i 所需的处理时间为 t_i。现约定,任何作业可以在任何一台机器上加工处理,但未完工前不允许中断处理。任何作业不能拆分成更小的子作业。

多机调度问题要求给出一种作业调度方案,使所给的 n 个作业在尽可能短的时间内由 m 台机器加工处理完成。

这个问题是一个 NP 完全问题,到目前为止还没有有效的解法。对于这一类问题,用贪心选择策略有时可以设计出较好的近似算法。

采用最长处理时间作业优先的贪心选择策略可以设计出解多机调度问题的较好的近似算法。按此策略,当 $n \leqslant m$ 时,只要将机器 i 的$[0,t_i]$时间区间分配给作业 i 即可。当 $n > m$ 时,首先将 n 个作业依其所需的处理时间从大到小排序。然后依此顺序将作业分配给空闲的处理机。

实现该策略的贪心算法 Greedy 可描述如下:

```
class JobNode{
    friend void Greedy(JobNode * ,int,int);
    friend void main (void);
    public:
    operator int( ) const{return time;}
    private:
    int ID,time;
};
class MachineNode{
```

```
    friend VOid Greedy(JobNode * , int , int);
    public:
    operator int( )const{ return avail;}
    private:
    int ID , avail;
};
template < class Type >
VOid Greedy( Type a[ ] , int n , int m)
{   if( n <— m){
    COUt << "为每个作业分配一台机器" << endl;
    retUrn 0
    }
    Sort( a , n) ;
    MinHeap < MachineNode > H( m) ;
    MachineNode x:
    for( int i = 1 ; i < = m ; i ++){
    x. avail = 0:
    x. ID = i:
    H. Insert( x) ;
    }
    for( int i – n ; i > – 1 ; i – – ){
    H. DeleteMin( x) ;
    COUt << "将机器" << X. ID << "从" << X. avail << "到"
     << ( X. avail + a[ i]. time) << "的时间段分配给作业" << a[ i]. ID << endl;
    x. avail + = a[ i]. time;
    H. Insert( x) ;
    }
    }
```

当 $n \leq m$ 时,算法 Greedy 需要 $O(1)$ 时间。当 $n > m$ 时,排序耗时 $O(n\log n)$。初始化堆需要 $O(m)$ 时间。关于堆的 DeleteMin 和 Insert 运算共耗时 $O(n\log m)$,因此算法 Greedy 所需的计算时间为

$$O(n\log n + n\log m) = O(n\log n)$$

例如,设 7 个独立作业 $\{1,2,3,4,5,6,7\}$ 由 3 台机器 M1, M2 和 M3 来加工处理。各作业所需的处理时间分别为 $\{2,1\ 4,4,1\ 6,6,5,3\}$。按算法 Greedy 产生的作业调度如图 5-3 所示,所需的加工时间为 17。

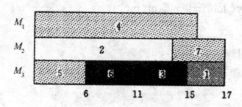

图 5-3　多机调度示例

5.7　删数字问题

对给定的 n 位高精度正整数,去掉其中 $k(k<n)$ 个数字后,按原左右次序将组成一个新的正整数,使得剩下的数字组成的新数最大。

操作对象是一个可以超过有效数字位数的 n 位高精度数,存储在数组 a 中。

每次删除一个数字,选择一个使剩下的数最大的数字作为删除对象。之所以选择这样"贪心"的操作,是因为删 k 个数字的全局最优解包含了删一个数字的子问题的最优解。

当 $k=1$ 时,在 n 位整数中删除哪一个数字能达到最大的目的? 从左到右每相邻的两个数字比较:若出现增,即左边小于右边,则删除左边的小数字。若不出现减,即所有数字全部升序,则删除最右边的大数字。

当 $k>1$(当然小于 n),按上述操作一个一个删除。删除一个达到最大后,再从头即从串首开始,删除第 2 个,依此分解为 k 次完成。

若删除不到 k 个后已无左边小于右边的增序,则停止删除操作,打印剩下串的左边 $n-k$ 个数字即可(相当于删除了若干个最右边的数字)。

下面我们给出采用贪心算法的删数字问题的 C 语言代码:

```
/*贪心删数字*/
#include <stdio. h>
void main( )
{int i,j,k,m,n,t,x,a[200];
  char b[200];
  printf("请输入整数:");
  scanf("%s",b);
  for(n=0,i=0;b[i]! ='\0';i++)
    {n++;a[i]=b[i]48;}
  printf("删除数字个数 k:");scanf("%d",&k);
  printf("以上%d 位整数中删除%d 个数字分别为:",n,k);
i=0;m=0;x=0;
while(k>x&&m==0)
    {i=i+1;
    if(a[i-1]<a[i])                /*出现递增,删除递增的首数字*/
    {prim("%d",a[i-1]);
```

```
    for(j = i - 1;j < = n - x - 2.j + + )
    a[j] = a[j + 1];
    x = x + 1;                          /＊X 统计删除数字的个数＊/
    i = 0;                              /＊从头开始查递增区间＊/
    }
    if(i = = n - x - 1)                 /＊已无递增区间,m = 1 脱离循环＊/
    m = 1;
    }
    printf("\n 删除后所得最大数:");
    for(i = 1;i < = n - k;i + + )        /＊打印剩下的左边 n - k 个数字＊/
    printf("% d",a[i - 1]);
    }
```

运行程序示例:

请输入整数:762091754639820463

删除数字个数:6

以上 18 位整数中删除 6 个数字分别为:0 2 6 7 1 4

删除后所得最大数:975639820463

5.8 0/1 背包问题

5.8.1 0/1 背包问题

0/1 背包问题中,需对容量为 c 的背包进行装载。从 n 个物品中选取装入背包的物品,每件物品 i 的重量为 w_i,价值为 p_i。对于可行的背包装载,背包中物品的总重量不能超过背包的容量,最佳装载是指所装入的物品价值最高,即 $n_i = \sum p_i x_i$ 取得最大值。约束条件为 $n_i = \sum w_i x_i \leqslant c$ 和 $x_i \in [0,1]$($1 \leqslant i \leqslant n$)。

在这个表达式中,需求出 x_i 的值。$x_i = 1$ 表示物品 i 装入背包中,$x_i = 0$ 表示物品 i 不装入背包。0/1 背包问题是一个一般化的货箱装载问题,即每个货箱所获得的价值不同。如船的货箱装载问题转化为背包问题的形式为:船作为背包,货箱作为可装入背包的物品。

0/1 背包问题有好几种贪心算法,每个贪心算法都采用多步过程来完成背包的装入。在每一步过程中利用贪心准则选择一个物品装入背包。一种贪心准则为:从剩余的物品中,选出可以装入背包的价值最大的物品,利用这种规则,价值最大的物品首先被装入(假设有足够容量),然后是下一个价值最大的物品,如此继续下去。这种策略不能保证得到最优解。例如,考虑 $n = 2,w = [100,10,10],p = [20,15,15],c = 105$。当利用价值贪心准则时,获得的解为 $x = [1,0,0]$,这种方案的总价值为 20。而最优解为 $[0,1,1]$,其总价值为 30。

另一种方案是重量贪心准则:从剩下的物品中选择可装入背包的重量最小的物品。虽然这种规则对于前面的例子能产生最优解,但在一般情况下则不一定能得到最优解。考虑 $n =$

$2, w = [10, 20] p = [5, 100], c = 25$。当利用重量贪心算法时,获得的解为 $x = [1, 0]$,比最优解 $[0, 1]$ 要差。

还可以利用另一方案,价值密度 p_i/w_i 贪心算法,这种选择准则为:从剩余物品中选择可装入包的 p_i/w_i 值最大的物品,这种策略也不能保证得到最优解。利用此策略试解 $n = 3, w = [20, 15, 15], p = [40, 25, 25], c = 30$ 时的最优解。

0/1 背包问题是一个 NP. 复杂问题。对于这类问题,也许根本就不可能找到具有多项式时间的算法。虽然按 p_i/w_i 非递(增)减的次序装入物品不能保证得到最优解,但它是一个直觉上近似的解。我们希望它是一个好的启发式算法,且大多数时候能很好地接近最后算法。

在 600 个随机产生的背包问题中,用这种启发式贪心算法来解有 239 题为最优解。有 583 个例子与最优解相差 10%,所有 600 个答案与最优解之差全在 25% 以内。该算法能在 $O(nlogn)$ 时间内获得如此好的性能。那么是否存在一个 $x(x < 100)$,使得贪心启发法的结果与最优值相差在 $x\%$ 以内。答案是否定的。为说明这一点,考虑例子 $n = 2, w = [1, y] = [10, 9y]$,和 $c = y$。贪心算法结果为 $x = [1, 0]$,这种方案的值为 10。对于 $y \geq 10/9$,最优解的值为 $9y$。

因此,贪心算法的值与最优解的差对最优解的比例为 $((9y - 10)/9y * 100)\%$,对于大的 y,这个值趋近于 100%。但是可以建立贪心启发式方法来提供解,使解的结果与最优解的值之差在最优值的 $x\%$($x < 100$)之内。首先将最多 k 件物品放入背包,如果这 k 件物品重量大于 c,则放弃它。否则,剩余的容量用来考虑将剩余物品按 p_i/w_i 递减的顺序装入。通过考虑由启发法产生的解法中最多为 k 件物品的所有可能的子集来得到最优解。

考虑 $n = 4, w = [2, 4, 6, 7] p = [6, 10, 12, 13], c = 11$。当 $k = 0$ 时,背包按物品价值密度非递减顺序装入,首先将物品 1 放入背包,然后是物品 2,背包剩下的容量为 5 个单元,剩下的物品没有一个合适的,因此解为 $x = [1, 1, 0, 0]$。此解获得的价值为 16。

现在考虑 $k = 1$ 时的贪心启发法。最初的子集为 $\{1\}$、$\{2\}$、$\{3\}$、$\{4\}$。子集 $\{1\}$、$\{2\}$ 产生与 $k = 0$ 时相同的结果,考虑子集 $\{3\}$,置 x_3 为 1。此时还剩 5 个单位的容量,按价值密度非递增顺序来考虑如何利用这 5 个单位的容量。首先考虑物品 1,它适合,因此取 x_1 为 1,这时仅剩下 3 个单位容量了,且剩余物品没有能够加入背包中的物品。通过子集 $\{3\}$ 开始求解得结果为 $x = [1, 0, 1, 0]$,获得的价值为 18。若从子集 $\{4\}$ 开始,产生的解为 $x = [1, 0, 0, 1]$,获得的价值为 19。考虑子集大小为 0 和 1 时获得的最优解为 $[1, 0, 0, 1]$。这个解是通过 $k = 1$ 的贪心启发式算法得到的。

若 $k = 2$,除了考虑 $k < 2$ 的子集,还必需考虑子集 $\{1, 2\}$、$\{1, 3\}$、$\{1, 4\}$、$\{2, 3\}$、$\{2, 4\}$ 和 $\{3, 4\}$。首先从最后一个子集开始,它是不可行的,故将其抛弃,剩下的子集经求解分别得到如下结果:$[1, 1, 0, 0]$、$[1, 0, 1, 0]$、$[1, 0, 0, 1]$、$[0, 1, 1, 0]$ 和 $[0, 1, 0, 1]$,这些结果中最后一个价值为 23,它的值比 $k = 0$ 和 $k = 1$ 时获得的解要高,这个答案即为启发式方法产生的结果。

这种修改后的贪心启发方法称为 k 阶优化方法(k - optimal)。也就是,若从答案中取出 k 件物品,并放入另外的 k 件,获得的结果不会比原来的好,而且用这种方式获得的值在最

优值的 $(100/(k+1))\%$ 以内。当 $k=1$ 时,保证最终结果在最佳值的 50% 以内;当 $k=2$ 时,则在 33.33% 以内等,这种启发式方法的执行时间随 k 的增大而增加,需要测试的子集数目为 $O(nk)$,每一个子集所需时间为 $O(n)$,因此当 $k>0$ 时总的时间开销为 $O(nk+1)$,实验得到的性能要好得多。对于背包问题的更一般的情况,也可称之为可拆物品背包问题。

5.8.2　可拆背包问题

已知 n 种物品和一个可容纳 c 重量的背包,物品 i 的重量为 w_i,产生的效益为 p_i。装包时物品可拆,即可只装每种物品的一部分。显然物品 i 的一部分 x_i 放入背包可产生的效益为 $x_i p_i$,这里 $0 \leq x_i \leq 1$, $p_i > 0$。问如何装包,使所得整体效益最大。

1. 算法设计

应用贪心算法求解。每一种物品装包,由 $0 \leq x_i \leq 1$,可以整个装入,也可以只装一部分,也可以不装。

约束条件:

$$\sum_{1 \leq i \leq n} w_i x_i \leq c$$

目标函数:

$$\max \sum_{1 \leq i \leq n} p_i x_i$$

$$0 \leq x_i \leq 1, p_i > 0, w_i > 0, 1 \leq i \leq n; \sum_{1 \leq i \leq n} w_i x_i \leq c$$

要使整体效益即目标函数最大,按单位重量的效益非增次序一件件物品装包,直至某一件物品装不下时,装这种物品的一部分把包装满。

解背包问题贪心算法的时间复杂度为 $O(n)$。

2. 物品可拆背包问题

物品可拆背包问题 C 程序设计代码如下:

```
/*  可拆背包问题 */
#include < stdio. h >
#define N50
void main( )
{noat p[N],w[N],x[N],c,cw,s,h;
int i,j,n;
printf(" \n input n:");scanf("% d",&n);          /*输入已知条件*/
printf("input c:");scanf("% f",&c);
for(i==1;i <=n;i ++).
{printf("input w% d,p% d:",i,i);
scanf("% f,% f",&w[i],&p[i]);
}
for(i =1;i <=n-1;i ++)          /*对 n 件物品按单位重量的效益从大
```

到小排序 */

```
for( j = i + 1. j <= n. j ++ )
if( p[i]/W[i] < p[j]/w[j])
{h = p[i];p[i] = p[j];p[j] = h;
h = w[i];w[i]:w[j];w[j] = h;
}
cw = c;s = 0;                          /* cw 为背包还可装的重量木/
for(i = 1;i <= n;i ++ )
{if( w[i] > CW)break;
x[i] = 1.0 =                           /*    若 w(i) <= cw,整体装入 */
cw = cw - W[i];
s = s + p[i];
}
x[i] = (noat)(cw/w[i]);                /*    若 w(i) > cw,装入一部分 x(i) */
s = s + p[i] * x[i];
printf("装包:");                        /* 输出装包结果 */
for( 、i = 1;i <= n;i ++ )
if( x[i] < 1)break;
else
printf(" \n 装入重量为%5.1f 的物品 . ",w[i]);
if( x[i] > 0&&x[i] < 1)
printf(" \n 装入重量为%5.1 f 的物品百分之%5.1 f",w[i],x[i] * 100);
printf(" \n 所得最大效益为:%7.1 ft",s);
}
```

运行程序,

input n:5

input c:90. 0

input w1 ,p1:32. 5 ,56. 2

input w2 ,p2:25. 3 ,40. 5

input w3 ,p3:37. 4 ,70. 8

input w4 ,p4:41. 3 ,78. 4

input w5 ,p5:28. 2 ,40. 2

装包:装入重量为 41. 3 的物品 .

装入重量为 37. 4 的物品 .

装入重量为 32. 5 的物品百分之 34. 8.

所得最大效益为:168. 7

第6章　回溯法问题分析

6.1　回溯法的思想方法

6.1.1　问题的解空间和状态空间树

无论是货郎担问题、还是背包问题,都有这样一个共同的特点,即所求解的问题都有 n 个输入,都能用一个 n 元组 $X = (x_1, x_2, \cdots, x_n)$ 来表示问题的解。其中,x_i 的取值范围为某个有穷集 S。例如,在 0/1 背包问题中,$S = \{0, 1\}$;而在货郎担问题中,$S = \{1, 2, \cdots, n\}$。一般,把 $X = (x_1, x_2, \cdots, x_n)$ 称为问题的解向量;而把 x_i 的所有可能取值范围的组合,称为问题的解空间。例如,当 $n = 3$ 时,0/1 背包问题的解空间是:

$$\{(0,0,0),(0,0,1),(0,1,0),(0,1,1),(1,0,0),(1,0,1),(1,1,0),(1,1,1)\}$$

它有 8 种可能的解。当输入规模为 n 时,它有 2^n 种可能的解。而在当 $n = 3$ 时的货郎担问题中,x_i 的取值范围 $S = \{1, 2, 3\}$。于是,在这种情况下,货郎担问题的解空间是:

$$\{(1,1,1),(1,1,2),(1,1,3),(1,2,1),(1,2,2),(1,2,3),\cdots,(3,3,1),(3,3,2),(3,3,3)\}$$

它有 27 种可能的解。当输入规模为 n 时,它有 n 种可能的解。考虑到货郎担问题的解向量 $X = (x_1, x_2, \cdots, x_n)$ 中,必须满足约束方程 $x_i \neq x_j$,因此可以把货郎担问题的解空间压缩为如下形式:

$$\{(1,2,3),(1,3,2),(2,1,3),(2,3,1),(3,1,2),(3,2,1)\}$$

它有 6 种可能的解。当输入规模为 n 时,它有 $n!$ 种可能的解。

可以用树的表示形式,把问题的解空间表达出来。在这种情况下,当 $n = 4$ 时,货郎担问题解空间的树表示形式,如图 6-1 所示。树中从第 0 层节点到第 1 层节点路径上所标记的数字,表示变量 x_1 可能的取值;类似地,从第 i 层节点到第 $i+1$ 层节点路径上所标记的数字表示变量 x_{i+1} 可能的取值。从图中看到,x_1 可能取值 1,2,3,4。当 x_1 取值为 1 时,x_1 可能的取值范围为 2,3,4。而当 x_1 取 1、x_2 取 2 时,x_3 的取值范围为 3,4。当 x_1 取 1、x_2 取 2、x_3 取 3 时,x_4 只能取 4。由此,图 6-1 表示了在各种情况下变量可能的取值状态。由根节点到叶节点路径上的

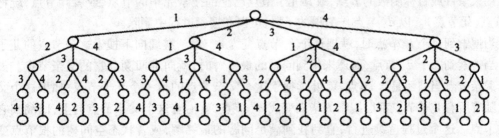

图 6-1　$n = 4$ 时货郎担问题的状态空间树

标号,构成了问题一个可能的解。有时,把这种树称为状态空间树。0/1 背包问题的状态空间树,如图 6-2 所示。

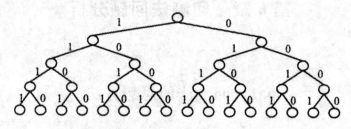

图 6-2 $n=4$ 时背包问题的状态空间树

6.1.2 状态空间树的动态搜索

问题的解只是整个解空间中的一个子集,子集中的解必须满足事先给定的某些约束条件。我们把满足约束条件的解称为问题的可行解。可行解可能不止一个,因此对需要寻找最优解的问题,还需事先给出一个目标函数,使目标函数取极值(极大或极小),这样得到的可行解称为最优解。有些问题,需要寻找最优解。例如在货郎担问题中,如果其状态空间树未经压缩,就有 n^n 种可能解。把不满足约束条件的解删去之后,剩下 $n!$ 种可能解,这些解都是可行的,但是,其中只有一个或几个解是最优解。在背包问题中,有 2^n 种可能解,其中有些是可行解,有些不是可行解。在可行解中,也只有一个或几个是最优解。有些问题不需要寻找最优解,例如后面将要提到的 n 后问题和图的着色问题,只要找出满足约束条件的可行解即可。

穷举法是对整个状态空间树中的所有可能解进行穷举搜索的一种方法。但是,只有满足约束条件的解才是可行解;只有满足目标函数的解才是最优解。这就有可能使需要搜索的空间大为压缩。于是,可以从根节点出发,沿着其儿子节点向下搜索。如果它和儿子节点的边所标记的分量 x_i 满足约束条件和目标函数的界,就把分量 x_i 加入到它的部分解中,并继续向下搜索以儿子节点作为根节点的子树;如果它和儿子节点的边所标记的分量 x_i 不满足约束条件或目标函数的界,就结束对以儿子节点作为根的整棵子树的搜索,选择另一个儿子节点作为根的子树进行搜索。

一般地,如果搜索到一个节点,而这个节点不是叶节点,并且满足约束条件和目标函数的界,同时该节点的所有儿子节点还未全部搜索完毕,就把该节点称为 $l_$ 节点(活节点);把当前正在搜索其儿子节点的节点,称为 $e_$ 节点(扩展节点),则 $e_$ 节点也必然是一个 $l_$ 节点;把不满足约束条件或目标函数的节点,或其儿子节点已全部搜索完毕的节点,或者叶节点,统称为 $d_$ 节点(死节点)。以 $d_$ 节点作为根的子树,可以在搜索过程中删除。

当搜索到一个 $l_$ 节点时,就把这个 $l_$ 节点变为 $e_$ 节点,继续向下搜索这个节点的儿子节点。当搜索到一个 $d_$ 节点,而还未得到问题的最终解时,就向上回溯到它的父亲节点。如果这个父亲节点当前还是 $e_$ 节点,就继续搜索这个父亲节点的另一个儿子节点;如果这个父亲节点随着所有儿子节点都已搜索完毕而变成 $d_$ 节点,就沿着这个父亲节点向上,回溯到它的祖父节点。这个过程持续进行,直到找到满足问题的最终解,或者状态空间树的根节点变为 $d_$ 节点为止。

【例6-1】　有4个顶点的"货郎担"问题,其费用矩阵,如图6-3所示,求从顶点1出发,最后回到顶点1的最短路线。

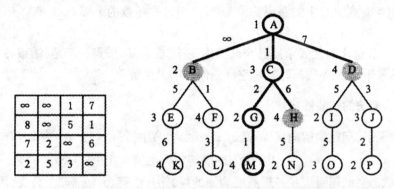

图6-3　4个顶点的"货郎担"问题的费用矩阵及搜索树

这个问题的状态空间树,如图6-3所示。用回溯法求解这个问题时,搜索过程中所经过的路径和顶点,生成所谓的搜索树,即图中用粗线表示的部分。为方便观察,状态空间树的节点用大写字母表示;城市顶点的编号标记在树节点旁边;顶点之间的距离,标记在节点与节点之间的路径旁边。图中,所有不满足约束方程 $x_i \neq x_j$ 的可能解已从状态空间树中删去。搜索过程如下:

(1)把目标函数的下界 b 初始化为 ∞。

(2)从节点 A 开始搜索,节点 A 是 $l\_$ 节点,因此它变为 $e\_$ 节点,向下搜索它的第1个儿子节点 B,即顶点2。

(3)由于顶点1到顶点2之间的距离为 ∞,大于或等于目标函数的下界 b,因此节点 b 是 $d\_$ 节点,故由节点 B 回溯到节点 A。

(4)这时,节点 A 仍然是 $e\_$ 节点,向下搜索它的第2个儿子节点 C,即顶点3;顶点1与顶点3之间的距离为1,小于下界 b,因此节点 C 是一个 $l\_$ 节点。同时,它有两个儿子节点,因此它成为一个 $e\_$ 节点。

(5)由节点 C 向下搜索它的第1个儿子节点 G,即顶点2,得到一条从顶点1经顶点3到顶点2的路径,其长度为3。该长度小于目标函数的下界 b,于是节点 G 是一个 $l\_$ 节点。又因为节点 G 有儿子节点,所以它立即成为 $e\_$ 节点。

(6)由节点 G 向下搜索它的儿子节点 M,即顶点4,得到一条由顶点1经顶点3、2、4又回到顶点1、长度为6的回路,它是问题的一个可行解。同时,6成为目标函数的新下界。

(7)因为节点 M 是叶子节点,因此是 $d\_$ 节点,所以从节点 M 回溯到节点 G。

(8)这时,节点 G 的所有儿子节点都已搜索完毕,它也成为 $d\_$ 节点,又由节点 G 向上回溯到节点 C。

(9)节点 C 仍然是 $e\_$ 节点,由节点 C 向下搜索它的第2个儿子节点 H,即顶点4,得到一条由顶点1经顶点3到顶点4、长度为7的路径。

(10)这条路径的长度大于目标函数的新下界6,因此节点 H 是 $d\_$ 节点,于是又由节点 H 向上回溯到节点 C。

(11)这时,节点 C 的儿子节点都已搜索完毕,因此它也成为 $d\_$ 节点,并向上回溯到节点 A。

（12）节点 A 仍然是 e_ 节点，由节点 A 向下搜索它的第 3 个儿子节点 D，即顶点 4。

（13）由顶点 1 到顶点 4 的路径长度为 7，大于目标函数的下界 6，于是节点 D 是一个 d_ 节点。

（14）这时，节点 A 的儿子节点已全部搜索完毕，成为 d_ 节点。于是，结束搜索，并得到一条长度为 6 的最短的回路 1、3、2、4、1，它就是问题的最优解。

6.1.3　回溯法的一般性描述

在一般情况下，问题的解向量 $X = (x_0, x_1, \cdots, x_{n-1})$ 中，每一个分量 x 的取值范围为某个有穷集 S_i，$S_i = \{a_{i,0}, a_{i,1}, \cdots, a_{i,m_i}\}$。因此，问题的解空间由笛卡儿积 $A = S_0 \times S_1 \times \cdots \times S_{n-1}$ 构成。这时，可以把状态空间树看成是一棵高度为 n 的树，第 0 层有 $|S_0| = m_0$ 个分支，因此在第 1 层有 m_0 个分支节点，它们构成 m_0 棵子树；每一棵子树都有 $|S_1| = m_1$ 个分支，因此在第 2 层共有 $m_0 \times m_1$ 个分支节点，构成 $m_0 \times m_1$ 棵子树……最后，在第 n 层，共有 $m_0 \times m_1 \times \cdots \times m_{n-1}$ 个节点，它们都是叶子节点。

回溯法在初始化时，令解向量 X 为空。然后，从根节点出发，在第 0 层选择 S_0 的第 1 个元素作为解向量 X 的第 1 个元素，即置 $x_0 = a_{0,0}$，这是根节点的第 1 个儿子节点。如果 $X = (x_0)$ 是问题的部分解，则该节点是 l_ 节点。因为它有下层的儿子节点，所以它也是 e_ 节点。于是，搜索以该节点为根的子树。首次搜索这棵子树时，选择 S_1 的第 1 个元素作为解向量 X 的第 2 个元素，即置 $x_1 = a_{1,0}$，这是这棵子树的第 1 个分支节点。如果 $X = (x_0, x_1)$ 是问题的部分解，则这个节点也是 l_ 节点，并且也是 e_ 节点，就继续选择 S_2 的第 1 个元素作为解向量 X 的第 3 个元素，即置 $x_2 = a_{2,0}$。但是，如果 $X = (x_0, x_1)$ 不是问题的部分解，则该节点是一个 d_ 节点，于是舍弃以该 d_ 节点作为根的子树的搜索，取 $d_$ 的下一个元素作为解向量 X 的第 2 个元素，即置 $x_1 = a_{1,1}$，这是第 1 层子树的第 2 个分支节点……依此类推。在一般情况下，如果已经检测到 $X = (x_0, x_1, \cdots, x_i)$ 是问题的部分解，在把 $x_{i+1} = a_{i+1,0}$ 扩展到 X 去时，有下面几种情况。

（1）如果 $X = (x_0, x_1, \cdots, x_{i+1})$ 是问题的最终解，就把它作为问题的一个可行解存放起来。如果问题只希望有一个解，而不必求取最优解，则结束搜索；否则，继续搜索其他的可行解。

（2）如果 $X = (x_0, x_1, \cdots, x_{i+1})$ 是问题的部分解，则设 $x_{i+2} = a_{i+2,0}$，搜索其下层子树，继续扩展解向量 X。

（3）如果 $X = (x_0, x_1, \cdots, x_{i+1})$ 既不是问题的最终解，也不是问题的部分解，则有下面两种情况。

①如果 $x_{i+1} = a_{i+1,k}$ 不是 S_{i+1} 的最后一个元素，就令 $x_{i+1} = a_{i+1,k+1}$，继续搜索其兄弟子树。

②如果 $x_{i+1} = a_{i+1,k}$ 是 S_{i+1} 的最后一个元素，就回溯到 $X = (x_0, x_1, \cdots, x_i)$ 的情况。如果此时的 $x_i = a_{i,k}$ 不是 S_i 的最后一个元素，就令 $x_i = a_{i,k+1}$，搜索上一层的兄弟子树；如果此时的 $x_i = a_{i,k}$ 是 S_i 的最后一个元素，就继续回溯到 $X = (x_0, x_1, \cdots, x_{i-1})$ 的情况。

根据上面的叙述，如果用 $m[i]$ 表示集合 S_i 的元素个数，则 $|S_i| = m[i]$；用变量 $x[i]$ 表示解向量 X 的第 i 个分量；用变量 $k[i]$ 表示当前算法对集合 S_i 中的元素的取值位置。这样，就可以给回溯方法作如下的一般性描述。

1. void backt rack _item( )

2.　{

3.　initial(x);

4.　i = 0;k[i] = 0;flag = FALSE;

5.　while(i > = 0){

6.　　while(k[i] < m[i]){

7.　　　x[i] = a(i,k[i]);

8.　　　if(constrain(x)&&bound(x)){

9.　　　　if(solution(x)){

10.　　　　　flag = TRUE;break;

11.　　　　}

12.　　　else{

13.　　　　i = i + 1;k[i] = 0;

14.　　　}

15.　　}

16.　else k[i] = k[i] + 1;

17.　}

18.　if(flag)break;

19.　i = i - 1;

20.　}

21.　if(!flag)

22.　　initial(x);

23.　}

其中,第3行的函数 initial(x)把解向量初始化为空。第4行置变量 i 为0,使算法从解向量的第一个分量开始处理,搜索第0层子树;置变量 $k[0]$ 为0,复位集合 S_0 的取值位置。然后进入一个 while 循环进行搜索。在第5行,只要 $i \geq 0$,这种搜索就一直进行。在第6行开始,控制第 i 层的同一父亲的兄弟子树的搜索。在第7行,开始时针 $k[i]$ 为0,搜索第 $k[i]$ 层相应父亲节点的第一棵子树。函数 $a(i,k[i])$ 取 S_i 的第 $k[i]$ 个值,把该值赋给解向量的分量 $x[i]$。第8行的函数 constrain(x)判断解向量是否满足约束条件,如果满足,返回值为真;函数 bound(x)判断解向量是否满足目标函数的界,如果满足,返回值为真。在这两个条件都为真的情况下,当前的解向量是问题的一个部分解。第9行的函数 solution(x)判断解向量是否为问题的最终解。如果是,在第10行把标志变量 flag 置为真,退出循环。如果不是最终解,在第13行令变量 i 加1,向下搜索其儿子子树;置变量后 $k[i]$ 为0,复位集合 S_i 的取值位置,把控制返回到内循环的顶部,从它的第一棵儿子子树取值。如果既不是部分解,也不是最终解,则舍弃它的所有子树,也把控制返回到这个循环体的顶部继续执行。但是,这时只简单地使变量 $k[i]$ 加1,搜索其同一父亲的另一个兄弟子树。在第18行,当前层的同一父亲的兄弟子树已全部搜索完毕,如果既找不到部分解,也找不到最终解,这时在第19行,使变量 i 减1,回溯到上一层子树,继续搜索上一层子树的兄弟子树。在下面两种情况下退出外循环:找到问题的最终解,或者第0层的子树已全部搜索完毕,都找不到问题的部分解。如果是前者,返回最终解;如果是后者,用 initial(x)把解向量置为空,返回空向量,说明问题没有解。

上面是用循环的形式,对回溯法所作的一般性描述。此外,也可以用递归形式对回溯法作一般性的描述。

```
1. voidbacktrack_rec( )
2. {
3.   flag = FALSE;
4.   initial(x);
5.   back_rec(0,flag);
6.   if( !flag)   initial(x);
7. }
```

```
1. void back_rec(int i,BOOL&flag)
2. {
3.   k[i] = 0;
4.   while((k[i] < = m[i])&&! flag){
5.     x[i] = a(i,k[i]);
6.     if(constrain(x)&&bound(x)){
7.       if(solution(x)){
8.         flag = TRUE;break;
9.       }
10.     else back_rec(i +l,flag);
11.   }
12. if(! flag)
13. k[i] = k[i] +1;
14.     }
15. }
```

综上所述,在使用回溯法解题时,一般包含下面3个步骤。

(1)对所给定的问题,定义问题的解空间。

(2)确定状态空间树的结构。

(3)用深度优先搜索方法搜索解空间,用约束方程和目标函数的界对状态空间树进行修剪,生成搜索树,得到问题的解。

6.2　n 皇后问题

八后问题是一个古典的问题,它要求在 8×8 格的国际象棋的棋盘上放置8个皇后,使其不在同一行、同一列或斜率为 ± 1 的同一斜线上,这样这些皇后便不会互相攻杀。八后问题可以一般化为 n 后问题,即在 $n \times n$ 格的棋盘上放置 n 个皇后,使其不会互相攻杀的问题。

6.2.1　4 后问题的求解过程

考虑在 4×4 格的棋盘上放置 4 个皇后的问题,把这个问题称为 4 后问题。因为每一行只能放置一个皇后,每一个皇后在每一行上有 4 个位置可供选择,因此在 4×4 格的棋盘上放置 4 个皇后,有 44 种可能的布局。令向量 $x = (x_1, x_2, x_3, x_4)$ 表示皇后的布局。其中,分量 x_i 表示第 i 行皇后的列位置。例如,向量(2,4,3,1)对应图 6-4(a)所示的皇后布局,而向量(1,4,2,3)对应图 6-4(b)所示的皇后布局。显然,这两种布局都不满足问题的要求。

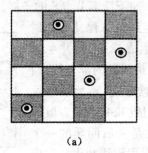 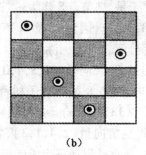

（a）　　　　　　　　　　　　（b）

图 6-4　后问题的两种无效布局

4 后问题的解空间可以用一棵完全 4 叉树来表示,每一个节点都有 4 个可能的分支。因为每一个皇后不能放在同一列,因此可以把 44 种可能的解空间压缩成,如图 6-5 所示的解空间,它有 41 种可能的解。其中,第 1、2、3、4 层节点到上一层节点的路径上所标记的数字,对应第 1、2、3、4 行皇后可能的列位置。因此,每一个 x_i 的取值范围 $S_i = \{1, 2, 3, 4\}$。

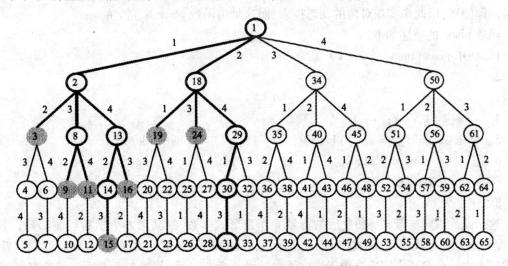

图 6-5　4 后问题的状态空间树及搜索树

按照问题的题意,对 4 后问题可以列出下面的约束方程:

$$x_i \neq x_j \quad 1 \leqslant i \leqslant 4, 1 \leqslant j \leqslant 4, i \neq j \tag{6-1}$$

$$|x_i - x_j| \neq |i - j| \quad 1 \leqslant i \leqslant 4, 1 \leqslant j \leqslant 4, i \neq j \tag{6-2}$$

式(6-1)保证第 i 行的皇后和第 j 行的皇后不会在同一列;式(6-2)保证两个皇后的行号之

差的绝对值不会等于列号之差的绝对值,因此它们不会在斜率为 ± 1 的同一斜线上。这两个关系式还保证 i 和 j 的取值范围应该为 1 到 4。

在图 6-5 中,不满足式 6-1 的节点及其子树已被剪去。用回溯法求解时,解向量初始化为 $(0,0,0,0)$。从根节点 1 开始搜索它的第一棵子树,首先生成节点 2,并令 $x_1 = 1$,得到解向量 $(1,0,0,0)$,它是问题的部分解。于是,把节点 2 作为 e_- 节点,向下搜索节点 2 的子树,生成节点 3,并令 $x_2 = 2$,得到解向量 $(1,2,0,0)$。因为 x_1 及 x_2 不满足约束方程,所以 $(1,2,0,0)$ 不是问题的部分解。于是,向上回溯到节点 2,生成节点 e_-,并令 $x_2 = 3$,得到解向量 $(1,3,0,0)$,它是问题的部分解。于是,把节点 8 作为 e_- 节点,向下搜索节点 8 的子树,生成节点 9,并令 $x_3 = 2$,得到解向量 $(1,3,2,0)$。因为 x_2 及 x_3 不满足约束方程,所以 $(1,3,2,0)$ 不是问题的部分解。向上回溯到节点 8,生成节点 11,并令 $x_3 = 4$,得到解向量 $(1,3,4,0)$。同样,$(1,3,4,0)$ 不是问题的部分解,向上回溯到节点 8。这时,节点 8 的所有子树都已搜索完毕,所以继续回溯到节点 2,生成节点 13,并令 $x_2 = 4$,得到解向量 $(1,4,0,0)$。继续这种搜索过程,最后得到解向量 $(2,4,1,3)$,它就是 4 后问题的一个可行解。在图 6-5 中,搜索过程动态生成的搜索树用粗线画出。对应于图 6-5 所示的搜索过程所产生的皇后布局,如图 6-6 所示。

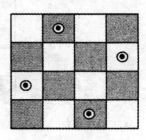

图 6-6 4 后问题的
一个有效布局

6.2.2 n 后问题算法的实现

可以容易地把 4 后问题推广为 n 后问题。实现时,用一棵完全即叉树来表示问题的解空间,用关系式 (6-1) 和式 (6-2) 来判断皇后所处位置的正确性,即判断当前所得到的解向量是否满足问题的解,以此来实现对树的动态搜索,而这是由函数 place 来完成的。

函数 place 的描述如下:

```
1. BOOL place(int x[ ],int k)
2. {
3.     int i;
4.     for(i=1;i<k;i++)
5.         if((x[i]==x[k])||(abs(x[i]-x[k])==abs(i-k)))
6.             return FALSE;
7.     returnTRUE;
8. }
```

这个函数以解向量 $x[\ ]$ 和皇后的行号 k 作为形式参数,判断第 k 个皇后当前的列位置 $x[k]$ 是否满足关系式 (6-1) 和式 (6-2)。这样,它必须和第 $1 \sim k-1$ 行的所有皇后的列位置进行比较。由一个循环来完成这项工作。函数返回一个布尔量,若第 k 个皇后当前的列位置满足问题的要求,返回真,否则返回假。

k 后问题算法的描述如下:

输入:皇后个数 n

输出:n 后问题的解向量 x[ ]

```
1. void n_queens(int n,int x[ ])
```

```
2.  {
3.      int k = 1;
4.      x[1] = 0;
5.      while(k > 0){
6.          x[k] = x[k] + 1;                        //在当前列加 1 的位置开始搜索
7.          while((x[k] <= n)&&(!place(x,k)))       //当前列位置是否满足条件
8.              x[k] = x[k] + 1;                     //不满足条件,继续搜索下一列位置
9.          if(x[k] <= n){                           //存在满足条件的列
10.             if(k == n) break;                    //是最后一个皇后,完成搜索
11.             else{
12.                 k = k + 1;x[k] = 0;              //不是,则处理下一个行皇后
13.             }
14.         }
15.         else{                                    //已判断完 n 列,均没有满足条件
16.             x[k] = 0;k = k - 1;                  //第 k 行复位为 0,回溯到前一行
17.         }
18.     }
19. }
```

算法中,用变量 k 表示所处理的是第 k 行的皇后,则 $x[k]$ 表示第 k 行皇后的列位置。开始时,k 赋予 1,变量 $x[1]$ 赋予 0,从第 1 个皇后的第 0 列开始搜索。第 6 行使第 k 个皇后的当前列位置加 1。第 7 行判断皇后的列位置是否满足条件,若不满足条件,则在第 8 行把列位置加 1。当找到一个满足条件的列,或是已经判断完第 n 列都找不到满足条件的列时,都退出这个内部循环。如果存在一个满足条件的列,则该列必定小于或等于 n,第 9 行判断这种情况。在此情况下,第 10 行进一步判断 n 个皇后是否全部搜索完成,若是则退出 while 循环,结束搜索;否则,使变量 k 加 1,搜索下一个皇后的列位置。如果不存在一个满足条件的列,则在第 16 行使变量 k 减 1,回溯到前一个皇后,把控制返回到 while 循环的顶部,从前一个皇后的当前列加 1 的位置上继续搜索。

该算法由一个二重循环组成:第 5 行开始的外部 while 循环和第 7 行开始的内部 while 循环。因此,算法的运行时间与内部 while 循环的循环体的执行次数有关。每访问一个节点,该循环体就执行一次。因此,在某种意义下,算法的运行时间取决于它所访问过的节点个数 c。同时,每访问一个节点,就调用一次 place 函数计算约束方程。place 函数由一个循环组成,每执行一次循环体,就计算一次约束方程。循环体的执行次数与搜索深度有关,最少一次,最多 $n-1$ 次。因此,计算约束方程的总次数为 $O(cn)$。节点个数 c 是动态生成的,对某些问题的不同实例,具有不确定性。但在一般情况下,它可由一个 n 的多项式确定。

用该算法处理 4 后问题的搜索过程,如图 6-7 所示。在一个 4 叉完全树中,节点总数有 $1 + 4 + 16 + 64 + 256 = 341$ 个。用回溯算法处理这个问题,只访问了其中的 27 个节点,即得到问题的解。被访问的节点数与节点总数之比约为 8%。实际模拟表明:当 $n = 8$ 时,被访问的节点数与状态空间树中的节点总数之比约为 1.5%。尽管理论上回溯法在最坏情况下的花费

是 $O(n^n)$,但实际上,它可以很快地得到问题的解。

显然,该算法需要使用一个具有 n 个分量的向量来存放解向量,所以算法所需的工作空间为 $\Theta(n)$ 。

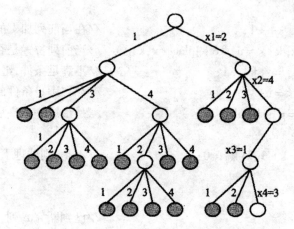

图6-7　用 4_queens 算法解 4 后问题时的搜索树

6.3　图的着色问题

图的着色问题是由地图的着色问题引申而来的:用 m 种颜色为地图着色,使得地图上的每一个区域着一种颜色,且相邻区域的颜色不同。如果把每一个区域收缩为一个顶点,把相邻两个区域用一条边相连接,就可以把一个区域图抽象为一个平面图。例如,如图 6-8(a) 所示的区域图可抽象为,如图 6-8(b) 所示的平面图。19 世纪 50 年代,英国学者提出了任何地图都可用 4 种颜色来着色的 4 色猜想问题。过了 100 多年,这个问题才由美国学者在计算机上予以证明,这就是著名的四色定理。例如,在图 6-8 中,区域用大写字母表示,颜色用数字表示,则图中表示了不同区域的不同着色情况。

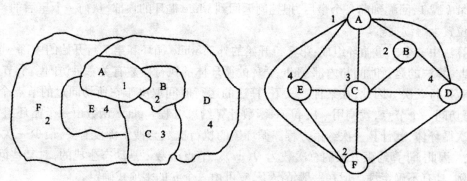

图6-8　把区域图抽象为平面图的例子

6.3.1 图着色问题的求解过程

用 m 种颜色来为无向图 $G(V,E)$ 着色,其中 V 的顶点个数为 n。为此,用一个 n 元组 $(c_1, c_2,\cdots,c_n)$ 来描述图的一种着色。其中,$c_i \in \{1,2,\cdots,m\}$,$1 \leqslant i \leqslant n$,表示赋予顶点 i 的颜色。例如,5 元组 $(1,3,2,3,1)$ 表示对具有 5 个顶点的图的一种着色,顶点 1 被赋予颜色 1,顶点 2 被赋予颜色 3,如此等等。如果在这种着色中,所有相邻的顶点都不会具有相同的颜色,就称这种着色是有效着色,否则称为无效着色。为了用 m 种颜色来给一个具有 n 个零点的图着色,就有 m^n 种可能的着色组合。其中,有些是有效着色,有些是无效着色。因此,其状态空间树是一棵高度为 n 的完全 m 叉树。在这里,树的高度是指从树的根节点到叶子节点的最长通路的长度。每一个分支节点,都有 m 个儿子节点。最底层有 m^n 个叶子点。例如,用 3 种颜色为具有 3 个顶点的图着色的状态空间树,如图 6-9 所示。

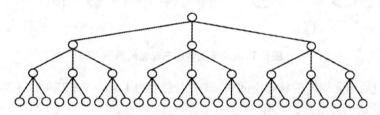

图6-9 用3种颜色为具有3个顶点的图着色的状态空间树

用回溯法求解图的 m 着色问题时,按照题意可列出如下约束方程:

$$x[i] \neq x[j] \qquad 若顶点 i 与顶点 j 相邻接 \qquad (6-3)$$

首先,把所有顶点的颜色初始化为 0。然后,一个顶点一个顶点地为每个顶点赋予颜色。如果其中 i 个顶点已经着色,并且相邻两个顶点的颜色都不一样,就称当前的着色是有效的局部着色;否则,就称为无效的着色。如果由根节点到当前节点路径上的着色,对应于一个有效的着色,并且路径的长度小于 n,那么相应的着色是有效的局部着色。这时,就从当前节点出发,继续搜索它的儿子节点,并把儿子节点标记为当前节点。在另一方面,如果在相应路径上搜索不到有效的着色,就把当前节点标记为 $d\_$ 节点,并把控制转移去搜索对应于另一种颜色的兄弟节点。如果对所有 m 个兄弟节点,都搜索不到一种有效的着色,就回溯到其父亲节点,并把父亲节点标记为 $d\_$ 节点,转移去搜索父亲节点的兄弟节点。这种搜索过程一直进行,直到根节点变为 $d\_$ 节点,或搜索路径的长度等于 n,并找到了一个有效的着色。前者表示该图是 m 不可着色的,后者表示该图是 m 可着色的。

【例6-2】 三着色,即用 3 种颜色着色图 6-10 所示的无向图。

用 3 种颜色为图 6-10(a) 所示无向图着色时所生成的搜索树,如图 6-10(b) 所示。首先,把 5 元组初始化为 $(0,0,0,0,0)$。然后,从根节点开始向下搜索,以颜色 1 为顶点 A 着色,生成节点 2 时产生 $(1,0,0,0,0)$,是一个有效的局部着色。继续向下搜索,以颜色 1 为顶点 B 着色,生成节点 3 时产生 $(1,1,0,0,0)$,是个无效着色,节点 3 成为 $d\_$ 节点;所以,继续以颜色 2 为顶点 B 着色,生成节点 4 时产生 $(1,2,0,0,0)$,是个有效着色。继续向下搜索,以颜色 1 及 2 为顶点 C 着色时,都是无效着色,因此节点 5 和 6 都是 $d\_$ 节点。最后以颜色 3 为顶点 C 着色时,产生 $(1,2,3,0,0)$,是个有效着色。重复上述步骤,最后得到有效着色 $(1,2,3,3,1)$。

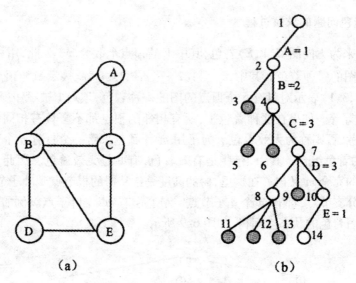

（a）　　　　　　　　　　　（b）

图 6-10　回溯法解图三着色的例子

图 6-10(a)所示无向图的状态空间树,其节点总数为 $1+3+9+27+81+243=364$ 个,而在搜索过程中所访问的节点数只有 14 个。

6.3.2　图着色问题算法的实现

假定图的 n 个顶点集合为 $\{0,1,2,\cdots,n-1\}$,颜色集合为 $\{1,2,\cdots,m\}$;用数组 $x[n]$ 来存放 n 个顶点的着色,用邻接矩阵 $c[n][n]$ 来表示顶点之间的邻接关系,若顶点 i 和顶点 j 之间存在关联边,则元素 $c[i][j]$ 为真,否则为假。所使用的数据结构为:

int　　　n;　　　　　　//顶点个数
int　　　m;　　　　　　//最大颜色数
int　　　x[n];　　　　 //顶点的着色
BOOL　　c[n][n]　　　//布尔值表示的图的邻接矩阵

此外,用函数 ok 来判断当前顶点的着色是否为有效的着色,如果是有效着色,就返回真,否则返回假。ok 函数的处理如下:

```
1. BOOL ok(intx[ ],intk,BOOL c[ ][ ],int n)
2. {
3.     inti;
4.     for(i=0;i<k;i++){
5.        if(c[k][i]&&(x[k]==x[i])
6.            Return FALSE;}
7.    returnTRUE;
8. }
```

ok 函数假定 $0\sim k-1$ 顶点的着色是有效着色,在此基础上判断 $0\sim k$ 顶点的着色是否有效。如果顶点 k 与顶点 i 是相邻接的顶点,$0\leqslant i\leqslant k-1$,而顶点 k 的颜色与顶点 i 的颜色相同,就是无效着色,即返回 FALSE,否则返回 TRUE。

有了 ok 函数之后,图的 m 着色问题的算法可叙述如下。

输入:无向图的顶点个数 n,颜色数 m,图的邻接矩阵 c[ ][ ]

输出:n 个顶点的着色 x[ ]

```
1. BOOL m_coloring(int n,int m,. int x[ ],BOOL c[ ][ ])
2. {
3.      int i,k;
4.      for(i = 0;i < n;i ++ )
5.          x[i] = 0;                              //解向量初始化为0
6.      k = 0;
7.      while(k >= 0){
8.          x[k] = x[k] + 1;                       //使当前的颜色数加1
9.          while((x[k] <= m)&&(!ok(x,k,c,n)))    //当前着色是否有效
10.             x[k] = x[k] + 1;                   //无效,继续搜索下一颜色
11.         if(x[k] <= m){                         //搜索成功
12.             if(k == n - i) break;              //是最后的顶点,完成搜索
13.             else k = k + 1;                    //不是,处理下一个顶点
14.         }
15.         else{                                  //搜索失败,回溯到前一个顶点
16.             x[k] = 0;k = k - 1;
17.         }
18.     }
19.     if(k == n - 1)return TRUE;
20.     else return FALSE;
21. }
```

算法中,用变量后来表示顶点的号码。开始时,所有顶点的颜色数都初始化为0。第6行把 k 赋予0,从编号为0的顶点开始进行着色。第7行开始的 while 循环执行图的着色工作。第8行使第 k 个顶点的颜色数加1。第9行判断当前的颜色是否有效;如果无效,第10行继续搜索下一种颜色。如果搜索到一种有效的颜色,或已经搜索完 m 种颜色,都找不到有效的颜色,就退出这个内部循环。如果存在一种有效的颜色,则该颜色数必定小于或等于 m,第11行判断这种情况。在此情况下,第12行进一步判断 n 个顶点是否全部着色,若是则退出外部的 while 循环,结束搜索;否则,使变量 k 加1,为下一个顶点着色。如果不存在有效的着色,在第16行使第 k 个顶点的颜色数复位为0,使变量 k 减1,回溯到前一个顶点,把控制返回到外部 while 循环的顶部,从前一个顶点的当前颜色数继续进行搜索。

该算法的第4、5行的初始化花费 $\Theta(n)$ 时间。主要工作由一个二重循环组成,即第7行开始的外部 while 循环和第9行开始的内部 while 循环。因此,算法的运行时间与内部 while 循环的循环体的执行次数有关。每访问一个节点,该循环体就执行一次。状态空间树中的节点总数为:

$$\sum_{i=0}^{n} m^i = (m^{n+1} - 1)/(m - 1) = O(m^n)$$

同时,每访问一个节点,就调用一次 ok 函数计算约束方程。ok 函数由一个循环组成,每执行一次循环体,就计算一次约束方程。循环体的执行次数与搜索深度有关,最少一次,最多 $n-1$ 次。因此,每次 ok 函数计算约束方程的次数为 $O(n)$。这样,理论上在最坏情况下,算法的总花费为 $O(nm^n)$。但实际上,被访问的节点个数 c 是动态生成的,其总个数远远低于状态空间树的总节点数。这时,算法的总花费为 $O(cn)$。

如果不考虑输入所占用的存储空间,则该算法需要用 $\Theta(n)$ 的空间来存放解向量。因此,算法所需要的空间为 $\Theta(n)$。

6.4 哈密尔顿回路

哈密尔顿回路问题起源于 19 世纪 50 年代英国数学家哈密尔顿提出的周游世界的问题他用正十二面体的 20 个顶点代表世界上的 20 个城市,要求从一个城市出发,经过每个城市恰好一次,然后回到出发点。如图 6-11(a)所示的正十二面体,其"展开"图,如图 6-11(b)所示,按照图中的顶点标号顺序所构成的回路,就是他所提问题的一个解。

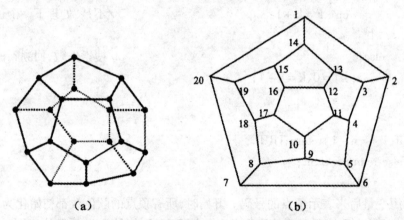

（a）　　　　　　　　（b）

图 6-11　哈密尔顿周游世界的正十二面体及其"展开"图

6.4.1　哈密尔顿回路的求解过程

哈密尔顿回路的定义如下:

【定义 6-1】　设无向图 $G(V,E)$,$v_1 v_2 \cdots v_n$ 是 G 的一条通路,若 G 中每个顶点在该通路中出现且仅出现一次,则称该通路为哈密尔顿通路。若 $v_1 = v_n$,则称该通路为哈密尔顿回路。

假定图 $G(V,E)$ 的顶点集为 $V = \{0,1,\cdots,n-1\}$。按照回路中顶点的顺序,用 n 元向量 $X = (x_0,x_1,\cdots,x_{n-1})$ 来表示回路中的顶点编号,其中 $x_i \in \{0,1,\cdots,n-1\}$。用布尔数组 $c[n][n]$ 来表示图的邻接矩阵,如果顶点 i 和顶点 j 相邻接,则 $c[i][j]$ 为真,否则为假。根据题意,有如下约束方程:

$$c[x_i][x_{i+1}] = TRUE \qquad 0 \leqslant i \leqslant n-1$$

$$c[x_0][x_{n-1}] = TRUE$$
$$x_i \neq x_j \qquad 0 \leqslant i, j \leqslant n-1, i \neq j$$

因为有 n 个顶点,因此其状态空间树是一棵高度为 n 的完全 n 叉树,每一个分支节点都有 n 个儿子节点,最底层有 n^n 个叶子节点。

用回溯法求解哈密尔顿回路问题时,首先把回路中所有顶点的编号初始化为 -1。然后,把顶点 0 当作回路中的第一个顶点,搜索与顶点 0 相邻接的编号最小的顶点,作为它的后续顶点。假定在搜索过程中已经生成了通路 $l = x_0 x_1 \cdots x_{i-1}$,在继续搜索某个顶点作为通路中的 x_i 时,根据约束方程,在 V 中寻找与 x_{i-1} 相邻接的并且不属于 l 的编号最小的顶点。如果搜索成功,就把这个顶点作为通路中的顶点 x_i,然后继续搜索通路中的下一个顶点。如果搜索失败,就把 l 中的 x_{i-1} 删去,从 x_{i-1} 的顶点编号加 1 的位置开始,继续搜索与 x_{i-2} 相邻接的并且不属于 l 的编号最小的顶点。这个过程一直进行,当搜索到 l 中的顶点 x_{n-1} 时,如果 x_{n-1} 与 x_0 相邻接,则所生成的回路,就是一条哈密尔顿回路;否则,把 l 中的顶点 x_{n-1} 删去,继续回溯。最后,如果在回溯过程中只剩下一个顶点 x_0,则表明图中不存在哈密尔顿回路,即该图不是哈密尔顿图。

【例6-3】 寻找图 6-12(a) 的哈密尔顿回路。

如图 6-12(a) 所示是用回溯法解图 6-12(a) 所生成的搜索树,所生成的哈密尔顿回路的节点顺序是 12354。用回溯法解图 6-12(a) 时,状态空间树是一棵完全 5 叉树,其节点总数为 3906 个,而在求解过程中所访问的节点数只有 21 个。

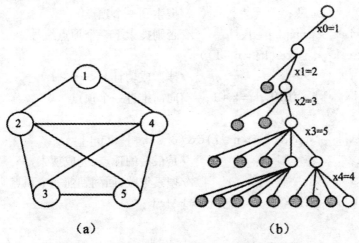

（a）　　　　　　　　（b）

图 6-12　哈密尔顿回路问题及其搜索树的例子

6.4.2　哈密尔顿回路算法的实现

假定图的 n 个顶点集合为 $\{0, 1, \cdots, n-1\}$;用数组 $x[n]$ 来顺序存放哈密尔顿回路的 n 个顶点的编号;用邻接矩阵 $c[n][n]$ 来表示顶点之间的邻接关系,若顶点 i 和顶点 j 之间存在关联边,则元素 $c[i][j]$ 为真,否则为假。此外,用布尔数组 $s[n]$ 标志某个顶点已在哈密尔顿回路中。因此,若顶点 i 在哈密尔顿回路中,则 $s[i]$ 为真。所用到的数据结构为:

```
int           n;                        //顶点个数
```

```
int        x[n];                        //哈密尔顿回路上的顶点编号
BOOL   c[n][n];                         //布尔值表示的图的邻接矩阵
BOOL   s[n];                            //顶点状态,已处于所搜索的通路上的顶点为真
```
由此,解哈密尔顿回路问题的算法叙述如下。
输入:无向图的顶点个数 n,图的邻接矩阵 c[ ][ ]
输出:存放回路的顶点序号 x[ ]
```
1. BOOL hamilton( int n,int x[ ],BOOL c[ ][ ])
2. {
3.     inti,k;
4.     BOOL   *s = new BOOL[n];
5.     for(i = 0 ;i < n;i ++){          //初始化
6.         x[i] = - i;s[i] = FALSE;
7.     }
8. k = 1;s[0] = TRUE;x[0] = 0;
9. while(k >=0){
10.    x[k] = x[k] +1;                   // 搜索下一个顶点编号
11. ,   while(x[k] < n)
12.        if(! s[x[k]]&&c[x[k-1]][x[k]])
13.            break;                     //搜索到一个顶点
14.        elsex[k] = x[k] +1;           //否则搜索下一个顶点编号
15.    if((x[k] < n)&&(k! = n-1)){
                                          //搜索成功且 k <= n -1
16.        s[x[k]] = TRUE;k = k +1;      //向前推进一个顶点
17.    }
18. else if((x[k] < n)&&(k == n-1)&&(c[x[k]][x[0]]))
19.    break;                            //是最后的顶点,完成搜索
20. else{                                //搜索失败,回溯到前一个顶点
21.        x[k] = -1;k = k - i;s[x[k]] = FALSE;
22.    }
23. }
24. deletes;
25. if( k == n-1)return TRUE;
26. else return FALSE;
27. }
```
算法的第5、6行把解向量初始化为 -1,顶点的状态标志都置为 FALSE。然后,把顶点0作为所搜索通路的第0个顶点,把 k 置为1,开始搜索通路的第七个顶点。第9行开始的 while循环进行回路的搜索。第10行把当前的顶点编号加1。第11行开始的内部 while 循环,从当前的顶点编号开始,寻找一个尚未在当前通路中并且与当前通路中的最后一个顶点相邻接的

顶点。第 15 行判断如果找到这样的一个顶点,并且通路中的顶点个数还不足 n 个,就把这个顶点标志为通路中的顶点,使 k 加 1,继续从编号为 0 的顶点开始,搜索通路中的下一个顶点。第 18 行判断如果找到这样的一个顶点,并且通路中的顶点个数已达至 n 个,且该顶点与通路中第 0 个顶点相邻接,则表明已找到一条哈密尔顿回路,就退出 while 循环,结束算法。如果找不到这样的顶点,或者找到这样的顶点,且通路中的顶点个数已经达到 n 个,但该顶点与通路中第 0 个顶点不相邻接,在这两种情况下都进行回溯,使通路中第 k 个顶点的顶点编号复位为 -1,并使 k 减 1,使当前通路中最后一个顶点的顶点标志复位为 FALSE,在该顶点处继续向后搜索。

该算法的第 5、6 行的初始化花费 $\Theta(n)$ 时间。但主要工作由一个二重循环组成:第 9 行开始的外部 while 循环和第 11 行开始的内部 while 循环。因此,算法的运行时间与内部 while 循环的循环体的执行次数有关。每访问一个节点,该循环体就执行一次。状态空间树中的节点总数为:

$$\sum_{i=0}^{n} n^i = (n^{n+1} - 1)/(n - 1) = O(n^n)$$

因此,在最坏情况下,算法的总花费为 $O(n^n)$。如果被访问的节点个数为 c,它远远低于状态空间树的总节点数,这时,算法的总花费为 $O(c)$。

如果不考虑输入所占用的存储空间,则该算法需要用 $\Theta(n)$ 的空间来存放解向量及顶点的状态。因此,算法所需要的工作空间为 $\Theta(n)$。

6.5 电路板排列问题

6.5.1 问题描述

电路板排列问题是大规模电子系统设计中提出的实际问题。该问题的提法是将行 n 电路板以最佳排列方案插入带有 n 个插槽的机箱中。n 块电路板的不同的排列方式对应于不同的电路板插入方案。

设 $B = \{1, 2, \cdots, n\}$ 是 n 块电路板的集合。集合 $L = \{N_1, N_2, \cdots, N_m\}$ 是 n 块电路板的 m 个连接块。其中,每个连接块 N_i 是 B 的一个子集,且 N_i 中的电路板用同一根导线连接在一起。

例如,设 $n = 8, m = 5$。给定 n 块电路板及其 m 个连接块如下:

$$B = \{1, 2, 3, 4, 5, 6, 7, 8\}$$
$$L = \{N_1, N_2, N_3, N_4, N_5\}$$
$$N_1 = \{4, 5, 6\}$$
$$N_2 = \{2, 3\}$$
$$N_3 = \{1, 3\}$$
$$N_4 = \{3, 6\}$$
$$N_5 = \{7, 8\}$$

这 8 块电路板的一个可能的排列,如图 6-13 所示。

设 x 表示 n 块电路板的排列,即在机箱的第 i 个插槽中插入电路板 $x[i]$。x 所确定的电路板排列密度 density(x) 定义为跨越相邻电路板插槽的最大连线数。

例如,图 6-13 中电路板排列的密度为 2。跨越插槽 2 和 3,插槽 4 和 5 以及插槽 5 和 6 的连线数均为 2。插槽 6 和 7 之间无跨越连线。其余相邻插槽之间都只有 1 条跨越连线。

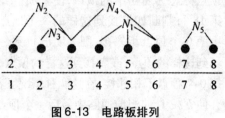

在设计机箱时,插槽一侧的布线间隙由电路板排列的密度所确定。因此,电路板排列问题要求对于给定电路板连接条件(连接块),确定电路板的最佳排列,使其具有最小密度。

图 6-13　电路板排列

6.5.2　算法设计

电路板排列问题是 NP 难问题,因此,不大可能找到解此问题的多项式时间算法。下面讨论用回溯法解电路板排列问题。通过系统地搜索电路板排列问题所相应解空间的排列树,找出电路板最佳排列。

算法中用整型数组 b 表示输入。$b[i][j]$ 的值为 1 当且仅当电路板 i 在连接块 N_j 中。设 $total[j]$ 是连接块 N_j 中的电路板数。对于电路板的部分排列 $x[1:i]$,设 $now[j]$ 是 $x[1:i]$ 中所包含的 N_j 中的电路板数。由此可知,连接块 N_j 的连线跨越插槽 i 和 $i+1$ 当且仅当 $now[j] > 0$ 且 $now[j] \neq total[j]$。可以利用这个条件来计算插槽 i 和插槽 $i+1$ 间的连线密度。

在算法 backtrack 中,当 $i=n$ 时,所有 n 块电路板都已排定,其密度为 cd。由于算法仅完成比当前最优解更好的排列,故 cd 肯定优于 $bestd$。此时应更新 $bestd$。

当 $i<n$ 时,电路板排列尚未完成。$x[1:i-1]$ 是当前扩展结点所相应的部分排列,cd 是相应的部分排列密度。在当前部分排列之后加入一块未排定的电路板,扩展当前部分排列产生当前扩展结点的一个子结点。对于这个子结点,计算新的部分排列密度 $1d$。仅当 $ld < bestd$ 时,算法搜索相应的子树,否则该子树被剪去。

按上述回溯搜索策略设计的解电路板排列问题的算法可描述如下:

```
public class Board
{

    //电路板数
    static int n;
    //连接块数
    static mt m;
    //当前解
    static int[ ] x;
    //当前最优解
    static int t[ ] bestx;
    //total[j]为连接块j的电路板数
    static int[ ] total;
    //now[j]为当前解中所含连接块j的电路板数
    static int[ ] now;
```

```
        //当前最优密度
         static int bestd;
        //连接块数组
        static int[ ][ ] b;
public static int arrange(int[ ][ ] bb,int mm,int[ ]xx)
{
        //视始化
        n = bb. length – 1;
        m = mm;
        x = new int[n + 1];
        bestx = xx:
        total = new int[m + 1];
        now = new int[m + 1];
        bestd = m + 1:
        b = bb:
        //置 x 为单位排列
        //计算 total[ ]
        for( int i = 1;i < = n;i ++ )
        {
            x[i] = i;
            for( int j = 1;j < = m;j ++ )
                total[j] += b[i][j];
        }
        //回溯搜索
        backtrack(1,0);
        return bestd;
}
private static void backtrack( int i,int dd)
{
        if( i == n)
        {
            for( int j = 1;j < = n;j ++ )
            bestx[j] = x[j];
            bestd = dd;
        }
        else
            for( int j = i;j < = n;j ++ )
```

```
    {
        //选择 x[j]为下一块电路板
        int d = 0;
        for(int k = 1;k <= m;k ++ )
        {
            now[k] += b[x[j]][k];
            if(now[k] >0&&total[k]! = now[k])
                d ++ ;
        }
        //更新 d 值
        if(dd > d)
            d = dd;
        if(d < bestd)
        {
            //搜索子树
            MyMath. swap(x,i,j);
            backtrack(i + 1,d);
            MyMath. swap(x,i,j);
        }
        //恢复状态
        for(int k = 1;k <= m;k ++ )
            now[k] -= b[x[j]][k];
    }
  }
}
```

6.5.3   算法效率

在解空间排列树的每个结点处,算法 backtrack 花费 $O(m)$ 计算时间为每个儿子结点计算密度。因此,计算密度所耗费的总计算时间为 $O(mn!)$。另外,生成排列树需 $O(n!)$ 时间。每次更新当前最优解至少使 bestd 减少 1,而算法运行结束时 bestd ≥ 0。因此,最优解被更新的次数为 $O(m)$,更新当前最优解需 $O(mn!)$ 时间。

综上可知,解电路板排列问题的回溯算法 backtrack 所需的计算时间为 $O(mn!)$。

6.6   连续邮资问题

6.6.1   问题描述

假设国家发行了 n 种不同面值的邮票,并且规定每张信封上最多只允许贴 m 张邮票。连续邮资问题要求对于给定的 n 和 m 的值,给出邮票面值的最佳设计,在 1 张信封上可贴出从邮资 1 开始,增量为 1 的最大连续邮资区间。

6.6.2　算法设计

对于连续邮资问题,用 n 元组 $x[1:n]$ 表示 n 种不同的邮票面值,并约定它们从小到大排列。$x[1]=1$ 是唯一的选择。此时的最大连续邮资区间是 $[1:m]$。接下来,$x[2]$ 的可取值范围是 $[2:m+1]$。在一般情况下,已选定 $x[1:i-1]$,最大连续邮资区间是 $[1:r]$,接下来 $x[i]$ 的可取值范围是 $[x[i-1]+1:r+1]$。由此可以看出,在用回溯法解连续邮资问题时,可用树表示其解空间。该解空间树中各结点的度随 x 的不同取值而变化。

下面的解连续邮资问题的回溯法中,类 Stamps 的数据成员记录解空间中结点信息。maxvalue 记录当前已找到的最大连续邮资区间,bestx 是相应的当前最优解。数组 y 用于记录当前已选定的邮票面值 $x[1:i]$ 能贴出各邮资所需的最少邮票数。即 $y[k]$ 是用不超过 m 张面值为 $x[1:i]$ 的邮票贴出邮资 k 所需的最少邮票数。

在算法 backtrack 中,当 $i>n$ 时,算法搜索至叶结点,得到新的邮票面值设计方案 $x[1:n]$。如果该方案能贴出的最大连续邮资区间大于当前已找到的最大连续邮资区间 maxvalue,则更新当前最优值 maxvalue 和相应的最优解 bestx。

当 $i \leqslant n$ 时,当前扩展结点 Z 是解空间中的内部结点。在该结点处 $x[1:i-1]$ 能贴出的最大连续邮资区间为 $r-1$。因此,在结点 Z 处,$x[i]$ 的可取值范围是 $[x[i-1]+1:r]$,从而,结点 Z 有 $r-x[i-1]$ 个儿子结点。算法对当前扩展结点 Z 的每一个儿子结点,以深度优先的方式递归地对相应子树进行搜索。

连续邮资问题的回溯算法可描述如下:

```
public class  Stamps
{
    //邮票面值数
    static int n,
    //每张信封允许贴的最多邮票数
    m,
    //当前最优值
    maxR,
    //大整数
    maxint,
    //邮资上界
    maxl;
    //当前解
    static int[ ]x;
    //贴出各种邮资所需最少邮票数
    static int[ ] y;
    //当前最优解
```

```
static int[ ] bestx;
  public statm int maxStamp( int nn, int mm, int[ ] xx)
  {
    int maxll = 1500;
    n = nn;
    m = mm;
    maxR = 0;
    maxint = Integer. MAX_VALUE;
    maxl = maxll;
    bestx = xx;
    x = new int[ n + 1];
    y = new int[ maxl + 1];
    for( int i = 0; i < = n; i ++ )
      x[ i] = 0;
    for( int i = 1; i < = maxl; i ++ )
      y[ i] = maxint;
    x[ 1] = 1;
    y[ 0] = 0;
    backtrack( 2, 1);
    return maxR:
  }
  private static void backtrack( int i, int r)
  {
    for( int j = 0; j < = x[ i - 2] * ( m - 1); j ++ )
      if( y[ j] < m)
        for( int k = 1; k < = m - y[ j]; k ++ )
          if( y[ j] + k < y[ j + x[ i - 1] * k]) y[ j + x[ i - 1] * k] = y[ j] + k;
    while( y[ r] < maxint)
      r ++ ;
    if( i > n)
    {
      if( r - 1 > maxR)
      {
        maxR = r - 1;
        for( int j = 1; j < = n; j ++ )
          bestx[ j] = x[ j];
      }
      return;
```

```
    }
    int[ ]z = new int [maxl + 1]
    for(int k = 1;k < = maxl;k ++ )
       z[k] = y[k];
    for(int j = x[i - 1] + 1;j < = r;j ++ )
       if(y[r - j] < m)
       {
          x[i] = j;
          backtrack(i + 1,r + 1);
          for(int k = 1;k < = maxl;k ++ )
             y[k] = z[k];
       }
    }
}
```

6.7 0/1 背包问题

6.7.1 回溯法解 0/1 背包问题的求解过程

在 0/1 背包问题中,假定 n 个物体 v_i,其重量为 w_i,价值为 p_i,$0 \leqslant i \leqslant n - 1$,背包的载重量为 M。x_i 表示物体 v_i 被装入背包的情况,$x_i = 0,1$。当 $x_i = 0$ 时,表示物体没被装入背包;当 $x_i = 1$ 时,表示物体被装入背包。

根据问题的要求,有下面的约束方程和目标函数:

$$\sum_{i=1}^{n} w_i x_i \leqslant M \tag{6-4}$$

$$optp = \max \sum_{i=1}^{n} p_i x_i \tag{6-5}$$

令问题的解向量为 $X = (x_0, x_1, \cdots, x_{n-1})$,它必须满足上述约束方程,并使目标函数达到最大。使用回溯法搜索这个解向量时,状态空间树是一棵高度为 n 的完全二叉树,如图 6-14 所示。其节点总数为 $2^{n+1} - 1$。从根节点到叶节点的所有路径,描述问题的解的所有可能状态。可以假定:第 i 层的左儿子子树描述物体 v_i 被装入背包的情况;右儿子子树描述物体 v_i 未被装入背包的情况。

0/1 背包问题是一个求取可装入的最大价值的最优解问题。在状态空间树的搜索过程中,一方面可利用约束方程(6-4)来控制不需访问的节点,另一方面还可利用目标函数(6-5)的界,来进一步控制不需访问的节点个数。在初始化时,把目标函数的上界初始化为 0,把物体按价值重量比的非增顺序排序,然后按照这个顺序搜索;在搜索过程中,尽量沿着左儿子节点前进,当不能沿着左儿子继续前进时,就得到问题的一个部分解,并把搜索转移到右儿子子树。此时,估计由这个部分解所能得到的最大价值,把该值与当前的上界进行比较,如果高于当前的上界,就继续由右儿子子树向下搜索,扩大这个部分解,直到找到一个可行解,最后把可行解保存起来,用当前可行解的值刷新目标函数的上界,并向上回溯,寻找其他的可能解;如果由部分解所估计的最大值小于当前的上界,就丢弃当前正在搜索的部分解,直接向上回溯。

假定当前的部分解是 $\{x_0,x_1,\cdots,x_{k-1}\}$,同时有:

$$\sum_{i=0}^{k-1} x_i w_i \leqslant M \text{ 且 } \sum_{i=0}^{k-1} x_i w_i + w_k > M \tag{6-6}$$

式(6-6)表示,装入物体 v_k 之前,背包尚有剩余载重量,继续装入物体 v_k 后,将超过背包的载重量。由此,将得到部分解 $\{x_0,x_1,\cdots,x_k\}$,其中 $x_k=0$。由这个部分解继续向下搜索,将有:

$$\sum_{i=0}^{k} x_i w_i + \sum_{i=0}^{k} w_i \leqslant M \text{ 且 } \sum_{i=0}^{k-1} x_i w_i + \sum_{i=k+1}^{k+m-1} w_i + w_{k+m} > M \tag{6-7}$$

式(6-7)表示,不装入物体 $v_k(x_k=0)$,继续装入物体 $v_{k+1},\cdots,v_{k+m-1}$,背包尚有剩余载重量,但继续装入物体 v_{k+m},将超过背包的载重量。其中 $m=2,\cdots,n-k-1$。因为物体是按价值重量比非增顺序排序的,显然由这个部分解继续向下搜索,能够找到的可能解的最大值不会超过:

$$\sum_{i=1}^{n} x_i p_i + \sum_{i=k+1}^{k+m-1} x_i p_i + (M - \sum_{i=0}^{k} x_i w_i - \sum_{i=k+1}^{k+m-1} x_i w_i) \times p_{k+m}/w_{k+m} \tag{6-8}$$

因此,可以用式(6-7)和式(6-8)来估计从当前的部分解 $\{x_0,x_1,\cdots,x_k\}$ 继续向下搜索时,可能取得的最大价值。如果所得到的估计值小于当前目标函数的上界,就放弃向下搜索。向上回溯有两种情况:

一种如果当前的节点是左儿子分支节点,就转而搜索相应的右儿子分支节点;

另一种如果当前的节点是右儿子分支节点,就沿着右儿子分支节点向上回溯,直到左儿子分支节点为止,然后再转而搜索相应的右儿子分支节点。

这样,如果用 w_cur 和 p_cur 分别表示当前正在搜索的部分解中装入背包的物体的总重量和总价值;用 p_est 表示当前正在搜索的部分解可能达到的最大价值的估计值;用 p_total 表示当前搜索到的所有可行解中的最大价值,它也是当前目标函数的上界;用 y_k 和 x_k 分别表示问题的部分解的第 k 个分量及其副本,同时 k 也表示当前对搜索树的搜索深度,则回溯法解 0/1 背包问题的步骤可叙述如下。

①把物体按价值重量比的非增顺序排序。

②把 w_cur、p_cur 和 p_total 初始化为 0,把部分解初始化为空,搜索树的搜索深度后置为 0。

③按式(6-7)和式(6-8)估计从当前的部分解可取得的最大价值 p_est。

④如果 p_est > p_total 转步骤⑤;否则转步骤⑧。

⑤从 v_k 开始把物体装入背包,直到没有物体可装或装不下物体 v_i 为止,并生成部分解 $y_k,\cdots,y_i,k\leqslant i<n$,刷新 p_cur。

⑥如果 $i\geqslant n$,则得到一个新的可行解,把所有的 y_i 复制到 x_i,p_total = p_cur,则 p_total 是目标函数的新上界;令 $k=n$,转步骤③,以便回溯搜索其他的可能解。

⑦否则,得到一个部分解,令 $k=i+1$,舍弃物体 v_i,从物体 v_{i+1} 继续装入,转步骤③。

⑧当 $i\geqslant 0$ 并且 $y_i=0$ 时,执行 $i=i-1$,直到 $y_i\neq 0$ 为止;即沿右儿子分支节点方向向上回

溯,直到左儿子分支节点

⑨如果 $i < 0$,算法结束;否则,转步骤⑩。

⑩令 $y_i = 0$,$w\_cur = w\_cur - w_i$,$p\_cur = p\_cur - p_i$,$k = i + 1$,转步骤③。

从左儿子分支节点转移到相应的右儿子分支节点,继续搜索其他的部分解或可能解。

【例6-4】　有载重量 $M = 50$ 的背包,物体重量分别为 $5,15,25,27,30$,物体价值分别为 $12,30,44,46,50$,求最优装入背包的物体及价值。

如图 6-14 所示是根据上述的求解步骤所生成的搜索树。其过程如下:

①开始时,目标函数的上界 p_total 初始化为0,计算从根节点开始搜索可取得的最大价值 $p\_est = 94.5$,大于 p_total,因此生成节点 1,2,3,4,并得到部分解 $(1,1,1,0)$。

②节点 4 是右儿子分支节点,所以估计从节点 4 继续向下搜索可取得的最大价值 $p\_est = 94.3$,仍然大于 p_total,由此继续向下搜索并生成节点 5,得到最大价值为 86 的可行解 $(1,1,1,0,0)$,把这个可行解保存在解向量 X 中,把 p_total 更新为 86。

③由叶节点 5 继续搜索,在估算可能取得的最大价值时,p_est 被置为 86,不大于 p_total 的值,因此沿右儿子分支节点方向向上回溯,直到左儿子分支节点 3,并生成相应的右儿子分支节点 6,得到部分解 $(1,1,0)$。

④节点 6 是右儿子分支节点,所以计算从节点 6 继续搜索可取得的最大价值 $p\_est = 93$,大于 p_total,因此生成节点 7,8,并得到最大价值为 87 的可行解 $(1,1,0,1,0)$,用它来更新解向量 X 中的内容,p_total 被更新为 87。

⑤由叶节点 8 继续搜索,在计算可能取得的最大价值时,p_est 被置为 87,不大于 p_total 的值,因此沿右儿子分支节点 8 方向向上回溯,到达左儿子分支节点 7,并生成相应的右儿子分支节点 9,得到部分解 $(1,1,0,0)$。

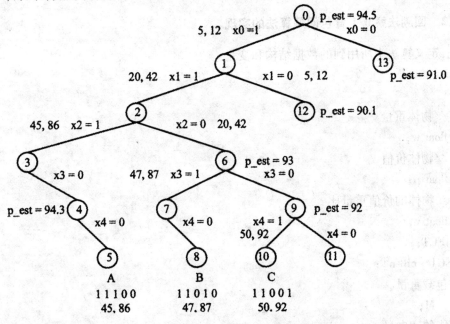

图 6-14　例 6-4 中 0/1 背包问题的搜索树

//当前搜索的解向量

int y[n];

//当前搜索方向装入背包的物体的估计最大价值

float p_est;

//装入背包的物体的最大价值的上界

float p_total;

//当前装入背包的物体的总重量

float w_cur;

//当前装入背包的物体的总价值

float p_cur;

于是,解0/1背包问题的回溯算法可叙述如下。

输入:背包载重量 M,问题个数 n,存放物体的价值和重量的结构体数组 0b[ ]

输出:0/1 背包问题的最优解 x[ ]

```
1. float knapsack_back(OBJECT ob[ ],float M,int n,BOOL x[ ])
2. {
3.     int i,k;
4.     float  w_curr,p_total,p_cur,w_est,p_est;
5.     BOOL *y = new BOOL[n+1];
6.     for(i=0;i<n;i++){    //计算物体的价值重量比
7.         ob[i].v = ob[i].p/ob[i].w;
8.         y[i] = FALSE;//当前的解向量初始化
9.     }
10. merge_sort(ob,n);//物体按价值重量比的非增顺序排序
11. w_cur = p_cur = p_total = 0;//当前背包中物体的价值重量初始化
12. y[n] = FALSE;k = 0;//搜索到的可能解的总价值初始化
13. while(k >= 0){
14.     w_est = w_cur;p_est = p_cur;
15.     for(i=k;i<n;i++){//沿当前分支可能取得的最大价值
16.         w_est = w_est + ob[i].w;
17.         if(w_est < M)
18.             p_est = p_est + ob[i].p;
19.         else{
20.             p_est = p_est + ((M - w_est + ob[i].w)/ob[i].w) * ob[i].p;
21.             break;
22.         }
23.     }
24.     if(p_est > ptotal){ //估计值大于上界
25.         for(i=k;i<n;i++){
```

```
26.    if(w_cur + ob[i].w <= M){ //可装入第 i 个物体
27.        w_cur = w_cur + ob[i].w;
28.        p_cur = p _cur + ob[i].p;
29.        y[i] = TRUE;
30.      }
31.    else{
32.        y[i] = FALSE;break;//不能装入第 i 个物体
33.      }
34. }
35.    if(i >= n - 1){ //n 个物体已全部装入
36.      if( p_cur > p_total){
37.        p_total = p_cur;k = n;//刷新当前上限
38. for(i = 0;i < n;i ++ )//保存可能的解
39.          x[i] = y[i];
40.        }
41.      }
42.    else k = i + 1;//继续装入其余物体
43. }
44. else{//估计价值小于当前上限
45.      while((i >= 0)&&( !y[i] ) //沿着右分支节点方向回溯
46.          i = i - 1;//直到左分支节点
47.      if(i < 0)break;//已到达根节点,算法结束
48.      else{
49.          w_cur = w_cur - ob[i].w;//修改当前值
50.          p_cur = p_cur - ob[i].p;
51.          y[i] = FALsE;k = i + 1;//搜索右分支子树
52.        }
53.      }
54. }
55. deletey;
56. return p_total;
57. }
```

算法的第 6 ~ 12 行是初始化部分,先计算物体的价值重量比,然后按价值重量比的非增顺序对物体进行排序。算法的主要工作由从第 13 行开始的 while 循环完成。分成如下 3 部分:

第 1 部分由第 14 ~ 23 行组成,计算沿当前分支节点向下搜索可能取得的最大价值;

第 2 部分由第 24 ~ 43 行组成,当估计值大于当前目标函数的上界时,向下搜索;

第 3 部分由第 44 ~ 53 行组成,当估计值小于或等于当前目标函数的上界时,向上回溯。

在开始搜索时,变量 w_cur、p_cur 初始化为 0。在整个搜索过程中,动态维护这两个变量的

值。当沿着左儿子分支节点向下推进时,这两个变量分别增加相应物体的重量和价值;当沿着左儿子分支节点无法再向下推进,而生成右儿子分支节点时,这两个变量的值维持不变;当沿着右儿子分支节点向上回溯时,这两个变量的值维持不变;当回溯到达左儿子分支节点,就结束回溯,转而生成相应的右儿子分支节点时,这两个变量分别减去相应左儿子分支节点的物体重量和价值;每当搜索转移到右儿子分支节点时,就对继续向下搜索可能取得的最大价值进行估计;当搜索到叶子节点时,已得到一个可能解,这时变量 k 被置为 n,而 $y[n]$ 被初始化为 FALSE,因此不管该叶子节点是左儿子节点,还是右儿子节点,都可顺利向上回溯,继续搜索其他的可能解。

显然,算法所使用的工作空间为 $\Theta(n)$。算法的第 6~9 行花费 $\Theta(n)$ 时间;第 10 行对物体进行合并排序,需花费 $\Theta(n\log n)$ 时间;在最坏情况下,状态空间树有 $\Theta(n\log n)$ 个节点,其中有 $O(2^n)$ 个左儿子节点,花费 $O(2^n)$ 时间;有 $O(2^n)$ 个右儿子节点,每个右儿子节点都需估计继续搜索可能取得的目标函数的最大价值,每次估计需花费 $O(n)$ 时间,因此右儿子节点需花费 $O(n2^n)$ 时间,而这也是算法在最坏情况下所花费的时间。

6.8 装载问题

6.8.1 问题描述

有一批共 n 个集装箱要装上两艘载重量分别为 c_1 和 c_2 的轮船,其中,集装箱主的重量为 w_i,且 $\sum_{i=1}^{n} w_i \leq c_1 + c_2$。

装载问题要求确定是否有一个合理的装载方案可将这 n 个集装箱装上这两艘轮船。如果有,找出一种装载方案。

例如,当 $n=3, c_1=c_2=50$,且 $n=3, c_1=c_2=50$,可将集装箱 1 和集装箱 2 装上第一艘轮船,而将集装箱 3 装上第二艘轮船;如果 $w=[20,40,40]$,则无法将这 3 个集装箱都装上轮船。

当 $\sum_{i=1}^{n} w_i = c_1 + c_2$ 时,装载问题等价于子集和问题。当 $c_1=c_2$ 且 $\sum_{i=1}^{n} w_i = 2c_1$ 时,装载问题等价于划分问题。

即使限制 $w_i, i=1,2,\cdots,n$ 为整数,c_1, c_2 也是整数。子集和问题与划分问题都是 NP 难的。由此可知,装载问题也是 NP 难的。

容易证明,如果一个给定装载问题有解,则采用下面的策略可得到最优装载方案:

①将第一艘轮船尽可能装满;

②将剩余的集装箱装上第二艘轮船。

将第一艘轮船尽可能装满等价于选取全体集装箱的一个子集,使该子集中集装箱重量之和最接近 c_1。由此可知,装载问题等价于以下特殊的 0/1 背包问题。

$$\max \sum_{i=1}^{n} w_i x_i$$

$$\sum_{i=1}^{n} w_i x_i \leq c_1$$

$$x_i \in \{0,1\}, 1 \leq i \leq n$$

6.8.2　算法设计

用回溯法解装载问题时,用子集树表示其解空间显然是最合适的。可行性约束函数可剪去不满足约束条件 $\sum_{i=1}^{n} w_i x_i \leqslant c_1$ 的子树。在子集树的第 $j+1$ 层结点 $j+1$ 处,用 cw 记当前的装载重量,即 $cw = \sum_{i=1}^{j} w_i x_i$,当 $cw > c_1$ 时,以结点 Z 为根的子树中所有结点都不满足约束条件,因而该子树中的解均为不可行解,故可将该子树剪去。

下面的解装载问题的回溯法中,方法 maxLoading 返回不超过 c 的最大子集和,但未给出达到这个最大子集和的相应子集。稍后加以完善。

算法 maxLoading 调用递归方法 backtrack(1)实现回溯搜索。backtrack(i)搜索子集树中第 i 层子树。类 Loading 的数据成员记录子集树中结点信息,以减少传给 backtrack 的参数。cw 记录当前结点相应的装载重量,bestw 记录当前最大装载重量。

在算法 backtrack 中,当 $i > n$ 时,算法搜索至叶结点,其相应的装载重量为 cw。如果 cw > bestw,则表示当前解优于当前最优解,此时应更新 bestw。

当 $i \leqslant n$ 时,当前扩展结点 Z 是子集树的内部结点。该结点有 $x[i] = 1$ 和 $x[i] = 0$。两个儿子结点。其左儿子结点表示 $x[i] = 1$ 的情形,仅当 $cw + w[i] \leqslant c$ 时进入左子树,对左子树递归搜索。其右儿子结点表示 $x[i] = 0$ 的情形。由于可行结点的右儿子结点总是可行的,故进入右子树时不需检查可行性。

算法 backtrack 动态地生成问题的解空间树。在每个结点处算法花费 $O(1)$ 时间。子集树中结点个数为 $O(2^n)$,故 backtrack 所需的计算时间为 $O(2^n)$。另外 backtrack 还需要额外的 $O(n)$ 递归栈空间。

具体算法描述如下:

```
public class Loading
{
        //类数据成员
        //集装箱数
    static int n;
        //集装箱重量数组
    static int[ ]w;
        //第一艘轮船的载重量
    static int c;
        //当前载重量
    static int cw;
        //当前最优载重量
    static int bestw;
        //当前最优载重量
    public static int maxLoading( int[ ] ww,int cc)
```

```
        {
        //初始化类数据成员
          n = ww. length - 1:
          w = ww;
          c = cc;
          cw = 0;
          bestw = 0;
          //计算最优载重量
          backtrack(1);
          return bestw;
        }
//回溯算法
private static void backtrack( int i)
{
    //搜索第 i 层结点
    if( i > n)
    {
        //到达叶结点
        if( cw > bestw)
            bestw = cw;
        return;
    }
    //搜索子树
    if( cw + w[ i] < = c)
    {
        //搜索左子树,即 x[ i] - 1
        cw + = w[ i];
        backtrack( i + 1);
        cw - = w[ i];
    }
//搜索右子树
    backtrack( i + 1);
}
}
```

6.8.3　上界函数

对于前面描述的算法 backtrack,还可引入一个上界函数,用于剪去不含最优解的子树,从而改进算法在平均情况下的效率。设 Z 是解空间树第 i 层上的当前扩展结点。cw 是当前载重量;bestw 是当前最优载重量;r 是剩余集装箱的重量,即 $r = \sum_{j=i+1}^{n} w_i$。定义上界函数为 $cw + r$。在以 Z 为根的子树中任一叶结点所相应的载重量均不超过 $cw + r$。因此,当 $cw + r \leqslant bestw$ 时,可将 Z 的右子树剪去。

在下面的改进算法中,引入类 Loading 的变量 r,用于计算上界函数。引入上界函数后,在达到叶结点时就不必再检查该叶结点是否优于当前最优解,因为上界函数使算法搜索到的每个叶结点都是当前找到的最优解。虽然改进后的算法的计算时间复杂性仍为 $O(2^n)$,但在平均情况下改进后算法检查的结点数较少。

改进后的算法描述如下:

```
public class Loading
{
    //类数据成员
    statitc int n;                        //集装箱数
    statitc int [ ] w;                    //集装箱重量数组
    statitc int c;  //第一艘轮船的载重量
    statitc int cw;                       //当前载重量
    statitc int bestw;                    //当前最优载重量
    statitic int r;                       //剩余集装箱重量
    public static int maxLoading( int[ ] ww,int cc)
    {
        //初始化类数据成员
        w = ww;
        c = cc;
        cw = 0;
        bestw = 0;
        r = 0:
        //初始化 r
        for( int i = 1;i < = n;i ++ )
            r += w[ i];
        //计算最优载重量
        backtrack(1);
        return bestw:
    }
    //回溯算法
    private static void backtrack( int i)
    {//搜索第 i 层结点
        if( i > n) {//到达叶结点
            if( cw > bestw) bestw = cw;
```

```
      return；
    }
    //搜索子树
    r -= w[i]；
    if( cw + w[i] <= c){//搜索左子树
     cw += w[i]；
    backtrack( i + 1)；
     cw -= w[i]；
    }
  if( cw + r > bestw)                    //搜索右子树
     backtrack( i + 1)；
     r += w[i]；
  }
 }
```

6.8.4 构造最优解

为了构造最优解,必须在算法中记录与当前最优值相应的当前最优解。为此,在类 Loading 中增加两个私有数据成员 x 和 best x,x 用于记录从根至当前结点的路径,bestx 记录当前最优解。算法搜索到达叶结点处,就修正 bestx 的值。

进一步改进后的算法描述如下:

```
public class Loading
{
//类数据成员
//集装箱数
static int n；
//集装箱重量数组
static int[ ] w；
//第一艘轮船的载重量
static int c；
//当前载重量
static int cw；
//当前最优载重量
static int bestw；
//剩余集装箱重量
static int r；
public static int maxLoading( int[ ] ww , int cc)
{
  //初始化类数据成员
```

```
        n = ww. length - 1 ;
        w = ww ;
        c = cc ;
        cw = 0 ;
        bestw = 0 ;
        r = 0 ;
        //初始化 r
        for( int i = 1 ; i < = n ; i ++ )
            r += w[ i]
        //计算最优载重量
        backtrack(1) ;
        return bestw ;
    }
    //回溯算法
    private static void backtrack( int i)
    {
        //搜索第 i 层结点
        if( i > n)
        {
        //到达叶结点
        if( cw > bestw)
        bestw = cw ;
        return ;
        }
    //搜索子树
    r -= w[ i] ;
    if( cw + w[ i] < = c)
    {
        //搜索左子树
        x[ i] = 1 ;
        cw += w[ i] ;
        backtrack( i + 1) ;
        cw -= w[ i] ;
    }
    //搜索右子树
        if( cw + r > bestw)
        {x[ i] = 0 ;
            backtrack( i + 1) ;}
        r += w[ i] ;
    }
```

由于 bestx 可能被更新 $O(2^n)$ 次, 改进后算法的计算时间复杂性为 $O(n2^n)$。

下面的两种策略可使改进后算法的计算时间复杂性减 $O(2^n)$。

①先运行只计算最优值的算法, 计算出最优装载量 W。由于该算法不记录最优解, 故所需的计算时间为 $O(2^n)$。然后运行改进后的算法 backtrack, 并在算法中将 bestw 置为 W。在首次到达的叶结点处(即首次遇到 $i > n$ 时)终止算法。由此返回的 bestx 即为最优解。

②另一种策略是在算法中动态地更新 bestx。在第 i 层的当前结点处, 当前最优解由 $x[j]$, $1 \leqslant j < i$ 和 bestx$[j]$, $i \leqslant j < n$ 组成。每当算法回溯一层, 将 $x[i]$ 存入 bestx$[i]$。这样在每个结点处更新 bestx 只需 $O(1)$ 时间, 从而整个算法中更新 bestx 所需的时间为 $O(2^n)$。

6.8.5　迭代回溯

数组 x 记录了解空间树中从根到当前扩展结点的路径, 这些信息已包含了回溯法在回溯时所需信息。因此利用数组 x 所含信息, 可将上述回溯法表示成非递归形式, 由此可进一步省去 $O(n)$ 递归栈空间。

解装载问题的非递归迭代回溯法 maxLoading 描述如下:

```java
public static int maxLoading(int[ ] w, int c, int[ ]bestx)
{
    //迭代回溯法
    //返回最优载重量及其相应解
    //初始化根结点
    //当前层
    int i = 1;
    int n = w.length - 1;
    //x[1:i-1]为当前路径
    int [ ]x = new int[n + 1];
    //当前最优载重量
    int bestw = 0;
    //当前载重量
    int cw = 0;
    //剩余集装箱重量
    int r = 0;
    for( int j = 1; j <= n; j ++ )
        r += w[j];
    //搜索子数
    while( true)
    {
        while( i <= n&&cw + w[i] <= c)
        {
            //进入左子树
```

```
            r -= w[i];
            cw += w[i];
            x[i] = 1;
            i++;
            if(i > n)
                {
                //到达叶结点
                for(int j = -1;j <= n;j++)
                bestx[j] = x[j];
                bestw = cw;
                }
        else
    {
            //进入右子树
            r -= w[i];
            x[i] = 0;
            i++;
    }
    while(cw + r <= bestw)
    {
            //剪枝回溯
            i--;
            while(i > 0&&x[i] --0)
            {
                //从右子树返回
                r += w[i];
                i--;
            }
            if(i ==0)
            return bestw;
            //进入右子树
            x[i] = 0;
            cw -= w[i];
            i++;
        }
    }
}
```

算法 maxLoading 所需的计算时间仍为 $O(2^n)$。

第7章　分支限界法问题分析

7.1　分支限界法的基本思想

分支限界法常以广度优先或以最小耗费优先的方式搜索问题的解空间树。问题的解空间树是表示问题解空间的一棵有序树,常见的有子集树和排列树。在搜索问题的解空间树时,分支限界法与回溯法的主要不同在于它们对当前扩展结点所采用的扩展方式。在分支限界法中,每一个活结点只有一次机会成为扩展结点。活结点一旦成为扩展结点,就一次性产生其所有儿子结点。在这些儿子结点中,导致不可行解或导致非最优解的儿子结点被舍弃,其余儿子结点被加入活结点表中。此后,从活结点表中取下一结点成为当前扩展结点,并重复上述结点扩展过程。这个过程一直持续到找到所需的解或活结点表为空时为止。

从活结点表中选择下一扩展结点的不同方式导致不同的分支限界法。最常见的有以下两种方式。

(1)队列式(FIFO)分支限界法

队列式分支限界法将活结点表组织成一个队列,并按队列的先进先出 FIFO(first in first out)原则选取下一个结点为当前扩展结点。

(2)优先队列式分支限界法

优先队列式的分支限界法将活结点表组织成一个优先队列,并按优先队列中规定的结点优先级选取优先级最高的下一个结点成为当前扩展结点。

优先队列中规定的结点优先级常用一个与该结点相关的数值 p 表示。结点优先级的高低与 p 值的大小相关。最大优先队列规定 p 值较大的结点优先级较高。在算法实现时通常用最大堆来实现最大优先队列,用最大堆的 removeMax 运算抽取堆中下一个结点成为当前扩展结点,体现最大效益优先的原则。类似地,最小优先队列规定 p 值较小的结点优先级较高。在算法实现时通常用最小堆来实现最小优先队列,用最小堆的 removeMin 运算抽取堆中下一个结点成为当前扩展结点,体现最小费用优先的原则。

用优先队列式分支限界法解具体问题时,应根据具体问题的特点确定选用最大优先队列或最小优先队列表示解空间的活结点表。

例如,考虑 $n=3$ 时 0/1 背包问题的一个实例如下。$w=[16,15,15]$,$p=[45,25,25]$,$p=[45,25,25]$。队列式分支限界法用一个队列来存储活结点表,而优先队列式分支限界法则将活结点表组成优先队列并用最大堆来实现该优先队列,该优先队列的优先级定义为活结点所获得的价值。它的解空间为图 7-1 中的子集树。

用队列式分支限界法解此问题时,算法从根结点 A 开始。初始时活结点队列为空,结点 A 是当前扩展结点。结点 A 的 2 个儿子结点 A 和 B 均为可行结点,故将这 2 个儿子结点按从左到右的顺序加入活结点队列,并且舍弃当前扩展结点 A。依先进先出的原则,下一个扩展结点

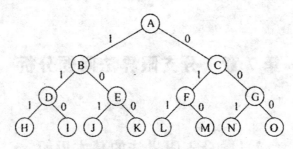

图 7-1　0/1 背包问题的解空间树

是活结点队列的队首结点 B。扩展结点 B 得到其儿子结点 D 和 E。由于 D 是不可行结点,故被舍去。E 是可行结点,被加入活结点队列。接下来,C 成为当前扩展结点,它的 2 个儿子结点 F 和 G 均为可行结点,因此被加 A 到活结点队列中。扩展下一个结点 E 得到结点 J 和 K。J 是不可行结点,因而被舍去。K 是一个可行的叶结点,表示所求问题的一个可行解,其价值为 45。

当前活结点队列的队首结点 F 成为下一个扩展结点。它的 2 个儿子结点 L 和 M 均为叶结点。L 表示获得价值为 50 的可行解,M 表示获得价值为 25 的可行解。G 是最后的一个扩展结点,其儿子结点 N 和 O 均为可行叶结点。最后,活结点队列已空,算法终止。算法搜索得到最优值为 50。

从这个例子容易看出,队列式分支限界法搜索解空间树的方式与解空间树的广度优先遍历算法极为相似。唯一的不同之处是队列式分支限界法不搜索以不可行结点为根的子树。

优先队列式分支限界法从根结点 A 开始搜索解空间树。用一个极大堆表示活结点表的优先队列。初始时堆为空,扩展结点 A 得到它的 2 个儿子结点 B 和 C。这 2 个结点均为可行结点,因此被加入到堆中,结点 A 被舍弃。结点 B 获得的当前价值是 40,而结点 C 的当前价值为 0。由于结点 B 的价值大于结点 C 的价值,所以结点 B 是堆中最大元素,从而成为下一个扩展结点。扩展结点 B 得到 D 和 E。D 不是可行结点,因而被舍去。E 是可行结点被加入到堆中。E 的价值为 40,成为当前堆中最大元素,从而成为下一个扩展结点。扩展结点 E 得到 2 个叶结点 J 和 K。J 是不可行结点被舍弃。K 是一个可行叶结点,表示所求问题的一个可行解,其价值为 45。此时,堆中仅剩下一个活结点 C,它成为当前扩展结点。它的 2 个儿子结点 F 和 G 均为可行结点,因此被插入到当前堆中。结点 F 的价值为 25,是堆中最大元素,成为下一个扩展结点。结点 F 的 2 个儿子结点 L 和 M 均为叶结点。叶结点 L 相应于价值为 50 的可行解。叶结点 M 相应于价值为 25 的可行解。叶结点 L 所相应的解成为当前最优解。最后,结点 G 成为扩展结点,其儿子结点 N 和 O 均为叶结点,它们的价值分别为 25 和 0。接下来,存储活结点的堆已空,算法终止。算法搜索得到最优值为 50。相应的最优解是从根结点 A 到结点 J 的路径(0,1,1)。

在寻求问题的最优解时,与讨论回溯法时类似,可以用剪枝函数加速搜索。该函数给出每一个可行结点相应的子树可能获得的最大价值的上界。如果这个上界不比当前最优值更大,则说明相应的子树中不含问题的最优解,因而可以剪去。另一方面,也可以将上界函数确定的每个结点的上界值作为优先级,以该优先级的非增序抽取当前扩展结点。这种策略有时可以更迅速地找到最优解。

考查 4 城市旅行售货员的例子,如图 7-2 所示。该问题的解空间树是一棵排列树。解此

问题的队列式分支限界法以排列树中结点 B 作为初始
扩展结点。此时，活结点队列为空。由于从图 G 的顶
点 1 到顶点 2,3 和 4 均有边相连，所以结点 B 的儿子结
点 C,D,E 均为可行结点，它们被加入到活结点队列中，
并舍去当前扩展结点 B。当前活结点队列中的队首结
点 C 成为下一个扩展结点。由于图 G 的顶点 2 到顶点
3 和 4 有边相连，故结点 C 的 2 个儿子结点 F 和 G 均为
可行结点，从而被加入到活结点队列中。接下来，结点
D 和结点 E 相继成为扩展结点而被扩展。此时，活结点
队列中的结点依次为 F,G,H,I,J,K。

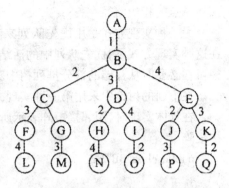

图 7-2　旅行售货员问题的解空间树

结点 F 成为下一个扩展结点，其儿子结点 L 是一个叶结点。找到了一条旅行售货员回
路，其费用为 59。从下一个扩展结点 G 得到叶结点 M，它相应的旅行售货员回路的费用为 66。
结点 H 依次成为扩展结点，得到结点 N 相应的旅行售货员回路，其费用为 25。这是当前最好
的一条回路。下一个扩展结点是结点 I，由于从根结点到叶结点 I 的费用 26 已超过了当前最
优值，故没有必要扩展结点 I。以结点 I 为根的子树被剪去。最后，结点 J 和 K 被依次扩展，活
结点队列成为空，算法终止。算法搜索得到最优值为 25，相应的最优解是从根结点到结点 N
的路径(1,3,2,4,1)。

解同一问题的优先队列式分支限界法用一极小堆来存储活结点表。其优先级是结点的当
前费用。算法还是从排列树的结点 B 和空优先队列开始。结点 B 被扩展后，它的 3 个儿子结
点 C,D 和 E 被依次插入堆中。此时，由于 E 是堆中具有最小当前费用(4)的结点，所以处于
堆顶的位置，它自然成为下一个扩展结点。结点 E 被扩展后，其儿子结点 J 和 K 被插入当前
堆中，它们的费用分别为 14 和 24。此时，堆顶元素是结点 D，它成为下一个扩展结点。它的 2
个儿子结点 H 和 I 被插入堆中。此时堆中含有结点 C,H,I,J,K。在这些结点中，结点 H 具有
最小费用，从而它成为下一个扩展结点。扩展结点 H 后得到一条旅行售货员回路(1,3,2,4,
1)，相应的费用为 25。接下来，结点 J 成为扩展结点，由此得到另一条费用为 25 的回路(1,4,
2,3,1)。此后的 2 个扩展结点是结点 K 和 I。由结点 K 得到的可行解费用高于当前最优解。
结点 I 本身的费用已高于当前最优解。从而它们都不能得到更好的解。最后，优先队列为空，
算法终止。

与 0/1 背包问题的例子类似，可以用一个限界函数在搜索过程中裁剪子树，以减少产生的
活结点。此时剪枝函数是当前结点扩展后可得到的最小费用的一个下界。如果在当前扩展结
点处，这个下界不比当前最优值更小，则可剪去以该结点为根的子树。另一方面，也可以每个
结点的下界作为优先级，依非减序从活结点优先队列中抽取下一个扩展结点。

7.2　旅行推销员问题

旅行售货员问题的解空间树是一棵排列树。实现对排列树搜索的优先队列式分支限界法
可以有如下两种不同的实现方式：

一种实现方式是仅使用优先队列来存储活结点。优先队列中的每个活结点都存储从根到

该活结点的相应路径;

另一种实现方式是用优先队列来存储活结点,并同时存储当前已构造出的部分排列树。在这种实现方式下,优先队列中的活结点就不必再存储从根到该活结点的相应路径。这条路径可在必要时从存储的部分排列树中获得。

在下面的讨论中采用第一种实现方式。

在具体实现时,用邻接矩阵表示所给的图 G。在类 BBTSP 中用二维数组 a 存储图 G 的邻接矩阵。

```java
public class BBTSP
{
    private static class HeapNode implements Comparable
    {
        //子树费用的下界
        float lcost,
        //当前费用
          cc,
        //x[s:n-1]中顶点最小出边费用和
          rcost;
        //根结点到当前结点的路径为x[0:s]
        int s;
        //需要进一步搜索的顶点是x[s+1:n-1]
        int[ ] x;
        //构造方法
        HeapNode( float lc, float ccc, float rc, int ss, int[ ] xx)
        {
            Lcost = lc;
            cc = ccc;
            s = ss;
            x = xx;
        }
        public int compareTo( Object x)
        {
            float xlc = ( ( HeapNode)x). lCost;
            if( lcost < xlc)
              return -1;
            if( lcost == xlc)
              return 0;
            return 1;
        }
    }
```

```
    }
    //图 G 的邻接矩阵
    static float[ ][ ] a；
}
```

由于要找的是最小费用旅行售货员回路,所以选用最小堆表示活结点优先队列。最小堆中元素的类型为 HeapNode。该类型结点包含域 x,用于记录当前解;s 表示结点在排列树中的层次,从排列树的根结点到该结点的路径为 $x[0:s]$,需要进一步搜索的顶点是 $x[s+1:n-1]$。cc 表示当前费用,lcost 是子树费用的下界,rcost 是 $x[s:n\sim1]$ 中顶点最小出边费用和。具体算法可描述如下。

算法开始时创建一个最小堆,用于表示活结点优先队列。堆中每个结点的 lcost 值是优先队列的优先级。接着算法计算出图中每个顶点的最小费用出边并用 minout 记录。如果所给的有向图中某个顶点没有出边,则该图不可能有回路,算法即告结束。如果每个顶点都有出边,则根据计算出的 minout 做算法初始化。算法的第 1 个扩展结点是排列树中根结点的唯一儿子结点,如图 7-1 中结点 B。在该结点处,已确定的回路中唯一顶点为顶点 1。因此,初始时有 $s=0,x[0]=1,x[1:n-1]=(2,3,\cdots,n),cc=0$ 且 $rcost = \sum_{i=s}^{n}minout[i]$。算法中用 bestc 记录当前优值。

```
public static float bbTSP( int v[ ])
{
    //解旅行售货员问题的优先队列式分支限界法
    int n = v. length － 1；
    MinHeap heap = new MinHeap( )；
    //minOut[ i] = 顶点 i 的最小出边费用
    float [ ]minOut = new float[ n + 1]；
    //最小出边费用和
    float minSum = 0；
    for( int i = 1；i < = n；i ++ )
    {
        //计算 minOut[ i]和 minSum
        float min = Float. MAX _VALUE：
        for( int j = 1；j < = n；j ++ )
            if( a[ i][ j] < Float. MAX_VALUE&&a[ i][ j] < min)
                min = a[ i][ j]；
        if( min = = Float. MAX_VALUE)
            //无回路
            return Float. MAX_VALUE；
        minOut[ i] = min；
        minSum += min；
```

```
        }
        //初始化
        int [ ] x = new int [ n ];
        for( int i = 0;i < n;i ++ )
          x[ i ] = i + 1;
HeapNode enode = new HeapNode( 0,0,minSum,0,x );
float bestc = Float. MAX_ VALUE;
//搜索排列空间树
while( enode! = null&&enode. s < n - 1 )
{
        //非叶结点
        x = enode. x;
        if( enode. s == n - 2 )
        {
            //当前扩展结点是叶结点的父结点
            //再加 2 条边构成回路
            //所构成回路是否优于当前最优解
            if( a[ x[ n - 2 ] ][ x[ n - 1 ] ] < Float. MAX_VALUE&&
              a[ x[ n - 1 ] ][ 1 ] < Float. MAX_VALUE&&
                enode. cc + a[ x[ n - 2 ] ][ x[ n - 1 ] ] + a[ x[ n - 1 ] ][ 1 ] < bestc )
            {
                //找到费用更小的回路
                bestc = enode. cc + a[ x[ n - 2 ] ][ x[ n - 1 ] ] + a[ x[ n - 1 ] ][ 1 ];
                enode. cc = estc;
                enode. 1 cost = bestc;
                enode. s ++ ;
                heap. put( enode );
            }
        }
    else
    {
            //产生当前扩展结点的儿子结点
            for( int i = enode. s + 1;i < n;i ++ )
            if( a[ x[ enode. s ] ][ x[ i ] ] < Float. MAX_VAIUE )
            {
            //可行儿子结点
            float cc = enode. cc + a[ x[ enode. s ] ][ x[ i ] ];
            float reost = enode. rcost - minOut[ x[ enode. s ] ];
```

```
    //下界
    float b = cc + rcost;
    if( b < bestc)
    {
        //子树可能含最优解,结点插入最小堆
    int[ ]xx = new int[n];
    for( int j = 0;j < n;j ++ )
    xx[j] = x[j];
    xx[enode. s + 1] = x[i];
    xx[i] == x[enode. s + 1];
    HeapNode node = new HeapNode(b,cc,rcost,enode. s + 1,xx);
    heap. put(node);
    }
    }
    }
    //取下一扩展结点
    enode = (HeapNode)heap. removeMin();
    }
    //将最优解复制到 v[1:n]
    for( int i = 0;i < n;i ++ )
    v[i + 1] = x[i];
    return bestc:
    }
```

算法中 while 循环的终止条件是排列树的一个叶结点成为当前扩展结点。当 $s = n - 1$ 时,已找到的回路前缀是 $s = n - 1$,它已包含图 G 的所有九个顶点。因此,当 $s = n - 1$ 时,相应的扩展结点表示一个叶结点。此时该叶结点所相应的回路的费用等于 cc 和 lcost 的值,剩余的活结点的 lcost 值不小于已找到的回路的费用,它们都不可能导致费用更小的回路。因此,已找到的叶结点所相应的回路是一个最小费用旅行售货员回路,算法可以结束。

算法的 while 循环体完成对排列树内部结点的扩展。对于当前扩展结点,算法分两种情况进行处理。首先考虑 $s = < n - 2$ 的情形。此时当前扩展结点是排列树中某个叶结点的父结点。如果该叶结点相应一条可行回路且费用小于当前最小费用,则将该叶结点插入到优先队列中;否则,舍去该叶结点。

当 $s < n - 2$ 时,算法依次产生当前扩展结点的所有儿子结点。由于当前扩展结点所相应的路径是 $x[0:s]$,其可行儿子结点是从剩余顶点 $x[s + 1:n - 1]$ 中选取的顶点 $x[i]$,且 $(x[s], x[i])$ 是所给有向图 G 中的一条边。对于当前扩展结点的每一个可行儿子结点,计算出其前缀 $s = < n - 2$ 的费用 cc 和相应的下界 lcost。当 lcost < bestc 时,将这个可行儿子结点插入到活结点优先队列中。

算法结束时返回找到的最小费用,相应的最优解由数组 v 给出。

7.3   单源最短路径问题

单源最短路径问题适合于用分支限界法求解。先用单源最短路径问题的一个具体实例来说明算法的基本思想。在图 7-3 所给的有向图 G 中，每一边都有一个非负边权。要求图 G 的从源顶点 s 到目标顶点 t 之间的最短路径。解单源最短路径问题的优先队列式分支限界法用一极小堆来存储活结点表，其优先级是结点所对应的当前路长。算法从图 G 的源顶点 s 和空优先队

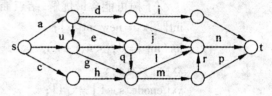

图 7-3   有同图 G

列开始。结点 s 被扩展后，它的 3 个儿子结点被依次插入堆中。此后，算法从堆中取出具有最小当前路长的结点作为当前扩展结点，并依次检查与当前扩展结点相邻的所有顶点。如果从当前扩展结点 i 到顶点 j 有边可达，且从源出发，途经顶点 i 再到顶点 j 的所相应的路径的长度小于当前最优路径长度，则将该顶点作为活结点插入到活结点优先队列中。这个结点的扩展过程一直继续到活结点优先队列为空时为止。

图 7-4 是用优先队列式分支限界法解图 7-3 的有向图 G 的单源最短路径问题产生的解空间树。其中，每一个结点旁边的数字表示该结点所对应的当前路长。由于图 G 中各边的权均非负，所以结点所对应的当前路长也是解空间树中以该结点为根的子树中所有结点所对应的路长的一个下界。在算法扩展结点的过程中，一旦发现一个结点的下界不小于当前找到的最短路长，则算法剪去以该结点为根的子树。

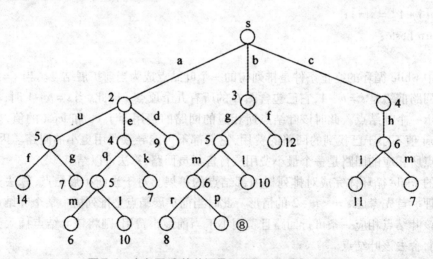

图 7-4   有向图 G 的单源最短路径问题的解空间树

在算法中，还利用结点间的控制关系进行剪枝。例如在图 7-4 中，从源顶点 s 出发，经过边 a,e,q（路长为 5）和经过边 c,h（路长为 6）的 2 条路径到达图 G 的同一顶点。在该问题的解空间树中，这 2 条路径相应于解空间树的 2 个不同的结点 A 和 B。由于结点 A 所相应的路长小于结点 B 所相应的路长，因此以结点 A 为根的子树中所包含的从 s 到 t 的路长小于以结

点 B 为根的子树中所包含的从 s 到 t 的路长。因而可以将以结点 B 为根的子树剪去。在这种情况下,称结点 A 控制了结点 B。显然算法可将被控制结点所相应的子树剪去。

下面给出的算法是找出从源顶点 s 到图 G 中所有其他顶点之间的最短路径,因此主要利用结点控制关系进行剪枝。在一般情况下,如果解空间树中以结点 y 为根的子树中所含的解优于以结点 x 为根的子树中所含的解,则结点 y 控制了结点 x,以被控制的结点 x 为根的子树可以剪去。

在具体实现时,算法用邻接矩阵表示所给的图 G。在类 BBShortest 中用一个二维数组 G 存储图 G 的邻接矩阵。另外,算法中用数组 dist 记录从源到各顶点的距离;用数组 p 记录从源到各顶点的路径上的前驱顶点。

由于要找的是从源到各顶点的最短路径,所以选用最小堆表示活结点优先队列。最小堆中元素的类型为 HeapNode。该类型结点包含域 i 用于记录该活结点所表示的图 G 中相应顶点的编号,length 表示从源到该顶点的距离。

```
public class BBShortest
{
    static class HeapNode implements Comparable
    {
        //顶点编号
        int i;
        //当前路长
        float length;
        HeapNode(int ii,float ll)
        {
            i = ii;
            length = ll;
        }
        public int compareTo(Object x)
        {
            float xl = ((HeapNode)x).length;
            if(length < xl)
                return -1;
            if(length == xl)
                return 0;
            return 1;
        }
    }
    //图 G 的邻接矩阵
    static float[][]a;
    public static void shortest(int v,float[]dist,int[]p)
```

```
        {
            int n = p. length – 1 ;
            MinHeap heap = = new MinHeap( ) ;
            //定义源为初始扩展结点
            HeapNode enode = new HeapNode( v,0) ;
            for( int j = 1 ; j < = n ; j ++ )
                dist[ j] = Float. MAX_VALUE ;
            dist[ v] = 0 ;
            while( true)
        {
            //搜索问题的解空间
            for( int j = 1 ; j < = n ; j ++ )
            if( a[ enode. i ][ j] < Float. MAX_VALUE&&enode. length + a[ enode. i ][ j] < dist[ j] )
            {
            //顶点 i 到顶点 j 可达,且满足控制约束
            dist[ j] = enode. length + a[ enode. i ][ j] ;
            p[ j] = enode. i ;
            HeapNode node = new HeapNode( j,dist[ j] ) ;
            //加入活结点优先队列
            heap. put( node) ;
            }
            //取下一扩展结点
            if( heap. isEmpty( ) )
                break ;
            else enode = ( HeapNode) heap. removeMin( ) ;
        }
        }
}
```

算法开始时创建一个最小堆,用于表示活结点优先队列。堆中每个结点的 length 值是优先队列的优先级。接着算法将源顶点 v 初始化为当前扩展结点。

算法的 while 循环体完成对解空间内部结点的扩展。对于当前扩展结点,算法依次检查与当前扩展结点相邻的所有顶点。如果从当前扩展结点 i 到顶点 j 有边可达,且从源出发,途经顶点 i 再到顶点 j 的所相应的路径的长度小于当前最优路径长度,则将该顶点作为活结点插入到活结点优先队列中。完成对当前结点的扩展后,算法从活结点优先队列中取出下一个活结点作为当前扩展结点,重复上述结点的分支扩展。这个结点的扩展过程一直继续到活结点优先队列为空时为止。算法结束后,数组 dist 返回从源到各顶点的最短距离。相应的最短路径容易从前驱顶点数组 p 记录的信息构造出。

7.4　布线问题

印刷电路板将布线区域划分成 $n \times n$ 个方格阵列,如图 7-5 所示。精确的电路布线问题要求确定连接方格 a 的中点到方格 b 的中点的最短布线方案。在布线时,电路只能沿直线或直角布线,如图 7-5(b)所示。为了避免线路相交,已布了线的方格做了封锁标记,其他线路不允许穿过被封锁的方格。

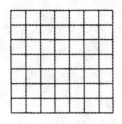 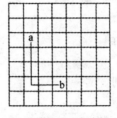

(a) 布线区域　　　　　　　(b) 沿直线或直角布线

图 7-5　印刷电路板布线方格阵列

下面讨论用队列式分支限界法来解布线问题。布线问题的解空间是一个图。解此问题的队列式分支限界法从起始位置 a 开始将它作为第一个扩展结点。与该扩展结点相邻并且可达的方格成为可行结点被加入到活结点队列中,并且将这些方格标记为 1,即从起始方格 a 到这些方格的距离为 1。接着,算法从活结点队列中取出队首结点作为下一个扩展结点,并将与当前扩展结点相邻且未标记过的方格标记为 2,并存入活结点队列。这个过程一直继续到算法搜索到目标方格 b 或活结点队列为空时为止。

在实现上述算法时,首先定义一个表示电路板上方格位置的类 Position,它的两个私有成员 row 和 col 分别表示方格所在的行和列。在电路板的任何一个方格处,布线可沿右、下、左、上 4 个方向进行。沿这 4 个方向的移动分别记为移动 0,1,2,3。在表 7 – 1 中,offset$[i]$.row 和 offset$[i]$.col($i=0,1,2,3$)分别给出沿这 4 个方向前进 1 步相对于当前方格的相对位移。

表 7-1　移动方向的相对位移

移动 i	方向	offset$[i]$.row	offset$[i]$.col
0	右	0	1
1	下	1	0
2	左	0	-1
3	上	-1	0

在实现上述算法时,用二维数组 grid 表示所给的方格阵列。初始时,grid$[i][j]=0$,表示该方格允许布线;而 grid$[i][j]=1$ 表示该方格被封锁,不允许布线。为了便于处理方格边界的情况,算法在所给方格阵列四周设置一道“围墙”,即增设标记为“1”的附加方格。算法开始时测试初始方格与目标方格是否相同。如果这两个方格相同,则不必计算,直接返回最短距离 0;否则,算法设置方格阵列的“围墙”,初始化位移矩阵 offset。算法将起始位置的距离标记为

2。由于数字 0 和 1 用于表示方格的开放或封锁状态,所以在表示距离时不用这两个数字,因而将距离的值都加 2。实际距离应为标记距离减 2。算法从起始位置 start 开始,标记所有标记距离为 3 的方格并存入活结点队列,然后依次标记所有标记距离为 4,5,…的方格,直至到达目标方格 finish 或活结点队列为空时为止。

具体算法可描述如下:

```java
public class WireRouter
{
    private static class Position
    {
        //方格所在的行
        private int row;
        //方格所在的列
        private int col;
        Position(int rr,int cc)
        {
            row = rr;
            col = cc;
        }
    //方格阵列
private static int [ ][ ] grid;
//方格阵列大小
private static int size;
//最短线路长度 length of shortest wire path
private static int pathLen;
//扩展结点队列
private static ArrayQueue q;
//起点
private static Position start,
//终点
    finish;
//最短路
    private static Position[ ]path;
    private static void inputData()
    {
    MyInputStream keyboard = new MyInputStream();
    System. out. println("Enter grid size");
    size = keyboard. readInteger();
    System. out. println("Enter the start position");
```

```
      start = new Position( keyboard. readInteger( ) ,keyboard. readInteger( ) ) ;
      system. out. println( " Enter the finish position" ) ;
      finish = new Position( keyboard. readInteger( ) ,keyboard. readInteger( ) ) ;
      grid = new int[ size + 2][ size + 2] ;
      System. out. println( " Enter the wiring grid in row – major order" ) ;
      for( int i = 1 ;i < = size ;i ++ )
        for( int j = 1 ;j < = size; j ++ )
          grid[ i][ j] = keyboard. readInteger( ) ;
}

  private static boolean findPath( )
  {
//计算从起始位置 start 到目标位置 finish 的最短布线路径
//找到最短布线路径则返回 true,否则返回 false
  if( ( start. row = = finish. row) &&( start. col = = finish. col) )
    {
      //start = = finish
      pathLen = 0 ;
      return true ;
    }
//初始化相对位移
  Position[ ]offset = new Position[ 4] ;
  //右
  offset[ 0] = new Position( 0 ,1 ) ;
  //下
  offset[ 1] = new Position( 1 ,0 ) ;
  //左
  offset[ 2] =  new Position( 0 , – 1 ) ;
  //上
  offset[ 3] = new Position( – 1 ,0 ) ;
  //设置方格阵列"围墙"
  for( int i = 0 ;i < = size + 1 ;i ++ )
    {
      //顶部和底部
      grid[ 0][ i] = grid[ size + 1][ i] – 1 ;
      //左翼和右翼
      grid[ i][ 0] = grid[ i][ size + 1] – 1 ;
    }
  Position here = new Position( start. row ,start. col) ;
```

```
       //起始位置的距离
       grid[ start. row ][ start. col ] -2;
       //相邻方格数
       int numOfNbrs = 4;
       //标记可达方格位置
       ArrayQueue q = new ArrayQueue( );
       Position nbr = new Position( 0,0 );
       do
       {
          //标记可达相邻方格
          for( int i = 0;i < numOfNbrs;i ++ )
          {
             nbr. row = here. row + offset[ i ]. row;
             nbr. col = here. col + ffset[ i ]. col;
             if( grid[ nbr. row ][ nbr. col ] ==0 )
             {
                //该方格未标记
                grid[ nbr. row ][ nbr. col ] = grid[ here. row ][ here. col ] +1;
                if( ( nbr. row == finish. row )&&( nbr. col == finish. col ) )break;//完成
                q. put( new Position( nbr. row,nbr. col ) );
             }
          }
          //是否到达目标位置 finish?
          if( ( nbr. row == finish. row )&&( nbr. col == finish. col ) )break;//完成
          //活结点队列是否非空
          if( q. isEmpty( ) ) return false;          //无解
          //取下一个扩展结点
          here = ( Position )q. remove( );
       } while( true );
       //构造最短布线路径
       pathLen == grid[ finish. row ][ finish. col ] -2;
       path = new Position[ pathLen ];
       //从目标位置 finish 开始向起始位置回溯
       here = finish;
       for( int j = pathLen -1;j >=0;j -- )
       {
          path[ j ] = here;
          //找前驱位置
```

```
for( int i = 0 ; i < numOfNbrs ; i ++ )
    {
        nbr. row = here. row + offset[ i ]. row;
        nbr. col = here. col + offset[ i ]. col;
        if( grid[ nbr. row ][ nbr. col ] == j + 2)
            break;
    }
    //向前移动
    here = new Position( nbr. row, nbr. col );
    }
    return true;
    }
}
```

图 7-6 是在一个 7×7 方格阵列中布线的例子。其中,起始位置 a 是 $(3,2)$,目标位置 b 是 $(4,6)$,阴影方格表示被封锁的方格。当算法搜索到目标方格 b 时,将目标方格 b 标记为从起始位置 a 到 b 的最短距离。在上例中,a 到 b 的最短距离是 9。要构造出与最短距离相应的最短路径,可以从目标方格开始向起始方格方向回溯,逐步构造出最优解。每次向标记的距离比当前方格标记距离少 1 的相邻方格移动,直至到达起始方格时为止。在图 7-6(a) 的例子中,从目标方格 b 移到 $(5,6)$,然后移至 $(6,6)$,……最终移至起始方格 a,得到相应的最短路径如图 7-6(b) 所示。

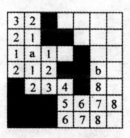
(a) 标记距离

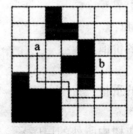
(b) 最短布线路径

图 7-6　布线算法示例

由于每个方格成为活结点进入活结点队列最多 1 次,因此活结点队列中最多只处理 $O(mn)$ 个活结点。扩展每个结点需 $O(mn)$ 时间,因此算法共耗时 $O(mn)$。构造相应的最短距离需要 $O(L)$ 时间,其中 L 是最短布线路径的长度。

7.5　0/1 背包问题

在下面所描述的解 0/1 背包问题的优先队列式分支限界法中,活结点优先队列中结点元素 N 的优先级由该结点的上界函数 bound 计算出的值 uprofit 给出。该上界函数已在讨论解 0/1 背包问题的回溯法时讨论过。子集树中以结点 node 为根的子树中任一结点的价值不超过 node. profit。因此用一个最大堆来实现活结点优先队列。堆中元素类型为 HeapNode，其私有成员有 uprofit，profit，weight 和 level。对于任意一个活结点 node，node. weight 是结点 node 所相应的重量；node. profit 是 node 所相应的价值；node. uprofit 是结点 node 的价值上界，最大堆以这个值作为优先级。子集空间树中结点类型为 BBnode。

```
static class BBnode
{
    //父结点
    BBnode parent;
    //左儿子结点标志
    boolean leftChild;
    BBnode( BBnode par,boolean ch)
    {
        parent == par;
        leftChild == ch;
    }
}

static class HeapNode implements Comparable
{
    //活结点
    BBnode liveNode;
    //结点的价值上界
    double upperProfit;
    //结点所相应的价值
    double profit;
    //结点所相应的重量
    double weight;
    //活结点在子集树中所处的层序号
    int level;
    //构造方法
    HeapNode( BBnode node,double up,double pp,double ww,int lev)
    {
        liveNode = node;
        upperProfit = up;
        profit = pp;
        weight = ww;
        level == lev;
    }

    public int compareTo( Object x)
```

```
    {
        double xup = ( ( HeapNode ) x ) . upperProfit;
        if( upperProfit < xup )
            return = 1 ;
        if( upperProfit = = xup )
            return 0 ;
        return 1 :
    }
}
private static class Element implements Comparable
{
    //编号
    int id;
    //单位重量价值
    double d;
    //构造方法
    private Element( int idd , double dd )
    {
        id = idd;
        d = dd;
    }
    public int compareTo( Object x )
    {
        double xd – ( ( Element ) x ) . d;
        if( d < xd )
            return – 1 ;
        if( d = = xd )
            return 0 ;
        return 1 ;
    }
    public boolean equals( object x )
    {
        return d = = ( ( Element ) x ) . d;
    }
}
```

算法中用到的类 BBKnapsack 与解 0/1 背包问题的回溯法中用到的类 Knapsack 十分相似。它们的区别是新的类中没有成员变量 bestp，而增加了新的成员 bestx。bestx[i] – 1 当且仅当最优解含有物品 i。

```
public class BBKnapsack
{
    //背包容量
    statxc double c;
    //物品总数
    static int n;
    //物品重量数组
    statm double[ ]w;
    //物品价值数组
    statm double[ ]p;
    //当前重量
    static double cw;
    //当前价值值
    statm double cp;
    //最优解
    static int[ ]bestx;
    //活结点优先队列
    statm MaxHeap heap;
}
```

上界函数 bound 计算结点所相应价值的上界。

```
private static double bound( int i)
{
    //计算结点所相应价值的上界
    double cleft = c - cw;                    //剩余容量
    //价值上界
    double b = cp;
    //以物品单位重量价值递减序装填剩余容量
    while( i < = n&&w[ i] < = left)
    {
        cleft -= w[ i];
        b += p[ i];
        i ++ ;
    }
    //装填剩余容量装满背包
    if( i < = n)b += p[ i]/w[ i] * cleft;
    return b;
}
```

addLiveNode 将一个新的活结点插入到子集树和优先队列中。

```
private static void addLiveNode(double up,double pp,
                          double ww,int lev,BBnode par,boolean ch)
{
    //将一个新的活结点插入到子集树和最大堆 H 中
    BBnode b = new BBnode(par,ch);
    HeapNode node = new HeapNode(b,up,pp,ww,lev);
    heap. put(node);
}
```

算法 bbKnapsack 实施对子集树的优先队列式分支限界搜索。其中,假定各物品依其单位重量价值从大到小排好序。相应的排序过程可在算法的预处理部分完成。

算法中 enode 是当前扩展结点;cw 是该结点所相应的重量;cp 是相应的价值;up 是价值上界。算法的 while 循环不断扩展结点,直到子集树的一个叶结点成为扩展结点时为止。此时优先队列中所有活结点的价值上界均不超过该叶结点的价值。因此,该叶结点相应的解为问题的最优解。

在 while 循环内部,算法首先检查当前扩展结点的左儿子结点的可行性。如果该左儿子结点是可行结点,则将它加入到子集树和活结点优先队列中。当前扩展结点的右儿子结点一定是可行结点,仅当右儿子结点满足上界约束时才将它加入子集树和活结点优先队列。

算法 bbKnapsack 具体描述如下:

```
private static double bbKnapsack()
{
    //优先队列式分支限界法,返回最大价值,bestx 返回最优解
    //初始化
    BBnode enode = null;
    int i = 1;
    //当前最优值
    double bestp = 0. 0;
    //价值上界
    double up = bound(1);
    //搜索子集空间树
    while(i! = n +1)
    {
        //非叶结点
        //检查当前扩展结点的左儿子结点
        double wt = cw + w[i];
        if(wt < = c)
        {
            //左儿子结点为可行结点
            if(cp + p[i] > bestp)
```

```
        bestp = cp + p[i];
      addLiveNode(up,cp + p[i],cw + w[i],i + 1,enode,true);
    }
  up = bound(i + 1);
  //检查当前扩展结点的右儿子结点
  if(up >= bestp)
  //右子树可能含最优解
  addLiveNode(up,cp,cw,i + 1,enode,false);
  //取下一扩展结点
  HeapNode node = (HeapNode)heap. removeMax();
  enode = node. liveNode;
  cw = node. weight;
  cp = node. profit;
  up = node. upperProfit;
  i = node. level;
}
//构造当前最优解
for(int j = n;j > 0;j -- )
  {
    bestx[j] = (enode. leftChild)? 1 :0;
    enode = enode. parent;
  }
return cp;
}
```

下面的算法 knapsack 完成对输入数据的预处理。主要任务是将各物品依其单位重量价值从大到小排好序。然后调用 bbKnapsack 完成对子集树的优先队列式分支限界搜索。

```
public static double knapsack(double[ ] pp,double[ ] ww,double cc,int[ ] xx)
{
  //返回最大价值,bestx 返回最优解
  c = cc;
  n = pp. length – 1;
  //定义依单位重量价值排序的物品数组
  Element[ ]q = new Element[n];
  //装包物品重量
  double ws = 0. 0;
  //装包物品价值
  double ps = 0. 0
  for(int i = 1;i <= n;i ++ )
  {
```

```
      q[i-1] = new Element(i,pp[i]/ww[i]);
      ps += pp[i];
      ws += ww[i];
   }
//所有物品装包
   if(ws <= c)
   {
      for(int i = 1;i <= n;i ++)
         xx[i] = 1;
      return ps;
   }
//依单位重量价值排序
MergeSort. mergeSort(q);
//初始化类数据成员
p = new double[n+1];
w = new double[n+1];
for(int i - 1;i <= n;i ++)
{
   p[i] = pp[q[n-i]. id];
   w[i] = ww[q[n-i]. id];
}
cw = 0. 0;
cp = 0. 0;
bestx = new int[n+1];
heap = new MaxHeap();
//调用 bbKnapsack 求问题的最优解
double maxp = bbKnapsack();
for(int i - 1;i <= n;i ++)
   xx[q[n-i]. id] = bestx[i];
return maxp;
}
```

7.6　装载问题

7.6.1　队列式分支限界法

下面所描述的算法是解装载问题的队列式分支限界法。该算法只求出所要求的最优值。稍后将讨论进一步求出最优解。算法 maxLoading 具体实施对解空间的分支限界搜索。其中队列 queue 用于存放活结点表。队列 queue 中元素的值表示活结点所相应的当前载重量。当

元素的值为 -1 时,表示队列已到达解空间树同一层结点的尾部。

算法 enQueue 用于将活结点加入到活结点队列中。首先检查 i 是否等于 n,如果 $i = n$,则表示当前活结点为一个叶结点。由于叶结点不会被进一步扩展,因此不必加入到活结点队列中。此时只要检查该叶结点表示的可行解是否优于当前最优解,并适时更新当前最优解。当 $i < n$ 时,当前活结点是内部结点,应加入到活结点队列中。

算法 maxLoading 在开始时将 i 初始化为 1,bestw 初始化为 0,此时活结点队列为空。将同层结点尾部标志 -1 加入到活结点队列中,表示此时位于第 1 层结点的尾部。ew 存储当前扩展结点所相应的重量。在该算法的 while 循环中,首先检测当前扩展结点的左儿子结点是否为可行结点。如果是,则调用该 enQueue 将其加入到活结点队列中。然后将其右儿子结点加入到活结点队列中(右儿子结点一定是可行结点)。两个儿子结点都产生后,当前扩展结点被舍弃。活结点队列中的队首元素被取出作为当前扩展结点。由于队列中每一层结点之后都有一个尾部标记 -1,故在取队首元素时,活结点队列一定不空。当取出的元素是 -1 时,再判断当前队列是否为空。如果队列非空,则将尾部标记 -1 加入活结点队列,算法开始处理下一层的活结点。

```java
public class FIFOBBLoading
{
    static int n;
    //当前最优载重量
    static int bestw;
    //活结点队列
    static ArrayQueue queue;
    public static int maxLoading(int [ ]w,int c)
    {
        //队列式分支限界法,返回最优载重量
        //初始化
        n = w. length - 1;
        bestw = 0;
        queue = new ArrayQueue( );
        //同层结点尾部标志
        queue. put(new Integer( -1));
        //当前扩展结点所处的层
        int i = 1;
        //扩展结点所相应的载重量
        int ew = 0;
        //搜索子集空间树
        while(true)
        {
            //检查左儿子结点
```

```
        //x[i] =1
        if( ew + w[ i] < = c)
          enQueue( ew + w[ i] ,i) ;
    //右儿子结点总是可行的
    //x[i] =0
    enQueue( ew ,i) ;
    //取下一扩展结点
    ew = ( ( Integer) queue. remove( ) ). intValue( ) ;
    if( ew == -1)
    {
        //同层结点尾部 1
        if( queue. isEmpty( ) )
          return bestw;
        //同层结点尾部标志
        queue. put( new Integer( -1) ) ;
        //取下一扩展结点
        ew = ( ( Integer) queue. remove( ) ). intValue( ) ;
        //进入下一层
        i ++ ;
    }
  }
}
private static void enQueue( int wt ,int i)
{
    //将活结点加人到活结点队列 Q 中
    if( i == n)
    {
    //可行叶结点
    if( wt > bestw)
      bestw = wt:
    }
    //非叶结点
    else
      queue. put( new Integer( wt) ) :
  }
}
```

算法 maxLoading 的计算时间和空间复杂性均为 $O(2^n)$。

7.6.2 算法的改进

与解装载问题的回溯法类似,可对上述算法做进一步的改进。设 bestw 是当前最优解;ew 是当前扩展结点所相应的重量;r 是剩余集装箱的重量。则当 $ew + r \leqslant bestw$ 时,可将其右子树剪去。

算法 maxLoading 初始时将 bestw 置为 0,直到搜索到第一个叶结点时才更新 bestw。因此在算法搜索到第一个叶结点之前,总有 $bestw = 0, r > 0$,故 $ew + r > bestw$ 总是成立。也就是说,此时右子树测试不起作用。

为了使上述右子树测试尽早生效,应提早更新 bestw。知道算法最终找到的最优值是所求问题的子集树中所有可行结点相应的重量的最大值。而结点所相应的重量仅在搜索进入左子树时增加。因此,可以在算法每一次进入左子树时更新 bestw 的值。由此可对算法做进一步改讲如下:

```
public class FIFOBBLoading
{
    static int n;
    //当前最优载重量
    static int bestw;
    //活结点队列
    static ArrayQueue queue;
    public static int maxLoading( int[ ]w,int c)
    {
        //队列式分支限界法,返回最优载重量
        //初始化
        n = w. length – 1;
        bestw = 0;
        queue = new ArrayQueue( );
        //同层结点尾部标志
        queue. put( new Integer( –1));
        //当前扩展结点所处的层
        int i = 1;
        //扩展结点所相应的载重量
        int ew = 0;
        //剩余集装箱重量
        int r = 0;
        for( int j = 2;j < = n;j ++ )
            r += w[ j];
        //搜索子集空间树
        while( true)
```

```
        {
            //检查左儿子结点
            //左儿子结点的重量
            int  wt = ew + w[i];
            if(wt <= c)
            {
                //可行结点
                if(wt > bestw)
                    bestw = wt;
                //加入活结点队列
                if(i < n)queue. put(new Integer(wt));
            }
            //检查右儿子结点
            //可能含最优解
            if(ew + r > bestw&&i < n)
                queue. put(new Integer(ew));
            //取下一扩展结点
            ew = ((Integer)queue. remove()). intValue();
            if(ew == -1)
            {
                //同层结点尾部
                if(queue. isEmpty())
                    return bestw;
                //同层结点尾部标志
                queue. put(new Integer(-1));
                //取下一扩展结点
                ew = ((Integer)queue. remove()). intValue();
                //进入下一层
                i++;
                //剩余集装箱重量
                r -= w[i];
            }
        }
    }
}
```

    当算法要将一个活结点加入活结点队列时,wt 的值不会超过 bestw,故不必更新 bestw。因此,算法中可直接将该活结点插入到活结点队列中,不必动用算法 enQueue 来完成插入。

7.6.3 构造最优解

为了在算法结束后能方便地构造出与最优值相应的最优解,算法必须存储相应子集树中从活结点到根结点的路径。为此目的,可在每个结点处设置指向其父结点的指针,并设置左、右儿子标志。与此相应的数据类型由 QNode 表示。

```
private static class QNode
{
    //父结点
    QNode parent;
    //左儿子标志
    boolean leftChild;
    //结点所相应的载重量
    int weight;
    //构造方法
    private QNode(QNode theParent, boolean the LeftChild, int theWeight)
    {
        parent = theParent;
        leftChild = theLeftChild;
        weight = theWeight;
    }
}
```

将活结点加入到活结点队列中的算法 enQueue 进行相应的修改如下:

```
private static void enQueue(int wt, int i, QNode parent, boolean leftchild)
{
    if(i == n)
    {
        //可行叶结点
        if(wt == bestw)
        {
            //当前最优载重量
            bestE = parent;
            bestx[n] = (leftchild)? 1:0;
        }
        return;
    }
    //非叶结点
    QNode b = new QNode(parent, leftchild, wt);
    queue.put(b);
}
```

修改后算法可以在搜索子集树的过程中保存当前已构造出的子集树中的路径,从而可在算法结束搜索后,从子集树中与最优值相应的结点处向根结点回溯,构造出相应的最优解。根据上述思想设计的新的队列式分支限界法可表述如下。算法结束后,bestx 中存放算法找到的最优解。

```
static int n;
//当前最优载重量
static int bestw;
//活结点队列
static ArrayQueue queue;
//当前最优扩展结点
static QNode bestE;
//当前最优解
static int[ ]bestx;
public static int maxLoading(int[ ] w,int c,int[ ] xx)
{
    //初始化
    n = w. length - 1;
    bestw = 0;
    queue = new ArrayQueue( );
    //同层结点尾部标志 r
    queue. put( null);
    QNode e = null;
    bestE = null;
    bestx = xx;
    //当前扩展结点所处的层
    int i = 1;
    //扩展结点所相应的载重量
    int ew = 0;
    //剩余集装箱重量
    int r = 0;
    for( int j = 2;j <= n;j ++ )
        r += w[j];
    //搜索子集空间树
    while( true)
    {
        //检查左儿子结点
        int wt = ew + w[i];
        if( wt <= c)
```

```
        {
        //可行结点
        if( wt > bestw)
            bestw == wt ;
            enQueue( wt,i,e,true) ;
        }
        //检查右儿子结点
        if( ew + r > bestw)
            enQueue( ew,i,e,false) ;
        //取下一扩展结点
            e = ( QNode) queue. remove( ) ;
        if( e == null)                          //同层结点尾部
        {
            if( queue. isEmpty( ) )
                break ;
            //同层结点尾部标志
            queue. put( null) ;
            //取下一扩展结点
            e = ( QNode) queue. remove( ) ;
        //进入下一层
            i ++ :
        //剩余集装箱重量
            r -= w[ i] ;
        }
        //新扩展结点所相应的载重量
        ew = e. weight ;
        }
        //构造当前最优解
        for( int j = n - 1 ;j > 0 ;j -- )
        {
            bestx[ j] = ( bestE. leftChild) ? 1 :0 ;
            bestE = bestE. parent ;
        }
        return bestw ;
}
```

7.6.4　优先队列式分支限界法

解装载问题的优先队列式分支限界法用最大优先队列存储活结点表。活结点 x 在优先队列中的优先级定义为从根结点到结点 x 的路径所相应的载重量再加上剩余集装箱的重量之和,优先队列中优先级最大的活结点成为下一个扩展结点,优先队列中活结点 x 的优先级为 x. uweight。以结点 x 为根的子树中所有结点相应的路径的载重量不超过 x. uweight。

子集树中叶结点所相应的载重量与其优先级相同。因此在优先队列式分支限界法中,一旦有一个叶结点成为当前扩展结点,则可以断言该叶结点所相应的解即为最优解。此时可终止算法。

上述策略可以用如下两种不同的方式来实现。

第一种方式在结点优先队列的每一个活结点中保存从解空间树的根结点到该活结点的路径。算法确定了达到最优值的叶结点时,在该叶结点处同时得到相应的最优解。

第二种策略在算法的搜索进程中保存当前已构造出的部分解空间树。这样在算法确定了达到最优值的叶结点时,就可以在解空间树中从该叶结点开始向根结点回溯,构造出相应的最优解。

下面所描述的算法,采用第二种策略。

算法中用元素类型为 HeapNode 的最大堆来表示活结点优先队列。其中,uweight 是活结点优先级(上界);level 是活结点在子集树中所处的层序号。子集空间树中结点类型为 BBnode。

```
static class BBnode
{
    //父结点
    BBnode parent;
    //左儿子结点标志
    boolean leftChild;
    //构造方法
    BBnode( BBnode par, boolean ch )
    {
        parent = par;
        leftChild = ch;
    }
}
static class HeapNode implements Comparable
{
    BBnode liveNode;
    //活结点优先级(上界)
    int uweight;
    //活结点在子集树中所处的层序号
    int level;
    //构造方法
    HeapNode( BBnode node, int up, int lev )
```

```
        {
            liveNode = node;
            uweight = up;
        }
    public int compareTo( Object x)
        {
            int xuw = ( ( HeapNode)x). uweight;
            if( uweight < xuw)
                return = 1;
            if( uweight == xuw)
                return 0;
            return 1;
        }
    public boolean equals( Object x)
        {
            return uweight == ( ( HeapNode)x). uweight;
        }
    }
```

在解装载问题的优先队列式分支限界法中,算法 addLiveNode 将新产生的活结点加入到子集树中,并将这个新结点插入到表示活结点优先队列的最大堆中。

```
private static void addLiveNode( int up,int lev,BBnode par,boolean ch)
    {
        //将活结点加入到表示活结点优先队列的最大堆 H 中
        BBnode b = new BBnode( par,ch);
        HeapNode node = new HeapNode( b,up,lev);
        heap. put( node);
    }
```

算法 maxLoading 具体实施对解空间的优先队列式分支限界搜索。第 $i+1$ 层结点的剩余重量 $r[i]$ 定义为 $r[i] = \sum_{j=i+1}^{n} w[j]$。变量 e 是子集树中当前扩展结点,ew 是相应的重量。算法开始时,$i=1$,$ew=0$ 子集树的根结点是扩展结点。

算法的 while 循环体产生当前扩展结点的左右儿子结点。如果当前扩展结点的左儿子结点是可行结点,即它所相应的重量未超过船载容量,则将它加入到子集树的第 $i+1$ 层上,并插入最大堆。扩展结点的右儿子结点总是可行的,故直接插入子集树的最大堆中。接着算法从最大堆中取出最大元作为下一个扩展结点。如果此时不存在下一个扩展结点,则相应的问题无可行解。如果下一个扩展结点是一个叶结点,即子集树中第 $n+1$ 层结点,则它相应的可行解为最优解。该最优解所相应的路径可由子集树中从该叶结点开始沿结点父指针逐步构造出来。具体算法如下。

```
public static int maxLoading( int[ ]w,int c,int[ ] bestx)
{
    //优先队列式分支限界法,返回最优载重量,bestx 返回最优解
    heap = new MaxHeap( );
    //初始化
    int n = w. length – 1;
    //当前扩展结点
    BBnode e = null;
    //当前扩展结点所处的层
    int i = 1;
    //扩展结点所相应的载重量
    int ew = 0;
    //定义剩余重量数组 r
    int[ ]r = new int[ n + 1 ];
    for( int j = n – 1;j > 0;j – – )
        r[ j ] = r[ j + 1 ] + w[ j + 1 ];
    //搜索子集空间树
    while( i! = n + 1 )
    {
        //非叶结点
        //检查当前扩展结点的儿子结点
        if( ew + w[ i ] < = c)
        //左儿子结点为可行结点
            addLiveNode( ew + w[ i ] + r[ i ],i + 1,e,true);
        //右儿子结点总为可行结点
        addLiveNode( ew + r[ i ],i + 1,e,false);
        //取下一扩展结点
        HeapNode node = ( HeapNode)heap. removeMax( );
        i = node. level;
        e = node. 1iveNode;
        ew = node. uweight – r[ i – 1 ];
    }
    //构造当前最优解
    for( int j – n;j > 0;j – – )
    {
        bestx[ j ] = ( e. leftChild)? 1:0;
        e = e. parent;
    }
```

```
    return ew;
}
```

变量 bestw 用来记录当前子集树中可行结点所相应的重量的最大值。当前活结点优先队列中可能包含某些结点的 uweight 值小于 bestw，以这些结点为根的子树中肯定不含最优解。如果不及时将这些结点从优先队列中删去，则一方面耗费优先队列的空间资源，另一方面增加执行优先队列的插入和删除操作的时间。为了避免产生这些无效活结点，可以在活结点插入优先队列前测试 uweight > bestw。通过测试的活结点才插入优先队列中。这样做可以避免产生一部分无效活结点。然而随着 bestw 不断增加，插入时有效的活结点，可能变成当前无效活结点。因此，为了及时删除由于 bestw 的增加而产生的无效活结点，即使 uweight < bestw 的活结点，要求优先队列除了支持 put，removeMax 运算外，还支持 removeMin 运算。这样的优先队列称为双端优先队列。有多种数据结构可有效地实现双端优先队列。

第8章 NP完全性分析

8.1 NP完全性理论

8.1.1 图灵机

图灵机是一个结构简单且计算能力很强的计算模型。

一个有限状态控制器和 k 条读写带（$k \geqslant 1$）共同组成了多带图灵机。这些读写带的右端无限，每条带都从左到右划分为方格，每个方格可以存放一个带符号。带符号的总数是有限的。每条带上都有一个由有限状态控制器操纵的读写头或称为带头，它可以对这 k 条带进行读写操作。有限状态控制器在某一时刻处于某种状态，且状态总数是有限的。图8-1是多带图灵机的示意图。

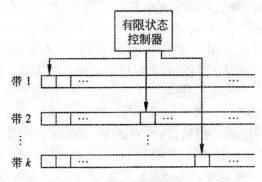

图 8-1 多带图灵机

根据有限状态控制器的当前状态及每个读写头读到的带符号，以下三个操作之一或全部可由图灵机的一个计算步来实现：

①改变有限状态控制器中的状态；

②清除当前读写头下的方格中原有带符号并写上新的带符号；

③独立地将任何一个或所有读写头，向左移动一个方格（L）或向右移动一个方格（R）或停在当前单元不动（S）。

k 带图灵机可形式化地描述为一个7元组（$Q, T, I, \delta, b, q_0, q_f$），其中，

Q 是有限个状态的集合；

T 是有限个带符号的集合；

I 是输入符号的集合，$I \in T$；

b 是唯一的空白符，$b \in T - I$；

q_0 是初始状态；

q_f 是终止(或接受)状态；

δ 是移动函数,它是从 $Q \times T^k$ 的某一子集映射到 $Q \times (T \times \{L, R, S\})^k$ 的函数。

对于某个包含一个状态及 k 个带符号的 $k+1$ 元组,一个新的状态和 k 个序偶将是由移动函数给出的,每个序偶由一个新的带符号及读写头的移动方向组成。形式上可表述为

$$\delta(q, a_1, a_2, \cdots, a_k) = (q', (a_1', d_1), (a_2', d_2), \cdots, (a_k', d_k))$$

当图灵机处于状态 q 且对一切 $1 \leq i \leq k$,第 i 条带的读写头扫描着的当前方格中的符号正好是 a_i 时,就按这个移动函数所规定的内容图灵机可以进行如下工作：

①将图灵机的当前状态 q 改为状态 q'。

②把第 i 条读写头下当前方格中的符号 a_i' 清除并写上新的带符号 $a_i', 1 \leq i \leq k$。

③按 d_i 指出的方向移动各带的读写头。这里 $d_i = L$ 表示读写头左移一格,$d_i = R$ 表示读写头右移一格,$d_i = S$ 表示读写头不动。

一台图灵机可用来识别语言。这样一台图灵机的带符号集 T 应当包括这个语言的字母表中的全体符号和一个空白符 b,其他符号也可能包括在内。开始时,第一条带上放有一个输入符号串,从最左的方格起每格放一个输入符号。这条带上其余方格都是空白。其他各带上也全是空白。所有读写头都处在各带左端的第一个方格上。当且仅当图灵机从指定的初始状态 q_0 开始,经过一系列计算步后,最终进入终止状态(或接受状态)q_f 时,称图灵机接受这个输入符号串。这台图灵机所能接受的所有输入符号串的集合,称作这台图灵机识别的一个语言。

图灵机除了可以作为语言接收器,还可以作为计算函数的装置。函数的自变量可编码成一字符串输入到一条输入带上,用一特殊符号#隔开这些自变量。若图灵机经过有限步计算后,在一条指定的带上输出整数 y 并停机,则可以说图灵机计算出了 $f(x) = y$。由此可见,计算一个函数的过程与接受一个语言的过程几乎是没有任何区别。

图灵机 M 的时间复杂性 $T(n)$ 是它处理所有长度为 n 的输入所需的最大计算步数。如果对某个长度为 n 的输入,图灵机不停机,$T(n)$ 对这个 n 值无定义。图灵机的空间复杂性 $S(n)$ 是它处理所有长度为 n 的输入时,在是条带上所使用过的方格数的总和。如果某个读写头无限地向右移动而不停机,$S(n)$ 也无定义。

8.1.2　符号集和编码对计算复杂度的影响

不同的计算模型,包括图灵机在内,可能会用不同的符号集合,这样一来就会对输入规模的大小产生一定的影响。比如同样一个整数98,如果用十进制表示,它是两位数,可用两个符号 9 和 8 表示；如果用八进制表示,那么 $98 = 142_8$,需要 3 个符号表示；如果用二进制时,$98 = 1100010_2$,则需要 7 个符号表示；而如果用一进制,则需要 98 个 0 表示。因此,用不同的符号集会对输入规模的大小造成一定的影响从而对计算复杂度产生影响。下面探讨一下这个问题。

假设一个计算模型,例如图灵机 T,对一个长度为 n 的输入数据,计算复杂度为 $O(f(n))$。现在,我们设计另外一个图灵机 T',它扫描一个字符和做一次状态转换所需时间与 T 相同,但使用的字符集 Σ' 与 T 使用的字符集 Σ 有一定的出入。假设 Σ 中有 $|\Sigma| = d \geq 2$ 个字符,而 Σ' 中有 $|\Sigma'| = d' \geq 2$ 个字符,那么我们只需用 Σ' 中两字符 a 和 b(可视为 0 和 1)来对 Σ 所有字符编码。我们把 Σ 每一个字符对应到一个长为 $k = \lceil \lg d \rceil$ 的 a 和 b 的序列。因为长为 k 的 0 和

1 的序列可表示 $2^k \geqslant d$ 个不同的数字或符号,就好像 ASCII 码用 7 个比特表示 96 个不同字符一样,Σ 每一个字符可用一个长为 k 的 a 和 b 的序列唯一表示。这样一来,对 Σ 每一个字符的操作变成了对一个长为 k 的序列的操作。因为 d 和 k 都是常数,图灵机 T' 的渐近复杂度与 T 的相同。所以,除了一进制的编码外,用不同的符号集对算法的复杂度不会造成任何影响。为方便起见,在以下的讨论中,我们就假定 $\Sigma = \{0,1\}$。

8.1.3　判断型问题和优化型问题及其关系

所谓的判断型问题就是该问题的答案只有两种,是(yes)和不是(no)。例如,判断一个图是否有一条哈密尔顿回路就是一个判断型问题。给定一个图 G,它要么有一条哈密尔顿回路,要么没有。一个问题被称为优化型问题,如果这个问题的解对应于一个最佳的数值,例如,在图中找一个简单回路并使它含有的边最多。在另外的优化型问题中,也许要求我们找到的解必须是最长、最短、最大、最小、最高、最低、最重或最轻等。在我们讨论 P 类、NP 类以及 NPC 问题时,我们限定所有被分类的问题都是判断型问题。

简化对 NPC 问题理论的讨论是这么做的出发点。因为不同的优化型问题有着不同的优化目标和量纲,有的要最大,有的却要最轻,有的是要一条路径,有的是要一个集合等,这不便于讨论问题之间的关系,而对判断型问题而言,只要两个问题的解都是 yes,可认为它们有同解。其次,只讨论判断型问题不会影响 NPC 理论的应用价值,因为一个优化型问题往往可对应于一个判断型问题,如果对应的判断型问题有多项式算法,那么,其对应的优化型问题也往往有多项式算法。下面看一个例子。

【例 8-1】　一个优化型问题定义如下:给定一个有向图 $G(V,E)$ 以及 V 中两顶点 s 和 t,找出一条从 s 到 t 的简单路径使得它含有的边最多。

①为上述优化问题定义一个对应的判断型问题;

②假设①中的判断型问题有多项式算法 A,请用算法 A 为子程序设计一个多项式算法,来解决对应的优化问题。

解　①我们引入一个变量 k 后,这个判断型问题可定义如下:

给定一个正整数 k、有向图 $G(V,E)$ 以及 V 中两顶点 s 和 t,一条含有至少七条边的从 s 到 t 的简单路径是否存在呢?

②这个算法分两步,第一步确定最长的路径含有的边的个数 k,第二步把这条最长路径找出来。做法是,对图中每一条边进行测试。如果把这条边删去后,图中仍有一条长为 k 的路径,则将它删去,否则保留。当每条边都测试后,剩下的边必定形成一条长为 k 的路径。假设①中的判断型问题有多项式算法 $A(G,s,t,k)$,对应的优化问题的算法如下:

```
Longest - path(G(V,E),s,r)
    k←n - 1
    while A(G,s,t,k) = no
        k←k - 1
    endwhile
    G'(V',E')←G(V,E)
    for each e ∈ E'
```

```
            E′←E′ - {e}
            if A{G′,s,t,k} = no
                then E′←E′∪{e}
            endif
        endfor
    return G′
End
```

这个算法调用判断型问题算法 $A(G,s,t,k)$，不超过 $n+m$ 次，非常明显，这就是一个多项式时间的算法。从这个例子看出，当一个判断型问题可有多项式算法时，其对应的优化问题也往往有多项式算法。反之，当一个判断型问题没有多项式算法时，其对应的优化问题肯定不会有多项式算法。因此，当一个判断型问题是 NP 完全问题时，其对应的优化问题也常被人称为NP 完全问题。严格说来，应当是指对应的判断型问题。

8.1.4 判断型问题的形式语言表示

因为任何一个问题想要被一台计算机所识别和运算的前提条件是要对其进行编码，而不同的字符集不影响复杂度，所以，我们可以认为任何一个问题的实例对应一个只含 0 和 1 的字符串。这里的"问题"指的是一个抽象的定义，它由许许多多的实例所组成。比如，"图的哈密尔顿回路问题"包含了所有图的哈密尔顿回路问题，而对一个给定的具体图来讲，它是否有哈密尔顿回路的问题只是"图的哈密尔顿回路问题"的一个实例。一个问题的实例才可以被编码为一个 0 和 1 的字符串。

给定一个字符集 Σ，它的所有字符串的集合（包括空串 λ 在内）称为 Σ 的全语言，记为 Σ^*。

例如，$\Sigma = \{0,1\}$，$\Sigma^* = \{\lambda,0,1,00,01,10,\cdots\}$。

给定一个字符集 Σ，它的全语言的一个子集上 $L\subseteq\Sigma^*$ 称为定义在 Σ 上的一个语言。换句话说，任何一个 Σ 上的字符串的集合称为一个语言。

显然，只对有一定意义的语言才会有意义，例如，$L = \{10,11,101,111,1011,\cdots\}$ 代表所有质数的集合。当然，用枚举法表示集合或语言不是很方便，通常要加以注释才能让人理解。另一个表示语言的方法是用语法来定义，但对 NPC 的讨论不需要做这方面介绍。

我们知道，一个判断型问题 π 的实例可以用一字符串 x 表示。反之，给定一个字符串 x，不外乎以下 3 种情况：x 代表问题 π 的一个实例并且有答案 yes；x 代表问题 π 的一个实例并且有答案 no；x 不代表问题 π 的一个实例，只是一个杂乱的字符串而已。对第一种情况，我们用 $\pi(x) =1$ 表示，而用 $\pi(x) =0$ 表示另两种情况。

现在我们为一个（抽象）问题 π 定义一个对应的语言。

给定一个判断型问题 π，它对应的语言 $L(\pi)$ 是所有它的实例中有 yes 答案的实例的字符串编码的集合，即 $L(\pi) = \{x | x \in \Sigma^* 且 \pi(x) =1\}$。

例如，哈密尔顿回路问题对应的语言可表示为：

$$\text{Hamilton} - \text{Cycle} = \{ <G> | G \text{ 含有哈密尔顿回路}\}$$

这里，Hamilton – Cycle 是这个语言的名字，而 $<G>$ 表示对一个实例图 G 的编码字符串。

至于如何为 G 编码不是我们关心的重点，可能先用邻接表或矩阵表示，再对表和邻接矩阵编码，总之，可以编为一个 0 和 1 的字符串。串的长度会随着顶点和边的个数的增长而增长，但往往是线性的或低阶多项式的。

这样一来，解一个判断型问题 π 的算法就和一个识别语言 $L(\pi)$ 的算法成等价关系。我们约定，解一个判断型问题 π 的算法 A 所做的事就是对任何一个输入字符串 $x \in \sum^*$ 进行扫描和运算，然后输出答案 $A(x)$。答案的形式有 $A(x)=1$、$A(x)=0$ 和不回答 3 种，分别称为接收 x、拒绝 x 和不能判定 x。相应的，我们把这样的算法称为判断型算法。为简便起见，除非特别说明，本章讨论的问题和算法都是指判断型问题和算法。

给定一个算法 A，所有被 A 所接收的字符串的集合 $L = \{x \mid A(x) = 1\}$，称为被 A 所接收（accepted）的语言。更近一步来说，如果 A 对其他的字符串都拒绝，即 $\forall y \notin L, A(y) = 0$，则称语言 L 被 A 所判定（decided）。

给定一个问题 π，如果它对应的语言 $L(\pi)$ 和被算法 A 所接收的语言刚好相等，那么称问题 π 或语言 $L(\pi)$ 被 A 所接收。如果问题 π 对应的语言 $L(\pi)$ 正好等于被算法 A 所判定的语言，那么称问题 π 或语言 $L(\pi)$ 被 A 所判定。

显然，给定一个问题 π，如果我们能找到一个算法 A 使得 $L(\pi)$ 被算法 A 所判定，那么这个问题（注意"判断型"和"判定"的区别）就被有效解决。但是，重要的问题是算法 A 的复杂度，即多长时间可完成对一个字符串的判定。给定一个问题 π，我们总是希望找到一个复杂度小的算法来判定，至少是有多项式的复杂度，但往往不容易。

8.1.5　多项式关联和多项式规约

两个计算模型 T_1 和 T_2 称为多项式关联的，如果下面的条件被满足：对任一个输入规模为 n 的问题 π，如果在 T_1 上存在一个复杂度为 $f(n)$ 的判定算法，那么一定在 T_2 上存在一个复杂度为 $g(n) < [f(n)]^c$ 的判定算法；反之，如果在 T_2 上存在一个复杂度为 $g(n)$ 的判定算法，那么一定在 T_1 上存在一个复杂度为 $f(n) < [g(n)]^d$ 的判定算法；此处，可以看出，c 和 d 是两个正常数。

显然，如果计算模型 T_1 和 T_2 是多项式关联，那么在我们讨论一个问题是否有多项式算法时，这个问题的结论跟采用哪一个计算模型没有直接关系。因为图灵机和其他现代计算机的抽象模型被证明都是多项式关联的，所以我们可随意用其中的一个模型来讨论。下面讨论问题之间的关系。我们介绍从一个问题 π_1 转换到另一个问题 π_2 的多项式归约（polynomial reduction）。因为一个问题对应于一个语言，所以我们先定义从一个语言 L_1 到另一个语言 L_2 的多项式归约。

给定两个语言 L_1 和 L_2，如果存在一个算法 f，它把 $\sum^*$ 中每一个字符串 x 转换为另一个字符串 $f(x)$，且能够满足以下两个条件：

①$x \in L_1$ 当且仅当 $f(x) \in L_2$。

②f 是个多项式算法，即转换在 $|x|^c$ 的时间内完成，这里 cc 是一个正常数。

那么，我们说 L_1 可多项式归约到 L_2，记为 $L_1 \propto_P L_2$，并称 f 为多项式转换函数或算法。

如图 8-2 所示，转换函数 f 把 $\sum^*$ 中每一个字符串映射到另一个字符串。注意，这个映射不要求单射(one to one),也不要求满射(onto),但一定要把 L_1 内的一个字符串映射到 L_2 内的一个字符串,把 L_1 外的一个字符串映射到 L_2 外的一个字符串。

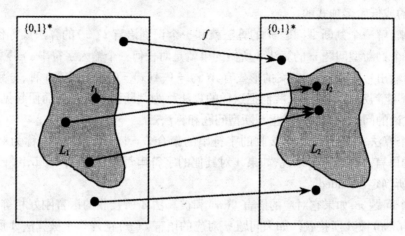

图8-2　多项式转换函数 f

假设问题 π_1 和 π_2 对应的语言是 $L(\pi_1)$ 和 $L(\pi_2)$。如果语言上 $L(\pi_1)$ 可多项式归约到语言 $L(\pi_1)$,则称 π_1 问题可多项式归约到问题 π_2,记为 $\pi_1 \propto_P \pi_2$。

从问题的角度看,$\pi_1 \propto_P \pi_2$ 意味着 π_1 的任何实例 x 被一多项式转换算法 f 变为 π_2 的一个实例 $f(x)$ 并且 $\pi_1(x) = yes$ 当且仅当 $\pi_2(f(x)) = yes$。

如果语言 L_1 可多项式归约到语言 L_2,而语言 L_2 可被一多项式算法 A_2 所判定,那么一个多项式算法 A_1 使语言上 L_1 被 A_1 所判定是一定存在的。

如图8-3 所示,如果语言 L_1 可多项式归约到语言 L_2,而语言 L_2 可被一多项式算法 A_2 所判定,那么 A_1 可以这样设计:

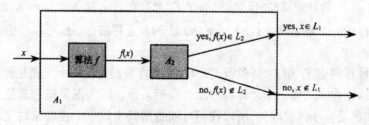

图8-3　算法 A_1 的设计示意

对任一个字符串 x,A_1 先用多项式转换函数 f 把 x 转换为 $f(x)$,然后让算法 A_2 去判定。如果 $A_2(f(x)) = 1$,则输出 $A_1(x) = 1$,否则有 $A_2(f(x)) = 0$,则输出 $A_1(x) = 0$。由于 $f(x) \in L_2$ 当且仅当 $x \in L_1$,所以算法 A_1 可正确地判定语言 L_1。算法 A_1 所用的时间由两部分组成,第一部分是 x 转换为 $f(x)$ 的时间 t_1,第二部分是算法 A_1 判定 $f(x)$ 的时间 t_2。设 $|x| = n$,因为 f 是多项式转换函数,$t_1 < n^c$,这里 c 是一个大于 0 的常数,并且有 $|f(x)| \leq n^c$,这是因为在 n^c 步时间内,多于 n^c 的字符在该算法中是无法产生的。又因为算法 A_2 是个多项式算法,所以 $t_2 < |f(x)|k \leq (c^n)^k = n^{ck}$,这里 c 和 k 都是一个正的常数。因此算法 A_1 是个多项式算法。

由上面讨论可知,如果问题 π_1 可多项式规约到 π_2,那么多项式可解的角度看,问题 π_2 可

认为比 π_1 更难,因为找到 π_2 的多项式算法就可以有 π_1 的多项式算法。如果问题 π_2 也可以多向规约到问题 π_1,那么两者在多项式可解上可以认为是等价的。

8.2　P 类和 NP 类问题

8.2.1　易解的问题和难解的问题

20 世纪 50 年代初人们就提出"什么是好算法?",尽管可以有各种各样评价算法的标准,但最重要的标准无疑是算法的运行时间。前面分析了各种算法的时间上界,例如,用快速排序算法给 n 个数据排序的时间上界为 $O(n\log n)$,用 Dijkstra 算法求解 n 个顶点的图的单源最短路径问题的时间上界为 $O(n^2)$,而用回溯法解 n 个顶点的图的最大团问题的时间上界是 $O(n2^n)$。让我们来看这几个算法运行时间的区别。假设我们用一台运行速度为每秒 10 亿次的超大型计算机计算,快速排序算法给 10 万个数据排序的运算量约为 $10^5 \times \log_2 10^5 \approx 1.7 \times 10^6$,仅需 $1.7 \times 10^6/10^9 = 1.7 \times 10^{-3}$ 秒,即 1.7 毫秒。Dijkstra 算法求解 1 万个顶点的图的单源最短路径问题的运算量约为 $(10^4)^2 = 10^8$,约需 $10^8/10^9 = 0.1$ 秒。而用回溯法解 100 个顶点的网的最大团问题的运算量为 $100 \times 2^{100} \approx 1.8 \times 10^{32}$,需要 $1.8 \times 10^{32}/10^9 = 1.8 \times 10^{21}$ 秒。每天有 86400 秒,每年是 3.15×10^7 秒,这是 $1.8 \times 10^{21}/(3.15 \times 10^7) = 5.7 \times 10^{15}$ 年,即 5 千 7 百万亿年! 再从另外一个角度来看——1 分钟能解多大的问题。1 分钟 60 秒,这台计算机可做 6×10^{10} 次运算,用快速排序算法可给 2×10^9(即 20 亿)个数据排序,用 Dijkstra 算法可解 2.4×10^5 个顶点的图的单源最短路径问题。而用回溯法一天只能解 41 个顶点的图的最大团问题。显而易见,前两个算法是快速的,是比较理想的算法,而解最大团问题的回溯法只能用于较小的图,对于稍大一点的图,如有 100 个顶点的图,这个算法是根本行不通的。以多项式为时间上界的算法称作多项式时间算法,快速排序和 Dijkstra 算法都是多项式时间算法。正如上面看到的,由于多项式特别是低次多项式,如 n^2,n^3——随自变量的增长而增长的速度比较缓慢,而指数函数是典型的非多项式函数,它随着自变量的增长而迅速增长,即所谓的指数爆炸,因而我们认为多项式时间算法是好算法,有多项式时间算法的问题解起来是比较容易的,而不存在多项式时间算法的问题是难解的。

为了更准确地叙述这些概念,下面给出时间复杂度及其相关的概念。

先要给出两个函数多项式相关的概念。设 $f,g:N{\to}N$,如果存在多项式 p 和 q,使得对任意的 $n \in N$,$f(n) \leq p(g(n))$ 和 $g(n) \leq q(f(n))$,则称函数 f 和 g 是多项式相关的。例如,$n\log n$ 与 n^2,$n^2 + 2n + 5$ 与 n^{10} 都是多项式相关的,而 $\log n$ 与 n,n^5 与 2^n 不是多项式相关的。

设 A 是求解问题 π 的算法,在用 A 求解 π 的实例 I 时,首先要把 I 编码成二进制的字符串作为 A 的输入,称 I 的二进制编码的长度为 I 的规模,记作 $|I|$。如果存在函数 $f:N{\to}N$ 使得,对任意的规模为 n 的实例 I,A 对 I 的运算在 $f(n)$ 步内停止,则称算法 A 的时间复杂度为 $f(n)$。以多项式为时间复杂度的算法称作多项式时间算法。有多项式时间算法的问题称作易解的。相应的,不存在多项式时间算法的问题称作难解的。

对上述概念需要做如下的进一步解释。实例 I 的规模与所采用的编码方式有直接关系。例如,设实例 I 是一个无向简单图 G,如 $G = <V,E>$,其中 $V = \{a,b,c,d\}$,$E = \{(a,b),(a,$

$d),(b,d),(c,d)$，若用邻接矩阵表示，则 I 可编码成 $e_1 = 0101/1011/0101/1110$，长度为20。若用关联矩阵表示，则 I 可编码成 $e_2 = 11000/10110/00101/01011/$，长度为24。设 G 有 n 个顶点 m 条边，则用邻接矩阵时 $|I| = n(n+1)$，用关联矩阵时 $|I| = n(m+1)$。注意到 $m \leqslant n(n-1)/2$，这两种编码的长度是多项式相关的。一般地，当采用合理的编码时，输入的规模都应该是多项式相关的。这里"合理的"一词是指在编码中许多冗余的字符的使用不是故意的。另一个需要强调的是采用二进制编码。自然数 n 的二进制编码有 $\lceil \log_2(n+1) \rceil$ 位，而它的一进制编码有 n 位，两者不是多项式相关的。因此，我们的编码中一进制是不被采用的。但可以采用任意的 k 进制，其中 k 是大于等于2的正整数。当 $k \geqslant 2$ 时，k 进制编码的长度与二进制编码的长度相差不超过 $\lceil \log_2 k \rceil$ 倍。

在估计算法的运算量时都是把它表示成计算对象的某些自然的参数，如图的顶点数或顶点数与边数。实际上，这些实例的二进制编码的长度与这些自然参数都是多项式相关的，这些参数作为实例的规模也是可以直接用的。

关于操作指令集有以下两点说明。其一，执行不同的指令所用的时间是不同的，但在这里把执行任何一条指令作为一步。这就要求操作指令集中的每一条指令都是"合理的"指令，即要求每一条指令的执行时间是固定的常数。对于这种"合理的"操作指令集，算法的计算步数与运行时间至多相差常数倍。例如，两个长度不超过规定长度（计算机的字长）的二进制数的加法是一条合理的指令。需要注意的是，这个二进制加法不是两个长度任意的二进制数相加，对于超过计算机字长的整数加法必须进行分段处理，将不会再被看作是一条合理的指令。其二，算法的计算步数与采用的操作指令集有关。但实际上对于任何两个"合理的"操作指令集，其中一个指令集中的每一条指令都可以用另一个指令集中的指令模拟，且模拟所用的指令条数不超过某个固定的常数，从而同一个算法在任何两个"合理的"操作指令集上的运算步数至多相差常数倍。为了进一步明确"合理的"一词的含义，可以规定一个基本操作指令集，如它由位逻辑运算与、或、非共同组成，然后认为任何可以用这个基本操作指令集中常数条指令实现的操作都是合理的指令，由有限种合理的指令构成的操作指令集是合理的操作指令集。

上述约定跟实际情况是符合的，因而是合理的。在这样的约定下，算法是否是多项式时间与采用的输入编码和操作指令集没有任何关系，从而一个问题是易解的还是难解的也与采用的输入编码和操作指令集无关。事实上，设有两种编码 σ_1、σ_2 和两个操作指令集 D_1、D_2。实例 I 的这两种编码的长度分别记作 $|I|_1$ 和 $|I|_2$。根据假设，存在多项式户 p 和 q，使得对任意的实例 I 有 $|I|_1 \leqslant p(|I|_2)$ 和 $|I|_2 \leqslant p(|I|_1)$。又存在常数 k_1 和 k_2，使得 D_1 中的每一条指令都可以用 D_2 中的不超过 k_1 条指令模拟，D_2 中的每一条指令都可以用 D_1 的不超过是 k_2 条指令进行有效模拟。设算法 A 在采用编码 σ_1 和操作指令集 D_1 时是多项式时间的，即存在多项式 f 使得对任意的实例 I，算法在 $f(|I|_1)$ 步内停止。不妨设 f 是单调递增的。若采用操作指令集 D_2，算法至多运行 $k_1 f(|I|_1)$。又，$k_1 f(|I|_1) \leqslant k_1 f(p|I|_2)$，$f(p(n))$ 也是多项式，从而得证 A 在采用编码 σ_2 和操作指令集 D_2 时也是多项式时间的。由对称性，若算法 A 在采用编码 σ_2 和操作指令集 D_2 时是多项式时间的，那么在采用编码 σ_1 和操作指令集 D_1 时也是多项式时间的。因此，算法 A 是否是多项式时间的与采用的输入编码和操作指令集没有任何关系。

前面已经给出的排序、最小生成树、单源最短路径等问题的多项式时间算法，可以看出，它们都是易解的。现在也已经证明了一些问题是难解的。在已证明的难解问题中，一类是不可计算的,即求解的算法是根本不存在的,如丢番图方程是否有整数解,即任意的整系数多元代数方程是否有整数解,这就是著名的希尔伯特第十问题。这是一类在特别强的意义下难解的问题。除了这类问题外,在数理逻辑、形式语言与自动机理论、组合游戏等领域内已经找到一些问题,它们都有算法,但至少需要指数时间,有的至少需要指数空间,甚至更多的时间或更大的空间,它们都是难解的。

但是,难办的是人们发现包括哈密尔顿回路问题、货郎问题、背包问题等在内的一大批问题既没有找到它们的多项式时间算法,它们是难解的这点也无法得以有效证明。由于这些问题不仅数量庞大、分布广泛,而且其中许多是在各个领域中经常遇到的重要问题,因而这些问题的难度成为人们十分关心的问题。

8.2.2　判定问题

由于技术上的原因,在定义复杂性类时限制在判定问题上。所谓判定问题是指答案只有两个——"是"和"否",或者"Yes"和"No"——的问题。形式上,判定问题 π 可定义为有序对 $<D_\pi, Y_\pi>$,其中 D_π 是实例集合,有 π 的所有可能的实例组成;$Y_\pi \subseteq D_\pi$ 由所有答案为"Yes"的实例组成。例如:

哈密尔顿回路(HC):任意无向图,问 G 是哈密尔顿图吗? 所谓的哈密尔顿图是指图中有恰好经过每一个顶点一次的回路,这样的回路称作哈密尔顿回路。

这是一个判定问题,其中由所有的无向图共同组成了 D_{HC},而 Y_{HC} 包括所有哈密尔顿图。不过要注意,在这里仅仅问是否是哈密尔顿图,即图中是否有一条哈密尔顿回路,这样的回路在此处没有要求给出。在实际中,这类问题通常以搜索问题的形式出现,即要寻找一条哈密尔顿回路。当 G 是哈密尔顿图时,要求给出它的一条哈密尔顿回路;当不是哈密尔顿图时,则输出"No"。我们称它为判定问题 HC 对应的搜索问题.

如果判定问题 HC 对应的搜索问题有多项式时间算法 A,任给一个无向图 G,当 G 是哈密尔顿图时,A 输出 G 的一条哈密尔顿回路;当 G 不是哈密尔顿图时,A 输出"No"。那么,可以利用 A,构造如下 HC 的算法 B:对任给的无向图 G,运用算法 A,如果 A 输出 G 的一条哈密尔顿回路,则 B 输出"Yes";如果 A 输出"No",则 B 输出"No"。显然,B 也是多项式时间的。这表明,如果 HC 对应的搜索问题是易解的,相应的,HC 也是易解的。反过来说,如果 HC 是难解的,则它对应的搜索问题也是难解的。在这个意义上,判定问题 HC 对应的搜索问题不会比 HC 本身容易;反过来,HC 不会比它对应的搜索问题难。

经常遇到的一大类计算问题就是组合优化,如最短路径问题和货郎问题。和搜索问题类似,组合优化问题和判定问题之间也有类似的关系。货郎问题的判定形式如下:

货郎问题(TSP):任给 n 个城市,城市 i 与城市 j 之间的正整数距离 $d(i,j)$, $i \neq j$,$1 \leqslant i, j \leqslant n$,以及正整数 D,问有一条每一个城市恰好经过一次最后回到出发点且长度不超过 D 的巡回路线吗? 即是否存在 $1, 2, \cdots, n$ 的排列 σ 使得

$$\sum_{i=1}^{n-1} d(\sigma(i), \sigma(i+1)) + d(\sigma(n), \sigma(1)) \leqslant D$$

前面研究过的 TSP 的优化形式则要求给出一条这种长度最短的巡回路线。类似于 HC,如果 TSP 的优化形式有多项式时间算法 A,那么可以如下构造判定问题 TSP 的算法 B:对任给

的实例 I，长度最短的巡回路线的求出可应用 A 来实现，计算这条路线的长度 d，并与 D 比较。如果 $d \leq D$，则 B 输出"Yes"；否则输出"No"。显然，B 也是多项式时间的。于是，这同样表明，如果 TSP 是难解的，则它的优化形式也是难解的。或者说，TSP 的优化形式不会比 TSP 容易。

又如，在第 4 章介绍的最长公共子序列问题是最大化问题，它对应的判定形式如下：

最长公共子序列：任给两个序列 $X = \{x_1, x_2, \cdots, x_m\}$ 和 $Y = \{y_1, y_2, \cdots, y_n\}$。以及正整数 K，问存在 X 和 Y 长度不小于 K 的公共子序列吗？

和上面类似，利用最长公共子序列问题的多项式时间算法设计出求解它的判定形式最长公共子序列的多项式时间算法的难度是不大的：首先求出 X 和 Y 的最长公共子序列 Z，然后计算 Z 的长度 $|Z|$，如果 $|Z| \geq K$ 则输出"Yes"，否则输出"No"。和前面两个问题不同的是，最长公共子序列问题确实有多项式时间算法，如算法 LCS，从而最长公共子序列也是易解的。

一般地，组合优化问题 π^* 由 3 部分组成：

①实例集 D_{π^*}；

②对每个实例 $I \in D_{\pi^*}$，有一个有穷的非空集合 $S(I)$，$S(I)$ 的元素称作 I 的可行解。

③对每一个可行解 $s \in S(I)$，有一个正整数 $c(s)$，称作 s 的值。

当 π^* 是最小化问题（最大化问题）时，如果 $s* \in S(I)$ 使得所有的 $s \in S(I)$，

$$c(s*) \leq c(s) \quad (c(s*) \geq c(s))$$

则称 $s*$ 是 I 的最优解，$c(s*)$ 是 I 的最优解，记作 $OPT(I)$。

对应 π^* 的判定问题 $\pi = <D_{\pi}, Y_{\pi}>$ 定义如下：$D_{\pi} = \{(I, K) | I \in D_{\pi^*}, K \in Z^*\}$，其中 Z^* 是非负整数集合。当 π^* 的每一个实例 I，添加一个非负整数 K 得到 π 的一个实例 I'，当 π^* 是最小化问题（最大化问题）时，问 I' 有一个可行解 $s \in S(I)$ 的值 $c(s)$ 小于等于（大于等于）K 吗？也就是说，I' 的答案是"Yes"当且仅当 $OPT(I) \leq K (OPT(I)) \geq K$。

不难套用前面的方法证明，只要可行解的值 $c(s)$ 是多项式时间可计算的，那么，如果判定问题 π 是难解的，则对应的优化问题 π^* 也是难解的。事实上，反过来也是对的这点也是可以证明的，如果优化问题 π^* 是难解的，则对应的判定问题 π 也是难解的。即判定问题 π 与它对应的优化问题 π^* 具有相同的难度。由此可见，当下面把研究的对象限制在判定问题的时候，所得到的结果不难引申到对应的搜索问题或组合优化问题。

8.2.3 NP 类

所有多项式时间可解的判定问题组成的问题类称作 P 类。

例如，最长公共子序列 $\in$ P。根据前面的叙述，一个判定问题是易解的当且仅当它属于 P 类。现在的问题是，前面所说的包括哈密尔顿回路问题、货郎问题、背包问题等在内既没有找到多项式时间算法、又没能证明是难解的一大类问题所对应的判定问题有什么样的难度。对于这些判定问题虽然我们既没能证明它们属于 P、也没能证明它们不属于 P，但是却发现多项式时间可验证的是它们的一个共同点。例如，对于哈密尔顿回路，任给一个无向图 G，如果有人声称 G 是哈密尔顿图，并且提供了一条回路 L，说这是 G 中的一条哈密尔顿回路，从而证明他说的是对的。那么，我们很容易在多项式时间内检查 L 是不是 G 中的哈密尔顿回路，从而验证他说的是否是对的。而且当 G 是哈密尔顿图时，他应该能够提供一条这样的回路 L（不管他是怎么找到的）。把这个思想抽象成下述概念。

设判定问题 $\pi = <D,Y>$，如果存在两个输入变量的多项式时间算法 A 和多项式 p，对每一个实例 $I \in D$，$I \in Y$ 当且仅当存在 t，$|t| \leqslant p(|I|)$，且 A 对输入 I 和 t 输出"Yes"，则称 π 是多项式时间可验证的，A 是 π 的多项式时间验证算法，而当 $I \in Y$ 时，称 t 是 $I \in Y$ 的证据。

NP 类是由所有多项式时间可验证的判定问题组成的问题类。

NP 是非确定型多项式(nondeterministic polynomial)的缩写。可以把多项式时间验证算法看成用下述不确定的方式搜索整个可能的证据空间：对给定的实例 I，首先"猜想"一个 $|t| \leqslant p(|I|)$，然后检查 t 是否是证明 $I \in Y$ 的证据，在多项式时间内可以完成猜想和检查，并且当且仅当 $I \in Y$ 时能够正确地猜想到一个证据 t。这种不确定的搜索方式称作非确定型多项式时间算法。判定问题 $\pi \in$ NP 当且仅当 π 存在非确定型多项式时间算法。与此相对应的是，通常的算法称作确定型算法。要注意的是，非确定型算法并不是真正的算法，它仅是为了刻画可验证性而提出的一种概念。为了把非确定型多项式时间算法转换成确定型算法，必须搜索整个可能的证据空间，这通常需要指数时间。

对于哈密尔顿回路可以如下设计非确定型多项式时间算法：任给无向图 G，任意猜想所有顶点的一个排列，然后检查这个排列是否构成一条哈密尔顿回路，即相邻两个顶点之间以及首尾两个顶点之间是否都有边。针对该问题的回答包括"Yes"和"No"中的一种。当无向图 G 是哈密尔顿图时，总能猜对一个排列，它确实给出一条哈密尔顿回路，从而算法回答"Yes"。如果 G 不是哈密尔顿图，则猜想的任何排列都不是哈密尔顿回路，从而算法总是回答"No"。猜想一个排列并查这个排列是否是哈密尔顿回路显然可以在多项式时间内完成。因此，HC $\in$ NP。任何一个构成哈密尔顿回路的顶点排列都是 G 为哈密尔顿图的证据。又如 0/1 背包问题。

0/1 背包：任给 n 件物品和一个背包，物品 i 的重量为 w_i，价值为 v_i，$1 \leqslant i \leqslant n$，以及背包的重量限制 B 和价值目标 K，其中 w_i, v_i, B, K 均为正整数，问能在背包中装入总价值不少于 K 且总重量不超过 B 的物品吗？即，存在子集 $T \subseteq \{1, 2, \cdots, n\}$ 使得

$$\sum_{i \in T} w_i \leqslant B \text{ 且} \sum_{i \in T} v_i \geqslant K$$

这个问题的优化形式的算法也介绍过。显然能够在多项式时间内任意猜想 $\{1, 2, \cdots, n\}$ 的一个子集并检查这个子集对于上述两个不等式是否满足，从而正确地回答"Yes"或"No"。这是 0-1 背包的非确定型多项式时间算法，故 0-1 背包 $\in$ NP。

问题 $\pi = <D, Y> \in$ NP 的关键点体现在，当实例 $I \in Y$ 时有便于检查的简短证据。

哈密尔顿回路、0-1 背包属于 NP，最长公共子序列也属于 NP。事实上，P 和 NP 有下述父系：P $\subseteq$ NP。

证明：设 $\pi = <D, Y> \in$ P，A 是 π 的多项式时间算法。实际上 A 也是 π 的多项式时间验证算法，这只需要把 A 看成两个输入变量的算法，而实际上不管第二个输入变量的值。更形式地，如下构造算法 B：对每一个 $I \in D$ 和任意的 t，B 对 I, t 的计算与 A 对 I 的计算完全一样，而不管 t。显然，B 是多项式时间的。当 $I \in Y$ 时，取某个固定的 t_0 作为第二个输入，如取 $t_0 = 1$，由于 A 对 I 的输出是"Yes"，B 对 I, t_0 的输出也是"Yes"；当 $I \notin Y$ 时，对任意的 t，由于 A 对 I 的输出是"No"，B 对 I, t 的输出也是"No"。因此，B 是 π 的多项式时间验证算法，得证 $\pi \in$ NP。

8.3 多项式时间验证

在识别语言 CLIQUE 的非确定性算法中,算法第二阶段是非确定性的且耗时的 $O(n)$。

第三阶段的验证算法决定了整个算法的计算时间复杂性,即给定了图 G 的一个是团猜测 V',验证它是否确是一个团。若验证部分可在多项式时间内完成,则整个非确定性算法具有多项式时间复杂性。因而所识别的语言为 NP 类语言。这是识别 NP 类语言的非确定性算法所具有的一般特性。因此,也可以将 NP 类语言看作是在确定性计算模型下多项式时间可验证的语言类。将验证算法定义为两个自变量的算法 A,其中,一个自变量是通常的输入串 X,另一个自变量是一个称为"证书"的二进制串 Y。如果对任意串 $X \in L$,存在一个证书 Y 并且 A 可以用 Y 来证明 $X \in L$,则语言 L 就被算法 A 得以有效验证。例如,在团问题中,证书是图 G 中一个 k 团,它提供了足够的信息供算法 A(第三阶段的算法)在多项式时间内验证语言 CLIQUE。因此,语言 CLIQUE 是多项式时间可验证语言。一般地,多项式时间可验证语言类 VP 可定义为:

VP $= \{L | L \in \Sigma^*\}$,Σ 为一有限字符集,存在一个多项式 p 和一个多项式时间验证算法 A (X, Y) 使得对任 $X \in \Sigma^*$,$X \in L$ 当且仅当存在 $Y \in \Sigma^*$,$|Y| \leqslant p(|X|)$,$A(X, Y) = 1$。

VP = NP。

证明:先证明 VP $\subseteq$ NP。对于任意 $L \in$ VP,设 p 是一个多项式且 A 是一个多项式时间验证算法,则下面的非确定性算法接受语言 L:

①对于输入 X,非确定性地产生一个字符串 $Y \in \Sigma^*$;

②当 $A(X, Y) = 1$ 时接受 X。

该算法的步骤①与团问题的第二阶段的非确定性算法保持一致,至多在 $O(|X|)$ 时间内完成。步骤②的计算时间是 $|X|$ 和 $|Y|$ 的多项式,而 $|Y| \leqslant p(|X|)$,因此,它也是 $|X|$ 的多项式。整个算法可在多项式时间内完成。因此,$L \in$ NP。由此可见 VP $\subseteq$ NP。

反之,设 $L \in$ NP,$L \in \Sigma^*$,且非确定性图灵机 M 在多项式时间 p 内接受语言 L。设在任何情况下,M 只有不超过 d 个的下一动作选择,则对于输入串 X,M 的任一动作序列可用 $\{0, 1, \cdots, d-1\}$ 的长度不超过 $p(|X|)$ 的字符串来编码。不失一般性,设 $|\Sigma| \geqslant d$。验证算法 $A(X, y)$ 用于验证"Y 是 M 上关于输入 X 的一条接受计算路径的编码"。即当是这样一个编码时,A $(X, Y) = 1$。$A(X, Y)$ 显然可在多项式时间内确定性地进行验证,且

$$L = \{X | 存在 Y 使得 |Y| \leqslant p(|X|), A(X, Y) = 1\}$$

因此,$L \in$ VP。由此可知,VP $\subseteq$ NP。

综上即知,VP = NP。

例如(哈密尔顿回路问题):一个无向图 G 含有哈密尔顿回路吗?

无向图 G 的哈密尔顿回路是通过 G 的每个顶点恰好一次的简单回路。可用语言该问题可用语言 HAM－CYCLE 来进行如下的定义:

$$HAM － CYCLE = \{G | G 含有哈密尔顿回路\}$$

对于该语言的输入 $G = (V, E)$ 来说,相应的"证书"就是 G 的一条哈密尔顿回路。算法 A 要验证所给的这条回路确是 G 所包含的哈密尔顿回路。这只要检查所提供的回路是否是 V

中顶点的一个排列且沿该排列的每条连续边是否在 E 中存在。这样就可以验证所提供的回路是否是 G 的哈密尔顿回路。该验证算法显然可确定性地在 $O(n^2)$ 时间内实现,其中,n 是 G 的编码长度。因此,HAM-CYCLE $\in$ NP。

8.4　NP 完全性

如果对所有的 $\pi' \in NP, \pi' \leqslant_p \pi$,则称 π 是 NP 难的。如果 π 是 NP 难的且 $\pi \in NP$,则称 π 是 NP 完全的。

通过前面的介绍不难获知,NP 难的问题不会比 NP 中的任何问题容易,因此 NP 完全问题是 NP 中最难的问题。下述定理都很容易证明,对其证明过程在此不再一一介绍。

如果存在 NP 难的问题 $\pi \in P$,则 P = NP。

假设 P $\neq$ NP,那么,如果 π 是 NP 难的,则 $\pi \notin P$。

虽然"P = NP?"至今还没有解决,但研究人员普遍相信 P $\neq$ NP,因而 NP 完全性成为表明一个问题很可能是难解的(不属于 P)有力证据。

如果存在 NP 难的问题 π',使得 $\pi' \leqslant_p \pi$,则 π 是 NP 难的。

如果 $\pi \in NP$ 并且存在 NP 完全问题 π' 使得 $\pi' \leqslant_p \pi$,则 π 是 NP 完全的。

提供了证明 π 是 NP 难的一条"捷径",把 NP 中所有的问题多项式时间变换到 π 也就不再需要了,而只需要把一个已知的 NP 难问题多项式时间变换到 π。根据前面的介绍,为了证明 π 是 NP 完全的,只需做下述两件事:

①证明 $\pi \in NP$。

②找到一个已知的 NP 完全问题 π',并证明 $\pi' \leqslant_p \pi$。

但是,直到现在我们还不知道哪个问题是 NP 完全的,甚至不知道是否真的有 NP 完全问题。在 9.6.2 节将对此给予肯定的回答,给出"第一个"NP 完全问题。

8.5　P 和 NP 语言类

8.5.1　非确定性图灵机

在图灵机计算模型中,移动函数 δ 是单值的,即对于 $Q \times T^k$ 中的每一个值,当它属于 δ 的定义域时,$Q \times (T \times \{L, R, S\})^k$ 中只有唯一的值与之对应。为了区分开来,称这种图灵机为确定性图灵机,简记为 DTM(deterministic Turing machine)。

一个 k 带的非确定性图灵机 M 是一个 7 元组:$(Q, T, I, \delta, B, q_0, q_f)$。与确定性图灵机不同的是非确定性图灵机允许 δ 具有不确定性,即对于 $Q \times T^k$ 中的每一个值 $(q; x_1, x_2, \cdots, x_k)$,当它属于 δ 的定义域时,$Q \times (T \times \{L, R, S\})^k$ 中有唯一的一个子集 $\delta(q; x_1, x_2, \cdots, x_k)$ 与之对应。可以在 $\delta(q; x_1, x_2, \cdots, x_k)$ 中随意选定一个值作为它的函数值。这个不确定的函数 δ 就是所谓的移动函数。

k 带非确定性图灵机的瞬象与 k 带确定性图灵机的瞬象一样定义,也是一个 k 元组 $(a_1, a_2,$

$\cdots,a_k)$。其中 a_i 是形如 xqy 的符号串。设非确定性图灵机 $M=(Q,T,I,\delta,B,q_0,q_f)$ 处于状态 q，且第 i 个读写头（$1\leqslant i\leqslant k$）正扫描着第 i 条带上有符号 x_i 的方格。若有（$r;(y_1,D_1),\cdots,(y_k,D_k))\in\delta(q;x_1,x_2,\cdots x_k)$，则说表达（$q;x_1,x_2,\cdots x_k$）的瞬象（记为 B）与表达（$r;(y_1,D_1),\cdots,(y_k,D_k)$）产生的瞬象（记为 C）之间有关系 $\vdash(M)$ 记为 $B\vdash(M)C$（在不引起混淆时可略去（M））。

如果对于每一个输入长度为一的可接受输入串，接受该输入串的非确定性图灵机 M 的计算路径长至多为 $T(n)$，则 $T(n)$ 就是 M 的时间复杂性。如果有某个导致接受状态的动作序列，在这个序列中，每一条带上至多扫描了 $S(n)$ 个不同的方格，则称 M 的空间复杂性为 $S(n)$。

如前所述，确定性和非确定性图灵机的区别体现在，确定性图灵机的每一步只有一种选择，而非确定性图灵机却可以有多种选择。由此可见非确定性图灵机的计算能力和确定性图灵机的计算能力比起来要强的多。对于一台时间复杂性为 $T(n)$ 的非确定性图灵机，可以用一台时间复杂性为 $O(C^{T(n)})$ 的确定性图灵机模拟，其中 C 为一常数。这就是说，如果 $T(n)$ 是一个合理的时间复杂性函数，M 是一台实践复杂性为 $T(n)$ 的非确定性图灵机，可以找到一个常数 C 和一台确定性图灵机 M'，使得它们可接受的语言相同，且 M' 的时间复杂性为 $O(C^{T(n)})$。

8.5.2 多项式检验算法和 NP 类语言

当我们要证明一个语言 L 属于 NP 类时，需要设计一个非确定的图灵机来接受这个语言，这一过程是比较麻烦的。我们介绍一个与之等价的计算模型，即多项式检验机（Polynomial verifier）。多项式检验机是一个确定的图灵机 T，它类似于一般图灵机，只不过是为证明 L 属于 NP 类而设计的。在它的输入字符串中，除字符串 x 以外，还有一个字符串 y，其长度 $|y|$ 是 $|x|=n$ 的多项式函数。这个字符串 y 是用来证明 $x\in L$ 的。如果 $x\notin L$，当然这样的字符串就根本不存在。如果 $x\in L$，则一定有这样的字符串存在，我们称这样的 y 为"证书"（certificate）。如果我们把 x 和 y 合起来看作输入字符串，T 就是一个确定的图灵机。和其他图灵机一样，当这个图灵机 T 对输入字符串 x 和 y，进行运算后输出 $T(x,y)=1$，我们说 T 接收字符串（x,y）。

一个语言 L 称为一个多项式时间可检验的语言，如果存在一个（确定的）图灵机 T 使得 $x\in L$ 当且仅当存在一个字符串 y，$|y|\leqslant|x|^c$，使字符串（x,y）被 T 在多项式时间内所接收，即 $T(x,y)=1$。这里，c 是一个正常数，y 称为 x 的证书，而 T 称为 L 的多项式检验机。

显然，如果把 $|y|$ 和 $|x|$ 总长看为输入规模 n'，那么一个 n' 的多项式函数也必定是 n 的多项式函数。多项式检验机的模型与非确定图灵机等价这点证明起来比较容易，即一个多项式时间可检验的语言必定可以被一个非确定图灵机在多项式时间内接受，反之亦然。我们在这里略去证明。由于等价，一个 NP 类语言 L 也就是一个多项式时间可检验的语言，反之亦然。

因为确定的图灵机与我们现代计算机模型多项式关联，因此，一个语言 L 是一个多项式时间可检验的语言，如果存在一个算法 A 使得 $x\in L$ 当且仅当存在一个字符串 y，$|y|\leqslant|x|^c$，使字符串（x,y）被 A 在多项式时间内所接收，算法 A 称为 L 的多项式检验算法，或 NP 算法。

如果一个问题 π 对应的语言 $L(\pi)$ 有一个多项式检验算法，那么问题 π 也就属于 NP 类了。等价的，在证明一个问题 π 是 NP 类问题时，我们也可以设计一个问题 π 的多项式检验算法（也称 NP 算法）A，它检验 π 的每一个实例 x，在这个实例有 yes 答案时，它在多项式时间内输出 $A(x,y)=1$。这里，y 是能证明 $\pi(x)=yes$ 的证书，$\pi(x)=yes$，它是除 x 外的附加的输入。算法设计者只要显示这样的证书在 $\pi(x)=yes$ 时存在即可。当 $\pi(x)\neq yes$ 时，算法可不予输出。

【例 8-2】　证明有向图 $G(V, E)$ 是否有哈密尔顿回路的判断问题属于 NP 类。

证明：如果 $G(V, E)$ 有哈密尔顿回路，它通过每个顶点的次数刚好为 1，那么我们可以把这个回路作为证书来验证。显然，如果 $G(V, E)$ 有哈密尔顿回路，这个证书是存在的。我们用 p 表示有 n 个顶点的序列并作为输入的证书。多项式检验算法的伪码如下：

Hamilton-Cycle-Verification $(G(V, E), p)$ 　　　　　//这里 $x = G(V, E), y = p$

检查是否有 $|p| = |V|$；

检查 p 中每个顶点是否属于集合 V；

检查 V 中每个顶点是否在 p 中出现，并且只出现一次；

检查从 p 中每个顶点到下个顶点是否是 E 中一条边；

检查从 p 的最后一个顶点到 p 的第一个顶点是否是 E 中一条边；

如果第 1 步到第 5 步的答案都是 yes，那么输出 1；

End

显然上述检验算法是正确的。假设图 G 的编码长度为 n，算法每一步都可以在 n 的多项式时间内完成，而且 p 的长度也不超过 n，所以判断有向图 $G(V, E)$ 是否有哈密尔顿回路问题属于 NP 类的范畴。从上面例子看到，在设计一个 NP 算法时，用什么样的证书是首先要确定的，然后用它对问题的输入进行检验。我们往往用问题的解，比如哈密尔顿回路，作为证书。这样的算法当然要比实际解出问题容易，我们只需检验即可。所以一个问题 π 的 NP 算法不是 π 本身的多项式算法，而是它的一个多项式检验算法。

初学者常常困惑的问题是，如果不把原问题解出，证书又是如何得到的呢？没有证书，检验从何谈起？我们姑且认为是"上帝"给的。因为非确定的图灵机本身也是一个假想的模型，是用来区分问题难易程度而设计的。试想，非确定的图灵机每次操作有多个选择，只要有一条路径发现特例 x 的解是 yes，就成功了，而最短的计算路径 p 的长度 $|p(n)|$ 才是时间复杂度。那么，谁能在每一步做出正确的选择呢？我们也姑且认为"上帝"可以办到。这两个模型是等价的。如果我们用确定的图灵机来模拟每一条可能的路径，先模拟每条长为 1 的路径，然后所有长为 2 的路径，直到所有长为 $|p|$ 的路径，此时答案也就可以得到了，但要很长时间。如果每次有 d 个选择，这个模拟需要 $d^{|p(n)|}$ 步。如果 $p(n)$ 是多项式，这个模拟则要指数时间。目前我们不知道的是，是否有确定的图灵机能在多项式时间内对每一步做出正确的选择。是否有一个 NP 类语言 L 也是无从得知的，使任何确定的图灵机都不能在多项式时间内接收它。下面再举一个设计 NP 算法的例子。

【例 8-3】　给定一个有 n 个正整数的集合 S，它的一个划分就是把 n 个数分为两个子集，A 和 $S - A$，使得子集 A 中数字之和等于子集 $S - A$ 中数字之和，即 $\sum_{x \in A} x = \sum_{x \in S-A} x$。集合划分问题就是判断一个有 n 个正整数的集合 S 是否有一个划分。请证明集合划分问题属于 NP 类。

证明：如果集合 S 有划分，那么划分对应的子集 A 可以作为证书来证明。我们有以下多项式检验算法：

Set-Partition-Verification (S, A)

检查 A 中每个数字是否属于 S

计算集合 $S-A$

计算 $S-A$ 中所有数字的和 $\sum\limits_{x \in S-A} x$

检查是否有 $\sum\limits_{x \in A} x = \sum\limits_{x \in S-A} x$。

如果前面第 1 步和第 5 步的答案都是 yes,那么输出 1

End

8.6　NP 完全语言类与 NP 完全问题

8.6.1　NP 完全问题

一个 NP 完全问题可以看作是 NP 中的一个问题,它和该类型中任何其他问题的难度都是一样的,因为根据定义,NP 中的任何其他问题都能够在多项式的时间内化简成这种问题(图 8-4 是一个示意图)。

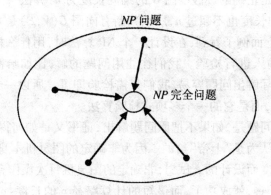

图 8-4　NP 完全问题的概念

针对这些概念,下面给出了更正式的定义。

我们说一个判定问题 D_1 可以多项式化简为一个判定问题 D_2,条件是存在一个函数能够把 D_1 的实例转化为 D_2 的实例,使得

①t 把 D_1 的所有真实例映射为 D_2 的真实例,把 D_1 的所有假实例映射为 D_2 的假实例。

②t 可以用一个多项式算法计算。

这个定义显然意味着如果问题 D_1 可以多项式化简为某些能够在多项式时间内求解的问题 D_2,那么问题 D_1 就可以在多项式时间内求解(为什么?)。

一个判定问题 D 是 NP 完全问题,需要满足以下两个条件:

①它属于 NP 类型。

②NP 中的任何问题都能够在多项式时间内化简为 D。

对于紧密关联的判定问题能够在多项式的时间内相互转化这一事实,这点没有什么意外可言。例如,我们可以证明哈密尔顿回路问题可以多项式化简为旅行商问题的判定版本。后者可以描述为这样一个问题,即确定在一个权重为正整数的给定完全图中,是否存在一条长度不超过一个给定正整数 m 的哈密尔顿回路。我们可以把哈密尔顿回路问题的一个给定实例

中的图 G 映射成表示旅行商问题实例中的一个完全加权图 G'，方法是把 G 中每条边的权重设为 1，然后把 G 中任何一对不邻接的顶点间都加上一条权重为 2 的边。至于哈密尔顿回路长度的上界 m，我们有 $m = n$，其中，n 是 G（和 G'）中顶点的数量。显然，在多项式的时间内这样一种转换即可完成。

设 G 是哈密尔顿回路问题中的一个真实例，那么 G 就有一个哈密尔顿回路，而且它在 G' 中的映像的长度为 n，因此该映像就是旅行商问题的判定版本中的一个真实例。反过来说，如果在 G' 中一个哈密尔顿回路的长度不大于 n，那么它的长度一定恰好等于 n（为什么？），而且这个回路一定是由出现在 G 中的边组成的，那么旅行商问题的判定版本中的一个真实例就是哈密尔顿回路问题中的一个真实例。自此，我们的证明即可完成。

然而，NP 完全性的概念要求 NP 中的所有问题，无论是已知的还是未知的，都能够多项式化简为我们所讨论的问题。由于判定问题的类型非常多，如果我们说有人已经找到了 NP 完全问题的一个特定例子，大家一定会感到吃惊的。然而，这个数学上的壮举已经有美国的 Stephen Cook 和前苏联的 Leonid Levin 分别独立完成了。Cook 在他 1971 年的论文中指出，所谓的合取范式可满足性问题就是 NP 完全问题。合取范式可满足性 M 题和布尔表达式有关。每一个布尔表达式都能被表示成合取范式（conjunctive normalform）的形式，就像下面这个表达式，包含了 3 个布尔变量 $P \overset{?}{=} NP$ 以及它们的非，分别标记为 $\bar{x}_1, \bar{x}_2, \bar{x}_3$：

$$(x_1 \vee \bar{x}_2 \vee \bar{x}_3) \& (\bar{x}_1 \vee x_2) \& (\bar{x}_1 \vee \bar{x}_2 \vee \bar{x}_3)$$

合取范式可满足性问题问的是，我们是否可以把真或者假赋给一个给定的合取范式类型的布尔表达式中的变量，使得整个表达式为真。（很容易看出，对于上面的式子，这是可以做到的：如果 $x_1 = $ 真，$x_2 = $ 真，$x_3 = $ 假，那么整个表达式为真。）

自从 Cook 和 Levin 发现了第一个 NP 完全问题之后，计算机科学家们发现了几百种（如果不是几千种的话）其他的例子。具体来说，前面提到的一些著名问题（或者它们的判定版本），比如哈密尔顿回路、旅行商问题、划分问题、装箱问题以及图的着色问题，它们都可以看成是 NP 完全问题。然而，我们知道，如果 P $\neq$ NP，既不属于 P 又非 NP 完全问题的 NP 问题是一定会存在的。

有一段时间，这种例子的最佳候选者是确定一个给定整数是质数还是合数的问题。经过一个重要的理论突破，坎普尔印度技术研究所的 Manindra Agrawal 教授以及他的学生 Neeraj Kayal 和 Nitin saxena 于 2002 年宣布发现了一个多项式时间的确定算法[Agr02]，可以用来判定质数。但该问题的算法无法对一个相关问题求解，即对大合数做因子分解，而该问题正是一种广泛使用的加密方法——所谓 RSA 算法[Riv78]的核心部分。

经过两个步骤即可证明一个判定问题是 NP 完全问题。首先，我们需要证明所讨论的问题属于 NP 问题。也就是说，可以在多项式的时间里检验一个任意生成的串，以确定它是不是可以作为问题的一个解。一般来说，这一步实现起来是没有难度的。第二步是证明 NP 中的每一个问题都能在多项式的时间内化简成所讨论的问题。由于多项式化简的传递性，为了完成这一步证明，我们可以证明一个已知的 NP 完全问题能够在多项式时间内转化为所讨论的问题，如图 8-5 所示。虽然给出这样一种转化需要具有相当的独创性，但相对于证明 NP 中的每一个问题都允许这种转化，则要简单的多。例如，如果我们已知哈密尔顿回路问题是 NP 完全问题,它能够在多项式的时间内化简为判定旅行商问题,则意味着旅行商问题也是 NP 完全问题(在经过一个简单的检验之后,也就是检验判定旅行商问题属于 NP 类型)。

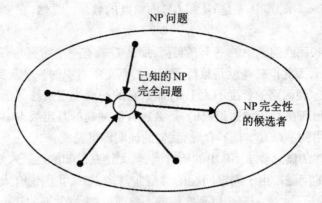

图 8-5 用化简法证明 NP 完全性

　　NP 完全性的定义显然意味着,即使我们仅仅得到了一个 NP 完全问题的多项式确定算法,也说明所有的 NP 问题都能够用一个确定算法在多项式的时间内解出,因此 P = NP。换句话说,得到了一个 NP 完全问题的多项式算法可以表明,对于所有类型的判定问题来说,从本质上来看,检验待定解和在多项式时间内求解在复杂性上并没有差别。这种推论使得大多数计算机科学家相信 P ≠ NP,尽管到目前为止还没有人能从数学上证明这个迷人的猜想。有人写了一本关于 15 位卓越的计算机科学家的生活和发现的书[Sha98],令人惊奇的是,在和这本书的作者会谈时,对于这个问题,Cook 好像陷入两难,无法做出一个最终的结论,而 Levin 则认为我们可以期望 P = NP 这样的结果。

　　无论 P $\overset{?}{=}$ NP 这个问题的最终答案如何,在今天,知道一个问题是 NP 完全问题具有的现实意义仍然是相当重要的。它意味着,如果我们知道所面对的是一个 NP 完全问题,我们最好不要指望能够设计出一个能够对它所有实例求解的多项式时间算法,以此获得名望和财富。我们应该做的就是关注那些致力于缓解问题难解度的方法。

8.6.2 第一个 NPC 问题

　　布尔表达式(Boolean formula)的可满足性(satisfiability)问题是历史上第一个被证明是 NPC 的问题。一个布尔表达式就是用一些逻辑运算符把若干个布尔变量连接起来的表达式,常见的运算符有 ∧(与)、∨(或)、?(非)、→(如果…则)、↔(当且仅当)等。例如,$\Phi = ((x_1 \vee x_2) \to ((\neg x_1 \wedge x_3) \leftrightarrow x_4)) \wedge (\neg x_2 \to x_3)$,当赋以表达式中每个变量值 0 或 1 后,可计算出表达式的值。例如,若赋以 $x_1 = 0, x_2 = 0, x_3 = 1, x_4 = 1$,则上面表达式的值为:

$$\Phi = ((x_1 \vee x_2) \to ((\neg x_1 \wedge x_3) \leftrightarrow x_4)) \wedge (\neg x_2 \to x_3)$$
$$= ((0 \vee 0) \to (\neg 0 \wedge 1) \leftrightarrow 1)) \wedge (\neg 0 \to 1)$$
$$= (0 \to (1 \leftrightarrow 1)) \wedge (1 \to 1)$$
$$= (0 \to 1) \wedge 1$$
$$= 1$$

如果有一组变量的赋值使表达式的值为 1,我们称该表达式是可以被满足的,所以上面例子中表达式是可以被满足的。无论是给变量如何赋值的,表达式的值总是为 0,那么称表达式是不可被满足的。布尔表达式的可满足性问题,简称为 SAT 问题,就是判断任一个给定布尔表达式是否可被满足。这个问题的一个实例就是一个布尔表达式。

Stephen Cook 在 1971 年证明了 SAT 问题是个 NPC 问题,称为 Cook 定理。这个定理有着划时代的意义,因为它证明了在 NP 类中确实存在像 SAT 这样的 NPC 问题,而且通过这个定理,我们可以方便地证明和发现其他的 NPC 问题。现在,当我们需要证明一个新的问题 π 是 NPC 问题时,只需遵循下面的方法。

新问题 π 是 NPC 问题的证明步骤:

①证明 $\pi \in NP$;

②选一个已知的 NPC 问题 π',并证明 $\pi' \propto_p \pi$。

容易看出这个方法的正确性,这是因为 $\pi' \in NPC$,所以 NP 类中任一个问题 π'' 可多项式归约到 π',即 $\pi'' \propto_p \pi'$,而又有 $\pi' \propto_p \pi$,所以 π'' 也可多项式归约到 $\pi, \pi'' \propto_p \pi$,尽管这个归约需要两步。

针对 Cook 定理的证明在此省略,但是选用另外一个 NP 类问题作为第一个 NPC 问题来证明。这个问题就是电路的可满足性问题。我们先把这个问题介绍一下。

电路的可满足性问题(circuit-SAT)。

这里的电路指的是一个组合电路 C,它由一些门电路组成,门(AND gate)、或门(OR gate)和非门(NOT gate)等组成了门电路。这个电路有若干个输入信号和一个输出信号。每个信号可取 0 或 1,分别由一个低电位和一个高电位表示。当一组输入信号(可视为输入变量)经过这个电路后,电路会产生一个输出信号。如果有一组输入信号使得输出信号的值是 1,那么这个电路被称为可满足的,否则被称为不可满足的。电路的可满足性问题就是对任一给定电路 C,判断它是否可满足。图 8-6a 和 b 分别给出了一个可满足和不可满足的电路实例。

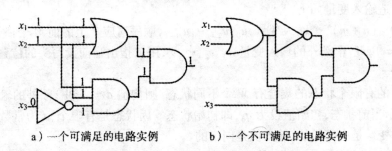

a)一个可满足的电路实例　　b)一个不可满足的电路实例

图 8-6　电路可满足性问题的两个实例

描述电路 C 的一个字符串编码通过 $<C>$ 来进行描述,那么电路可满足问题对应的语言可定义为 circuit-SAT = { $<C>$ | 电路 C 可被满足 },也就是所有可被满足的电路的编码的集合。

语言 circuit-SAT 属于 NPC 类。

证明:根据 NPC 语言的两个要求,语言 circuit-SAT 属于 NP 类是先要证明的,也就是设计一个 NP 算法。假设 $<C>$ 是描述该问题的一个实例 C 的字符串,其长度与输入变量的个数、逻辑门的个数及连线(wire)的个数的总和成正比。因为每个逻辑门的输出只有一个值,而这

个输出又可能是另一些门的输入,它们的二进制值必定相等,我们把它们之间的连接称为一根连线。当一组输入变量给定时,每条连线及 C 的输出值就定了。所以,在 NP 算法中,我们设计的证书 y 是电路可满足时,每个输入变量的值,每条连线及输出变量上的值,其长度显然与 x 的长度成正比,所以存在 $C > 0$ 使 $|y| \leqslant |x|^c$。这个 NP 算法的具体表述如下:

Circuit-SAT-Verification($<C>$,y)

    对 $<C>$ 中描述的每个门 g 做如下检查:

        {在 y 中找出 g 的所有输入值和它的输出值

        检查它的输出值是否与门 g 的定义吻合};

    在 y 中找出 C 的输出值并检验是否为 1;

    如果上面几步都通过,则输出 1;

    End

    显然,在多项式时间内这个算法的所有步骤都可以完成,因此,语言 circuit-SAT 属于 NP 类。

    下面我们证明任何一个 NP 类语言 L 可以多项式归约到 circuit-SAT。我们知道,$L \in$ NP 表明它有一个多项式检验机,即一个确定的图灵机 T,它对任意两个字符串 x、y 进行识别判断。设 $x = x_1 x_2 \cdots x_n$,$y = y_1 y_2 \cdots y_m$,如果 x 是所检验问题的一个实例,而且 y 能够证明 $x \in L$,T 则在多项式时间内输出 1。而且,我们知道能被多项式检验机 T 接收的语言(x 部分)就等于 L。所以,多项式检验机 T 所检验的任何一个实例实现其证明即可,即序列 x 和 y,可在多项式时间内构造一个 circuit-SAT 的实例 C,使得检验机 T 在多项式时间内输出 1 当且仅当 C 可满足。假设一个语言 L 的多项式检验机 T 在 $M = (n+m)^k$ 步可输出 1,如果 $x \in L$。这里 n 和 m 分别是字符串 x 和证书 y 的长度,$k \geqslant 1$ 是一个常数,$m \leqslant n^c$。另外,我们假设检验机 T 的读写带上的格子从 0 开始编号,这 $n+m$ 个输入字符放在从 0 到 $n+m-1$ 的格子中。其余的格子中初始放 0。(应该是放 B 表示空,为方便起见放 0,但显然这是没有差别的。)不失一般性,假设输出符号 t 放在编号为 $n+m$ 的格子中。下面说明如何构造相应的电路 C。

    我们先构造输入变量如下:

    ①构造 $M = (n+m)^k$ 个输入变量,$u_0, u_2, \cdots, u_{M-1}$,顺序对应 T 上的前 M 个格子上的字符。

    ②构造 $r = \lceil \lg M \rceil$ 个额外的输入变量,$v_1, v_2, \cdots, v_r$,用以指出当前读写头的位置,即地址,初始值为 0。

    ③假设 T 的有限个状态的集合有 W 个不同状态,则构造 $d = \lceil \lg W \rceil$ 额外的输入变量,w_1, $w_2, \cdots, w_d$,表示当前状态,初始值设为 q_0,即初始状态。因状态是有限个,d 为常数。这一步和②构造的输入变量是内部用的,输入值是同定的。

    然后,对应检验机 T 中每一步,使得各变量的值通过这一层电路后等于检验机 T 的一步之后读写带上应该有的值可通过一层电路的构造来实现。这一层的构造要保证所用逻辑门和连线的个数是 $(n+m)$ 的多项式函数,并且对输入变量的所有可能的值,这一层的计算始终保证结果与 T 的操作结果一致。因此,这一层的构造是通用的,即每一层的构造都是一样的,一共构造 M 层。下而说明如何构造这一层。

    ①在 $u_0, u_2, \cdots, u_{M-1}$ 变量中选取对应于地址 $v_1, v_2, \cdots, v_r$ 的变量 a。这可以用逻辑设计中多路复用器(multiplexer)实现,逻辑门和连线的个数与 M 成线性正比关系。当前读写头下的字符就是变量 a。

②由变量 a 以及表示当前状态 q 的变量 $w_1, w_2, \cdots, w_d$,计算下列输出变量的值:

- 对应于地址 $v_1, v_2, \cdots, v_r$ 的新的值 $a'(0$ 或 $1)$,即三元组 (q', a', D) 中的 a'。
- 表示下一状态的变量 $w_1, w_2, \cdots, w_d$,即三元组 (q', a', D) 中的 q'。这一步可根据检验机 T 的状态转换函数 δ 构造。这里一共有 $d+1$ 个(常数个)输入变量,可为每个新的输出值 $w_1, w_2, \cdots, w_d$ 分别构造一个真值表来计算。当然,用门电路也可以实现。因为输入变量个数是常数,所以逻辑门和连线的个数也是常数(不随 n 增大而变化)。
- 新的地址变量 $v_1, v_2, \cdots, v_r$,即三元组 (q', a', D) 中的 D。这个新地址应该是原来的地址加 1,或加 0,或加 -1。这也由状态转换函数确定,所用逻辑门和连线个数与 r 成正比。

需要注意的是,如当前状态是终止状态 q_f 时,对任何输入变量 a,规定 $\delta(q_f, a) = (q_f, a, N)$,即所有变量是没有发生变化的。

最后,在构造了 M 层电路后,输出变量 u_{n+m} 的电路也是需要构造的。这只需 $O(M)$ 个逻辑门和连线。图 8-7 显示了 $(n+m)^k$ 层电路中第一层的构造,而图 8-8 则显示了最后一层构造。其余层与第一层的构造相同,但不设初始状态和初始地址。它们的输入状态和地址由上一层的输出决定。图 8-7 中新的 a 为 1 时表明该变量值改变,即 $a' = \neg(a)$,否则不变。另外,DEMUX 作用与 MUX 相反,它是在 M 个出口中选出一个出口让唯一的输入信号通过,而其他的输出信号为 0。

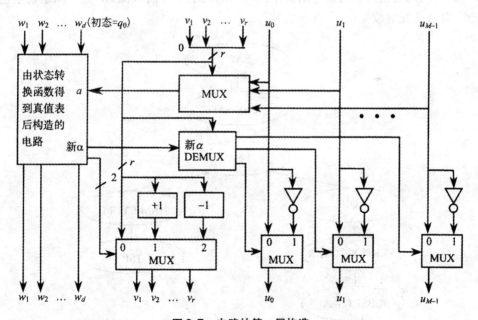

图 8-7　电路的第一层构造

从上述构造可知,该电路对于检验机 T 的检验过程得以有效模拟,所以,检验机 T 输出 1 当且仅当所构造电路可被满足。由逻辑电路设计的知识可知,每层中增加的逻辑门的个数和连线个数显然不超过 $O(M)$,所以整个电路所含的逻辑门的个数或导线个数的总和不超过 $O(M^2)$,是 $(n+m)$ 的一个多项式。所以有 $L \propto_p$ Circuit-SAT。

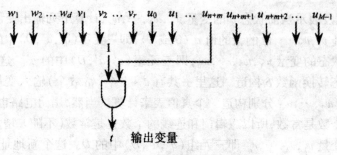

图8-8 电路的最后一层构造

8.6.3 几个 NP 完全问题

Cook 定理的重要性不言而喻,它给出了第一个 NP 完全问题。使得对于任何问题 Q,只要能证明 $Q \in NP$ 且 $SAT \propto_p Q$,便有 $Q \in NPC$。所以,许多其他问题的 NP 完全性也得以有效证明。这些 NP 完全问题都是直接或间接地以 SAT 的 NP 完全性为基础而得到证明的。由此逐渐生长出一棵以 SAT 为树根的 NP 完全问题树。图8-9 是这棵树的一小部分。其中每个结点代表一个 NP 完全问题,该问题可在多项式时间内变换为它的任一儿子结点表示的问题。实际上,由树的连通性及多项式在复合变换下的封闭性可知,NP 完全问题树中任一结点表示的问题可以在多项式时间内变换为它的任一后裔结点表示的问题。目前这棵 NP 完全问题树上已有几千个结点,并且还在继续生长。

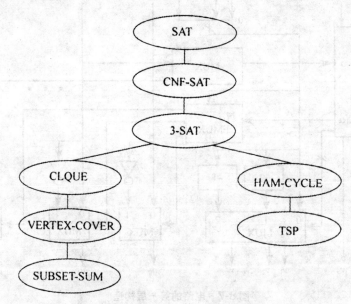

图8-9 部分 NP 完全问题树

下面介绍这棵 NP 完全树中的几个典型的 NP 完全问题。

1. 合取范式的可满足性问题

给定一个合取范式 a,判定它是否可满足。

如果一个布尔表达式是一些因子和之积,则称之为合取范式,简称 CNF(conjunctive normal form)。这里的因子是变量 x 或 $\bar{x}$。例如,$(x_1 + x_2)(x_2 + x_3)(\bar{x}_1 + \bar{x}_2 + x_3)$ 就是一个合取范式,而 $x_1 x_2 + x_3$ 就不是合取范式。

要证明 $CNF - SAT \in NPC$,只要证明在 Cook 定理中定义的布尔表达式 $A, \cdots, G$ 或者已是合取范式,或者有的虽然不是合取范式,但可以用布尔代数中的变换方法将它们转化成合取范式,而且合取范式的长度与原表达式的长度只差一个常数因子。注意到在 Cook 定理的证明中引入的谓词 $U(x_1, \cdots, x_r)$ 已经是一个合取范式,从而 A, B, C 都是合取范式。F 和 G 都是简单因子的积,故它们也都是合取范式。

D 是形如 $(x \equiv y) + z$ 的表达式的积。如果以 $xy + \bar{x}\bar{y}$ 替换 $x \equiv y$,可将 $(x \equiv y) + z$ 改写为 $xy + \bar{x}\bar{y} + z$,这等价于 $(x + \bar{y} + z)(\bar{x} + y + z)$。因此,$D$ 可变换为与之等价的合取范式,且其表达式的长最多是原式长度的 2 倍。

最后,由于表达式 E 是 E_{ijkt} 的积,每个 E_{ijkt} 的长度与 n 没有直接关系,将 E_{ijkt} 变换成合取范式后长度也与 n 无关。因此,将 E 变换成合取范式后,其长度与原长最多差一个常数因子。

由此可见,将布尔表达式 W_0 变换成与之等价的合取范式后,其长度只相差一个常数因子。因此,CNF SAT $\in$ NPC。

如果一个布尔合取范式的每个乘积项最多是 k 个因子的析取式,就称之为 k 元合取范式,简记为是 k-CNF。判定一个 k-CNF 是否可满足就是一个 k-SAT 问题。特别地,当 $k = 3$ 时,s-SAT 问题在 NP 完全问题树中具有重要地位。

2.3 元合取范式的可满足性问题

3 元合取范式的可满足性问题(2-SAT)是合取范式的可满足性问题(SAT)的一个子问题。3-SAT 只考虑特殊的一类布尔表达式,即 3-CNF(conjunctive normal form)的可满足性问题。CNF 称为合取范式,指的是一个表达式由一系列子句(clause)用与(AND)运算连接而成,而每个子句由若干个文字用或(OR)运算连接而成。这里,一个文字(literal)是指一个布尔变量或者变量的非。如果每个子句中正好是 3 个文字,则称为 3-CNF。例如,$\Phi = (x_1 \vee \neg x_1 \vee \neg x_2) \wedge (x_3 \vee x_2 \vee x_4) \wedge (\neg x_1 \vee \neg x_3 \vee \neg x_4)$ 就是一个 3-CNF。3-SAT 问题是判断 3-CNF 的表达式是否可满足的问题。这个问题是个 NPC 问题并常被用来证明其他问题是 NPC 问题。

如何将一个 SAT 问题的实例多项式转换为一个 3-SAT 的实例可通过一个例子来有效说明。假设我们有一个布尔表达式 $\Phi = ((x_1 \vee x_2) \rightarrow ((\neg x_1 \wedge x_3) \leftrightarrow x_4)) \wedge (\neg x_2 \rightarrow x_3)$。步骤如下。

①如图 8-10 所示,Φ 可以用一棵二叉树来表示,其中每个内结点代表一个逻辑运算。并且用一个新变量代表每个内结点运算后的输出变量。显然,这一步的构造可在多项式时间内完成。

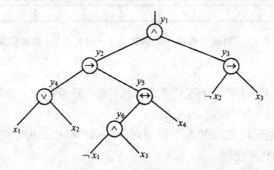

图 8-10　用一棵二叉树表示一个表达式的例子

②为每个内结点构造一个短小布尔表达式来表示该结点的输出变量和它的两个输入变量之间的关系。这一步类似于我们在把 circuit-SAT 归约为 SAT 问题时为每个逻辑门构造的表达式。如果把每个结点的运算看成是一个实现该运算的门,那么这两个做法就相同了。在完成这一步之后,把所有这些小表达式以及根结点的输出变量用与运算串连起来得到表达式 Φ'。以图 8-10 中表达式为例,不难得出:

$$\Phi' = y_1 \wedge (y_1 \leftrightarrow (y_2 \wedge y_3))$$
$$\wedge (y_2 \leftrightarrow (y_4 \rightarrow y_5))$$
$$\wedge (y_3 \leftrightarrow (\neg x_2 \rightarrow x_3))$$
$$\wedge (y_4 \leftrightarrow (x_1 \vee x_2))$$
$$\wedge (y_5 \leftrightarrow (y_6 \leftrightarrow x_4))$$
$$\wedge (y_6 \leftrightarrow (\neg x_1 \leftrightarrow x_3))$$

显然,这一步的构造也可在多项式时间内完成,并且容易看出,表达式函可被满足当且仅当表达式 Φ' 可被满足。

③将表达式 Φ' 中每个小表达式变换为等价的一个小 3-CNF 表达式。实现步骤是,为每个小表达式构造一个真值表,然后找出一个 3-CNF 表达式来实现这个真值表。我们以本例中表达式 $y_1 \leftrightarrow (y_2 \wedge y_3)$ 为例说明。图 8-11 是它的真值表。由这个真值表,可得到一个使该表达式等于 0 的析取范式(Disjunctive Normal Form,DNF):

$$(y_1 \wedge \neg y_2 \wedge \neg y_3) \vee (y_1 \wedge \neg y_2 \wedge y_3) \vee (\neg y_1 \wedge y_2 \wedge y_3) \vee (y_1 \wedge y_2 \wedge \neg y_3)$$

再用德摩根(De Morgan)定理把这个析取范式变为等于 1 的 3-CNF:

$$(\neg y_1 \vee y_2 \vee y_3) \wedge (\neg y_1 \vee y_2 \vee \neg y_3) \wedge (y_1 \vee \neg y_2 \vee \neg y_3) \wedge (\neg y_1 \vee \neg y_2 \vee y_3)$$

因为真值表中等于 0 的行最多是 8 个,所以这个 3-CNF 中的子句最多有 8 个,因此这一步在线性时间内即可完成。

设 Φ'' 是由上一步中得到的 3-CNF 表达式,显然 Φ'' 可被满足当且仅当 Φ 可被满足。

y_1	y_2	y_3	$y_1 \leftrightarrow (y_2 \wedge y_3)$
0	0	0	1
0	0	1	1
0	1	0	1
0	1	1	0
1	0	0	0
1	0	1	0
1	1	0	0
1	1	1	1

图 8-11 对应于根结点的表达式 $y_1 \leftrightarrow (y_2 \wedge y_3)$ 的真值表

3. 团问题

给定一个无向图 $G(V,E)$ 和一个正整数 k,判定图 G 是否包含一个 k 团,即是否存在 $V' \subseteq V$,$|V'| = k$,且对任意 $u,w \in V'$ 有 $(u,w) \in E$。

CLIQUE $\in$ NP 这点是已经知晓的。下面通过 3 - SAT $\propto_p$ CLIQUE 来证明 CLIQUE 是 NP 难的,从而证明团问题是 NP 完全的。

设 $\theta = C_1 C_2 \cdots C_k$ 是一个 3 元合取范式。其中 $C_r = l_1^r + l_2^r + l_3^r, r = 1,2,\cdots,k$。

据此,构造一个图 G,使得 θ 是可满足的当且仅当图 G 有一个 k 团。

对于 θ 中每个合取式 $C_r = l_1^r + l_2^r + l_3^r$ 定义图 G 中与 l_1^r,l_2^r,l_3^r 对应的 3 个顶点 v_1^r,v_2^r,v_3^r。约定 v_i^r 的编号为 $3(r-1)+i,1\leqslant i\leqslant 3,1\leqslant r\leqslant k$。顶点集 V 共有 $3k$ 个顶点,编号依次为 $1,2,\cdots,$ $3k$。当 G 中的顶点 v_i^r 和 v_j^s 对于以下两个条件是满足时,建立连接这 2 个顶点的边 $(v_i^r,v_j^s)\in E$。

① $r\neq s$,即 v_i^r 和 v_j^s 分别在不同的合取式中;

② l_i^r 不是 l_j^s 的非,即 $l_i^r\neq\overline{l_j^s}$。

图 G 显然可在多项式时间内构造出来。例如,当

$$\theta = (x_1+\overline{x_2}+\overline{x_3})(\overline{x_1}+x_2+x_3)(x_1+x_2+x_3)$$

时构造出与之相应的图 G,如图 8-12 所示。

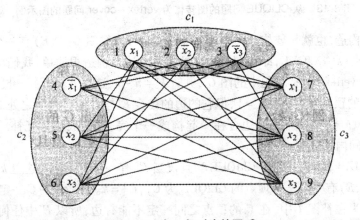

图8-12　与 θ 相对应的图 G

对于这样构造出来的图 G,θ 是可满足的当且仅当 G 有一个 k 团这点是可以证明的。事实上,若 $\theta = 1$,则 $C_r = l_1^r + l_2^r + l_3^r = 1,1\leqslant r\leqslant k$,由此可知 l_1^r,l_2^r,l_3^r 中至少有一个因子取值 $1,1\leqslant r\leqslant k$。将每个 C_r 中取值为 1 的一个因子对应的 V 中顶点取出并放入顶点集 V',共取出 k 个顶点,故 $|V'| = k$,且 V' 为 G 的 k 团。因为 V' 中任意 2 个顶点 $v_i^r,v_j^s\in V$,有 $r\neq s$,且 l_i^r 和 l_j^s 取均值 1,故它们不是互补变量。由 G 的构造法则即知 $(v_i^r,v_j^s)\in E$。

反之,若 G 有一支 k 团 V'。由 G 的构造可以得出,对任意 $1\leqslant r\leqslant k,v_1^r,v_2^r,v_3^r$ 之间没有边相连。因此 V' 中 k 个顶点分别对应于 C_r 中一个因子,$1\leqslant r\leqslant k$。因为互补变量之间没有相连接,不会产生矛盾的情况。其他变量的取值只要满足一致性即可。因此,每个 C_r 中有一个因子取值 $1,1\leqslant r\leqslant k$,从而 $\theta = 1$。因此,θ 是可满足的。

综上可知,CLIQUE 是 NP 难的,从而 CLIQUE $\in$ NPC。

4. 顶点覆盖问题

一个图 G 以目的顶点集合 S 称为一个顶点覆盖(vertex-cover),如果 E 中每一条边都与 S 中至少一个点关联。例如图 8-13(b)中顶点集合 $\{c,d,g\}$ 就是所示图的一个顶点覆盖。给定一个图,我们希望能找到最小的一个顶点覆盖,也就是含顶点个数最少的一个覆盖。该问题就是所谓的最小顶点覆盖问题,显然也是一个优化型问题,它对应的判断型问题是:给定一个图 G 和一个正整数 k,G 是否含有一个 k-覆盖(k-cover),即由 k 个顶点形成的覆盖?

现在,假设图 $G(V,E)$ 和整数 k 是 CLIQUE 问题的一个特例,一个 vertex-cover 的实例可通

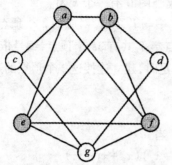
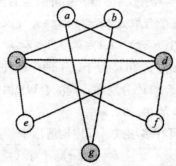

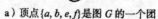

a) 顶点 $\{a,b,e,f\}$ 是图 G 的一个团　　　　　　b) 顶点 $\{c,d,g\}$ 是图 G'的一个覆盖

图 8-13　从 CLIQUE 问题的图转化为 vertex－cover 问题的图示例

过多项式时间来构造,也就是要构造一个图 G' 和整数 k',使得图 $G(V,E)$ 有一个 k-CLIQUE 当且仅当图 G'有一个 k'-CLIQUE,即有 k'个顶点的覆盖。这个构造很简单,我们构造 $G(V,E)$ 补图 $\overline{G}(V',E')$ 作为 vertex-cover 问题中的图 G',并置 $k'=n-k$,这里 $n=|V|$。补图 $\overline{G}$ 的定义是,它有着与 G 相同的顶点集合,即 $V'=V$,但它的边的集合 E' 与 E 没有相同之处,即 $E'=\{(u,v)|u,v\in V',u\neq v,u,v\notin E\}$。 G 和 $\overline{G}$ 的边合在一起构成一个完全图,故称为互补。上述构造显然可以在多项式时间内完成。

下面证明图 $G(V,E)$ 有一个 k-CLIQUE 当且仅当 $\overline{G}$ 有一个 k'-cover,这里 $k'=n-k$。

①假设 $G(V,E)$ 有一个 k 个顶点的 CLIQUE 为 C, $|C|=k$。那么 $V-C$ 一定是 $\overline{G}$ 的一个顶点覆盖。这是因为在补图 $\overline{G}$ 中,在 C 的顶点之间一定不能有边,所以 E' 中任何一条边至少有一个端点不在 C 中,也就是说, E' 中任何一条边至少与 $V-C$ 中一个点关联。同此, $V-C$ 是 $\overline{G}$ 的一个顶点覆盖。因为 $|V-C|=n-k$,所以 $\overline{G}$ 有一个 k'-cover。例如图 8-13a 中,顶点 $\{a,b,e,f\}$ 是图 G 的一个 4-CLIQUE,那么 $\{c,d,g\}$ 则是 $\overline{G}$ 的一个 3-cover。

②假设 $\overline{G}$ 的一个 $n-k$ 个顶点的 cover 为 S, $|S|=n-k$。那么 E' 中任何一条边至少与 S 中一个点关联。也就是说,在集合 $V-S$ 中的顶点之间不能有 E' 中的边。这样一来,因为 G 和 $\overline{G}$ 互补,集合 $C=V-S$ 中任何两点间在 G 中则一定有边,所以 C 是 G 的一个 CLIQUE。又因为 $|C|=|V-S|=n-(n-k)=k$,所以 C 是一个 k-CLIQUE。

5. 哈密尔顿回路问题

给定无向图 $G(V,E)$,对其是否含有一个哈密尔顿回路进行判定。

已知哈密尔顿回路问题是一个 NP 类问题。现在证明 3-SAT $\propto_p$ HAM-CYCLE。

给定关于变量 $x_1,x_2,\cdots,x_n$ 的 3 元合取范式 $\theta=C_1C_2\cdots C_k$,其中每个 C_i 恰有 3 个因子。根据 θ 在多项式时间内构造与之相应的图 $G(V,E)$,使得 θ 是可满足的当且仅当 G 有哈密尔顿回路。

构造用到两个专用子图,一些有用的特殊性质是它们所具备的。在许多有趣的 NP 完全性的证明中常用到这两个子图。

第一个专用子图 A 如图 8-14(a)所示。图 A 作为另一个图 G 的子图时,只能通过顶点 a, a', b, b' 和图 G 的其他部分相连。注意到若包含子图 A 的图 G 有一哈密尔顿回路,则该哈密尔顿回路为了通过顶点 z_1,z_2,z_3 和 z_4,只能以图 8-14(b)和(c)的两种方式通过子图 A 中各顶点。因此,可以将子图 A 看作由边 a,a',b,b' 组成的,且图 G 的哈密尔顿回路必须包含这两条边中恰好一条边。为简便起见,用 9 – 14(d) 所示的图来表示子图 A。

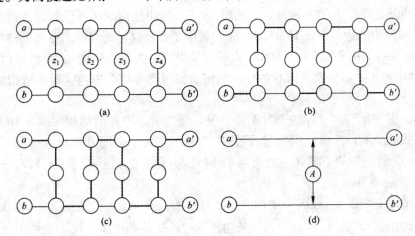

图 8-14　子图 A 的结构

图 8-15 中的图是要用到的第二个专用子图 B。图 B 作为另一个图 G 的子图时,只能通过顶点 b_1, b_2, b_3, b_4 和图 G 中其他部分相连。

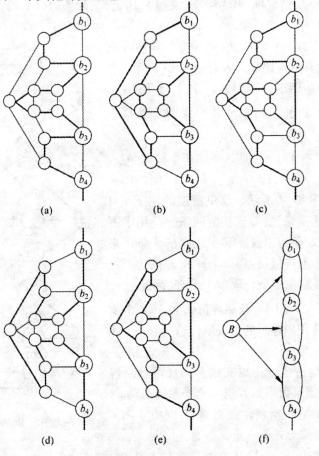

图 8-15　子图 B 的结构

图 G 的一条哈密尔顿回路中 3 条边 (b_1,b_2)，(b_2,b_3) 和 (b_3,b_4) 是不会全部通过的。否则它就不可能再通过子图 B 的其他顶点。然而，这 3 条边中任何一条或任何两条边都可能成为图 G 的哈密回路中的边。图 8-15 的 (a)～(e) 说明了 5 种这样的情形。还有 3 种情形可以通过对 (b)、(c) 和 (e) 中图形做上下对称顶点的交换得到。为简便起见，用图 8-15(f) 中图形表示子图 B，其中的 3 个箭头表示图 G 的任一哈密尔顿回路必须至少包含箭头所指的 3 条路径之一。

要构造的图 G 由许多这样的子图 A 和子图 B 所构成。图 G 的结构如图 8-16 所示。θ 中每一个合取式 C_i，$1 \le r \le k$，对应于一个子图 B，并且将这 k 个子图 B 串连在一起。也就是说，若用 $b_{i,j}$ 表示 C_i 所对应的子图 B 中的顶点 b_j，则将 $b_{i,4}$ 和 $b_{i+1,i}$ 连接起来，$i = 1, 2, \cdots, k-1$。这就构成图 G 的左半部。

对于 θ 中每个变量 x_m，在图 G 中两个与之对应的顶点 x'_m 和 x''_m 是要建立的。这两个顶点之间有两条边相连，一条边记为 e_m，另一条边记为 $\bar{e}_m$。这两条边用于表示变量 x_m 的两种赋值情况。当 G 的哈密尔顿回路经过边 e_m 时，对应于 x_m 赋值为 1，而当哈密尔顿回路经过边 $\bar{e}_m$ 时，对应于 x_m 赋值为 0。每对这样的边构成了图 G 中的一个 2 边环。通过在图 G 中加入边 (x'_m, x''_{m+1})，$m = 1, 2, \cdots, n-1$，将这些小环串连在一起，图 G 的右半部就构成了。

将图 G 的左半部（合取项）和右半部（变量），用上、下两条边 $(b_{1,1}, x'_1)$ 和 $(b_{k,4}, x''_n)$ 连接起来，如图 8-16 所示。

到此，还没有完成图 G 的构造，因为变量与各合取项之间的联系还没有有效建立。若合取项 C_i 的第 j 个因子是 x_m，则用一个子图 A 连接边 $(b_{i,j}, b_{i,j+1})$ 和边 e_m；若合取项 C_i 的第 j 个因子是 $\bar{x}_m$，则用一子图 A 连接边 $(b_{i,j}, b_{i,j+1})$ 和边 $\bar{e}_m$。

例如，当 $C_2 = (x_1 + \bar{x}_2 + x_3)$ 时，必须在 3 对边 $(b_{2,1}, b_{2,2})$ 和 e_1，$(b_{2,2}, b_{2,3})$ 和 $\bar{e}_2$，$(b_{2,3}, b_{2,4})$ 和 e_3 之间各用一个子图 A 连接，如图 8-17 所示。这里所说的用子图 A 连接两条边，从本质上来说，要连接的两条边是用子图 A 中 a 和 a' 之间的 5 条边以及 b 和 b' 之间的 5 条边来取代的，当然还要加上连接顶点 z_1, z_2, z_3 和 z_4 的边。一个给定的因子 l_m 可能在多个合取项中出现，因此边 e_m 或 $\bar{e}_m$ 可能要嵌入多个子图 A。在这种情况下，将多个子图 A 串连在一起，并用串连后的边去取代边 e_m 或 $\bar{e}_m$，如图 8-17 所示。

至此，图 G 的构造也就得以完成。并且可以断言合取范式 θ 可满足当且仅当图 G 有一哈密尔顿回路。

事实上，若图 G 有一哈密尔顿回路 H，则由于图 G 的特殊性，H 以下特殊形式是一定具备的：

①首先，H 经过边 $(b_{1,1}, x'_1)$ 从 G 的顶部左边到达顶部右边；

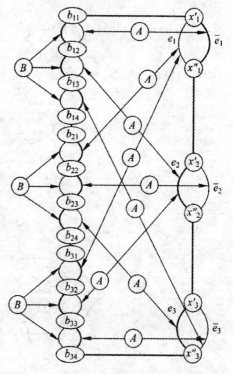

图 8-16　图 G 的构造

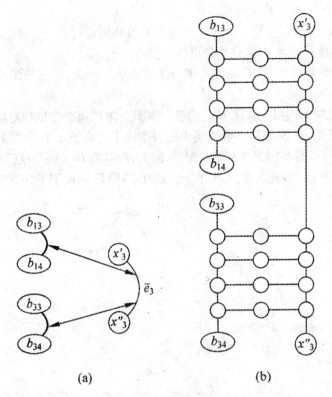

(a)　　　　　　　　　(b)

图 8-17　子图 A 的串连

② 然后, H 经边 e_m 或 $\overline{e_m}$ 中一条 (不同时经边 e_m 和 $\overline{e_m}$) , 自顶向下经过所有顶点 x'_m 和 x''_m ;

③ H 经过边 $(b_{k,4}, x''_n)$ 回到 G 的左边;

④ 最后, H 经过各子图 B 从底部回到顶部。

H 实际上也经过各子图 A 的内部。H 经过子图 A 内部的两种不同方式取决于 H 经过的是被子图 A 连接的两条边中哪一条。

对于图 G 的任意一条哈密尔顿回路 H, 可以定义 θ 的一个真值赋值如下: 当边 e_m 是 H 中一条边时, 取 $x_m = 1$; 否则 $\overline{e_m}$ 是 H 的一条边, 取 $x_m = 0$。

按这种赋值, 可使 $\theta = 1$。事实上, 考虑 θ 的每一合取项 C_i 及其对应的图 G 中的子图 B。根据 C_i 中第 j 个因子是 x_m 或 $\overline{x_m}$, 由一个子图 A 与边 e_m 或 $\overline{e_m}$ 实现每条边 $(b_{i,j}, b_{i,j+1})$ 的连接。边 $(b_{i,j}, b_{i,j+1})$ 是 H 中的边当且仅当 C_i 中相应的因子取值 0。因为 C_i 中 3 个因子相应的 3 条边 $(b_{i,1}, b_{i,2})$, $(b_{i,2}, b_{i,3})$, $(b_{i,3}, b_{i,4})$ 均在子图 B 中, 由子图 B 的性质可知 H 不可能包含所有这 3 条边。因此, 这 3 条边所相应的 C_i 中 3 个因子至少有一个取值 1, 即 C_i 取值 1。由于 C_i 是任意的, 所以 $C_i = 1, i = 1, 2, \cdots, k$。也就是说, θ 是可满足的。

反之, 若 θ 是可满足的, 则有 $x_1, x_2, \cdots, x_n$ 的一个真值赋值, 使得 $\theta = 1$。据此, 图 G 的哈密尔顿回路构造如下:

① 从 G 的顶点 $b_{1,1}$ 开始, 经过边 $(b_{1,1}, x'_1)$ 到达图 G 的右边;

② 在从 x'_1 到 x''_n 的路中, 若 $x_m = 1$ 则经过边 e_m, 否则经过边或 $\overline{e_m}$。

③经过边 $(b_{k,4}, x_n'')$ 回到图 G 的左边;

④在从 $b_{k,4}$ 到 $b_{1,1}$ 的路中,若 C_i 的第 j 个因子取值 0 则经过边 $(b_{i,j}, b_{i,j+1})$,否则不经过该边。由子图 B 的性质及 $C_i = 1$ 知,这总是可行的。

如此构造出的图 G 的回路 H,经过 G 的每个顶点恰好一次,故它是图 G 的一条哈密尔顿回路。

最后,在多项式时间内可完成图 G 的构造。事实上,θ 的每个合取项对应于图 G 中一个子图 B,总共有点个子图 B。θ 中每个合取项中的每个因子对应于一个子图 A,总共有 3 是个子图 A。每个子图 A 和子图 B 的大小都是固定的,因此,图 G 有 $O(k)$ 个顶点和边。因此,可在多项式时间内构造出图 G。由此得出,3-SAT $\propto_p$ HAM-CYCLE,从而 HAM-CYCLE $\in$ NPC。

第 9 章　随机算法分析

9.1　随机数与数值随机化算法

9.1.1　随机数

在现实计算机上无法产生真正的随机数,因此在随机化算法中使用的随机数都是一定程度上随机的,即伪随机数。

产生伪随机数最常用的方法为线性同余法。由线性同余法产生的随机序列 $a_1, a_2, \cdots a_n, \cdots$ 满足

$$\begin{cases} a_0 = d \\ a_n = (ba_{n-1} + c) \bmod m \end{cases} \quad n = 1, 2, \cdots$$

式中,$b \geq 0, c \geq 0, d \geq m$。$d$ 称为该随机序列的种子。如何选取该方法中的常数 b, c 和 m 直接关系到所产生的随机序列的随机性能。从直观上看,m 应取得充分大,因此可取 m 为机器大数,另外应取 $\gcd(m, b) = 1$,因此可取 b 为一素数。

为了在设计随机化算法时便于产生所需的随机数,建立一个随机数类 RandomNumber。该类包含一个需由用户初始化的种子 randSeed。给定初始种子后,即可产生与之相应的随机序列。种子 randSeed 是一个无符号整型数,可由用户选定也可用系统时间自动产生。函数 Random 的输入参数 $n \leq 65536$ 是一个无符号整型数,它返回 $0 \sim (n-1)$ 范围内的一个随机整数。函数 fRandom 返回 $[0, 1)$ 内的一个随机实数。

```
//随机数类
const unsigned long maxshort = 65536L;
const unsigned long multiplier = 1194211693L;
const unsigned long adder = 12345L;
class RandomNumber
{
    private：
    //当前种子
    unsigned long randSeed；
    public：
    RandomNumber( unsigned long s = 0)；      //构造函数,默认值0表示由系统自动产生种子
    unsigned short Random( unsigned long n)；
                                             //产生 0:n - 1 之间的随机整数
    double fRandom( void)；                   //产生[0,1)之间的随机实数
```

};

函数 Random 在每次计算时,用线性同余式计算新的种子 randSeed。它的高 16 位的随机性较好。将 randSeed 右移 16 位得到一个 0~65535 间的随机整数,然后再将此随机整数映射到 $0 \sim (n-1)$ 范围内。

对于函数 fRandorn,先用函数 Random(maxshort)产生一个 0~(maxshort-1)之间的整型随机序列,将每个整型随机数除以 maxshort,就得到[0,1)区间中的随机实数。

```
RandomNumber::RandomNumber(unsigned long s)          //产生种子
{
    if(s ==0) randSeed = time(0);                      //用系统时间产生种子
      else randSeed = s;                               //由用户提供种子
}
unsigned short RandomNumber::Random(unsigned long n)  //产生0:n-1 间的随机整数
{   randSeed = multiplier * randSeed + adder;
    return(unsigned short)   ((randSeed >>16) % n);
}
double RandomNumber::fRandom(void)                     //产生[0,1)之间的随机实数
{return Random(maxshort)/double(maxshort);
}
```

下面用计算机产生的伪随机数来模拟抛硬币试验。假设抛 10 次硬币,每次抛硬币得到正面和反面是随机的。抛 10 次硬币构成一个事件。调用 Random(2)返回一个二值结果。返回 0 表示抛硬币得到反面,返回 1 表示得到正面。下面的算法 TossCoins 模拟抛 10 次硬币这一事件。在主程序中反复用函数 TossCoins 模拟抛 10 次硬币这一事件 50000 次。用 head[i]($0 \leq i \leq 10$)记录这 50000 次模拟恰好得到 i 次正面的次数。最终输出模拟抛硬币事件得到正面事件的频率图,如图 9-1 所示。

```
int TossCoins(int numberCoins)
{//随机抛硬币
    static RandomNumber coinToss;
    int i,tosses =0;
    for(i =0;i < numberCoins;i ++)
      //Random(2) =1 表示正面
      tosses += coinToss.Random(2);
    return tosses;
}
//测试程序
void main(void)
{//模拟随机抛硬币事件
    const int NCOINS =10;
    const long NTOSSES =50000L;
```

```
 0   *
 1   *
 2     *
 3        *
 4          *
 5            *
 6          *
 7        *
 8     *
 9   *
10   *
```

图 9-1　模拟抛硬币得到的正面事件频率图

```
//heads[i]是得到 i 次正面的次数
   long i,heads[NCOINS + 1];
      int j,position;
//初始化数组 heads
   for(j = 0;j < NCOINS + 1;j ++ )
     heads[j] = 0;
//重复 50000 次模拟事件
   for(i = 0;i < NTOSSES;i ++ )
     heads[TossCoins(NCOINS)] ++ ;
//输出频率图
   for(i = 0;i <= NCOINS;i ++ )
   {
     position = int(float(heads[i])/NTOSSES * 72);
     cout << setw(6) << i << " ";
     for(j = 0;j < position - 1;j ++ )
       cout << " ";
     cout << " * " << endl;
}
```

9.1.2　数值随机化算法

1. 用随机投点法计算 π 值

设有一半径为 r 的圆及其外切四边形,如图 9-2(a)所示。向该正方形随机地投掷 n 个点。设落入圆内的点数为 k。由于所投入的点在正方形上均匀分布,因而所投入的点落入圆内的概率为 $\frac{\pi r^2}{4r^2} = \frac{\pi}{4}$。所以当 n 足够大时,k 与 n 之比就逼近这一概率,即 $\frac{\pi}{4}$。从而 $\pi \approx \frac{4k}{n}$。由此可得用随机投点法计算 π 值的数值随机化算法。在具体实现时,只要在第一象限计算即可,如图 9-2(b)所示。

```
double Darts(int n)
{//用随机投点法计算 π 值
   static RandomNumber dart;
   int k = 0;
   for(int i = l;i <= n;i ++ ){
   double x = dart. fRandom();
   double y = dart. fRandom();
   if((x * x + y * y) <= 1)k ++ ;
   }
   return 4 * k/double(n);
}
```

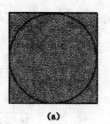

图 9-2　计算 π 值的随机投点法

2. 计算定积分

(1)用随机投点法计算定积分

设 $f(x)$ 是 $[0,1]$ 上的连续函数,且 $0 \leqslant f(x) \leqslant 1$。需要计算积分值 $I = \int_0^1 f(x) \mathrm{d}x$。积分 I 等于图9-3 中的面积 G。

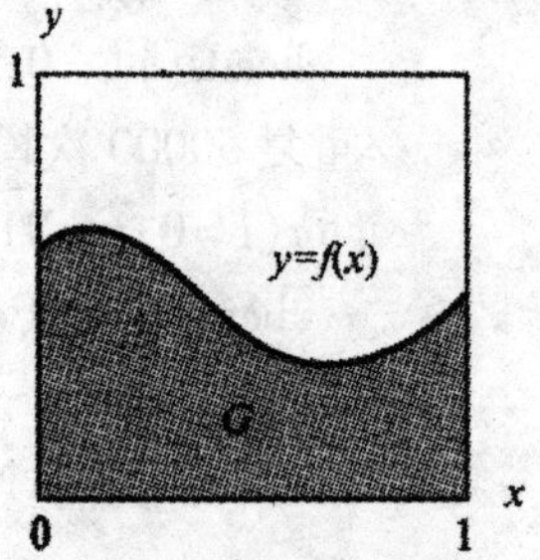

在图9-3 所示单位正方形内均匀地作投点试验,则随机点落在曲线 $y = f(x)$ 下面的概率为

图9-3 计算定积分的随机投点法

$$P_r\{y \leqslant f(x)\} = \int_0^1 \int_0^{f(x)} \mathrm{d}y\mathrm{d}x = \int_0^1 f(x)\mathrm{d}x = I$$

假设向单位正方形内随机地投入 n 个点 (x_i, y_i), $i = 1, 2, \cdots, n$。随机点 (x_i, y_i) 落入 G 内,则 $y_i \leqslant f(x_i)$。如果有 m 个点落入 G 内,则 $\bar{I} = \dfrac{m}{n}$ 近似等于随机点落入 G 内的概率,即 $I \approx \dfrac{m}{n}$。

由此可设计出计算积分 I 的数值随机化算法。

```
double Darts(int n)
{//用随机投点法计算定积分
    s tatic RandomNumber dart;
    int k = 0;
    for(int i = 1;i <= n;i ++){
        double x = dart. fRandom();
        double y = dart. fRandom();
        if(y <= f(x))k ++;
    }
    return k/double. (n);
}
```

如果所遇到的积分形式为 $I = \int_a^b f(x)\mathrm{d}x$,其中,$a$ 和 b 为有限值;被积函数 $f(x)$ 在区间 $[a, b]$ 中有界,并用 M, L 分别表示其最大值和最小值。此时可作变量代换 $x = a + (b-a)z$,将所求积分变为 $I = cI^* + d$。式中,

$$c = (M - L)(b - a), d = L(b - a), I^* = \int_0^1 f^*(z)\mathrm{d}z$$

$$f^*(z) = \frac{1}{M - L}[f(a + (b-a)z) - L](0 \leqslant f^*(z) \leqslant 1)$$

因此,I^* 可用随机投点法计算。

(2)用平均值法计算定积分

任取一组相互独立、同分布的随机变量 $\{\xi_i\}$,ξ_i 在 $[a, b]$ 中服从分布律 $f(x)$,令 $g^*(x) = \dfrac{g(x)}{f(x)}$,则 $\{g^*(\xi_i)\}$ 也是一组互相独立、同分布的随机变量,而且

$$E(g^*(\xi_i)) = \int_a^b g^*(x) f(x) \mathrm{d}x = \int_a^b g(x) \ \mathrm{d}x = I$$

由强大数定理 $\quad P_r\left(\lim_{x \to \infty} \frac{1}{n} \sum_{i=1}^n g^*(\xi_i) = I\right) = 1$

若选 $\bar{I} = \dfrac{1}{n} \sum_{i=1}^n g^*(\xi_i)$，则 $\bar{I}$ 依概率 1 收敛于 I。平均值法就是用 $\bar{I}$ 作为 I 的近似值。

假设要计算的积分形式为 $I = \int_a^b g(x) \ \mathrm{d}x$，其中被积函数 $g(x)$ 在区间 $[a, b]$ 内可积。

任意选择一个有简便方法可以进行抽样的概率密度函数 $f(x)$，使其满足下列条件：

① $f(x) \neq 0$，当 $g(x) \neq 0$ 时 $(a \leq x \leq b)$；

② $\int_a^b f(x) \ \mathrm{d}x = 1$。

如果记 $\quad g^*(x) = \begin{cases} \dfrac{g(x)}{f(x)}, f(x) \neq 0 \\ 0, \quad f(x) = 0 \end{cases}$

则所求积分可以写为

$$I = \int_a^b g^*(x) f(x) \mathrm{d}x$$

由于 a 和 b 为有限值，可取 $f(x)$ 为均匀分布

$$f(x) = \begin{cases} \dfrac{1}{b-a}, a \leq x \leq b \\ 0, x < a, x > b \end{cases}$$

这时所求积分变为

$$I = (b-a) \int_a^b g(x) \frac{1}{b-a} \ \mathrm{d}x$$

在 $[a, b]$ 区间上随机抽取一个点 $x_i (i = 1, 2, \cdots, n)$，则均值 $\bar{I} = \dfrac{b-a}{n} \sum_{i=1}^n g(x_i)$ 可作为所求积分 I 的近似值。

由此可设计出计算积分 I 的平均值法如下：

```
double Integration(double a, double b, int n)
    {//用平均值法计算定积分
    static RandomNumber rnd;
    double y = 0;
    for(int i = 1;i < = n;i ++) {
        double x = (b - a) * rnd. fRandom( ) + a;
        y + = g(x);
    }
    return(b - a) * y/double(n);
```

}

3. 解非线性方程组

假设我们要求解下面的非线性方程组

$$\begin{cases} f_1(x_1,x_2,\cdots,x_n) = 0 \\ f_2(x_1,x_2,\cdots,x_n) = 0 \\ \cdots \\ f_n(x_1,x_2,\cdots,x_n) = 0 \end{cases}$$

式中，$x_1,x_2,\cdots,x_n$ 是实变量，$f_i(i=1,2,\cdots,n)$ 是未知量 $x_1,x_2,\cdots,x_n$ 的非线性实函数。要求上述方程组在指定求根范围内的一组解 $x_1^*,x_2^*,\cdots,x_n^*$。

解决这类问题有许多种数值方法。最常用的有线性化方法和求函数极小值方法。在使用某种具体算法求解的过程中，有时会遇到一些麻烦，甚至于使方法失效而不能获得近似解。此时，可以求助于随机化算法。一般而言，随机化算法需耗费较多时间，但其设计思想简单，易于实现，因此在实际使用中还是比较有效的。对于精度要求较高的问题，随机化算法常常可以提供一个较好的初值。下面介绍求解非线性方程组的随机化算法的基本思想。

为了求解所给的非线性方程组，构造一目标函数

$$\Phi(x) = \sum f_i^2(x)$$

式中，$x=(x_1,x_2,\cdots,x_n)$。易知，该函数 $\Phi(x)$ 的极小值点即是所求非线性方程组的一组解在求函数 $\Phi(x)$ 的解时可采用简单随机模拟算法。在指定求根区域内，选定一个 x_0 作为根的初值。按照预先选定的分布，逐个选取随机点 x，计算目标函数 $\Phi(x)$，并把满足精度要求的随机点 x 作为所求非线性方程组的近解。这种方法直观、简单，但工作量较大。下面介绍的随机搜索算法可以克服这一缺点。

在指定的求根区域 D 内，选定一个随机点 x_0 作为随机搜索的出发点。在搜索过程中，假设第 j 步随机搜索得到的随机搜索点为 x_j。在第 $j+1$ 步，首先计算出下一步的随机搜索方向然后计算搜索步长 a。由此得到第 $j+1$ 步的随机搜索增量 Δx_j。从当前点 x_j 依随机搜索增量 Δx_j 得到第 $j+1$ 步的随机搜索点 $x_{j+1}=x_j+\Delta x_j$。当 $\Phi(x_{j+1})<\varepsilon$ 时，取 x_{j+1} 为所求非线性程组的近似解。否则进行下一步新的随机搜索过程。

具体算法可描述如下：

```
bool NonLinear(double * x0,double * dx0,double * x,double a0,
        double epsilon,double k,int n,int Steps,int M)
{//解非线性方程组的随机化算法
    static RandomNumber rnd;
    bool success;                    //搜索成功标志 -
    double * dx, * r;
    dx = new double[n+1];            //步进增量向量
    r = new double[n+1];             //搜索方向向量
    int mm =0;                       //当前搜索失败次数
    int j =0;                        //迭代次数
```

```
double a a0;                        //步长因子
for( int i = 1 ; i < = n ; i ++ ) {
    x[ i ] = x0[ i ] ;
    dx[ i ] = dx0[ i ] ;
}
double fx = f( x , n ) ;            //计算目标函数值
double min = fx ;                   //当前最优值
while( ( min > epsilon ) && ( j < Steps ) ) {   //(1)计算随机搜索步长
if( fx < min ) { //搜索成功
    min = fx
    a * = k ;
success = true ; }
else { //搜索失败
mm ++ ;
if( mm > M ) a/ = k ;
    success = false ; }            //(2)计算随机搜索方向和增量
for( int i = 1 ; i < = n ; i ++ ) r[ i ] = 2.0 * rnd. fRandom( ) - 1 ;
if( success )
    for( int i - 1 ; i < = n ; i ++ ) dx[ i ] = a * r[ i ] ;
else
    for( int i - 1 ; i < = n ; i ++ ) dx[ i ] = a * r[ i ] - dx[ i ] ;
                                    //(3)计算随机搜索点
for( int i = 1 ; i < = n ; i ++ ) x[ i ] += dx[ i ] ;
                                    //(4)计算目标函数值
fx = f( x , n ) ;
}
    if( fx < = epsilon ) return true ;
        else return false ;
}
```

9.2　舍伍德(Sherwood)算法

　　分析算法在平均情况下的计算复杂性时,通常假定算法的输入数据服从某一特定的概率分布。例如,在输入数据是均匀分布时,快速排序算法所需的平均时间是 $O(n\log n)$。而当其输入已"几乎"排好序时,这个时间界就不再成立。此时,可采用舍伍德算法消除算法所需计算时间与输入实例间的这种联系。

　　设 A 是一个确定性算法,当它的输入实例为 x 时所需的计算时间记为 $t_A(x)$。设 X_n 是算法 A 的输入规模为 n 的实例的全体,则当问题的输入规模为 n 时,算法 A 所需的平均时间为

$$\bar{t_A}(n) = \sum_{x \in X_n} t_A(x)/|X_n|$$

这显然不能排除存在 $x \in X_n$ 使得 $t_A(x) >> \bar{t_A}(n)$ 的可能性。我们希望获得一个随机化算法 B,使得对问题的输入规模为 n 的每一个实例 $x \in X_n$ 均有 $t_B(x) = \bar{t_A}(n) + s(n)$。对于某一具体实例 $x \in X_n$,算法 B 偶尔需要较 $\bar{t_A}(n) + s(n)$ 多的计算时间。但这仅仅是由于算法所做的概率选择引起的,与具体实例 x 无关。定义算法 B 关于规模为 n 的随机实例的平均时间为

$$\bar{t_B}(n) = \sum_{x \in X_n} t_B(x)/(X_n)$$

易知 $\bar{t_B}(n) = \bar{t_A}(n) + s(n)$。这就是舍伍德算法设计的基本思想。当 $s(n)$ 与 $\bar{t_A}(n)$ 相比可忽略时,舍伍德算法可获得很好的平均性能。

9.2.1 线性时间选择算法

快速排序算法和线性时间选择算法,这两个算法的随机化版本就是舍伍德型随机化算法。这两个算法的核心都在于选择合适的划分基准。对于选择问题而言,用拟中位数作为划分基准可以保证在最坏情况下用线性时间完成选择。如果只简单地用待划分数组的第一个元素作为划分基准,则算法的平均性能较好,而在最坏情况下需要 $O(n^2)$ 计算时间。舍伍德型选择算法则随机地选择一个数组元素作为划分基准。这样既能保证算法的线性时间平均性能,又避免了计算拟中位数的麻烦。

非递归的舍伍德型选择算法可描述如下:

```
template < class Type >
Type select( Type a[ ] ,int l,int r,int k)
{//计算 a[1:r]中第 k 小元素
    static RandomNumber rnd;
    while( true) {
        if( l > = r)return a[1];
        int i = l,
            j = l + rnd. Random( r - l + 1) ;        //随机选择的划分基准
        Swap( a[i],a[j]);
        j = r + 1;
        Type pivot = a[1];
        //以划分基准为轴作元素交换
        while( true) {
            while( a[ ++i] < pivot) ;
            while( a[ --j] > pivot) ;
            if( i > = j)break;
            Swap( a[i],a[j]) ;
        }
        if( j - 1 + 1 == k) return pivot;
```

```
    a[1] = a[j];
    a[j] = pivot;
    //对子数组重复划分过程
    if(j - l + 1 < k) {
        k = k - j + l - 1;
        l = j + 1;)
    else r = j - 1;
    }
}

template < class Type >
Type Select(Type a[ ], int n, int k)
{   //计算 a[0:n-1]中第 k 小元素
    //假设 a[n]是一个键值无穷大的元素
    if(k < 1 || k > n)throw OutOfBounds( );
    return select(a, 0, n - 1, k);
}
```

由于算法 Select 使用随机数产生器随机地产生 l 和 r 之间的一个随机整数,因此,算法 Select 所产生的划分基准是随机的。可以证明,当用算法 Select 对含有 n 个元素的数组进行划分时,划分出的低区子数组中含有一个元素的概率为 $2/n$;含有 i 个元素的概率为 $1/n, i = 2, 3, \cdots, n-1$。今设 $T(n)$ 是算法 Select 作用于一个含有 n 个元素的输入数组上所需的期望时间的上界,且 $T(n)$ 是单调递增的。在最坏情况下,第 k 小元素总是被划分在较大的子数组中。由此,可以得到关于 $T(n)$ 的递归式

$$T(n) \leqslant \frac{1}{n}(T(\max(1, n - 1)) + \sum_{i=1}^{n-1} T(\max(i, n - i)) + O(n)$$

$$\leqslant \frac{1}{n}(T(n - 1) + 2\sum_{i=n/2}^{n-1} T(i)) + O(n) = \frac{2}{n}\sum_{i=n/2}^{n-1} T(i)) + O(n)$$

在上面的推导中,从第 1 行到第 2 行是因为 $\max(1, n - 1) = n - 1$,而

$$\max(i, n - i) = \begin{cases} i, & i \geqslant \dfrac{n}{2} \\ n - i, & i < \dfrac{n}{2} \end{cases}$$

且 n 是奇数时,$T(n/2), T(n/2 + 1), \cdots, T(n - 1)$ 在和式中均出现 2 次;n 是偶数时,$T(n/2 + 1), T(n/2 + 2), \cdots, T(n - 1)$ 均出现 2 次,$T(n/2)$ 只出现 1 次。因此,第 2 行中的和式是第 1 行中和。从第 2 行到第 3 行是因为在最坏情况下 $T(n - 1) = O(n^2)$,故可将 $T(n - 1)/n$ 包含在 $O(n)$ 项中。

解上面的递归式可得 $T(n) = O(n)$。换句话说,非递归的舍伍德型选择算法 Select 可以在 $O(n)$ 平均时间内找出 n 个输入元素中的第 k 小元素。

综上所述,开始时所考虑的是一个有很好平均性能的选择算法,但在最坏情况下对某些实

例算法效率较低。此时采用概率方法,将上述算法改造成一个舍伍德型算法,使得该算法以高概率对任何实例均有效。对于舍伍德型快速排序算法,分析是类似的。

上述舍伍德型选择算法对确定性选择算法所做的修改非常简单且容易实现。但有时所给的确定性算法无法直接改造成舍伍德型算法。此时可借助于随机预处理技术,不改变原有的确定性算法,仅对其输入进行随机洗牌,同样可收到舍伍德算法的效果。例如,对于确定性选择算法,可以用下面的洗牌算法 Shuffle 将数组 a 中元素随机排列,然后用确定性选择算法求解。这样做的效果与舍伍德型算法是一样的。

```
template < class Type >
void Shuffle( Type a[ ] , int n)
{//随机洗牌算法
    static RandomNumber rnd;
    for( int i = 0 ; i < n ; i ++ ) {
        int j = rnd. Random( n − i ) + i;
    Swap( a[ i ] , a[ j ] );
    }
}
```

9.2.2 搜索有序表

有序字典是表示有序集很有用的抽象数据类型。它支持对有序集的搜索、插入、删除、前驱、后继等运算。有许多基本数据结构可用于实现有序字典。下面讨论其中的一种基本数据结构。

用两个数组来表示所给的含有 n 个元素的有序集 S。用 value[$0:n$] 存储有序集中的元素,link[$0:n$] 存储有序集中元素在数组 value 中位置的指针。link[0] 指向有序集中第 1 个元素,即 value[link[0]] 是集合中的最小元素。一般地,如果 value[i] 是所给有序集 S 中的第 k 个元素,则 value[link[i]] 是 S 中的第 $k+1$ 个元素。S 中元素的有序性表现为,对于任意 $1 \leq i \leq n$ 有 value[i] $\leq$ value[link[i]]。对集合 S 中的最大元素 value[k] 有,link[k] = 0 且 value[0] 是一个大数。例如,有序集 $S = \{1,2,3,5,8,13,21\}$ 的一种表示方式,如图9-4所示。

i	0	1	2	3	4	5	6	7
value[i]	∞	2	3	13	1	5	21	8
link[i]	4	2	5	6	1	7	0	3

图9-4　用数组表示有序集

在此例中,link[0] = 4 指向 S 中最小元素 value[4] = 1。显而易见,这种表示有序集的方法实际上是用数组来模拟有序链表。对于有序链表,可采用顺序搜索的方式在所给的有序集 S 中搜索链值为 x 的元素。如果有序集 S 中含有 n 个元素,则在最坏情况下,顺序搜索算法所需的计算时间为 $O(n)$。

利用数组下标的索引性质,可以设计一个随机化搜索算法,以改进算法的搜索时间复杂性。算法的基本思想是,随机抽取数组元素若干次,从较接近搜索元素 $O(n)$ 的位置开始做顺序搜索。可以证明,如果随机抽取数组元素 k 次,则其后顺序搜索所需的平均比较次数为 $O(n/(k+1))$。所以如果取 $k=\lceil\sqrt{n}\rceil$,则算法所需的平均计算时间为 $O(\sqrt{n})$。

下面讨论上述算法的实现细节。用数组来表示的有序链表由类 OrderedList 定义如下:

```
template < class Type >
class OrderedList {
  public:
    OrderedList(Type small, Type Large, int MaxL);
    ~OrderedList();
    bool Search(Type x, int& index);        //搜索指定元素
    int SearchLast(void);                    //搜索最大元素
    void Insert(Type k);                     //插入指定元素
    void Delete(Type k);                     //删除指定元素
    void Output();                           //输出集合中元素
  private:
    int n;                                   //当前集合中元素个数
    int MaxLength;                           //集合中最大元素个数
    Type * value;                            //存储集合中元素的数组
    int * link;                              //指针数组
    RandomNumber rnd;                        //随机数产生器
    Type Small;                              //集合中元素的下界
    Type TailKey;                            //集合中元素的上界
};
template < class Type >
OrderedList < Type > :: OrderedList(Type small, Type Large, int MaxL)
{ //构造函数
    MaxLength = MaxL;
    value = new Type[MaxLength + 1];
    link = new int[MaxLength + 1];
    TailKey = Large;
    n = 0;
    link[0] = 0;
    value[0] = TailKey;
    Small = small;
}
template < class Type >
OrderedList < Type > :: ~ OrderedList()
{ //析构函数
```

```
        delete value;
    delete link;
        }
```

其中,MaxLength 是集合中元素个数的上限;Small 和 TailKey 分别是全集合中元素的下界和上界;OrderedList 的构造函数初始化其私有成员数组 value 和 link,它的析构函数则释放 value 和 link 占用的所有空间。

OrderedList 类的共享成员函数 Search 用来搜索当前集合中的元素 x。当搜索到元素 x 时将该元素在数组 value 中的位置返回到 index 中,并返回 true,否则返回 false。

```
template < class Type >
bool OrderedList < Type > ::Search(Type x,int& index)
{//搜索集合中指定元素 k
    index = 0;
    Type max = Small;
    int m = floor(sqrt(double(n)));         //随机抽取数组元素次数
    for(int i = 1;i < = m;i ++ ){
    int j = rnd. Random(n) + 1;             //随机产生数组元素位置
    Type y = value[j];
    if((max < y)&&(y < x)){
        max = y;
        index = j;}
    }
    //顺序搜索
    while(value[link[index]] < x) index = link[index];
    return(value[link[index]] == x);
}
```

有了函数 Search,就容易设计支持集合的插入和删除运算的算法 Insert 和 Delete 如下。插入运算首先用函数 Search 确认待插入元素 k 不在当前集合中,然后将新插入的元素存储在 value[$n+1$]中,并修改相应的指针。Insert 所需的平均计算时间显然为 $O(\sqrt{n})$。

```
template < class Type >
void OrderedList < Type > ::Insert(Type k)
{//插入指定元素
    if((n == MaxLength)||(k > = TailKey)) return;
    int inaex;
    if(!Search(k,index)){
    value[ ++n] = k;
    link[n] = link[index];
    link[index] = n;}
}
```

删除运算首先用函数 Search 找到待删除元素 k 在当前集合中的位置,然后修改待删除元素 k 的前驱元素的 link 指针,使其指向待删除元素 k 的后继元素。被删除元素 k 在有序表中产生的空洞,由当前集合中的最大元素来填补。搜索当前集合中的最大元素的任务由 SearchLast 来完成。与函数 Search 类似,函数 SearchLast 所需的平均计算时间也是 $O(\sqrt{n})$。所以,实现删除运算的算法 Delete 所需的平均计算时间为 $O(\sqrt{n})$。

```
template < class Type >
int OrderedList < Type > : : SearchLast( void )
{//搜索集合中最大元素
    int index = 0;
    Type x = value[ n ];
    Type max = Small;
    int m = floor( sqrt( double( n ) ) );          //随机抽取数组元素次数
    for( int i = 1; i < = m; i ++ ) {
        int j = rnd. Random( n ) + 1;              //随机产生数组元素位置
        Type y = value[ j ];
    if( ( max < y ) && ( y < x ) ) {
        max = y;
        index = j;}
}
//顺序搜索
while( link[ index ] ! = n ) index = link[ index ];
return index;
}
template < class Type >
void OrderedList < Type > : : Delete( Type k )
{//删除集合中指定元素 k
    if( ( n = = 0 ) | | ( k > = TailKey ) ) return;
    int index;
    if( Search( k, index ) ) {
        int p = link[ index ];
        if( p = = n ) link[ index ] = link[ p ];
        else {
        if( link[ p ] ! = n ) {
            int q = SearchLast( );
            link[ q ] = p;
            link[ index ] = link[ p ];}
        value[ p ] = value[ n ];
        link[ p ] = link[ n ];
```

```
    }
    n--;
    }
}
```

9.2.3　跳跃表

舍伍德算法的设计思想还可用于设计高效的数据结构,跳跃表就是一例。如果用有序链表表示含有 n 个元素的有序集 S,则在最坏情况下,搜索 S 中一个元素需要 S 计算时间。提高有序链表效率的一个技巧是在有序链表的部分结点处增设附加指针以提高其搜索性能。在增设附加指针的有序链表中搜索一个元素时,可借助于附加指针跳过链表中若干结点,加快搜索速度。这种增加了向前附加指针的有序链表称为跳跃表。应在跳跃表的哪些结点增加附加指针,以及在该结点处应增加多少指针完全采用随机化方法确定。这使得跳跃表可在 $O(\log n)$ 平均时间内支持有序集的搜索、插入和删除等运算。例如,图 9-5(a)是一个没有附加指针的有序链表,而图 9-5(b)在图 9-5(a)的基础上增加了跳跃一个结点的附加指针,图 9-5(c)在图 9-5(b)的基础上又增加了跳跃 3 个结点的附加指针。

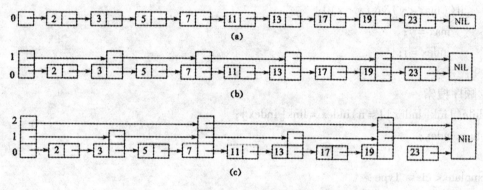

图 9-5　完全跳跃表

在跳跃表中,如果一个结点有 $k+1$ 个指针,则称此结点为一个 k 级结点。

以图 9-5(c)中跳跃表为例,看如何在该跳跃表中搜索元素 8。从该跳跃表的最高级,即第 2 级开始搜索。利用 2 级指针发现元素 8 位于结点 7 和 19 之间。此时在结点 7 处降至 1 级指针继续搜索,发现元素 8 位于结点 7 和 13 之间。最后,在结点 7 处降至 0 级指针进行搜索,发现元素 8 位于结点 7 和 11 之间,从而知道元素 8 不在所搜索的集合 S 中。

在一般情况下,给定一个含有 n 个元素的有序链表,可以将它改造成一个完全跳跃表,使得每一个 k 级结点含有 $k+1$ 个指针,分别跳过 $2^k-1,2^{k-1}-1,\cdots,2^0-1$ 个中间结点。第 i 个 k 级结点安排在跳跃表的位置 $i2^k$ 处,$i \geq 0$。这样就可以在 $O(\log n)$ 时间内完成集合成员的搜索运算。在一个完全跳跃表中,最高级的结点为 $[\log n]$ 结点。

完全跳跃表与完全二叉搜索树的情形非常类似。它虽然可以有效地支持成员搜索运算,但不适用于集合动态变化的情况。集合元素的插入和删除运算会破坏完全跳跃表原有的平衡状态,影响后继元素搜索的效率。

为了在动态变化中维持跳跃表中附加指针的平衡性,必须使跳跃表中 k 级结点数维持在总结点数的一定比例范围内。注意到在一个完全跳跃表中,50% 的指针是 0 级指针;25% 的指针是 1 级指针;…;$(100/2^{k+1})$% 的指针是 k 级指针。因此,在插入一个元素时,以概率 1/2 引入一个 0 级结点,以概率 1/4 引入一个 1 级结点,…,以概率 $1/2^{k+1}$ 引入一个 k 级结点。另一方面,一个 i 级结点指向下一个同级或更高级的结点,它所跳过的结点数不再准确地维持在 2^i -1。经过这样的修改,就可以在插入或删除一个元素时,通过对跳跃表的局部修改来维持其平衡性。跳跃表中结点的级别在插入时确定,一旦确定便不再更改。图 9-6 是遵循上述原则的跳跃表的例子。对其进行搜索与对完全跳跃表所作的搜索是一样的。

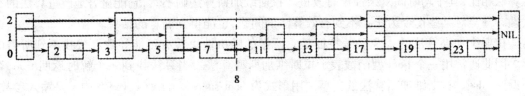

图 9-6 跳跃表示例

如果希望在图 9-6 所示的跳跃表中插入一个元素 8,则应先在跳跃表中搜索其插入位置。经搜索发现应在结点 7 和 11 之间插入元素 8。此时在结点 7 和 11 之间增加 1 个存储元素 8 的新结点,并以随机的方式确定新结点的级别。例如,如果元素 8 是作为一个 2 级结点插入,则应对图 9-6 中与虚线相交的指针进行调整,如图 9-7(a)所示。如果新插入的结点是一个 1 级结点,则只要修改 2 个指针,如图 9-7(b)所示。图 9-6 中与虚线相交的指针是在插入新结点后有可能被修改的指针,这些指针可在搜索元素插入位置时动态地保存起来,以供实施插入时使用。

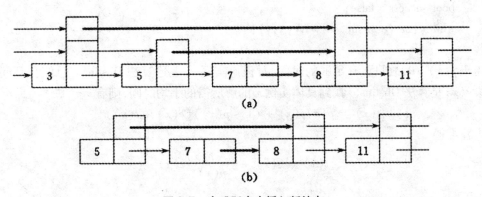

图 9-7 在跳跃表中插入新结点

在上述算法中,关键的问题是如何随机地生成新插入结点的级别。注意到在一个完全跳跃表中,具有 i 级指针的结点中有一半同时具有 $i+1$ 级指针。为了维持跳跃表的平衡性,我们可以事先确定一个实数 $p,0<p<1$,并要求在跳跃表中维持在具有主级指针的结点中同时具有 $i+1$ 级指针的结点所占比例约为 p。为此,在插入一个新结点时,先将其结点级别初始化为 0,然后用随机数生成器反复地产生一个 $[0,1)$ 间的随机实数 q。如果 $q<p$,则使新结点级别增加 1,直至 $q\geqslant p$。由此过程可知,所产生的新结点的级别为 0 的概率为 $1-p$,级别为 1 的概率

为 $p(1-p)$，$\cdots$，级别为 i 的概率为 $p^i(1-p)$。如此产生的新结点的级别有可能是一个很大的数，甚至远远超过表中元素的个数。为了避免这种情况，用 $\log_{1/p}n$ 作为新结点级别的上界。其中，n 是当前跳跃表中结点个数。当前跳跃表中任一结点的级别不超过 $\log_{1/p}n$。在具体实现时，可用一预先确定的常数 MaxLevel 作为跳跃表结点级别的上界。

9.3 拉斯维加斯(Las Vegas)算法

舍伍德型算法的优点是其计算时间复杂性对所有实例而言相对均匀。但与其相应的确定性算法相比，其平均时间复杂性没有改进。拉斯维加斯算法则不然，它能显著地改进算法的有效性。甚至对某些迄今为止找不到有效算法的问题，也能得到满意的结果。

拉斯维加斯算法的一个显著特征是它所做的随机性决策有可能导致算法找不到所需的解。因此通常用一个 bool 型函数表示拉斯维加斯型算法。当算法找到一个解时返回 true，否则返回 false。拉斯维加斯算法的典型调用形式为 bool success = LV(x,y)；其中 x 是输入参数；当 success 的值为 true 时，y 返回问题的解。当 success 值为 false 时，算法未能找到问题的解。此时可对同一实例再次独立地调用相同的算法。

设 $p(x)$ 是对输入 x 调用拉斯维加斯算法获得问题的解的概率。一个正确的拉斯维加斯算法应该对所有输入 x 均有 $p(x)>0$。在更强意义下，要求存在一个常数 $\delta>0$，使得对问题的每一个实例 x 均有 $p(x)\geqslant\delta$。设 $s(x)$ 和 $e(x)$ 分别是算法对于具体实例 x 求解成功或求解失败所需的平均时间，考虑下面的算法：

void Obstinate(InputType x, OutputType &y)
{// 复调用拉斯维加斯算 LV(x,y)，直到找到问题的一个解 y
    bool success = false;
    while(! success) success = LV(x,y);
}

由于 $p(x)>0$，故只要有足够的时间，对任何实例 x，上述算法 Obstinate 总能找到问题的解。设 $t(x)$ 是算法 Obstinate 找到具体实例 x 的解所需的平均时间，则有

$$t(x) = p(x)s(x) + (1-p(x))(e(x)+t(x))$$

解此方程可得

$$t(x) = s(x) + \frac{1-p(x)}{p(x)}e(x)$$

9.3.1 n 后问题

n 后问题提供了设计高效的拉斯维加斯算法的很好的例子。在用回溯法解 n 后问题时，实际上是在系统地搜索整个解空间树的过程中找出满足要求的解。但忽略了一个重要事实：对于 n 后问题的任何一个解而言，每一个皇后在棋盘上的位置无任何规律，不具有系统性，而更像是随机放置的。由此容易想到下面的拉斯维加斯算法。在棋盘上相继的各行中随机地放置皇后，并注意使新放置的皇后与已放置的皇后互不攻击，直至 n 个皇后均已相容地放置好，或已没有下一个皇后的可放置位置时为止。

具体算法可描述如下。类 Queen 的私有成员 n 表示皇后个数;数组 x 存储 n 后问题的解。

```
class Queen{
friend void nQueen(int);
private:
    bool Place(int k);           //测试皇后 k 置于第 x[k]列的合法性
    bool QueensLV(void);         //随机放置 n 个皇后拉斯维加斯算法
    int n,                       //皇后个数
    x,y;                         //解向量
};
```

类 Queen 的私有成员函数 Place(k)用于测试将皇后 k 置于第 x[k]列的合法性。

```
bool Queen::Place(int k)
{//测试皇后 k 置于第 x[k]列的合法性
  for(int j=1;j<k;j++)
    if((abs(k-j)==abs(x[j]-x[k]))||(x[j]==x[k]))return false;
    return true;
}
```

类 Queen 的私有成员函数 QueensLV(void)实现在棋盘上随机放置 n 个皇后的拉斯维加斯算法。

```
bool Queen::QueensLV(void)
{//随机放置 n 个皇后的拉斯维加斯算法
    RandomNumber rnd;                        //随机数产生器
    int k=1;                                 //下一个放置的皇后编号
    int coun=1;
    while((k<=n)&&(count>0)){
        count=0;
        for(int i=1;i<=n;i++){
            x[k]=i;
            if(Place(k))y[count++]=i;
        }
        if(count>0)x[k++]=y[rnd.Random(count)];   //随机位置
    }
    return(count>0);                          //count>0 表示放置成功
}
```

类似于算法 Obstinate,可以通过反复调用随机放置 n 个皇后的拉斯维加斯算法 QueensLV( ),直至找到 n 后问题的解。

```
void nQueen(int n)
{//解 n 后问题的拉斯维加斯算法
Queen x;
```

```
//初始化 x
X. n = n;
int * p = new int[ n + 1 ];
for( int i = 0 ; i < = n ; i ++ ) p[ i ] = 0 ;
X. x = p ;
//反复调用随机放置 n 个皇后的拉斯维加斯算法,直至放置成功
while( ! X. QueensLV( ) ) ;
  for( int i = 1 ; i < = n ; i + << + ) cout << p[ i ] << " " ;
cout << endl;
delete[ ] p ;
}
```

上述算法一旦发现无法再放置下一个皇后时,就要全部重新开始。如果将上述随机放策略与回溯法相结合,可能会获得更好的效果。可以先在棋盘的若干行中随机地放置皇后,然后在后继行中用回溯法继续放置,直至找到一个解或宣告失败。随机放置的皇后越多,后继回溯搜索所需的时间就越少,但失败的概率也就越大。

与回溯法相结合的解 n 后问题的拉斯维加斯算法描述如下:

```
class Queen{
    friend void nQueen( int ) ;
    private:
      bool Place( int k ) ;            //测试皇后 k 置于第 x[ k ]列的合法性
      void Backtrack( int t ) ;         //解 n 后问题的回溯法
      bool QueensLV( int stopVegas ) ;    //随机放置 n 个皇后拉斯维加斯算法
      int n, * x, * y ;
) ;
```

类 Queen 的私有成员函数 Place(k)用于测试将皇后 k 置于第 $x[k]$ 列的合法性。

类 Queen 的私有成员函数 Backtrack(t)是解 n 后问题的回溯法。

```
bool Queen::Place( int k )
{//测试皇后 k 置于第 x[ k ]列的合法性
  for( int j = 1 ; j < k ; j ++ )
    if( ( abs( k – j ) == abs( x[ j ] – x[ k ] ) ) || ( x[ j ] == x[ k ] ) ) return false;
    return true;
}
bool Queen::Backtrack( int t )
{//解 n 后问题的回溯法
  if( t > n ) {
    for( int i = 1 ; i < = n ; i ++ ) y[ i ] = x[ i ] ;
    return;
  }
```

```
    else
      for(int i = 1;i < = n;i ++ ){
        x[t] = i;
        if(Place(t)&&Backtrack(t + 1)return true;
      }
      return false;
}
```

类 Queen 的私有成员函数 QueensLV(stopVegas)实现在棋盘上随机放置若干皇后的拉斯维加斯算法。其中,1≤stopVegas≤n 表示随机放置的皇后数。

```
bool Queen::QueensLV(int stopVegas)
{//随机放置 n 个皇后拉斯维加斯算法
    RandomNumber rnd;
    int k = 1;                                //随机数产生器
    int count = 1;
    //1≤stopVegas≤n 表示允许随机放置的皇后数
    while((k < = stopVegas)&&(count >0)){
    count = 0;
    for(int i = 1;i <n;i ++ ){
      x[k] = i;
      if(Place(k))y[count ++ ] = i;
    }
    if(count >0)x[k ++ ] = y[rnd. Random(count)];//随机位置
    }
    return(count >0);                         //count >0 表示放置成功
}
```

算法的回溯搜索部分与解 n 后问题的回溯法类似,所不同的是这里只要找到一个解就可以了。

```
void nQueen(int n)
{//与回溯法相结合的解 n 后问题的拉斯维加斯算法
    Queen X;
    //初始化 X
    X. n = n;
    int * p = new int[n +1];
    int * q = new int[n +1];
    for(int i = 0;i < = n;i ++ ){p[i] =0;q[i] =0;}
    X. y = p;
    X. x = q;
    int stop = 5;
```

```
if( n > 15)stop = n – 15;
bool found = false;
while( !X. QueensLV( stop));
//算法的回溯搜索部分
if( X. Backtrack( stop + 1)){
    for( int i = 1;i <= n;i ++ )cout << p[ i] << "    ";
    found = true;
}
    cout << endl;
    delete[ ]p;
    delete[ ]q;
    return found;
}
```

下面的表 9 – 1 给出了用上述算法解 8 后问题时,对于不同的 stopVegas 值,算法成功的概率 p,一次成功搜索访问的结点数平均值 s,一次不成功搜索访问的结点数平均值 e,以及反复调用算法使得最终找到一个解所访问的结点数的平均值 $t = s + (1 - p)e/p$。

表 9-1　解 8 后问题的拉斯维加斯算法中不同 stopVegas 值所相应的算法效率

stopVegas	p	s	e	t
0	1. 0000	114. 00		114. 00
1	1. 0000	39. 63		39. 63
2	0. 8750	22. 53	39. 67	28. 20
3	0. 4931	13. 48	15. 10	29. 01
4	0. 2618	10. 31	8. 79	35. 10
5	0. 1624	9. 33	7. 29	46. 92
6	0. 1375	9. 05	6. 98	53. 50
7	0. 1293	9. 00	6. 97	55. 93
8	0. 1293	9. 00	6. 97	55. 93

stopVegas = 0 相应于完全使用回溯法的情形。

表 9-2 是当 $n = 12$ 时,关于若干 stopVegas 值的统计数据。由此可以看出,当 $n = 12$ 时,取 stopVegas = 5 时,算法效率很高。

表 9-2　解 12 后问题的拉斯维加斯算法中不同 stooVegas 值所相应的算法效率

stopVegas	p	s	e	t
0	1. 0000	262. 00		262. 00
5	0. 5039	33. 88	47. 23	80. 39
12	0. 0465	13. 00	10. 20	222. 1 1

9.3.2　整数因子分解

设 $n > 1$ 是一个整数。关于整数 n 的因子分解问题是找出 n 的如下形式的唯一分解式：

$$n = p_1^{m_1} p_2^{m_2} \cdots p_k^{m_k}$$

式中，$p_1 < p_2 < \cdots < p_k$ 是 k 个素数，$m_1 < m_2 < \cdots < m_k$ 是 k 个正整数。

如果 n 是一个合数，则 n 必有一个非平凡因子 x，$1 < x < n$，使得 x 可以整除 n。

给定一个合数 n，求 n 的一个非平凡因子的问题称为整数 n 的因子分割问题。

有了测试素性的算法后，整数的因子分解问题就转化为整数的因子分割问题。

下面的算法 Split(n) 可实现对整数的因子分割。

```
int spht( int n)
{   int m = floor( sqrt( double( n ) ) );
    for( int i = 2 ; i <= m ; i ++ )
      if( n% i == 0) return i;
    return 1;
}
```

在最坏情况下，算法 Split(n) 所需的计算时间为 $\Omega(\sqrt{n})$。当 n 较大时，上述算法无法在可接受的时间内完成因子分割任务。对于给定的正整数 n，设其位数为 $m = \lceil \log_{10}(1 + n) \rceil$。由 $\sqrt{n} = \theta(10^{m/2})$ 知，算法 Split(n) 是关于 m 的指数时间算法。

到目前为止，还没有找到解因子分割问题的多项式时间算法。事实上，算法 Split(n) 是对范围在 $1 \sim x$ 的所有整数进行了试除而得到范围在 $1 \sim x^2$ 的任一整数的因子分割。下面要讨论的求整数 n 的因子分割的拉斯维加斯算法是由 Pollard 提出的，该算法的效率比算法 Split(n) 有较大的提高。Pollard 算法用与算法 Split(n) 相同的工作量就可以得到在 $1 \sim x^4$ 范围内整数的因子分割。

Pollard 算法在开始时选取 $0 \sim (n-1)$ 范围内的随机数 x_1，然后递归地由

$$x_i = (x_{i-1}^2 - 1) \bmod n$$

产生无穷序列 $x_1, x_2, \cdots, x_k, \cdots$。

对于 $i = 2^k$，$k = 0, 1, \cdots$，以及 $k = 0, 1, \cdots$，算法计算出 $x_j - x_i$ 与 n 的最大公因子

$$d = \gcd(x_j - x_i, n)$$

如果 d 是 n 的非平凡因子，则实现对 n 的一次分割，算法输出 n 的因子 d。

求整数 n 因子分割的拉斯维加斯算法 Pollard(n) 可描述如下。其中，$\gcd(a, b)$ 是求 2 个整数最大公因数的欧几里得算法

```
int gcd( int a, int b)
{//求整数 a 和 b 最大公因数的欧几里得算法
    if( b == 0) return a;
    else return gcd( b, a% b);
}
    void Pollard( int n)
```

```
{//求整数 n 因子分割的拉斯维加斯算法
RandomNumber rnd;
int i = 1;
int x = rnd. Random(n);//随机整数
int y = x;
int k = 2;
while(true){
    i ++;
    x = (x * x - 1)% n;              //x_i = (x_{i-1}^2 - 1) mod n
    int d = gcd(y - x,n);           //求 n 的非平凡因子
    if((d > 1)&&(d < n))cout << d << endl;
    if(i == k){
        y = x;
        k *= 2;}
    }
}
```

对 Pollard 算法更深入的分析可知,执行算法的 while 循环约 $\sqrt{p}$ 次后,Pollard 算法会输出 n 的一个因子 p。由于 n 的最小素因子 $p \le \sqrt{n}$,故 Pollard 算法可在 $O(n^{1/4})$ 时间内找到 n 的一个素因子。

在上述 Pollard 算法中还可将产生序列 x_i 的递归式改做

$$x_i = (x_{i-1}^2 - c) \bmod n$$

式中,c 是一个不等于 0 和 2 的整数。

9.4　蒙特卡罗(Monte Carlo)算法

9.4.1　蒙特卡罗算法的基本思想

设 p 是实数,且 $1/2 < p < 1$。如果一个蒙特卡罗算法对于问题的任一实例得到正确解的概率不小于 p,则称该蒙特卡罗算法是 p 正确的,且称 $p - 1/2$ 是该算法的优势。

如果对于同一实例,蒙特卡罗算法不会给出两个不同的正确解答,则称该蒙特卡罗算法是一致的。

有些蒙特卡罗算法除了具有描述问题实例的输入参数外,还具有描述错误解可接受概率的参数。这类算法的计算时间复杂性通常由问题的实例规模以及错误解可接受概率的函数来描述。

对于一致的 p 正确蒙特卡罗算法,要提高获得正确解的概率,只要执行该算法若干次,并选择出现频次最高的解即可。

在一般情况下,设 ε 和 ε 是两个正实数,且 $\varepsilon + \delta < 1/2$。设 $MC(x)$ 是一致的 $(1/2 + \varepsilon)$ 正

确的蒙特卡罗算法,且 $C_\varepsilon = -2/\log(1-4\varepsilon^2)$。如果调用算法 $MC(x)$ 至少 $\lceil C_\varepsilon\log(1/S)\rceil$ 次,并返回各次调用出现频次最高的解,就可以得到解同一问题的一个一致的 $(1-\delta)$ 正确的蒙特卡罗算法。由此可见,不论算法 $MC(x)$ 的优势 $\varepsilon > 0$ 多小,都可以通过反复调用来放大算法的优势,最终得到的算法具有可接受的错误概率。

要证明上述论断,设 $n > C_\varepsilon\log(1/\delta)$ 是重复调用 $(1/2+\varepsilon)$ 正确的算法 $MC(x)$ 的次数,且 $p=(1/2+\varepsilon)$,$q=1-p=(1/2-\varepsilon)$,$m=\lceil n/2\rceil+1$。经 n 次反复调用算法 $MC(x)$,找到问题的一个正确解,则该正确解至少应出现 m 次,其出现错误概率最多是

$$\sum_{i=0}^{m-1}\text{Prob}\{n\text{ 次调用出现 }i\text{ 次正确解}\}$$

$$\leqslant \sum_{i=0}^{m-1}\binom{n}{i}p^iq^{n-i} = (pq)^{n/2}\sum_{i=0}^{m-1}\binom{n}{i}(q/p)^{n/2-i}$$

$$\leqslant (pq)^{n/2}\sum_{i=0}^{m-1}\binom{n}{i}$$

$$\leqslant (pq)^{n/2}\sum_{i=0}^{n}\binom{n}{i} = (pq)^{n/2}2^n = (4pq)^{n/2} = (1-4\varepsilon^2)^{n/2}$$

$$\leqslant (1-4\varepsilon^2)^{(c_\varepsilon/2)}\log(1/\delta)$$

$$= 2^{-\log(1/\delta)} = \delta$$

由此可知,重复 n 次调用算法 $MC(x)$ 得到正确解的概率至少为 $1-\delta$。

更进一步的分析表明,如果重复调用一个一致的 $(1/2+\varepsilon)$ 正确的蒙特卡罗算法 $2m-1$ 次,得到正确解的概率至少为 $1-\delta$,式中,

$$\delta = \frac{1}{2} - \varepsilon\sum_{i=0}^{m-1}\binom{2i}{i}\left(\frac{1}{4}-\varepsilon^2\right)^i \leqslant \frac{(1-4\varepsilon^2)^m}{4\varepsilon\sqrt{\pi m}}$$

在实际使用中,大多数蒙特卡罗算法经重复调用后正确率提高很快。

设 $MC(x)$ 是解某个判定问题 D 的蒙特卡罗算法。当 $MC(x)$ 返回 true 时解总是正确的,仅当它返回 false 时有可能产生错误的解。称这类蒙特卡罗算法为偏真算法。

显而易见,当多次调用一个偏真蒙特卡罗算法时,只要有一次调用返回 true,就可以断定相应的解为 true。稍后将看到,在这种情况下,只要重复调用偏真蒙特卡罗算法 4 次,就可以将解的正确率从 55% 提高到 95%,重复调用算法 6 次,可将解的正确率提高到 99%。而且对于偏真蒙特卡罗算法而言,原来对 p 正确算法的要求 $p > \frac{1}{2}$ 可以放松为 $p > 0$ 即可。

9.4.2 主元素问题

设 $T[1:n]$ 是一个含有 n 个元素的数组。当 $|\{i|T[i]=x\}| > n/2$ 时,称元素 x 是数组 T 的主元素。对于给定的输入数组 T,考虑下面判定所给数组 T 是否含有主元素的蒙特卡罗算法 Majority。

RandomNumber rnd;
Template < class Type >
bool Majority(Type * T, int n)

```
}//判定主元素的蒙特卡罗算法
    int i = rnd. Random(n) +1;
    Type x = T[i];                          //随机选择数组元素
    int k =0;
    for(int j =1;j <= n;j ++ )
        if(T[j] ==x)k ++ ;
    return(k > n/2);                        //k > n/2 时 T 含有主元素
}
```

上述算法对随机选择的数组元素 x,测试它是否为数组 T 的主元素。如果算法返回的结果为 true,则随机选择的数组元素 x 是数组 T 的主元素,显然数组 T 含有主元素。反之,如果算法返回的结果为 false,则数组 T 未必没有主元素。可能数组 T 含有主元素,而随机选择的数组元素 x 不是 T 的主元素。由于数组 T 的非主元素个数小于 x,故上述情况发生的概率小于 1/2。由此可见,上述判定数组 T 的主元素存在性的算法是一个偏真的 1/2 正确算法。换句话说,如果数组 T 含有主元素,则算法以大于 1/2 的概率返回 true;如果数组 T 没有主元素,则算法肯定返回 false。

在实际使用时,50% 的错误概率是不可容忍的。使用前面讨论过的重复调用技术可将错误概率降低到任何可接受值的范围内。首先来看重复调用 2 次的算法 Majority2 如下:

```
template < claSS Type >
bool Majority2(Type * T,int n)
{//重复调用 2 次算法 Majority
    if(Majority(T,n))return true;
    else return Majority(T,n);
}
```

如果数组 T 不含主元素,则每次调用 Majority(T,n) 返回的值肯定是 false,从而 Majority2 返回的值肯定也是 false。如果数组 T 含有主元素,则算法 Majority(T,n) 返回 true 的概率声大于 1/2,而当 Majority(T,n) 返回 true 时,Majority2 也返回 true。另一方面,Majority2 的第一次调用 Majority(T,n) 返回 false 的概率为 $1-p$,第二次调用 Majority(T,n) 仍以概率 p 返回 true。因此当数组 T 含有主元素时,Majority2 返回 true 的概率是 $p + (1-p)p = 1 - (1-p)^2 > 3/4$。也就是说,算法 Majority2 是一个偏真 3/4 正确的蒙特卡罗算法。

在算法 Majority2 中,重复调用 Majority(T,n) 所得到的结果是相互独立的。当数组 T 含有主元素时,某次调用 Majority(T,n) 返回 false 并不会影响下一次调用 Majority(T,n) 返回值为 true 的概率。因此,k 次重复调用 Majority(T,n) 均返回 false 的概率小于 2^{-k}。另一方面,在 k 次调用中,只要有一次调用返回的值为 true,即可断定数组 T 含有主元素。

对于任何给定的 $\varepsilon > 0$,下面的算法 MajorityMC 重复调用 $\lceil \log(1/\varepsilon) \rceil$ 次算法 Majority。它是偏真的蒙特卡罗算法,且其错误概率小于 ε。

```
template < class Type >
bool MajorityMC(Type * T, int n,double e)
{//重复 ⌈log(1/ε)⌉次调用算法 Majority
```

```
int k = ceil(log(1/e)/10g(2));
for(int i = 1;i <= k;i ++)
    if(Majority(T,n))return true;
return false;
}
```

算法 MajorityMC 所需的计算时间显然是 $O(n\log(1/\varepsilon))$。

9.4.3 素数测试

【定理9-1】 （Wilson 定理）对于给定的正整数 n，判定 n 是一个素数的充要条件是
$$(n-1)! \equiv -1(\bmod n)$$

Wilson 定理有很高的理论价值，但实际用于素性测试所需的计算量太大，无法实现对较大素数的测试。到目前为止，尚未找到素数测试的有效的确定性算法或拉斯维加斯型算法。

首先容易想到下面的素数测试随机化算法 Prime。

```
boolPrime(unsigned int n)
{   RandomNumber rnd;
    int m = floor(sqrt(double(n)));
    unsigned int a = rnd. Random(m - 2) + 2;
    return(n% a! =0);
}
```

算法 Prime 返回 false 时，算法幸运地找到 n 的一个非平凡因子，因此可以肯定 n 是一个合数。但是对于上述算法 Prime 来说，即使 n 是一个合数，算法仍以高概率返回 true。例如，当 $n = 2623 = 43 \times 61$ 时，算法 Prime 在 $2 \sim 51$ 范围内随机选择一个整数 n，仅当选择到 $a = 43$ 时，算法返回 false，其余情况均返回 true。在 $2 \sim 51$ 范围内选到 $a = 43$ 的概率约为 2%，因此算法以 98% 的概率返回错误的结果 true。当 n 增大时，情况就更糟。当然在上述算法中可以用欧几里得算法判定 n 与 a 是否互素，以提高测试效率，但结果仍不理想。

著名的费尔马小定理为素数判定提供了一个有力的工具。

【费尔马小定理】 如果 p 是一个素数，且 $0 < a < p$，则 $a^{p-1} = 1(\bmod p)$。

例如，67 是一个素数，则 $2^{66} \bmod 67 = 1$。

利用费尔马小定理，对于给定的整数 n，可以设计素数判定算法。通过计算 $d = 2^{n-1} \bmod n$ 来判定整数 n 的素性。当 $d \neq 1$ 时，n 肯定不是素数；当 $d = 1$ 时，n 很可能是素数。但也存在合数 n 使得 $2^{n-1} \equiv 1(\bmod n)$。

费尔马小定理毕竟只是素数判定的一个必要条件。满足费尔马小定理条件的整数 n 未必全是素数。有些合数也满足费尔马小定理的条件，这些合数被称为 Carmichael 数，前 3 个 Carmichael 数是 561,1105 和 1729。Carmichael 数是非常少的。在 $1 \sim 100000000$ 的整数中，只有 255 个 Carmichael 数。

利用下面的二次探测定理可以对上面的素数判定算法做进一步改进，以避免将 Carmichael 数当做素数。

二次探测定理 如果 p 是一个素数，$0 < x < p$，则方程 $x^2 \equiv 1(\bmod p)$ 的解为 $x = 1, p - 1$。

事实上，$x^2 \equiv 1 (\mathrm{mod} p)$ 等价于 $x^2 - 1 \equiv 0 (\mathrm{mod} p)$。由此可知

$$(x-1)(x+1) \equiv 0 (\mathrm{mod} p)$$

故 p 必须整除 $x-1$ 或 $x+1$。由 p 是素数且 $0 < x < p$，推出 $x = 1$ 或 $x = p - 1$。

利用二次探测定理，可以在利用费尔马小定理计算 $a^{n-1} \mathrm{mod} n$ 的过程中增加对整数 n 的二次探测。一旦发现违背二次探测条件，即可得出 n 不是素数的结论。

下面的算法 power 用于计算 $a^p \mathrm{mod} n$，并在计算过程中实施对 n 的二次探测。

```
void power(unsigned int a,tmsigned int p,unsigned int n,unsigned int&result,bool&composite)
    {//计算 a^p mod n,并实施对 n 的二次探测
    unsigned int x;
    if(p==0)result=1;
    else{
        power(a,p/2,n,x,composite);                    //递归计算
        result=(x*x)%n;                                //二次探测
        if((result==1)&&(x!=1)&&(x!=n-1))
            composite=true;
        if((p%2)==1)                                   //p 是奇数
            result=(result*a)%n;
        }
    }
```

在算法 power 的基础上，可设计素数测试的蒙特卡罗算法 Prime 如下：

```
bool Prime(unsigned int n)
{//素数测试的蒙特卡罗算法
    RandomNumber rnd;
    unsigned int a,result;
    bool composite=false;
    a=rnd.Random(n-3)+2;
    power(a,n-1,n,result,composite);
    if(composite||(result!=1))return false;
    else return true;
}
```

算法 Prime 返回 false 时，整数 n 一定是合数。而当算法 Prime 返回值为 true 时，整数 n 在高概率意义下是素数。仍然可能存在合数 n，对于随机选取的基数 a，算法返回 true。但对于上述算法的深入分析表明，当 n 充分大时，这样的基数 a 不超过 $(n-9)/4$ 个，由此可知，上述算法 Prime 是一个偏假 3/4 正确的蒙特卡罗算法。

正如前面讨论过的，上述算法 Prime 的错误概率可通过多次重复调用而迅速降低。重复调用 k 次 Prime 算法的蒙特卡罗算法 PrimeMC 可描述如下：

```
bool PrimeMC(unsigned int n,unsigned int k)
{//重复调用 k 次 Prime 算法的蒙特卡罗算法
```

```
RandomNumber rnd;
unsigned int a,result;
bool composite = false;
for( int i = 1;i < = k;i ++ ) {
    a = md. Random( n - 3) +2;
    power( a,n - 1,n,result,composite) ;
    if( composite || ( result! = 1) ) return false;
    }
    return true;
}
```

易知算法 PrimeMC 的错误概率不超过$(1/4)^k$。这是一个很保守的估计,实际使用的效果要好得多。

第 10 章　近似算法的设计与分析

10.1　近似算法的性能评价

　　从本质上来看,许多 NP 完全问题就是最优化问题,即要求使某个目标函数达到最大值或最小值的解。不失一般性,对于确定的问题,假设其每一个可行解所对应的目标函数值均不小于一个确定的正数。

　　若一个最优化问题的最优值为 c^*,求解该问题的一个近似算法求得的近似最优解相应的目标函数值为 c,则将该近似算法的性能比定义为 $\eta = \max\left\{\dfrac{c}{c^*}, \dfrac{c^*}{c}\right\}$。在通常情况下,问题输入规模 n 的一个函数 $\rho(n)$ 就是该性能比,即 $\max\left\{\dfrac{c}{c^*}, \dfrac{c^*}{c}\right\} \leqslant \rho(n)$。

　　这个定义不局限于极小化问题,在极大化问题中也是适用的。对于一个极大化问题,$0 < c \leqslant c^*$。此时近似算法的性能比,表示最优值 c^* 比近似最优值 c 大多少倍。对于一个极小化问题,$0 < c^* \leqslant c$。此时,近似算法的性能比表示近似最优值 c 比最优值 c^* 大多少倍。由 $c/c^* < 1$ 可以推出 $c*/c > 1$,故近似算法的性能比不会小于 1。一个能求得精确最优解的算法的性能比为 1。在通常情况下,近似算法的性能比大于 1。近似算法的性能比越大,它求出的近似最优解就越差。

　　有时想要更方便的话,可以采用相对误差表示一个近似算法的精确程度。若最优化问题的精确最优值为 c^*,而一个近似算法求出的近似最优值为 c,则该近似算法的相对误差定义为 $\lambda = \left|\dfrac{c - c^*}{c^*}\right|$。近似算法的相对误差总是非负的。若对问题的输入规模 n,有一个函数 $\varepsilon(n)$ 使得 $\left|\dfrac{c - c^*}{c^*}\right| \leqslant \varepsilon(n)$,则称 $\varepsilon(n)$ 为该近似算法的相对误差界。近似算法的性能比 $\rho(n)$ 与相对误差界 $\varepsilon(n)$ 之间显然有如下关系:$\varepsilon(n) \leqslant \rho(n) - 1$。

　　有许多问题的近似算法具有固定的性能比或相对误差,即 $\rho(n)$ 或 $\varepsilon(n)$ 跟 n 没有直接关系的。在这种情况下,用 ρ 和 ε 来记性能比和相对误差界,表示它们不依赖于 n。当然,还有许多问题没有固定性能比的多项式时间近似算法,其性能比只能随着输入规模 n 的增长而增大。

　　对有些 NP 完全问题,这样的近似算法不难找出,可以通过增加计算量来改进其性能比。也就是说,在计算量和解的精确度之间有一个折衷。较少的计算量得到较粗糙的近似解,而较多的计算量可以获得较精确的近似解。

　　带有近似精度 $\varepsilon > 0$ 的一类近似算法就是一个最优化问题的近似格式。对于固定的 $\varepsilon > 0$,该近似格式表示的近似算法的相对误差界为 ε。若对固定的 $\varepsilon > 0$ 和问题的一个输入规模

为 n 的实例,用近似格式表示的近似算法是多项式时间算法,则称该近似格式为多项式时间近似格式。

多项式时间近似格式的计算时间不应随 ε 的减少而增长得太快。在理想的情况下,若 ε 减少某一常数倍,近似格式的计算时间增长也不超过某一常数倍。换句话说,希望近似格式的计算时间是 $1/\varepsilon$ 和 n 的多项式。

当一个问题的近似格式的计算时间是关于 $1/\varepsilon$ 和问题实例的输入规模 n 的多项式时,称该近似格式为一完全多项式时间近似格式,其中 ε 是该近似格式的相对误差界。

10.2　顶点覆盖问题

无向图 $G=(V,E)$ 的顶点覆盖是顶点集 V 的一个子集 $V'\subseteq V$,使得若 (u,v) 是 G 的一条边,则 $v\in V'$ 或 $u\in V'$。顶点覆盖问题(vertex cover problem)是求出图 G 中的最小顶点覆盖,即含有顶点数最少的顶点覆盖。

顶点覆盖问题是一个 NP 难问题,因此,一个多项式时间算法还没有准确找到。虽然要找到图 G 的一个最小顶点覆盖很困难,但要找到图 G 的一个近似最小覆盖却很容易。可以采用如下策略:初始时边集 $E'=E$ 顶点集 $V'=\{\}$,每次从边集 E' 中任取一条边 (u,v),把顶点 u 和 v 加入到顶点集 V' 中,再把与 u 和 v 顶点相邻接的所有边从边集 E' 中删除,重复上述过程,直到边集 E' 为空,最后得到的顶点集 V' 是无向图的一个顶点覆盖。由于每次把尽量多的相邻边从边集 E' 中删除,可以期望 V' 中的顶点数尽量少,但 V' 中的顶点数最少这点是无法保证的。图 10-1 给出了近似算法求解顶点覆盖问题的过程。

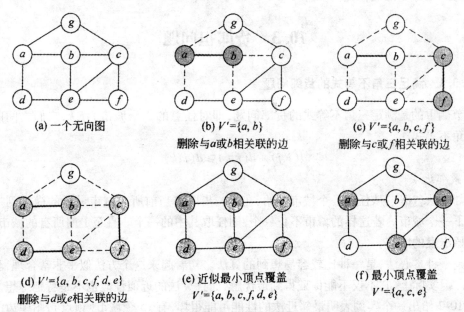

| (a) 一个无向图 | (b) $V'=\{a,b\}$
删除与 a 或 b 相关联的边 | (c) $V'=\{a,b,c,f\}$
删除与 c 或 f 相关联的边 |

(d) $V'=\{a,b,c,f,d,e\}$　　(e) 近似最小顶点覆盖　　　(f) 最小顶点覆盖
删除与 d 或 e 相关联的边　　　 $V'=\{a,b,c,f,d,e\}$ 　　　　 $V'=\{a,c,e\}$

图 10-1　近似算法求解最小覆盖问题的过程

假设无向图 G 中 n 个顶点的编号为 $0\sim n-1$,顶点覆盖问题的近似算法用伪代码描述如下:

输入:无向图 G = (V,E)

输出:覆盖顶点集合 x[n]

　　　初始化:x[n] = {0};

　　　E' = E;

循环直到 E' 为空

　　从 E' 中任取一条边(u,v);

　　将顶点 u 和 v 加入顶点覆盖中:x[u] = 1;x[v] = 1;

　　从 E' 中删去与 u 和 v 相关联的所有边

以上算法中可以用邻接表的形式存储无向图,由于算法中对每条边只进行一次删除操作,设图 G 含有 n 个顶点 e 条边,则以上算法的时间复杂性为 $O(n+e)$。

下面对以上算法的近似比进行重点考察。若用 A 表示算法在"从 E' 中任取一条边(u,v)"中选取的边的集合,则 A 中任何两条边没有公共顶点。因为算法选取了一条边,并在将其顶点加入顶点覆盖后,就将 E' 中与该边的两个顶点相关联的所有边从 E' 中删除,因此,下一次再选取的边与该边没有公共顶点。由数学归纳法不难得知,A 中的所有边均没有公共顶点。算法结束时,顶点覆盖中的顶点数 $|V'| = 2|V|$。另一方面,图 G 的任一顶点覆盖一定包含 A 中各边的至少,因此,若最小顶点覆盖为 V^*,则

$$|V^*| \geq A$$

由此可得

$$|V'| \leq 2|V^*|$$

也就是说以上算法的近似比为 2。

10.3　货郎担问题

10.3.1　满足三角不等式的货郎问题

本节侧重的是满足三角不等式的货郎问题,即对任意的 3 个城市 i,j,k,它们之间的距离满足三角不等式

$$d(i,j) + d(j,k) \geq d(i,k)$$

1. 最邻近法

最邻近法(NN):从任意一个城市开始,在每一步取离当前所在城市最近的尚未到过的城市作为下一个城市。若这样的城市不止一个,则任取其中的一个。直至走遍所有的城市,最后回到开始出发的城市。

这是一种贪心法,是一种比较容易想到的算法。初看起来这个方法似乎非常合理,至少不会太坏。但实际上,它不仅不能保证得到最优解,而且算法的近似性能也不是特别理想。

图 10-2 给出一个实例表明最邻近法的性能可能很坏,有 15 个城市(顶点),图中边的两点之间的距离等于这两点之间最短路的长度没有具体画出,城市之间的距离满足三角不等式。最优巡回路线是沿最外的圆周走一圈,OPT(I) = 15。粗黑线是 NN 给出的解,NN(I) = 27。关于最邻近法的近似性能有下述定理。

【定理 10-1】　对于货郎问题所有满足三角不等式的 n 个城市的
实例 I,总有

$$\mathrm{NN}(I) \le \frac{1}{2}(\lceil \log_2 n \rceil + 1)\mathrm{OPT}(I)$$

而且,对于每一个充分大的 n,存在满足三角不等式的 n 个城市的实
例 I 使得

$$\mathrm{NN}(I) > \frac{1}{3}\left[\log_2(n+1) + \frac{4}{3}\right]\mathrm{OPT}(I)$$

定理 10-1 表明最邻近法的近似比可以任意大。此处,定理的证
明省去。

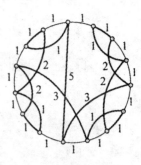

图 10-2　一个表明 NN
性能很坏的实例

2. 最小生成树法

把货郎问题的实例看作一个带权的完全图,要找一条最短的哈密尔顿回路。下面给出两
个性能比最邻近法好得多的近似算法。

最小生成树法(MST):首先,求图的一棵最小生成树 T。然后,沿着 T 走两遍得到图的一
条欧拉回路。最后,顺着这条欧拉回路,跳过已走过的顶点,抄近路得到一条哈密尔顿回路。

图 10-3 给出 MST 计算过程的示意图。由于在多项式时间内都可以完成求最小生成树和
欧拉回路,故算法是多项式时间的。有关的图论知识可参见相关资料。

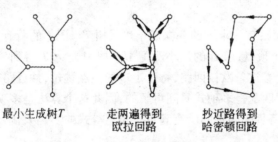

最小生成树T　　　走两遍得到　　　抄近路得到
　　　　　　　　　　欧拉回路　　　　哈密顿回路

图 10-3　最小生成树

【定理 10-2】　对货郎问题的所有满足三角不等式的实例 I,有

$$\mathrm{MST}(I) < 2\mathrm{OPT}(I)$$

证明:因为从哈密尔顿回路中删去一条边就得到一棵生成树,故最小生成树 T 的权小于
最短哈密尔顿回路的长度 $\mathrm{OPT}(I)$。于是,沿 T 走两遍得到的欧拉回路的长小于 $2\mathrm{OPT}(I)$。最
后,由于图的边长能够满足三角不等式,抄近路的话长度不会有任何增加,故 $\mathrm{MST}(I) < 2\mathrm{OPT}$
(I)。

定理 10-2 表明 MST 是 2 - 近似算法。图 10-4 给出一个紧实例 I,有 $2n$ 个城市,OPT
$(I) = 2n$,

$$\mathrm{MST}(I) = 4n - 2 = \left(2 - \frac{1}{n}\right)\mathrm{OPT}(I)$$

这个实例说明以上定理给出的结果已是最好的,即对任意小的 $\varepsilon > 0$,存在货郎问题满足
三角不等式的实例 I,使得 $\mathrm{MST}(I) > (2 - \varepsilon)\mathrm{OPT}(I)$。

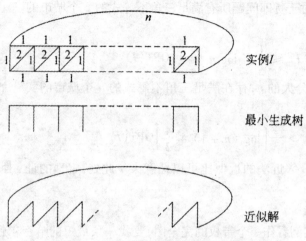

图 10-4　MST 近似比为 2 的近似例

3. 最小权匹配法

最小生成树法通过对最小生成树 T 的每一条边走两遍得到一条欧拉回路，其实只需把 T 中的所有奇度顶点变成偶度顶点即可把 T 改造成欧拉图。为此，只需在每一对奇度顶点(T 的奇度顶点个数一定是偶数)之间加一条边，当然应该使新加的边的权之和尽可能小。这就是最小权匹配法。

最小权匹配法(MM)：首先求图的一棵最小生成树 T。记 T 的所有奇度顶点在原图中的导出子图为 H，H 有偶数个顶点，求 H 的最小匹配 M。把 M 加入 T 得到一个欧拉图，求这个欧拉图的欧拉回路；最后，沿着这条欧拉回路，将已走过的顶点跳过，抄近路得到一条哈密回路。

求任意图的最小权匹配是多项式时间可解的，因此这个算法是多项式时间的。

【定理 10-3】　对待货郎问题的所有满足三角不等式的实例 I，满足：

$$\mathrm{MM}(I) < \frac{3}{2}\mathrm{OPT}(I)$$

证明：由于满足三角不等式，导出子图 H 中的最短哈密尔顿回路 C 的长度不超过原图中最短哈密尔顿回路的长度 $\mathrm{OPT}(I)$。沿着 C 隔一条边取一条边，得到 H 的一个匹配。总可以使这个匹配的权不超过 C 长的一半。因此，H 的最小匹配 M 的权不超过 $\frac{1}{2}\mathrm{OPT}(I)$。即可得出欧拉回路的长小于 $\frac{3}{2}\mathrm{OPT}(I)$。和上面一样，抄近路不会增加长度，得证 $\mathrm{MM}(I) < \frac{3}{2}\mathrm{OPT}(I)$。

以上定理表明 MM 是 $\frac{3}{2}$ – 近似算法。当不限制货郎问题的实例满足三角不等式时，定理 10-2 和以上的定理的证明都失效，不难给出使这两个近似算法得到的近似解的值与最优值的比任意大的实例。实际上，关于一般的货郎问题有下述定理。

【定理 10-4】　货郎问题(不要求满足三角不等式)是不可近似的，除非 P = NP。

证明：假设不然，设 A 是货郎问题的近似算法，其近似比 $r \leqslant K$，其中 K 是一个正整数。

任给一个图 $G = (V, E)$，如下构造货郎问题的实例 I_G：城市集 V，记 $|V| = n$，每一对城市 u，

$v \in V$ 的距离为

$$d(u,v) = \begin{cases} 1, & 若(u,v) \in E \\ Kn, & 否则 \end{cases}$$

若 G 有哈密尔顿回路,则

$$\mathrm{OPT}(I_G) = n, A(I_G) \leqslant r\mathrm{OPT}(I_G) \leqslant Kn$$

否则经过 V 中所有城市的巡回路线中至少有两个相邻城市在 G 中不相邻,从而 $\mathrm{OPT}(I_G) > Kn, A(I_G) \geqslant r\mathrm{OPT}(I_G) > Kn$。所以,$G$ 有哈密尔顿回路当且仅当 $A(I_G) \leqslant Kn$。

于是,下述算法可以判断任给的图 G 是否有哈密尔顿回路:首先构造货郎问题的实例 I_G,然后对 I_G 运用算法 A。若 $A(I_G) \leqslant Kn$,则输出"Yes";若 $A(I_G) > Kn$,则输出"No"。

注意到 K 是固定的常数,可在 $O(n^2)$ 时间内实现 I_G 的构造,且 $|I_G| = O(n^2)$。由于 A 是多项式时间,n^2 的多项式也是 n 的多项式,A 对 I_G 可在 n 的多项式间内完成计算,所以上述算法是 HC 的多项式时间算法。而 HC 是 NP 完全的,推得 P = NP。

10.3.2　无三角不等式关系的一般货郎担问题

如果不要求一个加权的完全图 G 满足三角不等式,那么不仅找最佳解是 NP 难题,而且找不到有常数倍近似度的近似解,除非 P = NP。下面对这一点进行证明。

如果 P ≠ NP,那么货郎担问题不存在有常数倍近似度的算法。

证明:假设货郎担问题有一个近似度为常数 $\rho \geqslant 1$ 的多项式近似算法。想要用反证法证明是根本行不通的。首先,我们可以说 $\rho \neq 1$,因为 $\rho = 1$ 意味着近似解等于最佳解,这不可能,所以可设 $\rho > 1$。这也不可能,因为如果有这样的算法 A,那么我们可用 A 设计一个多项式算法来判断任一给定 $G(V, E)$ 是否有一个哈密尔顿回路。其步骤如下。

构造一个加权的完全图 $G'(V', E')$,其中 $V' = V$,边的集合 $E' = \{(u,v) \mid u, v \in V', u \neq v\}$。边 (u,v) 的权值定义为:

$$w(u,v) = \begin{cases} 1 & 如果(u,v) \in E(G) \\ \rho n + 1 & 如果(u,v) \notin E(G),这里 n = |V| \end{cases}$$

用算法 A 找出图 G' 的一条近似的货郎担回路 C。
如果 $|\overline{W}(C)| = n$,则 C 是图 G 中的一条哈密尔顿回路,否则原图 G 没有哈密尔顿回路。
End

这个算法的正确性是显而易见的。因为 G' 是完全图而且每条边上权至少为 1,所以当 $|\overline{W}(C)| = n$ 时,C 上每条边权值必须等于 1。因为权值等于 1 的边必定是原图 G 中的边,所以 C 也是 G 里的一条哈密尔顿回路。反之,如果 $|\overline{W}(C)| > n$,那么,C 必定含有至少一条不在原图 G 中的边,因此它的权值至少是 $|\overline{W}(C)| \geqslant (n-1) + (\rho n + 1) = (\rho + 1)n > \rho n$。这里可断定 G' 中一条总权值是 n 的货郎担回路是根本不存在的。对这个实例的近似度为 $\dfrac{|\overline{W}(C)|}{n} > \rho$,这与算法 A 的近似度矛盾。也就是说,原图 G 没有哈密尔顿回路。如果因为 P ≠ NP,哈密尔顿回路问题没有多项式算法,因此算法 A 不可能存在。

10.4 集合覆盖问题

若干重要的算法问题可以形式地描述成集合覆盖的特殊情况,因而它的近似算法的应用范围非常广泛。我们将看到:能够设计出贪心算法,它生成的解具有保证的相对最优解的近似因子。

虽然对集合覆盖设计的贪心算法非常简单,但是对它的分析相比于前面介绍的要复杂许多。在那里我们能够就(未知的)最优解非常简单的界限进行分析,而在这里与最优解的比较工作困难得多,需要使用更加精密复杂的界限。就方法而言,可以把它看作定价法的一个例子。

回想一下在讨论 NP 完全性时集合覆盖问题基于 n 个元素的集合 U 和一组 U 的子集 S_1,$\cdots, S_m$,如果这些子集中的若干个的并集等于整个 U,则称这若干个子集是一个集合覆盖。

现在考虑的这个问题中,每一个子集 S_i 关联一个权 $w_i \geqslant 0$。我们的目标是找一个集合覆盖 K 使得总的权

$$\sum_{S_i \in C} w_i$$

最小。注意这个问题至少和我们早先见到的集合覆盖的判定形式的难度是保持一致的。如果令所有的 $w_i = 1$,那么集合覆盖的最小权小于等于 k 是当且仅当存在不超过 k 个子集的集合覆盖 U。

我们要开发并分析这个问题的一个贪心算法。该算法构造这个覆盖,每次一个集合。为了选择下一个集合,一个似乎能够使得向目标取得最大进展的集合是它寻找的目标。在这种背景下定义"进展"的自然方法是什么?想要的集合有两个性质:它们有小的权 w_i 和覆盖许多元素。然而这两个性质中任何单独的一个都不足以设计出好的近似算法。自然地替换成把这两个标准结合成单一的度量 $w_i / |S_i|$,即选择 S_i 用 w_i 费用覆盖 $|S_i|$ 个元素,因而这个比值给出"覆盖每一个元素的费用",用它作为导向是非常合理的事情。

当然,某些集合一旦已经选定的话,就只关心在还没有被覆盖的元素上如何做。所以我们保存未被覆盖的剩余元素集合 R 并选择集合 S_i 使得 $w_i / |S_i \cap R|$ 最小。

Greedy-Set-Cover:

    开始时 $R = U$ 且没有被选择的集合

    While $R \neq \Phi$

        选择 $w_i / |S_i \cap R|$ 最小的集合 S_i

        从 R 中删去集合 S_i

    EndWhile

    Return 所有被选择的集合

举一个例子说明这个算法的性能,考虑它对图 10-5 中实例的运行情况。底部包含 4 个结点的集合(因为它有最好的权—覆盖比 1/4)是它的首选,然后选择第二行中包含 2 个结点的集合,最后选择顶部 2 个各自只包含 1 个结点的集合。因此它选择总权为 4 的一组集合。由于它每一次近似地选择最佳选项,这个算法没有发现选择每一个覆盖一整列的 2 个集合,能够用权仅为 $2 + 2\varepsilon$ 覆盖所有的结点。

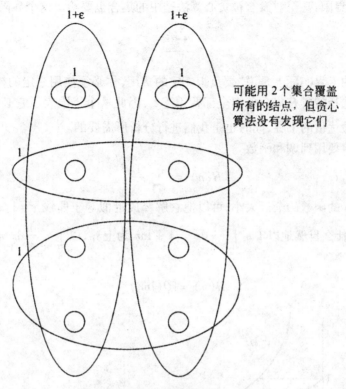

图 10-5　集合覆盖问题的一个实例

　　图 10-5 中集合的权为 1 或 $1+\varepsilon$,其中,$\varepsilon>0$ 是一个很小的数。贪心算法算选择总权等于 4 的集合,而没有选择权为 $2+2\varepsilon$ 的最优解

　　算法选择的集合显然构成一个集合覆盖。要解决的问题是:这个集合覆盖的权比最优集合覆盖的权 w^* 大多少?

　　类似于和前面介绍的内容,一个好的最优值下界是我们进行分析所必须的。对于负载均衡问题,我们使用从问题陈述自然地显露出的下界:平均负载和最大作业的处理时间。集合覆盖问题原来要敏感得多,"简单的"下界不大有用,而要换成使用另一个下界,这个下界是贪心算法作为副产品隐含地构造出来的。

　　回想一下算法使用的比值 $w_i/|S_i\cap R|$ 的直观意义,它是为了覆盖每一个新元素所"支付的费用"。把为元素 s 支付的这个费用记作 c_s,在紧接着选择集合 S_i 的下面添加一行"对所有的 $s\in S_i\cap R$,定义 $c_s=w_i/|S_i\cap R|$"。

　　算法的运算一点不会受到值 c_s 的影响,把它们看作用来帮助与最优值 w^* 比较时的记录装置。当选择 S_i 时,它的权被分摊为所有新被覆盖的元素的费用 c_s,于是,这些费用完全地计算了这个集合覆盖的权,所以有

　　命题 1:设 F 是用 Greedy-Set-Cover 得到的集合覆盖,则 $\displaystyle\sum_{S_i\in F}w_i=\sum_{s\in U}c_s$。

　　分析的关键是问任何单个集合 S_k 能够计算多少总费用,也就是说,给出 $\displaystyle\sum_{s\in S_k}c_s$,相对于这

个集合的权 w_k 的界限,甚至对没有被贪心算法选中的集合也要给出这个界限。给出

$$\frac{\sum_{s \in S_k} c_s}{w_k}$$

对所有集合成立的上界实际上是说"要负担一定的费用,你必须使用一定的权"。我们知道最优解必须通过它选择的所有集合负担全部费用 $\sum_{s \in U} c_s$,因此这个界限表示它必须至少使用一定数量的权。这是最优值的下界,同时也是我们进行分析所需要的。

我们的分析将要用到调和函数

$$H(n) = \sum_{i=1}^{n} \frac{1}{i}$$

为了了解它作为 n 的函数的渐近大小,可以把它解释成近似等于曲线 $y = 1/x$ 下面面积的和。图 10-6 说明它为什么自然地以 $1 + \int_1^n \frac{1}{x} dx = 1 + \ln n$ 为上界,以 $\int_1^{n+1} \frac{1}{x} dx = \ln(n+1)$ 为下界。于是,看到

$$H(n) = O(\ln n)$$

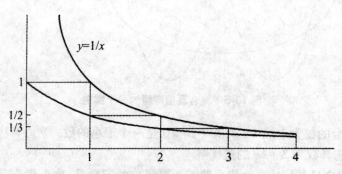

图 10-6　调和函数 $H(n)$ 的上界和下界

下面是确定算法性能界限的关键。

命题 2:对每一个集合 S_k,$\sum_{s \in S_k} c_s$,不超过 $H(|S_k|) \cdot w_k$

证明:为了有效简化,假设 S_k 的元素是集合 U 的前 $d = |S_k|$ 个元素,即 $S_k = \{s_1, \cdots, s_d\}$。

进一步假设这些元素下标的顺序就是贪心算法赋给它们费用 c_{s_j} 的顺序(当有若干个元素的值相同时任取一个)。这样做不失一般性,因为它只是给 U 的元素重新命名。

现在对某个 $j \leq d$,考虑贪心算法覆盖元素 s_j 的那一次迭代。迭代开始时根据元素的下标,$s_j, s_{j+1}, \cdots, s_d \in \mathbf{R}$。这蕴涵 $|S_k \cap R|$ 大于等于 $d - j + 1$,因而集合 S_k 的平均费用

$$\frac{w_k}{|S_k \cap R|} \leq \frac{w_k}{d - j + 1}$$

注意这个式子不是说永远就是等式,因为 s_j 可能与另外某个元素 $s_{j'}(j' < j)$ 在同一次迭代中被覆盖。在这次迭代中,贪心算法选择平均费用最小的集合 S_i,因此 S_i 的平均费用小于等于 S_k 的平均费用。赋给 s_j 的正是 S_i 的平均费用,所以有

$$c_{s_j} = \frac{w_i}{|S_i \cap R|} \leq \frac{w_k}{|S_k \cap R|} \leq \frac{w_k}{d - j + 1}$$

现在对所有的元素 $s \in S_k$ 相加这些不等式,得到

$$\sum_{s \in S_k} c_s = \sum_{j=1}^{d} c_{s_j} \leqslant \sum_{j=1}^{d} \frac{w_k}{d-j+1} = \frac{w_k}{d} + \frac{w_k}{d-1} + \cdots + \frac{w_k}{1} = H(d) \cdot w_k$$

现在来完成我们的计划,用以上命题中的界限比较贪心算法的集合覆盖与最优的集合覆盖。设 $d^* = \max_i |S_i|$ 表示最大的集合的大小,可以得出以下近似结果。

【定理 10-5】 Greedy-Set-Cover 选择的结合覆盖 C 的权不超过最优权 w^* 的 $H(d^*)$。

证明:设 C^* 表示最优集合覆盖,因此 $w^* = \sum_{S_i \in C^*} w_i$。对 C^* 中的每一个集合,由命题 2 可知,有

$$w_i \leqslant \frac{1}{H(d^*)} \sum_{s \in S_i} c_s$$

因为这些集合构成一个集合覆盖,所以有

$$\sum_{S_i \in C^*} \sum_{s \in S_i} c_s \geqslant \sum_{s \in U} c_s$$

由上述不等式和命题 1 得到所要的界限:

$$w^* = \sum_{S_i \in C^*} w_i \geqslant \sum_{S_i \in C^*} \frac{1}{H(d^*)} \sum_{s \in S_i} c_s \geqslant \frac{1}{H(d^*)} \sum_{s \in U} c_s = \frac{1}{H(d^*)} \sum_{S_i \in C} w_i$$

于是,定理 10–5 中的界限告诉我们贪心算法找到一个渐近地在最优解的因子 $O(\log d^*)$ 范围内的解。由于最大集合的大小 d^* 可以是所有元素个数 n 的常数分之一,$O(\log n)$ 就是最坏的情况了。但是用 d^* 表示上界表明当最大集合较小时可以做得更好些。

有趣的是注意到这个界限实质上是最好的,因为有实例使得贪心算法计算得这么坏。为了看到这样的实例是如何产生的,需要对图 10-5 中的例子做进一步考虑。推广这个例子的元素基础集 U 由两竖列组成,每列各有 $\frac{n}{2}$ 个元素。对某个小的 $\varepsilon > 0$,仍有两个权为 $1 + \varepsilon$ 的集合,它们分别包含一列。再构造 $\Theta(\log n)$ 个集合作为图中其他集合的推广:一个包含最底部的,$\frac{n}{2}$ 个结点,另一个包含上面一点的 $\frac{n}{4}$ 个结点,还有一个包含再上面一点的 $\frac{n}{8}$ 个结点,等等。这些集合的权都为 1。

贪心算法依次选择大小为 $\frac{n}{2}, \frac{n}{4}, \frac{n}{8}, \cdots$ 的集合,产生一个权为 $\Omega(\log n)$ 的解。另一方面,选择两个各自包含一列的集合产生权为 $2 + 2\varepsilon$ 的最优解。这个结果的加强可通过更加复杂的构造来实现,产生使得贪心算法给出的权非常接近最优权的 $H(n)$ 倍的实例。事实上,已经用复杂得多的方法证明没有多项式时间的近似算法能够达到比最优值 $H(n)$ 倍好得多的近似界限,除非 $P = NP$。

10.5　加权的顶点覆盖问题

这一节通过对加权的顶点覆盖问题的讨论来介绍用线性规划的方法找近似解。关于线性规划的方法在前面已经有过介绍。线性规划的方法在前面已经有过介绍。

假设图 $G(V,E)$ 中每个顶点 $v \in V$ 有权值 $w(v)$。它的一个顶点覆盖 C 的权值定义为 C 中所有顶点权值之和，即 $w(C) = \sum_{v \in C} w(v)$。最小权值的顶点覆盖问题就是找出图中一个顶点覆盖 C 使 $w(C)$ 最小。

显然，最小权值的顶点覆盖问题是顶点覆盖问题的一个推广。下面介绍用线性规划的方法找它的近似解。我们给每个顶点 $v \in V$ 赋以一个值 $x(v)$，它等于 0 或 1。$x(v) = 1$ 表示 v 被选入顶点覆盖，而 $x(v) = 0$ 表示 v 没有被选入。为了覆盖每条边 (u,v)，我们必须有 $x(u) = 1$ 或者 $x(v) = 1$，也就是说 $x(u) + x(v) \geqslant 1$。因此，下面的 0-1 整数规划问题的解就是最小权值的顶点覆盖问题。

Minimize $\sum_{v \in V} w(v)x(v)$ //在满足下面约束条件下求得这个和式的最小值

Subject to

$\quad x(u) + x(v) \geqslant 1$ for each $(u,v) \in E$
$\quad x(v) \in \{0,1\}$ for each $v \in V$

但是，因为 0-1 整数规划问题是 NPC 问题，所以我们把它变为一个实数型的线性规划问题。这个方法称为线性规划松弛法（linear programming relaxation）。例如，上面的整数规划问题就变成了下面的样子。

Minimize $\sum_{v \in V} w(v)x(v)$

Subject to

$\quad x(u) + x(v) \geqslant 1$ for each $(u,v) \in E$
$\quad x(v) \leqslant 1$ for each $v \in V$
$\quad x(v) \geqslant 0$ for each $v \in V$

因为任一个 0-1 整数规划问题的可行解也是变化后的线性规划的一个可行解，所以变化后的线性规划的最佳解的目标值一定不会大于变化前 0-1 整数规划问题的最佳解的目标值，因此是变化前问题的最佳解的一个下界。如何用变化后的线性规划的一个最佳解来得出原问题的一个近似解可通过下面的解来显示。

Approx-Min-Weight – VC(G,w)
$C \leftarrow \varnothing$ 求出上述线性规划的最佳 $x(v)$ //$x(v)$ 表示向量 $(x(v_1), x(v_2), \cdots, x(v_n))$
for each $v \in V$
$\quad$ if $x(v) \geqslant 1/2$
$\quad\quad$ then $C \leftarrow C \cup \{v\}$
$\quad$ endif
endfor
return C
End

因为 $x(v)$ 是线性规划的解，对每条边 $(u,v) \in E$ 我们有 $x(u) + x(v) \geqslant 1$，所以要么有 $x(u) \geqslant 1/2$ 要么有 $x(v) \geqslant 1/2$，从而 u 和 v 中至少有一个会被算法 Approx-Min-Weight-VC 选入 C 中。所以 C 是一个顶点覆盖。对这个近似解有近似度 2 进行证明。

【定理 10-6】 算法 Approx-Min-Weight-VC 是一个近似度为 2 的最小权值的顶点覆盖问

题的多项式算法。

证明:假设 C^* 是图 G 的一个有最小权值的顶点覆盖,也就是最佳解,其权值为 $z^* = W(C^*)$。而 C 是算法 Approx-Min-Weight-VC 产生的顶点覆盖,其权值为 $z = W(C)$。为了得到 $W(C^*)$ 和 $W(C)$ 之间的关系,它们和线性规划解之间的关系需要对其进行讨论。假设 $w^* = \sum_{v \in V} w(v)x(v)$。因为 C^* 也是线性规划的一个可行解,但不一定是最小的,所以有 $w^* \leq w(C^*)$。下面推导出 w^* 和 $w(C)$ 之间的关系。

$$w^* = \sum_{v \in V} w(v)x(v)$$
$$\geq \sum_{v \in V, x(v) \geq \frac{1}{2}} w(v)x(v)$$
$$\geq \sum_{v \in C} w(v) \cdot \frac{1}{2}$$
$$= \frac{1}{2}w(C)$$

所以,我们有 $w(C) \leq 2w^* \leq w(C^*)$。因为线性规划有多项式算法,算法 Approx-Min-Weight-VC 是一个近似度为 2 的多项式近似算法。

10.6　MAX-3-SAT 问题

这一节我们通过对 MAX-3-SAT 问题的讨论来介绍用随机化方法设计的近似算法。

如果一个算法的表现(behavior)(包括输出的结果和计算复杂度)不仅仅由问题实例的输入数据来决定,还由算法中使用的随机数产生器所产生的随机数的值来决定的话,那么这个算法称为随机化的算法(randomized algorithm),或随机算法。

一个问题的随机算法被称为有 $\rho(n)$-随机近似度的算法,如果对任一个规模为 n 的实例的输入,其输出解的目标值的期望 C 与最佳解的目标值 C^* 的比满足以下关系:

$$\max\left(\frac{C}{C^*}, \frac{C^*}{C}\right) \leq \rho(n)$$

当然,随机算法是一种近似算法,最佳解是它无法保证能够准确给出的。这一节讨论的 MAX-3-SAT 问题是对应于 3-SAT 的一个优化型问题。

MAX-3-SAT 问题定义为,为任何一个有 n 个变量和 m 个子句的 3-CNF 表达式 Φ,找出对 n 个变量的一组赋值,使得最多的子句可得到满足。

显然,当要求 n 个变量的一组赋值使得所有 m 个子句都得到满足时,MAX-3-SAT 问题就是 3-SAT 问题。所以,MAX-3-SAT 问题可看成 3-SAT 问题的一个推广。下面我们给出一个非常简单的随机算法来解 MAX-3-SAT 问题。我们假定 Φ 含 n 个变量,$x_1, x_2, \cdots x_n$,并且每个变量 x_i 和它的 $\neg x_i$ 在一个子句中是不同时出现的,因为这样的子句可被任何一组赋值满足,不需考虑。

Randomized-MAX-3-SAT(Φ)

  for i←1 to n

```
            v←Random number(0 or 1)        //产生 0 或 1 的随机数,各占 50% 概率
            if v = 1
                then x_i←1
                    x_i←0
                else x_i←0
                    x_i←1
                endif
        endfor
    End
```

上面的随机算法 Randomized-MAX-3-SAT 有很好的随机近似度可通过下面的定理证明获得。

【定理 10-7】 假设 Φ 是一个有以 n 变量和 m 个子句的 3-CNF 表达式,算法 Randomized-MAX-3-SAT 中随机数 0 和 1 的产生各有 1/2 的概率,那么,该算法的随机近似度是 $\rho(n,m) = 8/7$。

证明:假设 Φ 个变量是 $x_1,x_2,\cdots x_n$,m 个子句是 $C_1,C_2,\cdots C_m$。我们为每个子句定义一个值为 0 和 1 的指示(indicator)随机变量 $y_j(1\leq j\leq m)$ 如下:

$$y_j = \begin{cases} 1 & C_j \text{ 满足} \\ 0 & C_j \text{ 不满足} \end{cases}$$

我们假定子句 C_j 中 3 个文字的取值是互相独立的,所以有:

$$\begin{aligned} \text{Prob}[C_j \text{ 满足}] &= 1 - \text{Prob}[C_j \text{ 不满足}] \\ &= 1 - \text{Prob}[C_j \text{ 中 3 个文字都不满足}] \\ &= 1 - (1/2)(1/2)(1/2) \\ &= 7/8 \end{aligned}$$

所以 y_j 的期望值是 $E[y_j] = 7/8$。

设随机变量 y 是被满足的子句个数,$Y = y_1 + y_2 + \cdots + y_m$,那么它的期望是:

$$C = E[Y] = E[\sum_{j=1}^{m} y_j] = \sum_{j=1}^{m} E[y_j] = 7m/8$$

因为最佳解能够满足的子句数 C^* 最多是 m,$C^* \leq m$,所以有随机近似度 $\rho(n,m) = C^*/C \leq 8/7$。

10.7 子集和问题

给定一个正整数集合 $S = \{s_1,s_2,\cdots,s_n\}$,子集和问题(sum of subset problem)要求在集合 S 中,找出其和不超过正整数 C 的最大和数的子集。

考虑蛮力法(该方法在本书中不做介绍,请参考资料)求解子集和问题,为了将集合 $\{s_1,s_2,\cdots,s_n\}$ 的所有子集和求出,先将所有子集和的集合初始化为 $L_0 = \{0\}$,然后求得子集和中包含 s_1 的情况,即 L_0 中的每一个元素加上 s_1,用 $L_0 + s_1$ 表示对集合 L_0 中的每个元素加上 s_1 后

得到的新集合,则所有子集和的集合为 $L_1 = L_0 + \cup (L_0 + s_1) = \{0, s_1\}$;再求得子集和中包含 s_2 的情况,即 L_1 中的每一个元素加上 s_2 ,所有子集和的集合为 $L_2 = L_1 \cup (L_1 + s2) = \{0, s_1, s_2, s_1 + s_2\}$;以此类推,一般情况下,为求得子集和中包含 $s_i (1 \leqslant i \leqslant n)$ 的情况,即 L_{i-1} 中的每一个元素加上 s_i ,所有子集和的集合为 $L_i = L_{i-1} \cup (L_{i-1} + s_i)$ 。因为子集和问题要求不超过正整数 C ,所以,每次合并后都要在 L_i 中删除所有大于 C 的元素。例如,若 $S = \{104, 102, 201, 101\}$, $C = 308$,通过使用上述算法求解子集和问题的过程如图 10-7 所示,求得的最大和数是 307,相应的子集是 $\{104, 102, 101\}$ 。

$L_0 = \{0\}$
$L_1 = L_0 \bigcup (L_0 + 104) = \{0\} \bigcup \{104\} = \{0, 104\}$
$L_2 = L_1 \bigcup (L_1 + 102) = \{0, 104\} \bigcup \{102, 206\} = \{0, 102, 104, 206\}$
$L_3 = L_2 \bigcup (L_2 + 201) = \{0, 102, 104, 206\} \bigcup \{201, 303, 305, 407\}$
$\quad = \{0, 102, 104, 201, 206, 303, 305\}$
$L_4 = L_3 \bigcup (L_2 + 101) = \{0, 102, 104, 201, 206, 303, 305\} \bigcup \{101, 203, 205, 302, 307, 404, 406\}$
$\quad = \{0, 101, 102, 104, 201, 203, 205, 206, 302, 303, 305, 307\}$

图 10-7　蛮力法求解子集和问题示例

蛮力法求解子集和问题,需要将集合 S 中的元素依次加到集合 L_{i-1} 中再执行合并操作 $L_i = L_{i-1} \bigcup (L_{i-1} + s_i)$,最坏情况下, L_i 中的元素互不相同,则 L_i 中有 2^i 个元素,因此,时间复杂性为 $O(2^n)$ 。

可以修改蛮力法求解子集和问题的算法,子集和问题的近似算法在每次合并结束并且删除所有大于 C 的元素后,在子集和不超过近似误差 ε 的前提下,以 $\delta = \varepsilon / n$ 作为修整参数在合并结果 L_i 中删去满足条件 $(1 - \delta) \times y \leqslant z \leqslant y$ 的元素 y ,下次参与迭代的元素个数要尽可能的减少,使得算法时间性能得以提高。例如,若 $S = \{104, 102, 201, 101\}$, $C = 308$,给定近似参数 $\varepsilon = 0.2$,则修整参数为 $\delta = \varepsilon / n = 0.05$,利用近似算法求解子集和问题的过程如图 10-8 所示。算法最后返回 302 作为子集和问题的近似解,而最优解为 307,所以,近似解的相对误差不超过预先给定的近似参数 0.2。

$L_0 = \{0\}$
$L_1 = L_0 \bigcup (L_0 + 104) = \{0\} \bigcup \{104\} = \{0, 104\}$
对 L_1 进行修整: $L_1 = \{0, 104\}$
$L_2 = L_1 \bigcup (L_1 + 102) = \{0, 104\} \bigcup \{102, 206\} = \{0, 102, 104, 206\}$
对 L_2 进行修整: $L_2 = \{0, 102, 206\}$
$L_3 = L_2 \bigcup (L_2 + 201) = \{0, 102, 206\} \bigcup \{201, 303, 407\}$
$\quad = \{0, 102, 201, 206, 303\}$
对 L_3 进行修整: $L_3 = \{0, 102, 201, 303\}$
$L_4 = L_3 \bigcup (L_2 + 101) = \{0, 102, 201, 303\} \bigcup \{101, 203, 302, 404\}$
$\quad = \{0, 101, 102, 201, 203, 302, 303\}$
对 L_4 进行修整: $L_4 = \{0, 101, 201, 302\}$

图 10-8　近似算法求解子集和问题示例

给定近似参数 ε，子集和问题的近似算法用伪代码描述如下。

输入：正整数集合 S，正整数 C，近似参数 ε

输出：最大和数

初始化：$L_0=\{0\}$；$\delta=\varepsilon/n$；

循环变量 i 从 $1\sim n$ 依次处理集合 S 中的每一个元素 s_i

计算 $L_{i-1}+s_i$；

执行合并操作：$L_i=L_{i-1}\cup(L_{i-1}+s_i)$

在 L_i 中删去大于 C 的元素；

对 L_i 中的每一个元素 z，删去与 z 相差 δ 的元素；

输出 L_n 的最大值。

在以上算法中，每次对 L_i 进行合并、删除超过 C 的元素和修整操作的计算时间为 $O(|L_i|)$。因此，整个算法的计算时间不会超过 $O(n\times|L_i|)$。

下面考察以上算法的近似比。设子集和问题的最优解为 c^*，以上算法得到的近似最优解为 c，需要注意的是，在对 L_i 进行修整时，被删除元素与其代表元素的相对误差不超过 ε/n。对修整次数 i 用数学归纳法可以证明，对于 L_i 中任一不超过 C 的元素 y，在 L_i 中有一个元素 z，使得

$$(1-\varepsilon/n)^i\le z\le y$$

由于最优解 $c^*\in L_n$，故存在 $z\in L_n$，使得 $(1-\varepsilon/n)^n c^*\le z\le c^*$。又因为算法返回的是 L_n 中的最大元素，所以有 $z\le c\le c^*$。因此

$$(1-\varepsilon/n)^n c^*\le c\le c^*$$

由于 $(1-\varepsilon/n)^n$ 是 n 的递增函数，所以，当 $n>1$ 时，有 $(1-\varepsilon)\le(1-\varepsilon/n)^n$。由此可得：

$$(1-\varepsilon)c^*\le c\le c^*$$

因此，以上算法求得的近似解与最优解的相对误差不超过 ε。

为了方便合并操作的执行，设数组 L1 和 L2 分别存储 L_{i-1} 和 $L_{i-1}+s_i$，且 L_{i-1} 与 $L_{i-1}+s_i$ 的合并结果存储在数组 L3 中，子集和问题的近似算法描述如下。

```
int SubCollAdd(int s[ ],int n,int C,double e)
{
    int L1[1000],L2[1000],L3[1000];        //将 L1 和 L2 合并到 L3
    double d = e/n;                        //计算修整参数
    int i,j,k,m,t,x,z;
    int p,q;
    L1[0] = 0;m = 1;                       //初始化
    for(i = 0;i < n;i ++ )                 //依次处理 s 中的每一个元素
    {
        for(t = 0,j = 0;j < m;j ++ )       //计算 L_{i-1}+s_i
        {
            x = L1[j] + s[i];
            if(x < c) L2[t ++ ] = x;
```

```
                  }
                  p = 0,q = 0;k = 0;                            //以下为合并操作
                  while( p < m && q < t)
                  {
                  if( L1[ p] == L2[ q])
                  {
                  L3[ k ++ ] = L1[ p ++ ];q ++ ;
                  }
                  else if( L1[ p] < L2[ q])
                  L3[ k ++ ] = L1[ p ++ ];
                  else
                  L3[ k ++ ] = L2[ q ++ ];
                  }
                  while( p < m)
                  L3[ k ++ ] = L1[ p ++ ];
                  while( q < t)
                  L3[ k ++ ] = L2[ q ++ ];
                  for( t = 0,j = 0;j < k;j ++ )                  //对 L1 进行修整
                  {
                  L1[ t ++ ] = L3[ j];                           //修整结果存储在 L1 中
                      z = L3[ j];
                      while( j < k - 1)
                      if( ( ( 1 - d) * L3[ j + 1] <= z) && ( z <= L3[ j + 1]))
                      j ++ ;
                      else break;
                  }
                  m = t;                                         //子集和的个数为 m
                  }
                  return L1[ m - 1];                             //返回最大的子集和
}
```

10.8　鸿沟定理和不可近似性

我们从 10.3 节对货郎担问题的讨论发现一个有趣的现象,就是有些 NPC 的优化型问题可以找到有常数倍近似度的多项式算法,例如满足三角不等式的货郎担问题。但是,有些 NPC 的优化型问题却不存在有常数倍近似度的多项式算法,例如不满足三角不等式的货郎担问题。集合覆盖问题也没有常数倍近似度的多项式算法。那么有没有规律可循呢? 针对这个问题下面重点介绍一下鸿沟定理。

10.8.1 鸿沟定理

我们注意到,NPC 的优化型问题不外乎两类,一类是极小(minimization)问题,另一类是极大(maximization)问题。极小问题是希望目标值达到最小,而极大问题是希望目标值达到最大。例如,顶点覆盖问题是极小问题,而图的团的问题是极大问题。对这两类问题,鸿沟(gap)定理的描述存在一定的差异,但是是对称的。为方便起见,以下讨论的问题都假定属于 NP 类问题而不予证明。

极小问题的鸿沟定理:假设问题 A 是已知的判断型 NPC 问题,而问题 B 是极小问题。假设问题 A 的任一个实例 α 可在多项式时间内转化为问题 B 的一个实例 β,并且有:①实例 α 的解是 yes,即 $Q(\alpha)=1$,当且仅当实例 β 解并且最小目标值 $w \leqslant W$;①实例 α 的解是 no,即 $Q(\alpha)=0$,当且仅当实例 β 解并且最小目标值 $w \geqslant kW$,这里 $k>1$ 是一个正的常数。那么,只要 $P \neq NP$,近似度小于 k 的问题 B 的多项式算法就不会存在。我们称这样的多项式转化为多项式鸿沟归约。

证明:我们注意到,问题 B 的判断型问题可以这样描述:给定问题 B 的实例 β 和目标值 W,判断 β 是否有目标值 $w \leqslant W$ 的解。如果定理中描述的多项式转化存在的话,那么这个转化满足的第①条已证明了这个问题 B 的判断型问题也是 NPC 问题。现在,如果这个转化还满足第②条,那么,只要 $P \neq NP$,就不存在有近似度小于 k 的问题 B 的多项式算法。所以多项式鸿沟归约要比一般 NPC 问题的多项式归约更强。

我们用反证法证明,只要 $P \neq NP$,有近似度小于 k 的问题 B 的多项式算法就不存在。假设有近似度小于 k 的近似算法,它在多项式时间内对实例 β 进行运算后得到一个目标值为 Z 的解。那么,我们可以得到问题 A 的实例 α 的解如下:如果 $Z/W < k$,那么 $Q(\alpha)=1$,否则 $Q(\alpha)=0$。这是因为如果 $Z/W < k$,那么 $Z < kW$,所以有最小值 $w \leqslant Z < kW$。所以不可能有 $w \geqslant kW$,根据②,必然有 $Q(\alpha)=1$。反之,如果 $Z/W \geqslant k$,又因为算法近似度小于 k,必有 $1 \leqslant Z/W < k$,所以有 $Z/W \geqslant k > Z/w$,因此 $w > W$。根据①,$Q(\alpha)=0$。这样一来,问题 A 便可以在多项式时间内被判定,与 $P \neq NP$ 矛盾。

显然,如果在定理中把第①条的 $w \geqslant kW$ 改为 $w > kW$,那么只要 $P \neq NP$,就不存在有近似度小于或等于 k 的问题 B 的多项式算法。对于极大化问题,我们可对称地证明下面的定理。

【定理 10-8】 (极大问题的鸿沟定理)假设问题 A 是已知的判断型 NPC 问题,而问题 B 是极大问题。假设问题 A 的任一个实例 α 可在多项式时间内转化为问题 B 的一个实例 β,并且有:①实例 α 的解是 yes,即 $Q(\alpha)=1$,当且仅当实例 β 有解并且最大目标值 $w \geqslant W$;②实例 α 的解是 no,即 $Q(\alpha)=0$,当且仅当实例 β 解并且最大目标值 $w \leqslant W/k$,这里 $k>1$ 是一个正常数。那么,只要 $P \neq NP$,近似度小于 k 的问题 B 的多项式算法的就不会存在。

需要注意的是,鸿沟定理中的 k 可以是一个输入规模 n 的单调递增函数,比如 $k=\ln(n)$,这时定理仍正确。这样的问题存在,但本书只讨论 k 是常数的情形。下面介绍一个例子。

10.8.2 任务均匀分配问题

假设有 n 个任务需要分配给 m 个工人干。为方便起见,这 n 个任务可使用正整数 $t_1, t_2, \cdots, t_n$ 来代表,也代表它们的以小时计的工作量。这 m 个工人中每个人能够干的工作是这 n

个任务的一个子集,分别用 $S_1, S_2, \cdots, S_m$ 代表。假设每个任务至少有一个人会干,而每个人也至少会干一个任务。现在,我们希望把这 n 个任务分配给这 m 个人干并使工作量尽量均匀,使得一个人能分配到的最多工作量越少越好。我们称这个问题为任务均匀分配问题。这个问题对应的判断型问题就是判断是否可以有一种分配使每个人的工作量都不超过给定值 W。

任务均匀分配问题不存在小于 3/2 近似度的多项式算法,除非 P = NP。

证明:我们以 $\Phi = (x \vee \neg y \vee z) \wedge (\neg x \vee y \vee \neg z) \wedge (x \vee \neg y \vee \neg z)$ 为例解释如何把 3-SAT 问题的一个实例多项式鸿沟归约到这个任务均匀分配问题的一个实例。这个实例的证明可以进一步分为以下 3 个步骤。

第 1 步,为每个变量 x 构造一组任务和一组工人如下。假设 x 在 Φ 中出现 k 次而 $\neg x$ 出现 l 次。不失一般性,设 $k \geq l$(如 $k < l$,可对称地构造)。

①构造 k 个任务,$x_1, x_2, \cdots, x_k$,每个工作量为 1,分别对应 x 的 k 次出现。

②再构造 k 个任务,$\neg x_1, \neg x_2, \cdots, \neg x_k$,每个工作量为 2,其中前 l 个任务分别对应 $\neg x$ 的 l 次出现。

③构造 k 个工人,$a_{x1}, a_{x2}, \cdots, a_{xk}$,其中 a_{xi} 可以胜任工作 $\neg x_i$ 和 $\neg x_i (1 \leq i \leq k)$,可认为它们分别对应 x 的 k 次出现。

④再构造 k 个工人,$b_{x1}, b_{x2}, \cdots, b_{xk}$。其中 b_{xi} 可以胜任工作 $\neg x_i$ 和 $\neg x_{i+1} (1 \leq i \leq k-1)$,而 b_{xk} 可以胜任工作 $\neg x_k$ 和 x_1。其中前 l 个工人分别对应 $\neg x$ 的 l 次出现。

图 10-9 用二部图显示了对例子中变量 x, y, z 所分别构造的任务和工人,其中连接工人 u 和任务 v 的边 (u, v) 表示工人 u 可以承担任务 v。其工作量是由任务 v 的顶点的权值来表示的。

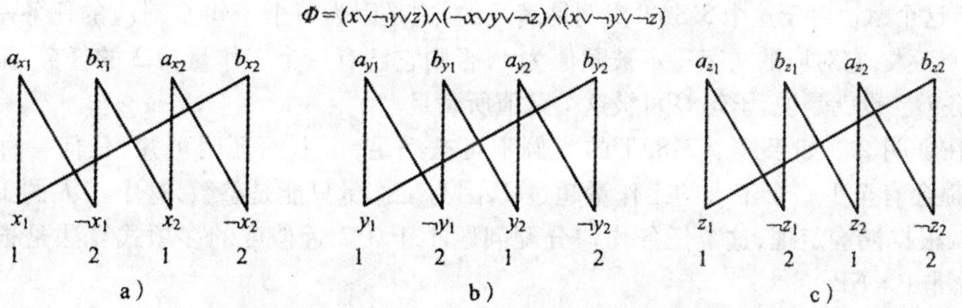

图 10-9　为 Φ 中变量 x, y, z 所分别构造的任务和工人

第 2 步,设 $W = 2$,也就是说,希望每人的工作量不超过 2。

第 3 步,为每个子句 C 构造一个任务 C,工作量是 1。另外,能完成任务 C 的工人有 3 个,是对应于子句 C 中 3 个文字的工人。如果在上面二部图中再加入顶点 C 以及连接 C 和表示这 3 个工人的顶点的边,那么这个二部图就完整地描述了这个任务分配问题。图 10-10 给出了对应于上面例子所构造的二部图。

现在我们证明:

①如果这个 3-SAT 的实例可被满足,当且仅当所构造的任务可分配给这些工人,使每人工作量不超过 2。

②如果这个 3-SAT 的实例不可被满足,那么无论怎样分配构造的任务,至少有一人工作量

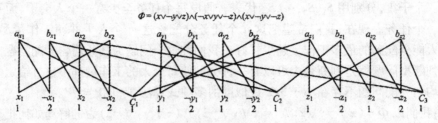

图 10-10　用二部图表示的构造好的任务分配问题

大于等于 3。

先证明①。假设这个 3-SAT 的实例被满足是可以实现的。我们可以这样分配任务：如果变量 $x = 1$，那么把任务 x_i 分配给 a_{xi}，把任务 $\neg x_i$ 分配给 $b_{xi}(1 \leq i \leq k)$。每个 a_{xi} 的工作量是 1，而每个 b_{xi} 的工作量是 $2,(1 \leq i \leq k)$。反之，如果变量 $x = 0(\neg x = 1)$，那么把任务 $\neg x_i$ 分配给 a_{xi}，把任务 x_{i+1} 分配给 $b_{xi}, 1 \leq i \leq k-1$，最后把任务 x_1 分配给 b_{xk}。这时，每个 a_{xi} 的工作量是 2，而每个 b_{xi} 的工作量是 1。总之，文字（变量或它的非）赋值为 1 时，它对应的工人工作量为 1。另外，因为每一子句 C 中至少有一文字赋值为 1，可把任务 C 分配给对应这一文字的工人，其总工作量为 2。因此，所有任务可分配完毕使得每人的工作量不超过 2。

现在假设构造的任务可分配完毕使得每人的工作量不超过 2，我们证明原 3-SAT 实例可满足。因为每人的工作量不超过 2，所以在为变量 x 构造的 $2k$ 个工人中，必须每人正好得到一个任务，这和图 10-9 中二部图的是完美契合的。而且，从图 10-10 看出，只有两种完美匹配，要么每个 a_{xi} 的工作量是 1（与子句对应的工作量不包括在内），而每个 a_{xi} 的工作量是 $2(1 \leq i \leq k)$，或相反。如果每个 a_{xi} 的工作量是 1（不包括与子句对应的工作量），我们可以赋值 $x = 1$，否则为 0。这个赋值对于这个 3-SAT 实例是满足的，这是因为每个子句 C 对应的任务一定分配给了一个工人，它对应的文字一定被赋值为 1，否则它已有一个工作量为 2 的任务，不可能再接受任务 C。也就是说，子句 C 可被这个赋值所满足。

现在证明②。如果这个 3-SAT 的实例不可被满足，由上面证明可知，任何一种任务的分配中都会有至少一个工人的工作量超过 2，因为工作量只能是整数，这个工人的工作量至少为 3。根据鸿沟定理，这个任务均匀分配问题小于 3/2 近似度的多项式算法是根本不存在的，除非 P = NP。

第11章　智能优化算法研究

11.1　人工神经网络

11.1.1　人工神经网络概述

人工神经网络也简称为神经网络或者连接模型,其发展历史已达半个多世纪之久。人工神经网络是人们对于人脑或自然神经网络(natural neural network)的若干基本特性的抽象和模拟。国际著名的神经网络研究专家,同时也是第一家神经计算机公司的创立者与领导者Hecht Nielsen 对于人工神经网络所给出的定义是:"人工神经网络是由人工建立的以有向图为拓扑结构的动态系统,它通过对连续或断续的输入做出状态响应而进行相应的信息处理。"

人工神经网络的研究和发展是以关于大脑的生理研究成果为基础的,其目的在于模拟大脑的某些运行原理与机制,实现相应的人造智能系统。虽然人工神经网络是在现代神经科学的基础上提出来的,并且它也反映了人脑功能的基本特征,但是自然神经网络的复杂功能人工神经网络还是无法实现的,而只是对于自然神经网络某种程度的抽象和模拟。

人工神经网络对生物神经网络的模拟和实现可以分为全硬件实现和虚拟实现两个方面。其中,全硬件实现技术研究的核心问题是神经器件的构造,其中主要的研究方向包括电子神经芯片的研究、光学神经芯片的研究以及分子/生物芯片的研究等几个分支。而神经网络的虚拟实现则主要分为以下方面:传统计算机上的软件仿真、神经计算的多机并行实现以及神经网络加速器等。

人工神经网络的具有以下三个特点。

(1)自学习功能

人工神经网络具有自学习功能。例如,在进行图像识别时,首先将许多不同的图像样板和对应的应识别的结果输入人工神经网络,网络就会通过自学习功能,慢慢学会识别类似的图像。自学习功能对于系统的预测则有特别重要的意义。

(2)联想记忆功能

人工神经网络具有联想存储和记忆功能,如人工神经网络中的反馈型网络就可以实现这种联想和记忆功能。

(3)高速运算和优化功能

人工神经网络具有高速寻找优化解的能力。对于一个复杂问题的优化问题,需要投入非常高的计算成本,而此时利用针对某个具体问题而设计的反馈型人工神经网络,计算机的高速运算能力就可以充分发挥出来,使得问题的优化解尽快地得出。

人工神经网络的基本处理单元为人工神经元,它是生物神经元的简化和功能模拟。如图11-1 所示为一种简化的人工神经元的结构,它是一种多输入、单输出的非线性处理元件,其输

入与输出之间的数学关系可以描述为

$$\begin{cases} I = \sum_{j=1}^{n} w_j x_j - \theta \\ y = f(I) \end{cases} \qquad (11\text{-}1)$$

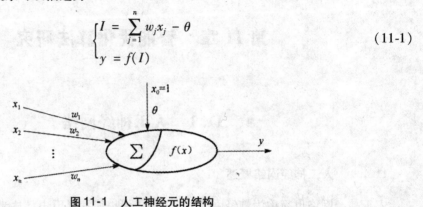

图 11-1　人工神经元的结构

其中,$x_j(j=1,2,\cdots,n)$ 表示来自其他神经元的输入信号;θ 表示阈值;而权系数 w_j 表示连接的强度。$f(x)$ 称为激发函数或作用函数,常用的函数类型有阈值型函数、饱和性函数、双曲型函数、高斯函数等。

　　在人工神经网络的发展过程中,人们从不同的角度对生物神经系统进行了不同层次的模拟和借鉴,众多的人工神经网络模型被专家相继提出,其中具有代表性的网络模型有感知器、线性神经网络(radial basis function neural network,RBF 神经网络)、BP 神经网络、径向基函数神经网络、自组织神经网络以及反馈神经网络等。

　　根据神经网络的拓扑结构或者神经元连接方式的不同,神经网络可以分为三大类,分别是前向神经网络、相互连接型神经网络以及自组织神经网络。前向神经网络有时也被称作前馈网络,前馈的含义是由于神经网络信息处理的方向是从输入层到隐层再到输出层,信息是逐层进行传递的,前一层的输出就是下一层的输入。在相互连接型神经网络的结构中任意两个神经元节点之间不是说毫无关系的都可能是存在着连接关系的,这其中又可根据相互连接的程度分为全连接型、局部互联型和稀疏连接型。在相互连接型神经网络中,信号将在神经元之间进行反复往返传递,网络由某一初态开始经过若干状态的变化,最后趋于某一稳定的状态。只要神经网络的结构中存在反馈信号则其就可称为反馈网络,其中既包含同层之间的反馈,也包括从输出节点到输入节点的反馈。

11.1.2　BP 神经网络

BP 神经网络是在 1986 年由 Rumelhart 和 McCelland 领导的科学家小组所提出的,它是一种利用误差反向传播算法进行训练的多层前馈网络,截止到目前,它是应用范围最广泛的神经网络模型之一。

1. 感知器

感知器模型是由美国学者 F. Rosenblatt 于 1957 年提出的。它同 MP 模型的不同之处是假定神经元的突触权值是可变的,能够实现自学习。感知器模型在神经网络研究中有着重要的意义和地位,因为感知器模型包含了自组织、自学习的思想。

基本感知器是一个分为输入层与输出层的双层网络,每一层可由多个处理单元构成,

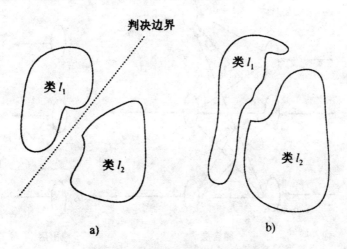

如图 11-2 所示。

典型的有教师学习(训练)方式是感知器的学习方式。训练要素包括训练样本与训练规则。当给定某一训练模式时,输出单元会产生一个实际的输出向量,用期望输出与实际输出之差修正网络权值。权值修正采用 δ 学习规则,因而感知机的学习算法为

$$y_j(t) = f\left[\sum_{i=1}^{n} w_{ij}(t)x_i - \theta_j\right] \qquad (11-2)$$

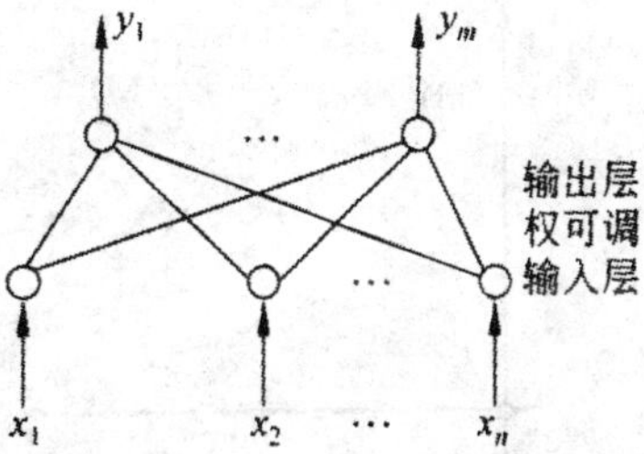

图 11-2　基本感知器结构

式中,$y_j(t)$ 表示 t 时刻的输出;

x_i 表示输入向量的一个分量;

$w_{ij}(t)$ 表示 t 时刻第 i 个输入的加权值;

θ_j 表示阈值;

$f[\ \cdot\ ]$ 表示阶跃函数。

传统的感知器算法只有一个输出节点,相当于单个神经元。当它用于两类模式的分类时,相当于在高维样本空间中用一个超平面将两类样本分开。F. Rosenblatt 证明出如果两类模式是线性可分的,则算法一定收敛,也就是说通过学习调整突触权值可以得到合适的判决边界,正确区分两类模式,如图 11-3a;而对于线性不可分的两类模式,如图 11-3b 所示,判定边界会产生振荡,使得网络不收敛,无法用一条直线区分两类模式。

图 11-3　线性可分与不可分的问题

感知器的输出状态包括"0"或"1"两种。如图 11-4 所示,逻辑运算结果"0"表示 11 类,由空心小圆表示;逻辑运算结果"1"代表 12 类,由实心小圆表示。可见单层感知器可实现逻辑"与"、"或"运算,即总可以得到一条直线将"0"和"1"区分开来,但单层感知器无法实现逻辑"异或"运算,想要用一条直线将"0"和"1"来区分开的话是不可能的。

因而,传统的感知器是有局限性的,线性不可分的两类模式的区分无法准确进行。即使是最常用的异或逻辑运算也无法实现,采用多层感知器可解决此类问题。虽然如此,传统感知器依然有其存在的价值和意义,其自组织和自学习的思想对能够解决的问题有一个收敛的算法,

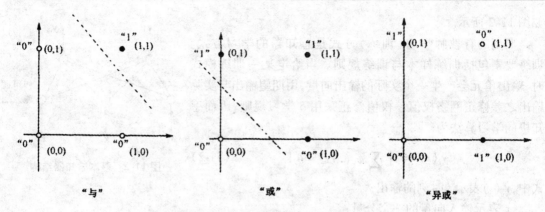

图 11-4 传统感知器的逻辑运算问题

并从数学上给出了严格的证明,可以说是至今存在的众多算法中最清楚的算法之一。而正是从感知器引起了众多学者对神经网络研究的兴趣,使得神经网络研究的发展得以有效推动,并且后来的许多神经网络模型都是在这种指导思想下研究的,或者是这种模型的改进和推广。

多层感知器是单层感知器的推广,它能够了单层感知器所无法做到的非线性的可分类问题。多层感知器的拓扑结构如图 11-5 所示,有输入层、隐含层和输出层组成,其中隐含层可以为一层或多层。

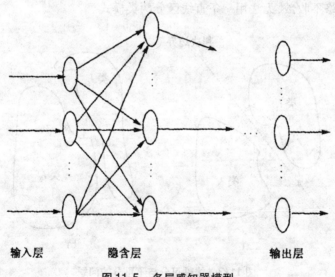

图 11-5 多层感知器模型

输入层神经元的个数为输入信号的维数,隐含层个数以及隐节点的个数视由实际情况来决定,输出层神经元的个数为输出信号的维数。多层感知器的输入和输出之间的关系可以看成是一个映射关系。这个映射是一个高度非线性映射,如果输入节点数为 n,输出节点数为 m,则网络是从 n 维欧氏空间到 m 维欧氏空间的映射。最初的多层感知器模型由三层神经网络所组成,即感知层、关联层、响应层如图 11-6 所示。其中,感知层和关联层之间的耦合是固定的,只有关联层和响应层之间的耦合程度是可以通过学习进行转化的。如果在关联层和响应层之间加上一层或多层隐单元,则感知器的功能会在很大程度上得到提高。

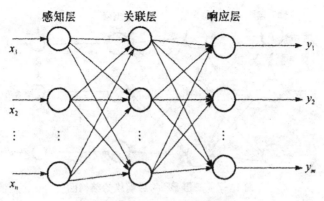

图 11-6 三层感知器模型

和单层感知器相比较而言,多层感知器具有以下 4 个特点。

①多层感知器在输入输出层之间增加了一层或多层隐单元,隐单元从输入模式中提取更多有用的信息,即使是更为复杂的任务网络也可以完成。

②多层感知器中每个神经元的激励函数是可微的 Sigmoid 函数,如

$$v_i = \frac{1}{1 + \exp(-u_i)} \tag{11-3}$$

式中,u_i 是第 i 个神经元的输入信号,v_i 是该神经元的输出信号。

③多层感知器的多个突触使得网络更具连通性,连接域的变化或连接权值的变化都能够引起连通性的改变。

④多层感知器具有独特的学习算法——BP 算法,所以多层感知器也常常被称之为 BP 网络。

多层感知器所具有的这些新特点,使得它具有强大的计算能力,成为目前应用最为广泛的神经网络之一。

2. BP 网络模型及其算法

(1) BP 网络模型

通常所说的 BP 网络模型即是误差反向传播神经网络的简称。从结构上看,BP 网络是典型的多层网络。层与层之间多采用全互连方式。相互连接在同一层单元之间是不存在的,如图 11-7 所示,BP 网络的基本处理单元(输入层单元除外)为非线性输入输出关系,一般选用 S 型作用函数,即

$$f(x) = \frac{1}{1 + e^{-x}}$$

且处理单元的输入、输出值可连续变化。

BP 网络模型实现了多层网络学习的设想,图 11-8 给出了 BP 学习过程原理图,前向传播和反向传播组成了学习过程。当给定网络的一个输入模式时,它由输入层单元传到隐层单元,经隐层单元逐层处理后再送到输出层单元,由输出层单元处理后产生一个输出模式,故称为前向传播。如果输出响应与期望输出模式有误差,且对于要求无法满足的话,那么就转入误差后向传播,即将输出信号的误差沿原来的连接通路返回,并修正各层连接权值。通过修改各层神经元的权值,使得误差信号最小。

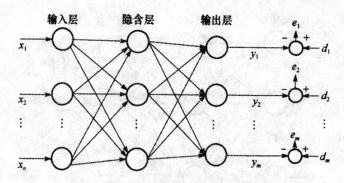

图 11-7 三层 BP 神经网络的结构图

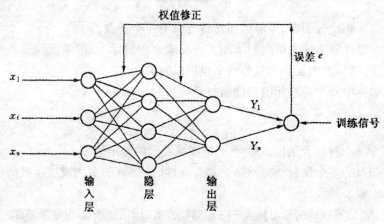

图 11-8 BP 学习过程原理

（2）BP 学习算法

多层感知器的学习问题可通过 BP 算法来解决，从而促进了神经网络的发展。一般 BP 神经网络为多层前向网络，其结构如图 11-9 所示。

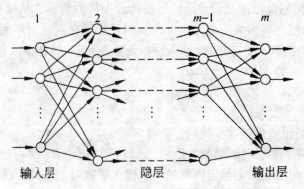

图 11-9 BP 神经网络——多层前向网络结构图

设 BP 神经网络具有 m 层，第一层称为输入层，最后一层称为输出层，中间各层称为隐层。输入信息由输入层向输出层逐层传递。各个神经元的输入输出关系函数是 f，由 $k-1$ 层的第 j

个神经元到 k 层的第 i 个神经元的连接权值 ω_{ij}，输入输出样本为 $\{x_i,y_i\}, i=1,2,\cdots,n$。并设第 k 层第 i 个神经元输入的总和为 u_i^k，输出为 y_i^k，则各变量之间的关系为：

$$y_i^k = f(u_i^k) \tag{11-4}$$

$$u_i^k = \sum_j w_{ij}y_j^{k-1} \qquad k = 1,2,\cdots,m \tag{11-5}$$

通过反向学习过程 BP 学习算法将误差降低到最小，因此目标函数为：

$$J = \frac{1}{2}\sum_{j=1}^n (d_j - y_j)^2 \tag{11-6}$$

即选择神经网络权值使期望输出 d_j 与实际输出 y_j 之差的平方和最小。从本质上来看，这种学习算法就是求误差函数 J 的极小值，利用非线性规划中的"快速下降法"，使权值沿误差函数的负梯度方向改变，因此，权值的修正量为：

$$\Delta w_{ij} = -\varepsilon \frac{\partial J}{\partial w_{ij}} \qquad (\varepsilon > 0) \tag{11-7}$$

其中，ε 表示学习步长，也称为学习方法中的学习速率。

11.1.3 径向基函数神经网络

在大脑皮层、视觉皮层局部调节和交叠区的接收域是非常著名的机构，针对这块儿区域人们已经开展过大量而深入的研究。借鉴生物接受域的特性，在多层前向网络研究中，人们提出了采用局部接收域来实现非线性函数映射的神经网络结构，这就是径向基函数神经网络。对于导师学习的插值非线性函数拟合、近似非线性映射性质的系统建模、聚类等方面应用的非常广泛。

在径向基函数神经网络中，它把输入分别输入到第一层的每一个输入神经元（实际上是一个节点），第一层的每一个神经元的输出无加权地直接传送到隐层的神经元的输入端，隐层神经元的输入输出采用聚类特性，隐层神经元的输出经过加权求和直接产生输出，即输出层的神经元只有加权求和，而没有非线性。这种结构是多层相连接的，网络没有输出端反馈到输入端带来的全局稳定性问题。一种典型结构如图 11-10 所示。

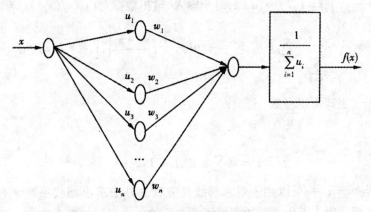

图 11-10 径向基函数前向互联网络

下面介绍一下径向基函数前向互联网络的工作原理。这里输入端是 1 个节点，输出端是 1 个神经元，从输入到输出只有一个隐层（聚类函数层）连接。

由信号系统理论知道,如果存在一个 n 维正交函数空间,一个函数 $f(t)$ 可以在 n 维正交函数空间中分解,并表达为正交函数分量的矢量和,即 $f(t) = \sum_{i=1}^{n} c_i \varphi_i(t)$,其中 $\varphi_i(t)$ 表示 n 维正交函数空间中第 i 个正交函数,c_i 表示 n 维正交函数空间中第 i 个正交函数的幅度(即在第 i 个正交函数上的投影)。

径向基函数神经网络把这个概念应用到非线性函数映射的近似之中,它常用的函数不一定能构成完备正交集,对于函数的插值更加接近,因此常用聚类函数,例如:

高斯函数集: $u_i = \exp\left(-\frac{1}{2}\left(\frac{v-c_i}{a_i}\right)^2 \right), i = 1, 2, \cdots, n$ (11-8)

柯西函数集: $u_i = \dfrac{1}{1 + \left|\dfrac{v-c_i}{a_i}\right|^4}, i = 1, 2, \cdots, n$ (11-9)

抽样函数集: $u = Sa(a_i(v-c_i)) = \dfrac{\sin(a_i(v-c_i))}{a_i(v-c_i)}, i = 1, 2, \cdots, n$ (11-10)

这里 c_i 确定第 i 个函数的中心,a_i 确定第 i 个函数的宽度。

由图 11-10 所示径向基函数前向互联网络,直接可以写出网络的输出表达式:

$$f(x) = \frac{1}{\sum_{i=1}^{n} u_i} \sum_{i=1}^{n} w_i u_i \qquad (11\text{-}11)$$

当要这种神经网络从数据中挖掘知识,用网络模型建立输入数据与输出数据之间的非线性映射关系时,进行有导师学习的插值或非线性函数拟合可以利用式(11-12)来实现。

例如导师数据为输入、输出数据对 $(x_j, f(x_j))$,$j = 1, 2, \cdots, m$,假设上述聚类函数的宽度 a_i 确定,考虑中心在 c_i,则当 $x_j = c_i$ 时,w_i 就是函数在该点的取样值 $w_i = f(x_j)$,因此可把训练数据的输入 x_j 作为一个聚类基函数的中心,从而得到 m 个线性方程。例如,当使用高斯函数集 $u_i = \exp\left(-\frac{1}{2}\left(\frac{v-c_i}{a_i}\right)^2 \right), i = 1, 2, \cdots, n$ 时,对于输入、输出数据对 $((x_j, f(x_j)))$,$j = 1, 2, \cdots, m$ 有:

$$f(x_j) = \frac{1}{\sum_{i=1}^{n} u_i} \sum_{i=1}^{n} w_i u_i, u_i = \exp\left(-\frac{1}{2}\left(\frac{x_j - x_i}{a_i}\right)^2 \right), j = 1, 2, \cdots, m \qquad (11\text{-}12)$$

这里令 $d = \dfrac{1}{\sum_{i=1}^{n} u_i}$,上式可以写成

$$f(x_j) = d \sum_{i=1}^{n} w_i u_i, j = 1, 2, \cdots, m \qquad (11\text{-}13)$$

不难看出,当 $m = n$ 时,可以用一般求解线性方程的办法求出加权系数 $w_i, i = 1, 2, \cdots, n$;当 $m \neq n$ 时,可以用一般正则化或伪逆求解线性方程的办法求出加权系数 $w_i, i = 1, 2, \cdots, n$;还可以用前面讲的误差反向传输学习算法求解,特别是在多个不同的输入对应一个相同的结果。(即该非线性函数具有多个相同的极值点)时,用误差反向传输学习算法进行求解优势更加明显。

例如:输入数据为 $0,2,4,5,8,9,10$,输出数据为 $8,0,0,0.5,6,7.2,4$。用 8 个神经元构成的径向基函数前向互联网络进行插值非线性函数拟合曲线如图 11-11 所示。

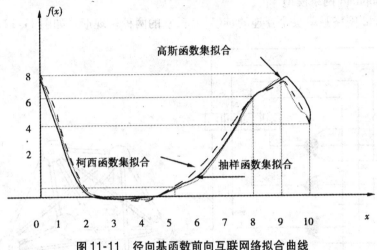

图 11-11　径向基函数前向互联网络拟合曲线

在径向基函数前向互联网络中,因为 c_i,a_i 均为可调整参数,利用误差反向传输学习算法,c_i,a_i 的学习算法就非常容易推导出。因为前面已讲了各种网络的有导师学习如何推导求解方法,这里就不赘述了。

11.1.4　Hopfield 神经网络

根据神经网络运行过程中的信息流向,可分为前馈型和反馈型两种基本类型。前馈型网络通过引入隐层以及非线性转移函数,具有复杂的非线性映射能力。但前馈型网络的输出只通过当前输入和权矩阵决定,而与网络先前的输出状态没有任何关系。

美国加州理工学院的物理学家 J. J. Hopfield 教授 1982 年发表了一篇对神经网络发展颇具影响的论文,他提出一种单层反馈神经网络,后来人们将这种反馈网络称作 Hopfield 网。J. J. Hopfield 教授在反馈神经网络中引入了"能量函数"的概念,这一概念的提出对神经网络的研究具有重大意义,它使得神经网络运行稳定性的判断有了可靠依据。1985 年 Hopfield 同 D. W. Tank 一起用模拟电子线路实现了 Hopfield 网,并成功地求解了优化组合问题中具有代表意义的 TSP 问题,从而开辟了神经网络用于智能信息处理的新途径,为神经网络的复兴做出了巨大贡献。

在前馈网络中,不论是离散型还是连续型,一般情况下,输出与输入之间在时间上的滞后性都无需考虑,而只是表达两者间的映射关系。但在 Hopfield 网中,考虑了输出与输入间的延迟因素。因此,需要用微分方程或差分方程来描述网络的动态数学模型。根据所处理信号类型的不同,Hopfield 网络分为离散型和连续型两种网络模型。Hopfield 网络最著名的用途就是联想记忆和最优化算法。

1. 离散型 Hopfield 神经网络

1982 年,Hopfield 提出了离散 Hopfield 网络,同前向神经网络相比,在网络结构、学习算法和运行规则上区别都非常明显。这是一种二值型网络,即网络的输出为 $\{-1,+1\}$ 或 $\{0,1\}$,

神经元的功能函数为线性的阈值函数,这种神经网络被称为离散型 Hopfield 神经网络,简称离散 Hopfield 网络。

（1）离散 Hopfield 网络模型

离散 Hopfield 网络是单层全互连的神经网络,它的两种表现形式如图 11-12 所示。

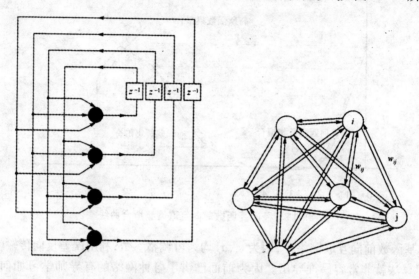

图 11-12　Hopfield 神经网络结构

离散型 Hopfield 神经网络的基本结构包含 3 个神经元,每个神经元都采用同样的符号函数作为其阈值函数,如图 11-13 所示。

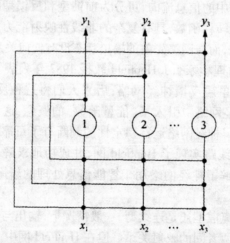

图 11-13　离散型 Hopfield 神经网络的结构示意图

其符号函数的表示可通过下面的形式来体现:

$$\text{sgn}(x) = \begin{cases} 1, x \geq 0 \\ -1, x < 0 \end{cases}$$

$X = \{x_1, x_2, x_3\}$ 为网络的输入向量,$x_i \in \{-1, 1\}, i = 1, 2, 3$;$Y = \{y_1, y_2, y_2\}$ 为网络的输出向量。

Hopfield 网络中有 n 个神经元,初始时,通过对网络施加一个输入向量,网络中的每个神经元下一个时刻状态的得出是根据初始状态得到的,再通过反馈作用重新作为各神经元的输入信号,就可得到再下一时刻的状态。以此类推,网络的状态就处于不断的演变过程中,这种状况持续到网络达到稳定状态为止,网络的运行过程可如下表示:

$$\begin{cases} y_i(0) = x_i \\ y_i(k+1) = \text{sgn}\left(\sum_{i=1}^{n} w_{ji}y_i(k) - \theta_j\right) \end{cases} \quad i = 1,2,\cdots,n \quad (11\text{-}14)$$

式中,w_{ji} 为网络的权值,θ_j 为第 j 个神经元的阈值,在实际应用时通常都取为 0 值。一旦网络收敛到稳定点,网络的状态就不会再发生任何改变,此时网络的输出就是一个稳定的输出向量。

(2)离散 Hopfield 网络的工作方式

1)串行(异步)工作方式

其特点是:在每个具体的时刻只改变某个神经元的输出,而其余神经元的状态则保持不变,工作形式可如下表示:

$$\begin{cases} y_i(k+1) = \text{sgn}\left(\sum_{i=1}^{n} w_{ji}y_i(k) - \theta_j\right), & j = i \\ y_i(k+1) = y_i(k), & \text{其他} \end{cases} \quad (11\text{-}15)$$

其中,被调整神经元的序号可以随机选取,也可以按照事先设定的序列逐个进行调整。

2)并行(同步)工作方式

其特点是:在任一时刻,部分神经元或全部神经元的输出状态都同步进行调整,工作方式可表示为如下形式:

$$y_i(k+1) = \text{sgn}\left(\sum_{i=1}^{n} \omega_{ji}y_i(k) - \theta_j\right), i = 1,2,\cdots,n \quad (11\text{-}16)$$

2. 连续型 Hopfield 神经网络

Hopfield 网络的实现 Hopfield 是借助了模拟电子线路做到的,该网络中神经元的激励函数为连续函数,所以该网络也被称为连续型 hopfield 网络。连续型 Hopfield 网络是在离散型 Hopfield 网络的基础上提出的一种神经网络模型,它们的拓扑结构和工作原理比较接近。在连续 Hopfield 网络中,网络的输入、输出均为模拟量,各神经元采用并行(同步)工作方式。利用这一特征,Hopfield 将该网络应用于优化问题的求解上,使得 TSP 问题得以有效解决。连续 Hopfiled 神经网络结构如图 11-14 所示。

连续型 Hopfield 神经网络与离散型 Hopfield 神经网络的不同之处在于每个神经元的功能函数不是阶跃函数(或符号函数),通常是采用 Sd 型的连续函数,数学公式表示如下:

$$f(x) = \frac{1}{1 + e^{-x}} \quad (11\text{-}17)$$

同时,网络的输入状态和输出向量的取值变成了在一定范围内变化的连续量。因此,连续型 Hopfield 神经网络的状态演变不再是异步方式或同步方式,而是连续的方式,其状态的表达式可表示为时间 t 的函数。这与拓扑结构和生物的神经系统中大量存在的神经反馈回路一致。

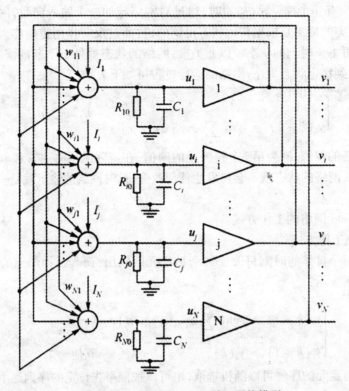

图 11-14　连续 Hopfield 神经网络模型

从图 11-14 可见,在 Hopfield 神经网络中,由运算放大器及其相关的电路共同组成了神经元,其中任意一个运算放大器 i(或神经元 i)均有两组输入:第一组为恒定的外部输入,由 I_i 表示,相当于放大器的电流输入;第二组为其他运算放大器的反馈连接,例如:其中任一运算放大器 j,用 w_{ji} 表示,表示神经元 i 与神经元 j 之间的连接权值。C_i 表示运算放大器 i 的输入电压,v_i 表示运算放大器 i 的输出电压,输入电压与输出电压之间的关系为

$$v_i = f(u_i) \tag{11-18}$$

其中,激励函数 $f(\cdot)$ 即采用 Sigmoid 型函数中双曲线正切函数,即

$$v_i = f(u_i) = \tan h\left(\frac{a_i u_i}{2}\right) = \frac{1 - \exp(-a_i u_i)}{1 + \exp(-a_i u_i)} \tag{11-19}$$

其中,$\dfrac{a_i}{2}$ 表示曲线在原点的斜率,即

$$\frac{a_i}{2} = \frac{df(u_i)}{du_i}\Big|_{u_i = 0} \tag{11-20}$$

因此,可称 a_i 为运算放大器 i 的增益。

激励函数 $f(\cdot)$ 的反函数 $f^{-1}(\cdot)$ 为

$$u_i = f^{-1}(v_i) = \cdot -\frac{1}{a_i}\log\left(\frac{1 - v_i}{1 + v_i}\right) \tag{11-21}$$

11.2　遗　传　算　法

11.2.1　遗传算法的建立

在上个世纪 60 年代,遗传算法(Genetic Algorithm,GA)是由美国密歇根大学的心理学教授、电子工程学和计算机科学教授 John Henry Holland 等人在对细胞自动机(gellular automata)进行研究时率先提出的一种随机自适应的全局搜索算法。

早在 1962 年,Holland 就提出了遗传算法的基本思想。随后,遗传算法的概念开始出现在学者相关的研究中。例如,1967 年,Holland 的学生 Bagley 在他的博士论文中首次采用了"遗传算法"这一术语。但是,遗传算法的数学框架和理论基础的基本形成是到 20 世纪 70 年代初期才形成的。Holland 于 1975 年出版的专著《Adaptation in Natural and Artificial Systems》(《自然系统和人工系统的自适应性》)给出了遗传算法的基本定理,并给出了大量的数学理论证明。

1. 进化理论和现代遗传学

遗传算法是建立在生命科学与工程学科中的重要理论成果基础之上的,用于解决复杂优化问题。达尔文(Darwin)的进化理论和以孟德尔(Mendel)的遗传学说为基础的现代遗传学为遗传算法的建立提供了很好的理论支撑。

每一个物种都是在向更加适应环境的方向不断发展的这一观点在达尔文的进化理论中得到了充分体现。物种的一些个体特征由于能够更好地适应环境而得以保留,这就是适者生存的原理。生物的进化过程是一个不断往复的循环过程,如图 11-15 所示。在每个循环中,由于自然环境的恶劣、资源的短缺和天敌的侵害等各种因素,所有的个体都无法逃脱自然的选择。在这一过程中,一部分个体由于对自然环境具有较高适应能力而得以保存下来形成新的种群,而另一部分个体则由于不能适应自然环境而逐渐被淘汰。经过选择保存下来的群体构成种群,种群中的生物个体进行交配繁衍,不断产生出更佳的个体。交配产生的子代继承了父代的部分特性,并且比父代具有更强的环境适应能力。群体中各个个体适应度随着如此不断地循环而逐渐提高,并且达到能够满足一定极限条件的目的(这在遗传算法中看来,也就是不断地

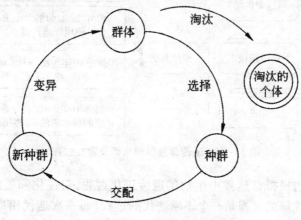

图 11-15　生物进化过程

接近于最优解)。进化过程伴随着种群的变异,种群中部分个体发生基因变异,成为新的个体。这样,原来的群体被经过选择、交叉和变异后的种群所取代,这种进化循环将会一直持续下去。

以孟德尔的遗传学说为基础的现代遗传学提出了遗传信息的重组模式是以孟德尔的遗传学说为基础的现代遗传学提出来的。在生物体的遗传过程中,携带遗传信息的基因以染色体为载体,并且在染色体上以一定的次序排列组合,针对某个特定的性质是由某一特定的位置进行控制的。父代交配产生子代时,子代从父代继承的遗传基因以染色体的形式重新组合,子代的性状由遗传基因决定。图 11-16 简单描述了遗传基因重组的过程。

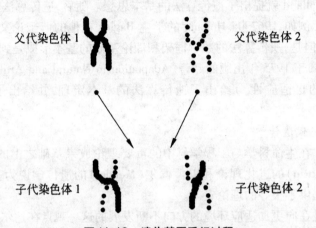

图 11-16　遗传基因重组过程

2. 从生物遗传进化到遗传算法

进化理论和现代遗传学为 Holland 寻求有效方法研究人工自适应系统提供了宝贵的思想源泉。Holland 在前人运用计算机进行生物模拟的基础上,发现了自然界的生物遗传进化系统与人工自适应系统之间的相似性,成功地建立了遗传算法的模型,并理论证明了遗传算法搜索的有效性。图 11-17 揭示了遗传算法的思想来源及建立过程。

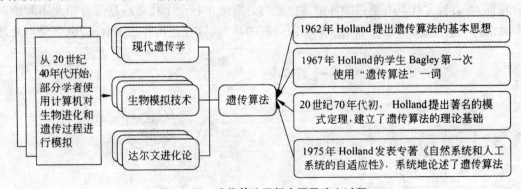

图 11-17　遗传算法思想来源及建立过程

遗传算法正是通过模拟自然界中生物的遗传进化过程,对优化问题的最优解进行搜索。遗传算法搜索全局最优解的过程是一个不断迭代的过程(每一次迭代相当于生物进化中的一次循环),迭代过程一直持续下去直到满足算法的终止条件为止。

在遗传算法里,优化问题的解被称为个体,它被表示为一个参数列表,叫做染色体,在有些书籍中也称为"串"。染色体一般被表示为简单的数字串,这一过程被简称为编码。染色体的具体形式是一个使用特定编码方式生成的编码串。"基因"就是编码串中的一个编码单元的称呼。

遗传算法对染色体的优劣的区分是通过对适应值的比较来实现的,适应值越大的染色体越优秀。将种群中适应值高的排在前面,下一步是产生下一代个体并组成种群。对于群体的进化,算法引入了类似自然进化中选择、交叉以及变异等算子。

评估函数用来计算并确定染色体对应的适应值。

选择算子按照一定的规则对群体的染色体进行选择,得到父代种群。一般地,适应值越高,相应地其被选择的机会也越高,即越优秀的染色体被选中的次数越多。初始的数据可以通过这样的选择过程组成一个相对优化的群体。

交叉算子作用于每两个成功交叉的染色体,染色体交换各自的部分基因,产生两个子代染色体,而不交叉的个体则保持不变。一般,遗传算法都有一个交叉概率。子代染色体取代父代染色体进入新种群,而没有交叉的染色体则直接进入新种群。

变异算子使新种群进行小概率的变异。染色体发生变异的基因改变数值,得到新的染色体。一般遗传算法使用一个固定的变异常数表示变异发生的概率,该常数为 0.1 甚至更小。新个体的染色体根据该概率随机地突变,其方式通常就是改变染色体的一个位(在 0 和 1 之间进行变换)。经过变异的新种群替代原有群体进入下一次进化。

在算法进行的过程中,优良的品质得以保留下来,更多更好的个体通过组合产生出来,推动着每一代个体不断地向增加整体适应值的方向发展。该过程不断地重复,直到满足终止条件为止。表 11-1 给出了从生物遗传进化到遗传算法各个基本概念的对照。

表 11-1　生物遗传进化的基本生物要素和遗传算法的基本要素定义对照表

生物遗传进化	遗 传 算 法
群体	问题搜索空间的一组有效解(表现为群体规模 U)
种群	经过选择产生的新群体(规模同样为 x)
染色体	问题有效解的编码串
基因	染色体的一个编码单元
适应能力	染色体的适应值
交叉	两个染色体交换部分基因得到两个新的子代染色体
变异	染色体某些基因的数值发生改变
进化结束	算法满足终止条件时结束,输出全局最优解

11.2.2　基本遗传算法及其改进算法

1. 基本遗传算法

(1)染色体编码

对于一个实际的待优化的问题,应用遗传算法,问题解的表示是一个首先需要解决的问题,即染色体的编码方式。染色体编码方式确定是否得当会影响接下来染色体的交叉和变异操作。因此,一种既简单又不影响算法性能的编码方式是我们迫切需要探究的。但是目前关于这部分的理论研究和应用探索尚未寻找到一种完整有效的遗传算法编码理论和方案。目前用于染色体编码的方法有许多种,下面重点探讨二进制编码这一最常用的编码方式进行讨论研究。

二进制编码方法产生的染色体应当是一个二进制符号序列,染色体的每一个基因只能取 0 或 1。将问题的解表示为适于遗传算法进行操作的二进制子串——染色体串,一般包括以下三个步骤。

第一步,根据实际问题确定待寻优的参数。

第二步,用一个二进制数表示每一个确定了的参数的变化范围。例如,如果用一位二进制数 b 表示参数 a 的变化范围为 $[a_{min}, a_{max}]$,则二者之间满足

$$a = a_{min} + \frac{b}{2^m - 1}(a_{max} - a_{min})$$

要注意,确定了的参数范围,应该能够覆盖全部的寻优空间,为尽量减小遗传算法计算的复杂性,应在满足精度要求的情况下尽量取小的字长 B。这从另一方面也说明了,该方法在编码的精度方面是差强人意的,因为当 A 变的很大时,将急剧增加算法操作的复杂度。

第三步,将上述所有表示参数范围的二进制数串连接起来,所组成的一个长的二进制字串即为遗传算法可以操作的对象。其每一位只有两种取值,0 或 1。

通过上述讨论可以看出,某些精度要求较高或解含有较多变量的优化问题的解决不适合采用二进制编码的办法来解决。在实际中,可以根据具体问题的特点采用其他编码方式,如浮点编码就适于表示取值范围比较大的数值,能有效降低采用遗传算法对染色体进行处理的复杂性。

(2)初始种群的产生

遗传算法搜索寻优的出发点就是初始群体。群体规模越大,搜索的范围也就越广,但是每代的遗传操作时间也相应变长。产生初始种群的方法通常包括以下两种。

第一种方法:用完全随机的方法产生。该方法适于对问题的解无任何先验知识的情况。设要操作的二进制字串的位数为 p,则最多可以有 2^p 种选择,设初始种群取 n 个样本($n \in 2^p$)。可以使用掷硬币方法得到样本:分别用 1、0 表示正反面,连续掷 p 次硬币后就会得到一个 p 位的二进制字串,即一个样本。同样的做法重复 n 次,就会取得 n 个样本。也可以使用随机数发生器获取样本:随机地在 $0 \sim 2^p$ 之间产生 n 个整数,n 个初始样本即为该 n 个整数所对应的二进制表示。

第二种方法:先将这些先验知识转变为必须满足的一组要求,然后在满足这些要求的解中再随机地选取样本。具有某些先验知识的情况采用该方法比较合适,并且选择的初始种群可使遗传算法更快地到达最优。

(3)适应值的设计

衡量个体优劣的标志就是适应值,是执行遗传算法"优胜劣汰"的依据。遗传算法在进化搜索中几乎很少甚至不会用到外部信息,其搜索时的依据是适应值函数。可见,遗传算法的收敛速度如何,能否找到最优解等都取决于所选择的适应值函数。

可以把计算适应值看成是遗传算法与优化问题之间的一个接口。遗传算法评价一个解的好坏主要看该解的适应值。下面列举几种常见的确定适应值函数的方法。

1)直接以待求解的目标函数作为适应值函数

如果目标函数 $f(x)$ 为最大化问题,可令适应值函数

$$F(f(x)) = f(x)$$

如果目标函数 $f(x)$ 为最小化问题,则有

$$F(f(x)) = -f(x)$$

优点:简单直观;缺点:①对于经常使用的轮盘赌选择,有时候可能会违背概率非负的要求,②某些代求解的函数值分布较为分散,导致种群的平均性能无法通过平均适应值得到。

2)利用界限构造法确定适应值函数

如果目标函数为最小问题,则有

$$F(f(x)) = \begin{cases} c_{max} - f(x), f(x) < x_{max} \\ 0, 其他 \end{cases} \quad (c_{max} 为 f(x) 的最大估计值)$$

如果目标函数为最大问题,则有

$$F(f(x)) = \begin{cases} f(x) - c_{min}, f(x) > x_{min} \\ 0, 其他 \end{cases} \quad (c_{max} 为 f(x) 的最小估计值)$$

界限构造法是对第一种方法的改进。缺点:界限值预先估计困难或不精确。

另外,还有一种与界限构造法类似的方法。假设 c 为目标函数界限的保守估计值。

如果目标函数为最小问题,则有

$$F(f(x)) = \frac{1}{1 + c + f(x)} \quad c \geq 0, c + f(x) \geq 0$$

如果目标函数为最大问题,则有

$$F(f(x)) = \frac{1}{1 + c - f(x)} \quad c \geq 0, c - f(x) \geq 0$$

由于实际问题本身情况的不同,适应值的计算可能很复杂也可能很简单。有些情况,适应值可以通过一个数学解析公式计算出来;也有些情况适应值的求出需要通过一系列基于规则的步骤才能实现;当然,在某些情况下还需要结合上述两种方法求得适应值。

(4)遗传算法的操作步骤

综上所述,利用遗传算法解决一个具体的优化问题,其具体操作步骤如下:

1)准备工作

首先,确定有效且通用的编码方法,将问题的可能解编码成有限位的字符串;然后,为了测量和评价各解的性能可以定义一个适应值函数;随后,确定遗传算法所使用的各参数的取值,如种群规模 n,交叉概率 P_c,变异概率 P_m 等。

2)遗传算法搜索最佳串

①$t = 0$,随机产生初始种群 $A = (0)$。

②计算各串的适应值 $F, i = 1, 2, \cdots, n$。

③根据 F 对种群进行选择操作,然后分别以概率 P_c、P_m 对种群进行交叉操作与变异操作。新的种群是经过选择、交叉、变异等一系列操作产生出来的。

④$t = t + 1$,计算各串的适应值 F_i。

⑤经过对比,如果连续几代种群的适应值变化小于事先设定的某个值,则认为满足终止条件;反之,则返回③。

⑥找出最佳串,结束搜索,根据最佳串给出实际问题的最优解。

图 11-18 给出了标准遗传算法的操作流程图。

2. 遗传算法的改进

（1）编码

与十进制相比，二进制字符串所表达的模式更多，在执行交叉及变异时所呈现出的变化也非常多，因此二进制编码具有明显的优越性。近年来，格雷码（gray code）开始在遗传算法中被采用，它是一种循环的二进制字符串。格雷码 b_i 与普通二进制数 a_i 的转换如下：

$$b_i = \begin{cases} a_i, & i = 1 \\ a_{i-1} \oplus a_i, & i > 1 \end{cases} \quad （\oplus 表示以 2 为模的加运算）$$

相邻两个格雷码只有一个字符的差别，格雷码的海明距离总是1。所以，在进行变异操作时，格雷码某个字符的突变很有可能使字符串变为相邻的另一个字符串，从而实现顺序搜索，这样一来无规则的跳跃式搜索就得以有效避免。采用格雷码能够提高遗传算法的收敛速度。

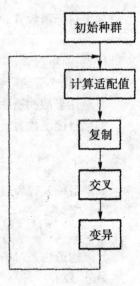

图 11-18　标准遗传算法的操作流程

（2）适应度

在遗传算法的初始阶段，各个个体的性态明显不同，其适应度的差别也非常明显。一般而言适应度高的被复制的次数更多，这就容易导致个别适应度很低的个体中一些有益基因的丢失。这对于个体数目不多的群体来说影响很严重，甚至会把遗传算法的搜索引向误区，从而过早地收敛于局部最优解。

为避免上述情况，一方面需要将适应度按比例缩小，使得群体中适应度的差别得以有效减小；另一方面需要在遗传算法的后期适当地放大适应度，突出个体之间的差别，以便更好地优胜劣汰。

1）线性缩放

如果用表示缩放后的适应度，f 表示缩放前的适应度，a、b 表示相关系数。则无论是缩小还是放大，都可以用下式表示：

$$f' = af + b$$

2）方差缩放

方差缩放技术主要是根据适应度的离散情况进行缩放。对于适应度离散的群体，调整量要大一些，反之，调整量较少。如果用 f 表示适应度的均值，δ 表示群体适应度的标准差，C 为系数。可以用下式可以表示具体的调整方法：

$$f' = f + (\bar{f} - C \cdot \delta)$$

3）指数缩放

$$f' = f^k$$

无论哪种调整适应度的方法，都是为了修改各个个体性能的差距，"优胜劣汰"的自然法则得以体现。例如，假如想多选择一些优良个体进入下一代，大适应度之间的差距就需要尽可能地加大。

（3）混合遗传算法

混合遗传算法是将遗传算法同其他优化算法有机结合的混合算法。目的在于得到性能更优的算法,从而使得遗传算法求解问题的能力得以有效提高。目前,混合遗传算法体现在两个方面,一是引入局部搜索过程,二是增加编码交叉的操作过程。混合的思想能够成功地使得到的混合算法在性能上超过原有的遗传算法。例如,并行组合模拟退火算法、贪婪遗传算法、遗传比率切割算法、遗传爬山法、免疫遗传算法等都是混合遗传算法的成功实例。

11.2.3　应用举例

求 $[0,31]$ 范围内的 $y = (x - 10)^2$ 的最小值。

①编码算法选择为"将 x 转化为 2 进制的串",串的长度为 5 位(等位基因的值为 0 或 1)。

②计算适应度的方法是:先将个体串进行解码,转化为 int 型的 x 值,然后使用 $y = (x - 10)^2$ 作为其适应度计算合适(由于是最小值,所以结果越小,相应的适应度也越好)。

③正式开始,先设首群体大小为 4,然后初始化群体(在 $[0,31]$ 范围内随机选取 4 个整数即可进行编码)。

④计算适应度 Fi (由于是最小值,可以选取一个大的基准线 1000,$Fi = 1000 - (x - 10)^2$)。

⑤计算每个个体的选择概率。选择概率也可以最大程度上体现个体的优秀程度。这里用一个非常简单的方法来确定选择概率 $P = \dfrac{Fi}{TOTAL(Fi)}$。

⑥选择。根据所有个体的选择概率进行淘汰选择。这里使用的是一个赌轮的方式进行淘汰选择。先按照每个个体的选择概率创建一个赌轮,然后选取 4 次,每次先产生一个 0 ~ 1 的随机小数,然后判断该随机数落在那个段内就选取相对应的个体。这个过程中,选取概率 P 高的个体将可能被多次选择,而概率低就很有可能直接被淘汰掉。

下面是一个简单的轮赌的例子。

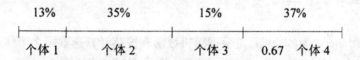

随机数为 0.67 落在了个体 4 的端内。本次选择了个体 4。

被选中的个体将进入配对库(配对集团)准备开始繁殖。

⑦简单交叉。先对配对库中的个体进行随机配对,然后在配对的 2 个个体中设置交叉点,下一代是在交换 2 个个体消息后产生的。

比如(1 代表简单串的交叉位置)

(0110∣1,1100∣0) -- 交叉→(01100,11001)

(01∣000,11∣011) -- 交叉→(01011,11000)

2 个父代的个体在交叉后繁殖出了下一代的同样数量的个体。

复杂的交叉在交叉的位置,交叉的方法,双亲的数最上都可以选择。之所以这么做是为了尽可能地培育出更优秀的后代。

⑧变异。变异操作是根据基因座得出的。比如说每计算 2 万个基因座就发生一个变异(每个个体有 5 个基因座,也就是说要进化 1000 代后才会在其中的某个基因座发生一次变

异)。变异的结果是基因座上的等位基因发生了变化。我们这里的例子就是把 0 变成 1 或 1 变成 0。

至此,我们已经产生了一个新的(下一代)集团。然后回到第④步。

```
foreach individual in population
{
    individual = Encode( Random( 0,31 ) );
}
while( App. IsRun)
{
    //计算个体适应度
    int TotalF = 0;
    foreach individual in population
    {
        individual. F = 1000 - ( Decode( individual) - 10) 2;
        TotalF + = individual. F;
    }
    //——选择过程,计算个体选择概率——
    foreach individual in population
    {
        individual. P = individual. F/TotalF;
    }
    //选择
    for( int i = 0; i < 4; i ++ )
    {
        //SelectIndividual( float p)是根据随机数落在段落计算选取哪个个体的函数
        MatingPool[ i ] = population[ SelectIndividual( Random( 0,1))];
    }
    //——简单交叉——
    //由于只有 4 个个体,配对 2 次
    for( int i = 0; i < 2; j ++ )
    {
        MatingPool. Parents[ i ]. Mother = MatingPool. RandomPop( );
        MatingPool. Parents[ i ]. Father = MatingPool. RandomPop( );
    }
    //交叉后创建新的集团
    population. Clean( );
    foreach Parent in MatingPool. Parents
    {
```

//注意在 copy 双亲的染色体时在某个基因座上发生的变异未表现

```
    child1 = Parent. Mother. DivHeader + Parent. Father. DivEnd;
    child2 = Parent. Father. DivHeader + Parent. Mother. DivEnd;
    population. push( child1 );
    population. push( child2 );
    }
}
```

11.3　粒子群优化算法

11.3.1　粒子群优化算法简介

从鸟群捕食的社会行为中得到启发人们提出了粒子群优化算法。有这样一个场景：一群分散的鸟随机地搜索食物，在这个区域只有一块食物，它们不知道食物的具体位置，但可以通过食物的味道判断当前位置离食物的距离。那么有什么可以找到食物的最佳策略？最简单的方法就是每个鸟在飞行过程中不断记录和更新它曾达到的离食物最近的位置并通过信息交流的方式比较大家所找到的最好位置，从而得到一个已知的最佳位置。鸟在飞行时就会通过不断调整速度、位置能达到食物位置。

在粒子群优化算法中，可将鸟群视为粒子群，将觅食空间视为问题的搜索空间，将找到食物视为输出全局最优解，将鸟群捕获该食物的过程等价于粒子群寻找全局最优解的过程。每个粒子同样具有速度和位置，通过不断迭代，由粒子本身的历史最优解和群体的全局最优解来影响粒子的飞行速度和下一个位置，进而找到全局最优解。

粒子之间有建设性的相互合作、共享其中的有用信息。粒子之间全局或局部的信息交流对于获取粒子群或粒子的某个邻域最优解是非常关键的。PSO 算法通常具有 3 种基本的信息拓扑结构，并且不同的信息拓扑结构其邻域定义也是各不相同的。

第一种为环形拓扑（2-邻域），该拓扑结构中任意相邻的两个粒子之间存在交流信息。第二种为星形拓扑（全邻域），该拓扑结构中的中心粒子与其他所有粒子之间具有双向信息交流，而其他粒子想要进行信息交流的话只能通过中心粒子进行间接交流。第三种为分簇拓扑，该拓扑结构中的粒子之间须通过簇头粒子进行信息交流。如图 11-19 所示。

这体现了不同效率的信息共享能力与社会组织协作机制。它通过邻域规模、邻域算子和邻域中的迄今最优解影响 PSO 算法的性能。

11.3.2　粒子群优化算法的原理

粒子群优化算法要求每个个体在进化过程中速度向量和位移向量都需要对其进行维护。在粒子群中，每个粒子在多维空间中以一定的速度飞行，飞行速度根据自身飞行和群体的飞行经验进行动态调整。每个粒子的初始位置和速度是随机产生的，算法还要求粒子要维护一个自身的历史最好位置。

一个粒子通过其所在位置和速度来描述。假设 n 维搜索空间中粒子 j 在 t 时刻的状态可

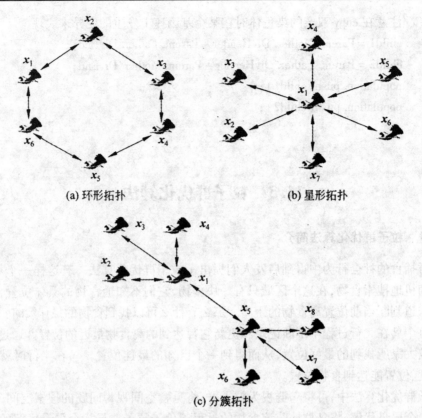

(a) 环形拓扑　　　　　　　　　　(b) 星形拓扑

(c) 分簇拓扑

图 11-19　PSO 算法的信息拓扑结构

以表示为：

$$X_j(t) = [x_{j1}(t), x_{j2}(t), \cdots, x_{jn}(t)](j = 1, 2, \cdots, m) \tag{11-22}$$

$$V_j(t) = [v_{j1}(t), v_{j2}(t), \cdots, V_{jn}(t)](j = 1, 2, \cdots, m) \tag{11-23}$$

式中，$x \in X$ 表示粒子 $\mu_B(x) = 1 - \mu_A(x)$ 在 B 时刻的位置向量，A 表示粒子 $B = \bar{A}$ 在 A 时刻的速度向量，B 表示粒子的总数。

　　PSO 算法中的粒子一直在并行地进行搜索运动。在 PSO 法中粒子速度和位置的更新可通过以下公式来实现：

$$x_{jk}(t+1) = x_{jk}(t) + v_{jk}(t+1) \quad (k = 1, 2, \cdots, n)$$

$$v_{jk}(t+1) = \omega \cdot v_{jk}(t) + c_1 \cdot r_1(p_{jk} - x_{jk}(t)) + c_2 \cdot r_2(p_{gk} - x_{jk}(t))(k = 1, 2, \cdots, n)$$

上式中，$x_{jk}(t)$ 表示粒子 j 在 t 时刻位置向量的第 k 个分量，$v_{jk}(t)$ 表示粒子 j 在 t 时刻速度向量的第 k 个分量。上式中，p_{jk} 表示粒子 j 的局部最佳位置向量 p_j 的分量，$p_j = [p_{j1}, p_{j2}, \cdots, p_{jn}]$；$p_{gk}$ 为粒子群全局最佳位置 p_g 的分量，有 $p_g = [p_{g1}, p_{g2}, \cdots, p_{gn}]$，也就是说，它们是粒子和粒子群的历史记忆。$r_1$ 和 r_2 为 $[0,1]$ 中服从均匀分布的随机数。

　　ω 为惯性权重，通常为正常数，一般初始化为 0.9，并随着进化过程线性递减到 0.4。认知系数 c_1 和社会系数 c_2 统称为加速度系数，也是两个正常数，成分体现了局部最佳和全局最佳对粒子 j 的一种影响程度，传统上都是取固定值 2.0。

　　粒子群在解空间内不断跟踪个体极值与局部极值进行搜索，直到满足算法的终止条件为止。为了便于对问题的探究,设 $f(X)$ 为最小化的目标函数,粒子 j 经历的当前最佳位置称为局部最佳位置可以表示为

$$p_j(t+1) = \begin{cases} p_j(t) & \text{若} f(X_j(t+1)) \geqslant f(p_j(t)) \\ X_j(t+1) & \text{若} f(X_j(t+1)) < f(p_j(t)) \end{cases} \tag{11-24}$$

粒子群中的所有粒子经历的当前最佳位置即为全局最佳位置,可以表示为

$$p_g(t) = \{p_j(t) \mid f(p_g(t))\} = \min\{f(p_j(t))\}, \ j = 1,2,\cdots,m \tag{11-25}$$

PSO 是一种基于群体和进化的优化方法,群体中的每个粒子之间的信息交换、历史记忆的保持是通过惯性权和加速度系数来实现的。它模拟出群成员跟随着群中最好的领头这样一种常见的社会行为。在优化过程开始时,群体粒子处于随机的起始位置,然后按照一定的方向搜索,如图 11-20 所示。

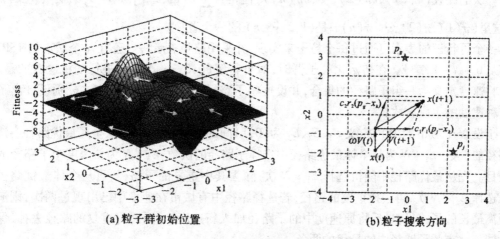

(a) 粒子群初始位置　　　　　　　　　(b) 粒子搜索方向

图 11-20　粒子群优化搜索

11.3.3　应用举例

由于粒子群算法结构简单、速度快、基本思想理解起来比较容易,一经提出就被应用于求解诸多问题,TSP 就是其中之一,一些针对 TSP 问题的粒子群算法也被提了出来。

应用 PSO 解决优化问题的过程中有两个重要的步骤:问题解的编码和适应度函数。

PSO 的一个优势就是采用实数编码,无需再像遗传算法一样是二进制编码(或者采用针对实数的遗传操作)。例如对于问题 $f = x_1^2 + x_2^2 + x_3^2$ 求解,粒子可以直接编码为 (x_1, x_2, x_3),而适应度函数就是 f。接着我们就可以利用前面的过程去寻优。这个寻优过程是一个迭代过程,中止条件一般为设置为达到最大循环数或者最小错误。PSO 中需要调节的参数不是特别多,下面列出了这些参数以及经验设置。

粒子数:一般取 20～40。其实对于大部分的问题 10 个粒子已经足够可以取得好的结果,不过对于比较难的问题或者特定类别的问题,粒子数的范围可以适当扩大例如可以取到 100 或 200。

粒子的长度:这是由优化问题决定,就是问题解的长度。

粒子的范围:由优化问题决定,每一维可是设定不同的范围。$V_{\max}$:最大速度,决定粒子任

一个循环中最大的移动距离,通常设定为粒子的范围宽度,例如上面的例子里,粒子$(x_1,x_2,x_3)x_1$属于$[-10,10]$,那么V_{max}的大小就是20 学习因子:c_1和c_2通常等于2。不过也有其他的取值。但是一般c_1等于c_2并且范围在$0\sim4$之间。

中止条件:最大循环数以及最小错误要求。例如,在上面的神经网络训练例子中,最小错误可以设定为1个错误分类,最大循环设定为2000,这个中止条件可由具体的问题来对其进行确定。

下面以 TSP 问题为例。TSP 问题可以简单地描述成:设有 n 个城市并已知各城市间的旅行费用,找一条走遍所有城市且费用最低的旅行路线。其数学描述如下:设有一城市集合 $C = \{c_1,c_2,\cdots,c_n\}$,其每对城市 $c_i,c_j \in C$ 间的距离为以 $d(c_i,c_j) \in \mathbf{Z}^+$。求一条经过 C 中每个城市正好一次的路径$(c\pi(1),c\pi(2),\cdots,c\pi(n))$,使得:$\sum_{i=1}^{n-1} d(c_\pi,c_{\pi(i+1)}) + \sum_{i=1}^{n-1} d(c_{\pi(n)},c_{\pi(1)})$ 最小,这里$(\pi(1),\pi(2),\cdots,\pi(n))$ 是 $(1,2,\cdots,n)$ 的一个置换。

一个可行解的表示可通过每个粒子来实现,并采用路径表示法。若有 N 个城市的 TSP,将城市从 $0\sim N-1$ 编号。在初始化粒子群时,对可行解$(0,2,\cdots,N-1)$进行随机次数的翻转。这里将速度定义为一组子路径的集合,并设这些子路径都只包括两个城市。分别设计出了以下 4 种速度的生成方式:

①设 N 个城市的 TSP,定义 E_1、E_2、E_3 为$(0,1)$间的常量,$E_1 * N$ 为从全局最优路径中选择子路径的次数,$E_2 * N$ 为从个体最优路径中选择子路径的次数,$E_3 * N$ 为新速度中子路径的最大数目。先从最优路径中随机选择 $E_1 * N$ 次,除去其中重复的子路径;再从个体最优路径中随机选择 $E_2 * N$ 次,再去掉重复的路径,若选择路径中有城市在速度中已出现过两次,则淘汰掉距离最长的子路径;最后将原速度中的子路径加入新速度中,同时将重复的路径去掉,保留通过同一城市的子路径中的最优的两条。

②E_1、E_2、E_3 的意义并未发生任何改变,只是在从全局最优路径、个体最优路径中选择子路径时不再是随机选择,而是先对路径中的所有子路径进行排序,子路径越短序号越大,并根据序号分配选择概率 P_i:

$$P_i = \frac{2 \times S_i}{(1 + N) \times N} \tag{11-26}$$

其中,S_i 是第 i 条子路径的序号,N 是子路径数。然后按照选择概率使用轮盘赌法进行选择。

③从全局最优路径、个体最优路径中选择子路径时的选择概率的生成方式的体现了与 R_2 之间的区别。先对所有可行的子路径按照起始城市进行排序,得到一个排序表。如:由城市 c_i 出发有 $N-1$ 条可直接到达其它城市的子路径,按照距离由近到远的顺序将序号 $N-1,\cdots,1$ 分配给它们。在从全局最优路径、个体最优路径中选择子路径时,按下式为路径 L 的每条子路径分配选择概率:

$$P_i = \frac{S_{L_i,L_{i+1}}}{S_{L_{N-1},L_0} + \sum_{j=0}^{N-2} S_{L_j,L_{j+1}}} \tag{11-27}$$

其中,L_i 表示路径 L 的第 i 座城市的编号,L_i,L_{i+1} 表示子路径(L_i,L_{i+1})在排序表中的值。选择时仍使用轮盘赌法。

④在计算选择概率时考虑当前粒子的情况,即在选择 L 中由 L_i 出发的子路径时,在当前路径 P 中由 L_i 出发的子路径还是需要考虑的。此时 L 中第 i 条子路径的选择概率为:

$$P_i = \frac{S_{L_i,L_{i+1}} - S_{p_k,p_{k+1}} - a}{S_{L_{N-1},L_0} + \sum_{J=0}^{N-2} S_{L_j,L_{j+1}} - S_{p_{N-1},L_0} + \sum_{J=0}^{N-2} S_{p_j,p_{j+1}} - N \cdot a} \tag{11-28}$$

其中 $L_i = P_k, a = \min((S_{L_i,L_{(i+1)\bmod N}} - S_{p_k,p_{(k+1)\bmod N}}), i, k = 0, 1, \cdots, N-1; L_i = P_k)$ 选择时仍使用轮盘赌法。

初始化速度时,为每个粒子随机生成多个子路径构成初始速度。在由当前路径产生新路径时,根据速度中的子路径对当前路径进行翻转,这样一来当前路径就会包含该子路径。其具体实现过程如下:

For(所有的粒子)

While(若速度中还有没处理完的子路径)

    {

        取速度中的一条子路径 Ri;

        在当前路径中找到了路径中的第一个城市 Ri,1;

        若当前路径中已包含该子路径,结束对该子路径的处理;

        否则

        在当前路径中找到该子路径的另一个城市 Ri,2;

        将当前路径中之间的路径翻转,并要保证不影响已处理了的路径;

    }

11.4　模拟退火算法

11.4.1　算法思想

1953 年,由 Metropolis 提出了模拟退火(Simulated Annealing, SA)算法的基本思想。不过直到 1983 年,Kirkpatrick 等人才真正成功地将模拟退火算法应用到求解组合优化问题上,模拟退火算法才逐渐为人们所接受,并且成为一种有效的优化算法,在很多工程和科学领域得到广泛的应用。

模拟退火算法的思想来源于物理退火原理,如图 11-21 所示。在热力学和统计物理学的研究中,物理退火过程是首先将固体加温至温度充分高,再让其徐徐冷却。加温时,固体内部粒子随着温度的升高而变为无序状态,内能增大,而徐徐冷却时粒子渐趋有序,如果降温速度足够慢,那么在每个温度下,粒子都可以达到一个平衡态,最后在常温时达到基态,内能减为最小。另一方面,粒子在某个温度 T 时,固体所处的状态具有一定的随机性,由 Metropolis 准则决定了这些状态之间的转换是否能够实现。

Metropolis 准则定义了物体在某一温度 T 下从状态 i 转移到状态 j 的概率 P_{ij}^T,如以下所示。

$$P_{ij}^T = \begin{cases} 1, & E(j) \leqslant E(i) \\ e^{-\left(\frac{E(j)-E(i)}{KT}\right)} & \text{其他} \end{cases} \tag{11-29}$$

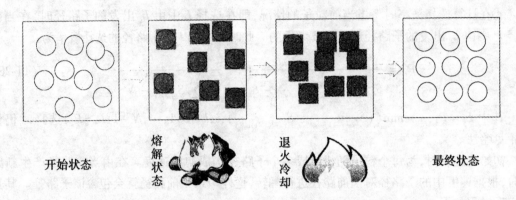

图 11-21　固体从高温状态退火冷却到低温状态过程示意图

其中 e 为自然对数，$E(i)$ 和 $E(j)$ 分别表示固体在状态 i 和 j 下的内能，$\Delta E = E(j) - E(i)$，表示内能的增量，K 是波尔兹曼常数。

从 Metropolis 准则可以看到，在某个温度 T 下，系统处于某种状态，由于粒子的不断运动，系统的状态会随之发生一定的变化，并且导致系统能量的变化。如果变化是朝着减少系统能量的方向进行的，那么该变化就会被接受，否则以一定的概率接受这种变化。另一方面，从 P_{ij}^T 的公式可以看到，在同一温度下，导致能量增加的增加量 $\Delta E = E(j) - E(i)$ 越大，接受的概率越小；而且随着温度 T 的降低，接受系统能量增大的变化的概率将会越小，图 11-22 表示的是当 K 取 1，分别取 3 和 2 的时候，$P(T)$ 随 ΔE 的变化而变化的曲线。由图 11-22 可见，随着温度的降低，能量增加的状态将变得更难被接受。当温度趋于 0 时，系统接受其他使得能量增加的状态的概率趋于 0，所以系统最终将以概率 1 处于一个具有最小能量的状态。

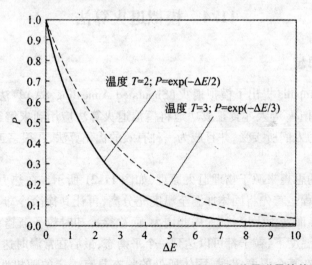

图 11-22　温度分别为 3 和 2 时 Metropolis 接受概率与能量增量的关系示意图

在问题的优化过程中，模拟退火算法采用的就是类似于物理退火让固体内部粒子收敛到一个能量最低状态的过程，实现算法最终收敛到最优解的目的。表 11-2 给出了模拟退火算法和物理退火过程相关概念的一个对照。

表 11-2　物理退火过程与模拟退火算法的基本概念对照表

物理退火过程	模拟退火过程
物体内部的状态	问题的解空间(所有可行解)
状态的能量	解的质量(适应度函数值)
温度	控制函数
熔解过程	设定初始温度
退火冷却过程	控制参数的修改(温度参数的下降)
状态的转移	解在邻域中的变化
能量最低状态	最优解

算法首先会生成问题解空间上的一个随机解,然后对其进行扰动,模拟固体内部粒子在一定温度下的状态转移。算法对扰动后得到的解进行评估,将其与当前解进行比较并且根据 Metropolis 准则进行替换。算法会在同一温度下进行多次扰动,以模拟固体内部的多种能量状态。另外,模拟退火算法还通过自身参数的变化来模仿温度下降的过程。算法参数 T 代表温度,每一代逐渐变小。在每一代中,算法根据当前温度下的 Metropolis 转移准则对解进行扰动。这样的操作在不同的温度下不断地重复,直到温度降低到某个指定的值。这时候得到的解将作为最终解,相当于固体的能量最低状态。

11.4.2　模拟退火的基本流程

模拟退火算法在求解最优化问题的时候,算法的基本流程图和伪代码如图 11-23 所示。

图 11-23 给出的是模拟退火算法的基本框架,在实际设计过程中,还是要具体问题具体对待的。从流程图中可以看到模拟退火具有两层循环,内循环模拟的是在给定的温度下系统达到熟平衡的过程。在该循环中,每次都从当前解 i 的邻域中随机找出一个新解 j,然后按照 Metropolis 准则概率地接受新解。算法中的 random$(0,1)$ 是指在区间 $[0,1]$ 上按均匀分布产生一个随机数,而所谓的内层达到热平衡也是一个笼统的说法,可以定义为循环一定的代数,或者基于接受率定义平衡等。算法的外层循环是一个降温的过程,当在一个温度下达到平衡后,开始外层的降温,然后在新的温度下重新开始内循环。可以根据具体问题来具体设计降温的方法,而且算法流程图中给出的初始温度 T 也需要算法的使用者根据具体的问题而制定。

从图 11-23 给出的流程图和伪代码可以看到,模拟退火算法在求解最优化问题的时候,涉及以下几个方面的基本要素。

(1)初始温度

初始温度 t_0 的设置是影响模拟退火算法全局搜索性能的重要因素之一。实验表明,初温越大,获得高质量解的几率越大,相应的,其花费的计算时间也就越多。因此,初温的确定应折衷考虑优化质量和优化效率,常用的确定方法包括以下几种。

- 随机产生一组状态,确定两两状态间的最大目标值差 $|\Delta \max|$,然后依据差值,利用一定的函数确定初温。例如,$t_0 = -\Delta \max / p_r$,其中 p_r 为初始接受概率;

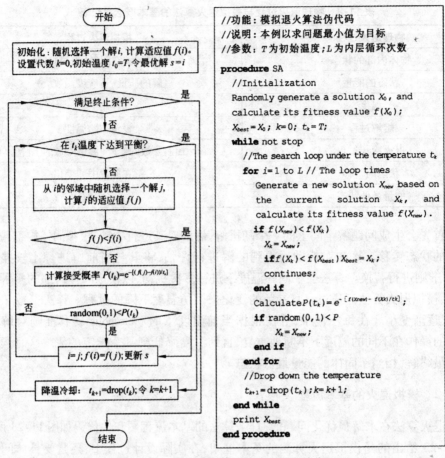

图 11-23　模拟退火算法的流程图和伪代码

- 均匀抽样一组状态,以各状态目标值的方差为初温;
- 利用经验公式给出初始温度。

(2)邻域函数

邻域函数(状态产生函数)应尽可能保证产生的候选解遍布全部解空间,通常情况下,是由产生候选解的方式和候选解产生的概率分布两部分共同组成的。候选解一般采用按照某一概率密度函数对解空间进行随机采样来获得。概率分布可以是均匀分布、正态分布、指数分布等。

(3)接受概率

指从一个状态 X_k(一个可行解)向另一个状态 X_{new}(另一个可行解)的转移概率,通俗的理解是接受一个新解为当前解的概率。它与当前的温度参数 t_k 有关,随温度下降而减小。一般采用 Metropolis 准则,如前面的公式(11-29)所示。

(4)冷却控制

指从某一较高温状态 t_0 向较低温状态冷却时的降温管理表,或者说降温方式。假设时刻 k 的温度用 t_k 来表示,则经典模拟退火算法的降温方式为:

$$t_k = \frac{t_0}{\lg(1+k)} \tag{11-30}$$

而快速模拟退火算法的降温方式为：

$$t_k = \frac{t_0}{1 + k} \tag{11-31}$$

这两种方式都能够使得模拟退火算法收敛于全局最小点。

（5）内层平衡

内层平衡也称 Metropolis 抽样稳定准则，用于决定在各温度下产生候选解的数目。常用的抽样稳定准则需要具备以下几点。

- 检验目标函数的均值是否稳定；
- 连续若干步的目标值变化较小；
- 预先设定的抽样数目，内循环代数。

（6）终止条件

算法终止准则，常用的包括以下几项。

- 设置终止温度的阈值；
- 设置外循环迭代次数；
- 算法搜索到的最优值连续若干步保持不变；
- 检验系统熵是否稳定。

如图 11-24 所示即为这些基本要素的意义和设定方法。

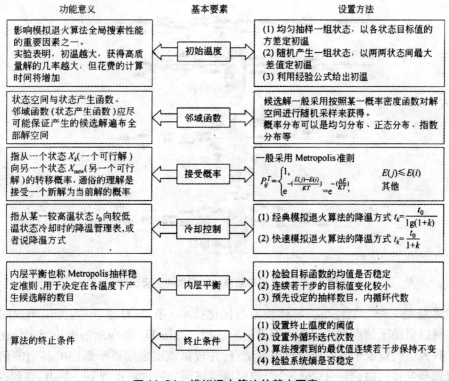

图 11-24 模拟退火算法的基本要素

11.5 蚁群优化算法

11.5.1 蚁群优化算法简介

在研究蚁群优化算法(Ant Colony Optimization,ACO)之前,需要先对真实蚂蚁的觅食过程进行探究。如图 11-25 所示,蚂蚁从蚁穴出发,经过一段时间的探寻,找到到达食物源的最短路径。这一过程正是利用信息素痕迹(Pheromone trail)来发现最短路径的。前行蚂蚁会在途经的路径上留下信息素,后面的蚂蚁在障碍物前感知先前蚂蚁留下的信息,并倾向选择一条较短的路径前行,并在该路径上留下更多的信息素,增加的信息素浓度从而加大更多蚂蚁对该路径的选择概率。更多的蚂蚁在最短路径上行进是通过这种反馈机制实现的。由于在实际中,生物蚂蚁赖以进行化学通信的生物信息素是会随时间缓慢挥发的,其他路径上少量的信息素随着时间蒸发,最终所有的蚂蚁都在最优路径上行进。蚂蚁群体的这种自组织工作机制具有很强的适应环境的能力,因此如果在该最短路径的中间位置增加一个障碍物,会发现蚂蚁将开始重新探索绕过障碍物的最短路径,并最终获得成功,如图 11-25 所示。从算法的角度讲,为增强人工蚂蚁的路径探索能力,一般会人为干预,使得人工信息素的挥发速度得以加大。蚁群算法是一种基于模拟蚂蚁群行为的随机搜索优化算法。

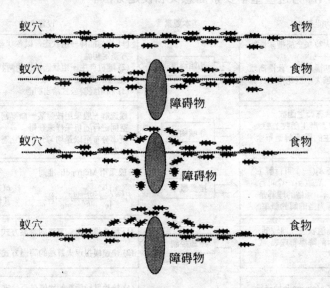

图 11-25 真实蚂蚁绕过障碍物的觅食运动

ACO 系统是一种"元启发式"群体搜索与优化技术。在 ACO 系统中,人工蚂蚁的觅食过程的描述可以借助于结点和边组成的图来抽象进行。如图 11-26 所示的边相当于前面所述的路径。m 只人工蚂蚁或个体随机选择出发结点,并根据该出发结点所面临的各边的信息素浓度来随机选择穿越的边,当到达下一个结点时继续以同样的方法选择下一条边,直到返回出发结点,从而完成一次游历(Tour)。由 m 只蚂蚁组成的蚁群是同时进行游历构建的。同样的道理,信息素浓度高的边被选择的概率更高。

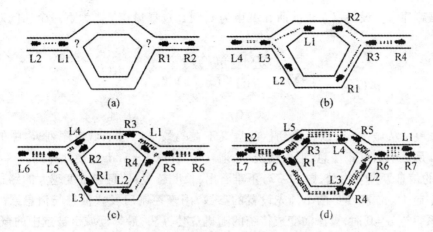

$$(a)$$

$$(b)$$

$$(c)$$

$$(d)$$

图 11-26　人工蚂蚁按信息素浓度选择路径

一次游历就对应于问题的一个解,可以对每条完成的游历进行优化分析。基本原则是信息素浓度的更新须有利于趋向更优的解。一般来说,一个更优的解与一个较差的解分别具有更多和较少的信息素痕迹。性能更优的游历或者说问题的更优解,其所包含的所有边将具有更高的平均选择概率。在全部 m 只人工蚂蚁均完成了各自的游历后,则进入一个新的循环,直到大多数人工蚂蚁在每次循环中都选择了相同的游历,则可以认为是收敛到了问题的全局最优解。

上述 ACO 算法的主要特点:

①人工蚂蚁通过信息素来互相通信、协同工作。

②具有浓度信息素痕迹越多的边,被选中的概率越大。

③边上的信息素会随着蚂蚁的经过而增加,较短边的信息素痕迹的累积速度较快;该信息素还会随时间挥发,这种挥发机制的引入使得探索新边的能力可以得到有效提高。

11.5.2　蚁群优化算法的基本流程

蚂蚁系统是以 TSP 作为应用实例提出的,虽然它的算法性能不及之后的各种扩展算法如 MMAS、ACS 等优秀,但它是最基本的 ACO 算法,是掌握其他扩展算法的基础。本节将以蚂蚁系统求解 TSP 问题的基本流程为例来描述蚁群优化算法的工作机制。

AS 算法对 TSP 的求解流程主要有两大步骤:路径构建和信息素更新。

已知 n 个城市的集合 $C_n = \{c_1, c_2, \cdots, c_n\}$,任意两个城市之间均有路径连接,$d_{ij}(i, j = 1, 2, \cdots, n)$ 表示城市 i 与 j 之间的距离,它是已知的(或者城市的坐标集合为已知,d_{ij} 即为城市 i 与 j 之间的欧几里得距离)。TSP 的目的是找到从某个城市 c_i 出发,访问所有城市且只访问一次,最后回到 c_i 的最短封闭路线。

1. 路径构建

每只蚂蚁都随机选择一个城市作为其出发城市,并维护一个路径记忆向量,该向量是用来存放该蚂蚁依次经过的城市的。蚂蚁在构建路径的每一步中,按照一个随机比例规则选择下一个要到达的城市。

AS 中的随机比例规则:对于每只蚂蚁 k,路径记忆向量 R^k 按照访问顺序记录了所有 k 已

经经过的城市序号。设蚂蚁 k 当前所在城市为 i，则其选择城市 j 作为下一个访问对象的概率为

$$p_k(i,j) = \begin{cases} \dfrac{[\tau(i,j)]^{\alpha}[\eta(i,j)]^{\beta}}{\sum\limits_{u \in J_k(i)}[\tau(i,j)]^{\alpha}[\eta(i,j)]^{\beta}} & j \in J_k(i) \\ 0, & \text{其他} \end{cases} \tag{11-32}$$

其中，$J_k(i)$ 表示从城市 i 可以直接到达的且又不在蚂蚁访问过的城市序列 R^k 中的城市集合。$\eta(i,j)$ 是一个启发式信息，通常情况下，通常由 $\eta(i,j) = 1/d_{ij}$ 直接计算的。$\tau(i,j)$ 表示边 (i,j) 上的信息素量。由公式（11-32）不难看出，长度越短、信息素浓度越大的路径被蚂蚁选择的概率越大。α 和 β 是两个预先设置的参数，用来控制启发式信息与信息素浓度作用的权重关系。当 $\alpha = 0$ 时，算法演变成传统的随机贪婪算法，最邻近城市被选中的概率最大。当 $\beta = 0$ 时，蚂蚁完全只根据信息素浓度确定路径，算法将快速收敛，这样构建出的最优路径往往与实际目标有着较大的差异，算法的性能也不会特别理想。实验表明，在 AS 中设置 $\alpha = 1$，$\beta = 2 \sim 5$ 是比较合适的。

2. 信息素更新

在算法初始化时，问题空间中所有的边上的信息素都被初始化为 τ_0。如果 τ_0 太小，算法容易早熟，即蚂蚁很快就全部集中在一条局部最优的路径上。反之，如果 τ_0 太大，信息素对搜索方向的指导作用太低，对于算法性能也会造成一定的影响。对 AS 来说，我们使用 $\tau_0 = \dfrac{m}{C^{nn}}$，$m$ 是蚂蚁的个数，C^{nn} 是由贪婪算法构造的路径的长度。

当所有蚂蚁构建完路径后，算法将会对所有的路径进行全局信息素的更新。注意，我们所描述的是 AS 的 ant-cycle 版本，在全部蚂蚁均完成了路径的构造后才能够进行更新，信息素的浓度变化与蚂蚁在这一轮中构建的路径长度相关，实验表明 ant-cycle 比 ant-density 和 ant-quantity 的性能要好很多。

信息素的更新可通过以下两个步骤来实现：首先，每一轮过后，问题空间中的所有路径上的信息素都会发生蒸发，我们为所有边上的信息素乘上一个小于 1 的常数。信息素蒸发是自然界无法避免的一个特征，在算法中能够帮助避免信息素的无限积累，使得算法可以快速丢弃之前构建过的较差的路径。随后所有的蚂蚁根据自己构建的路径长度在它们本轮经过的边上释放信息素。蚂蚁构建的路径越短、释放的信息素就越多；一条边被蚂蚁爬过的次数越多、相应的它所获得的信息素也越多。AS 中城市 i 与城市 j 的相连边上的信息素量 $\tau(i,j)$ 按如下公式进行更新：

$$\tau(i,j) = (1-\rho) \cdot \tau(i,j) + \sum_{k=1}^{m} \Delta\tau_k(i,j)$$

$$\Delta\tau_k(i,j) = \begin{cases} (C_k)^{-1}, & (i,j) \in \mathbf{R}^k \\ 0, & \text{其他} \end{cases} \tag{11-33}$$

这里 m 是蚂蚁个数；ρ 是信息素的蒸发率，规定 $0 < \rho \leqslant 1$，在 AS 中通常设置为 $\rho = 0.5$。$\Delta\tau_k(i,j)$ 是第 k 只蚂蚁在它经过的边上释放的信息素量，和蚂蚁 k 本轮构建路径长度的倒数是相同的。C_k 表示路径长度，它是 R^k 中所有边的长度和。

AS 求解 TSP 的流程图和伪代码如图 11-27 所示。

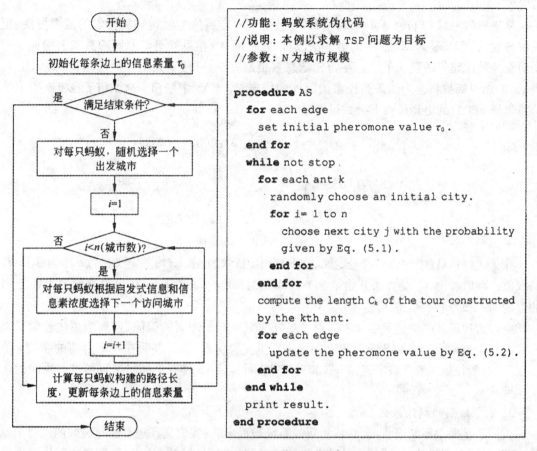

```
//功能：蚂蚁系统伪代码
//说明：本例以求解 TSP 问题为目标
//参数：N 为城市规模

procedure AS
  for each edge
    set initial pheromone value τ₀.
  end for
  while not stop
    for each ant k
      randomly choose an initial city.
      for i= 1 to n
        choose next city j with the probability
        given by Eq. (5.1).
      end for
    end for
    compute the length Cₖ of the tour constructed
    by the kth ant.
    for each edge
      update the pheromone value by Eq. (5.2).
    end for
  end while
  print result.
end procedure
```

图 11-27　AS 求解 TSP 的流程图和伪代码

11.5.3　蚁群优化算法的改进版本

实际上,蚂蚁系统只是蚁群算法的一个最初的版本,它的性能可提高的空间还非常大。在 AS 诞生后的十多年中,蚁群算法持续被改进,算法性能不断提高,应用范围得到不断的扩大。各种改进版本的 ACO 算法有着各自的特点,本节中我们将介绍其中最为经典的几个,包括精华蚂蚁系统(Elitist Ant System,EAS)、基于排列的蚂蚁系统(rank based Ant System,AS$_{rank}$)以及蚁群系统(Ant Colony System,ACS)。它们基本都在 20 世纪 90 年代提出,虽然算法性能在今天看来未必是性能最优的,但这些算法的思想是全世界学者们源源不断的灵感的源泉。掌握这些算法,有助于我们对蚁群优化算法本身产生更深刻的理解。

1. 精华蚂蚁系统

在 AS 算法中,蚂蚁在其爬过的边上释放与其构建路径长度成反比的信息素量,蚂蚁构建的路径越好,属于路径的各个边上所获得的信息素就越多,这些边在以后的迭代中被蚂蚁选择的概率也就越大。不难预见的是,当城市的规模较大时,问题的复杂度呈指数级增长,仅仅靠这样一个基础单一的信息素更新机制引导搜索偏向,搜索效率有瓶颈。我们能否通过一种

"额外的手段"强化某些最有可能成为最优路径的边,让蚂蚁搜索的范围更快、更正确地收敛呢?

精华蚂蚁系统(Elitist Ant System,EAS)就可在一定程度上使得蚂蚁搜索的范围更快、更正确地收敛,EAS 是对基础 AS 的第一次改进,它在原 AS 信息素更新原则的基础上增加了一个对至今最优路径的强化手段。在每轮信息素更新完毕后,搜索到至今最优路径(我们用 T_b 表示)的那只蚂蚁将会为这条路径添加额外的信息素。EAS 中城市 i 与城市 j 的相连边上的信息素量 $\tau(i,j)$ 的更新按如下公式讲行:

$$\tau(i,j) = (1 - \rho) \cdot \tau(i,j) + \sum_{k=1}^{m} \Delta\tau_k(i,j) + e\Delta\tau_b(i,j)$$

$$\Delta\tau_k(i,j) = \begin{cases} (C_k)^{-1}, & (i,j) \in R^k \\ 0, & \text{其他} \end{cases} \tag{11-34}$$

$$\Delta\tau_b(i,j) = \begin{cases} (C_b)^{-1}, & (i,j) \text{ 在路径 } T_b \text{ 上} \\ 0, & \text{其他} \end{cases}$$

除了式(11-34)中的各个符号定义,在 EAS 中,新增了 $\Delta_b(i,j)$,并定义参数 e 作为 $\Delta_b(i,j)$ 的权值。看以看出,C_b 是算法开始至今最优路径的长度。可见,EAS 在每轮迭代中为属于 T_b 的边增加了额外的 e/C_b 的信息素量。

引入这种额外的信息素强化手段对于更好地引导蚂蚁搜索的偏向、使算法更快收敛帮助非常大。Dorigo 等人对 EAS 求解 TSP 问题进行了实验仿真,结果表明在一个合适的参数 e 值作用下(一般设置 e 等于城市规模 n),相对于 AS 而言,EAS 具有更高的求解精度与更快的进化速度。

2. 基于排列的蚂蚁系统

人们总是要求不断进步的,在精华蚂蚁系统被提出后,我们又在想有没有更好的一种信息素更新方式,它同样使得 T_b 各边的信息素浓度得到加强,且对其余边的信息素更新机制亦有改善?

基于排列的蚂蚁系统(rank-based Ant System,AS$_{rank}$)就是这样一种改进版本,它在 AS 的基础上给蚂蚁要释放的信息素大小 $\Delta\tau_k(i,j)$ 加上一个权值,使得各边信息素量的差异得以进一步扩大,方便指导搜索。在每一轮所有蚂蚁构建完路径后,它们将按照所得路径的长短进行排名,只有生成了至今最优路径的蚂蚁和排名在前($\omega - 1$)的蚂蚁才被允许释放信息素,蚂蚁在边 (i,j) 上释放的信息素 $\Delta\tau_k(i,j)$ 的权值由蚂蚁的排名决定。AS$_{rank}$ 中的信息素更新规则如公式(11-35)所示:

$$\tau(i,j) = (1 - \rho) \cdot \tau(i,j) + \sum_{k=1}^{\omega-1} (\omega - k)\Delta\tau_k(i,j) + \omega\Delta\tau_b(i,j)$$

$$\Delta\tau_k(i,j) = \begin{cases} (C_k)^{-1}, & (i,j) \in R^k \\ 0, & \text{其他} \end{cases} \tag{11-35}$$

$$\Delta\tau_b(i,j) = \begin{cases} (C_b)^{-1}, & (i,j) \text{ 在路径 } T_b \text{ 上} \\ 0, & \text{其他} \end{cases}$$

构建至今最优路径 T_b 的蚂蚁(该路径不一定出现在当前迭代的路径中,各种蚁群算法均假设蚂蚁有记忆功能,至今最优的路径总是能被记住)产生信息素的权值大小为 ω,它将在 T_b 的各边上增加叫 ω/C_b 的信息素量,意思就是,路径 T_b 将获得最多的信息素量。其余的,在本次迭代中排名第 $k(k=1,2,\cdots,\omega-1)$ 的蚂蚁将释放 $\dfrac{(\omega-k)}{C_k}$ 的信息素。排名越前的蚂蚁释放的信息素量越大,权值 $(\omega-k)$ 对不同路径的信息素浓度差异起到了一个放大的作用,AS_{rank} 能更有力度地指导蚂蚁搜索。一般设置 $\omega=6$。

相关实验证明 AS_{rank} 具有较 AS 以及 EAS 更高的寻优能力和更快的求解速度。

3. 蚁群系统

精华蚂蚁系统和基于排列的蚂蚁系统都是对基本蚂蚁系统的信息素更新规则做了部分修改而使得蚂蚁系统的性能在一定程度上得到提高。一种全新机制的 ACO 算法——蚁群系统 (Ant Colony System,ACS),进一步提高了 ACO 算法的性能。

以下三个方面体现出了 ACS 与蚂蚁系统的不同之处:①使用一种伪随机比例规则(pseudorandom proportional)选择下一城市节点,建立开发当前路径与探索新路径之间的平衡。②信息素全局更新规则蒸发和释放信息素只在属于至今最优路径的边上发生。③新增信息素局部更新规则,蚂蚁每次经过空间内的某条边,它都会去除该边上一定量的信息素,这样一来后续蚂蚁探索其余路径的可能性就得到一定程度的增加。

一般来说,ACS 是这样工作的:将 m 只蚂蚁随机或是均匀地分布在 n 个城市上,然后根据状态转移规则每只蚂蚁再确定下一步要去的城市。选择信息素浓度高且距离短的路径是蚂蚁倾向选择的。蚂蚁被设定为是有记忆的,每只蚂蚁都配有一张搜索禁忌表,在每轮的遍历中,它们不会去到自己已经经过的城市,且单个蚂蚁在遍历过程中会在它们经过的路径上进行信息素局部更新。在每轮所有的蚂蚁均完成汉密尔顿回路的构造后,这些回路中最短的一条就会被记录下来,并按照信息素全局更新规则增加这条路径上的信息素。此后算法反复迭代直至满足终止条件。图 11-28 是 ACS 求解旅行商问题的流程图,如遗传算法中有选择、交叉和变异三大基本算子一样,ACS 中有状态转移规则、信息素全局更新规则和信息素局部更新规则三大核心规则,接下来我们将一一介绍。

(1)状态转移规则

在 ACS 中,在伪随机比例规则的指导下位于某个城市 i 的某蚂蚁 k 会选择下一个城市节点 j。

ACS 中的伪随机比例规则(pseudorandom proportional):对于每只蚂蚁 k,路径记忆向量 R^k 按照访问顺序记录了所有 k 已经经过的城市序号。设蚂蚁 k 当前所在城市为 i,则下一个访问城市其中,

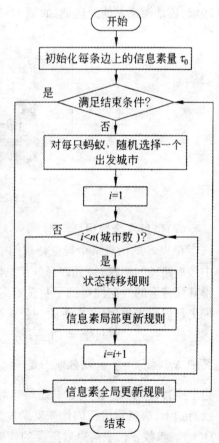

图 11-28　ACS 求解 TSP 的流程图

$$j = \begin{cases} \text{argmax}_{j \in J_k(i)} \left\{ \left[\tau(i,j), \eta(i,j) \right]^\beta \right\} & q \leqslant q_0 \\ S, & \text{其他} \end{cases} \qquad (11\text{-}36)$$

$J_k(i)$ 表示从城市 i 可以直接到达的且又不在蚂蚁访问过的城市序列 R^k 中的城市集合。$\eta(i, j)$ 是启发式信息，$\tau(i,j)$ 表示边 (i,j) 上的信息素量。β 是描述信息素浓度和路径长度信息相对重要性的控制参数。q_0 是一个 $[0,1]$ 区间内的参数，当产生的随机数 $q \leqslant q_0$ 时，蚂蚁直接选择使启发式信息与信息素量的 β 指数乘积最大的下一城市节点，这个过程被称为开发；反之，当产生的随机数 $q > q_0$ 时，ACS 将和各种 AS 算法一样使用轮盘赌选择策略，公式 (11-37) 是位于城市 i 的蚂蚁选择城市 k 作为下一个访问对象的概率，我们通常将 $q > q_0$ 时的算法执行方式称为偏向探索。

$$p_k(i,j) = \begin{cases} \dfrac{\left[\tau(i,j), \eta(i,j) \right]^\beta}{\sum\limits_{u \in J_k(i)} \left[\tau(i,j), \eta(i,j) \right]^\beta} & j \in J_k(i) \\ 0, & \text{其他} \end{cases} \qquad (11\text{-}37)$$

ACS 中一个很重要的控制参数被引入那就是 q_0，在 ACS 的状态转移规则中，蚂蚁选择当前最优移动方向的概率为 q_0，同时，蚂蚁以 $(1 - q_0)$ 的概率有偏向地搜索各条边。通过调整 q_0，"开发"与"探索"之间的平衡可以得到有效调节，以决定算法是集中开发最优路径附近的区域，还是探索其他的区域，如图 11-29 所示。

图 11-29　ACS 中的"开发"与"探索"

（2）信息素全局更新规则

在 ACS 的信息素全局更新规则中，只有至今最优蚂蚁（构建出了从算法开始到当前迭代中最短路径的蚂蚁）被允许释放信息素，这个策略与伪随机比例状态转移规则共同起作用，使得算法搜索的导向性得到了明显提高。在每轮的迭代中，所有蚂蚁均构建完路径后，信息素全局更新规则才被使用，由下面的公式给出：

$$\tau(i,j) = (1 - \rho) \cdot \tau(i,j) + \rho \cdot \Delta\tau_b(i,j), \quad \forall (i,j) \in T_b \qquad (11\text{-}38)$$

其中 $\Delta\tau_b(i,j) = \dfrac{1}{C_b}$。要强调的是，不论是信息素的蒸发还是释放，都只在属于至今最优路径的边上进行，这里与 AS 的区别还是非常明显的。因为 AS 算法将信息素的更新应用到了系统的所有边上，信息素更新的计算复杂度为 $O(n^2)$，而 ACS 算法的信息素更新计算复杂度降低为 $O(n)$。参数 ρ 代表信息素蒸发的速率，新增加的信息素 $\Delta\tau_b(i,j)$ 被乘上系数 ρ 后，更新后的信息素浓度被控制在旧信息素量与新释放的信息素量之间，MMAS 算法中对信息素量取值范围的限制实现了使用一种隐含的又更加简单的方式实现。

同样,我们需要考虑在 ACS 中使用迭代最优更新规则和至今最优更新规则对算法性能造成的影响。实验结果表明,在优化小规模的 TSP 实例时,迭代最优更新和至今最优更新两者得到的求解精度和收敛速度基本差不多;然而,随着城市数目的增多,使用至今最优更新规则的优势越来越大;当城市数目超过 100 时,相比较于使用迭代更优更新规则来说,使用至今最优更新规则的性能要更加优秀,这点类似于 MMAS。

（3）信息素局部更新规则

信息素局部更新规则的引入是 ACS 在 AS 的基础上进行的另一项重大改进。在路径构建过程中,对每一只蚂蚁,每当其经过一条边 (i,j) 时,它将立刻对这条边进行信息素的更新,更新所使用的公式如下:

$$\tau(i,j) = (1 - \xi) \cdot \tau(i,j) + \xi \cdot \tau_0 \tag{11-39}$$

其中,ξ 是信息素局部挥发速率,满足 $0 < \xi < 1$。τ_0 是信息素的初始值。通过相关实验不难得出,ξ 为 0.1,τ_0 取值为 $\dfrac{1}{(nC^{nn})}$ 时,算法对大多数实例有着非常好的性能。其中 n 为城市个数,C^{nn} 是由贪婪算法构造的路径的长度。

由于 $\tau_0 = \dfrac{1}{(nC^{nn})} \leqslant \tau(i,j)$,公式（11-39）所计算出来的更新后的信息素相比更新前减少了,也就是说,信息素局部更新规则作用于某条边上会使得这条边被其他蚂蚁选中的概率减少。这种机制使得算法的探索能力在很大程度上得到提高,后续蚂蚁倾向于探索未被使用过的边,有效地避免了算法进入停滞状态。

在前面对 AS 的介绍中我们曾提到过顺序构建和并行构建两种路径构建方式,对于 AS 算法,不同的路径构建方式不会影响算法的行为。但对于 ACS,由于信息素局部更新规则的引入,两种路径构建方式会造成算法行为的区别,通常我们选择让所有蚂蚁并行地工作,如图 11-30 所示。

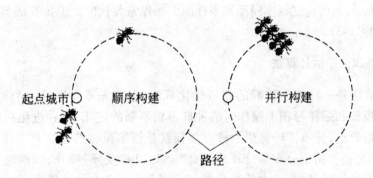

图 11-30　ACS 中的顺序构建与并行构建

有一点需要指出的是,ACS 的前身是 1995 年 Gambardella 和 Dorigo 提出的 Ant-Q 算法,ACS 与 Ant-Q 的区别仅在于 τ_0 的取值。在 ACS 中 $\tau_0 = \dfrac{1}{(nC^{nn})}$ 为常量,但在之前提出的 Ant-Q 算法中 τ_0 依据剩余可访问边中最高的信息素量定义。当人们发现把 τ_0 置为一个很小的常数值亦能达到相当的性能时，Ant-Q 被淘汰掉了。

11.6 分布估计算法

11.6.1 分布估计算法概述

分布估计算法（Estimation of Distribution Algorithms，EDA），又称为基于概率模型的遗传算法（Probabilistic Model Building Genetic Algorithms，PMBGA），是 20 世纪 90 年代初提出的一种新型的启发式算法。分布估计算法是建立于遗传算法（Genetic Algorithm，GA）之上的。在前面的章节中，我们已经学习了遗传算法的原理和发展历史。那么，分布估计算法的思想又是怎样在遗传算法的发展过程中产生的呢？

20 世纪 80 年代末，遗传算法在许多领域的应用都取得了空前的成功，但是对它的理论研究工作还相对要差一些，这局限了遗传算法的进一步推广。为了从理论上分析遗传算法的机理和收敛性，学者们提出了著名的模式定理和"积木块假设"。按照"积木块假设"的观点，遗传算法的演化过程是对种群染色体中的大量"积木块"进行选择和重组操作，通过组合出更多好的"积木块"来逐步搜索出全局最优解的过程。实践证明，遗传算法在求解"积木块"紧密相连的问题时表现出的性能还是比较让人满意的，但是在求解"积木块"松散分布的问题时性能却差强人意。这是因为算法中的交叉操作经常会破坏"积木块"，从而导致算法趋于局部收敛或者早熟。

为了解决遗传算法中"积木块"被破坏的问题，学者们提出了大量的改进方案。这些方案大致可以分为以下两类：一类是通过学习解的结构，发现"积木块"并避免"积木块"的破坏。这类改进的遗传算法称为连锁学习遗传算法（Linkage Learning Genetic Algorithm）。另一类则以一种带有"全局操控"性的操作模式替换掉遗传算法中对"积木块"具有破坏作用的遗传算子，这就是本章所要描述的分布估计算法。和遗传算法的算法结构相比，分布估计算法没有交叉算子和变异算子，是由建立概率模型和采样两大操作来替代的。遗传算法与分布估计算法的流程对比如图 11-31 所示。

11.6.2 基本分布估计算法

分布估计算法是一种基于种群的随机优化算法，它首先需要生成一个初始种群，然后通过建立概率模型和采样等相关操作时的种群得到不断的进化，这种进化持续到达到结束条件为止。可以看出，分布估计算法的核心步骤就是概率模型的建立和采样，也是 EDA 与 GA 的最大不同之处。由于分布估计算法没有"交叉"和"变异"操作，因而通常不用基因来描述个体所包含的信息，取而代之的是变量（Variables）。分布估计算法通过分析较优群体所包含的变量，构建符合这些变量分布的概率模型，然后基于该概率模型再产生新的种群。因为概率模型是由种群中优势群体建立起来的，所以基于该模型产生的新种群在整体质量上将优于原来的种群。由此推断，种群的整体质量的提高得益于多次迭代。分布估计算法就是按照这种形式将当前最优解一步一步地逼近全局最优解的。基本分布估计算法的伪代码如图 11-32 所示。

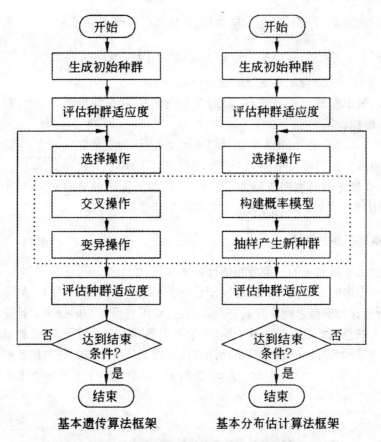

图 11-31　遗传算法与分布估计算法的流程对比

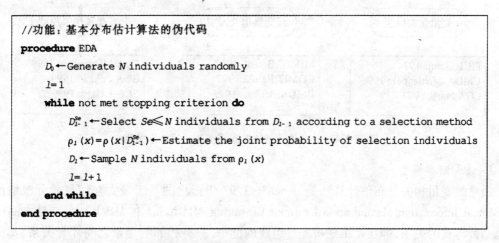

图 11-32　基本分布估计算法的伪代码

以 UMDA 为例,其算法执行步骤如下。

①随机产生 N 个个体来组成一个初始种群,并评估初始种群中所有个体的适应度。

②按适应度从高到低的顺序对种群进行排序,并从中选出最优的 Se 个个体($Se \leqslant N$)。

③分析所选出的 Se 个个体所包含的信息,估计其联合概率分布为

$$p(x) = p(x \mid D^{Se}) = \prod_{i=1}^{n} p(x_i) \qquad (11\text{-}40)$$

其中,n 为解的维数,$p(x_i)$ 为每维变量的边缘分布。

④从构建的概率模型 $p(x)$ 中采样,得到 N 个新样本,构成新种群。此时,若达到算法终止条件则结束,否则执行第②。

从式(11-40)可以看出,UMDA 在估计概率模型时,认为变量之间是没有任何关系的。我们可以用图 11-33 来形象描述 UMDA 所构建的概率模型中,变量之间的逻辑依赖关系。其实,早期所提出的分布估计算法如 PBIL 和 CGA 等都采用变量无关的概率模型。

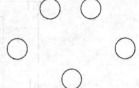

图 11-33   变量相互无关的概率图模型

11.6.3   概率模型的改进

前面已经介绍了最简单的一类分布估计算法,即变量无关分布估计算法。早期所提出的分布估计算法都属于这一类,如 PBIL、UMDA 和 CGA 等。由于在实际应用中,问题所包含的变量之间常常具有关联关系,采用变量无关的分布估计算法求解这类问题无法得到令人满意的效果。针对这个问题,学者们展开了深入的研究,并相继提出了一系列用于求解具有变量相关性的问题的分布估计算法。根据这些改进的分布估计算法对变量关联性捕捉能力的差异,可以将它们分为三大类,如图 11-34 所示。下面简要介绍其中几个比较经典的概率模型。

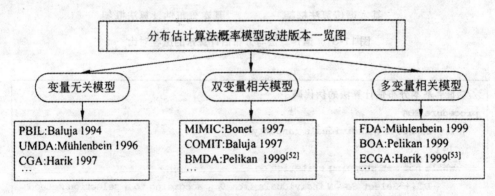

图 11-34   分布估计算法概率模型改进版本示意图

1. 链式概率模型

最早的变量相关分布估计算法是 Bonet 于 1997 年提出的基于最大互信息的分布估计算法(Mutual Information Maximization for Input Clustering, MIMIC)。在 MIMIC 中,变量之间的关系是一种链式的关系,即在 n 维随机变量组成的链中,只有相邻的变量之间才有关系,其概率结构如图 11-35 所示。

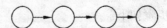

图 11-35   变量之间链式依赖关系的概率图模型

通常情况下,为了求出分布估计算法的概率模型,我们先要研究个体中变量集合的联合分布。给定一个变量集合 $X = \{x_1, x_2, \cdots, x_n\}$,它的联合分布概率密度函数可由公式(11-41)表示:

$$p(X) = p(X_1 \mid X_2 \cdots X_n) p(X_2 \mid X_3 \cdots X_n) \cdots p(X_{n-1} \mid X_n) p(X_n) \tag{11-41}$$

由于存在链式关系,可以根据样本信息求得两个变量之间的条件概率 $p(X_i \mid X_j)$。MIMIC 的目标即是找到 X 的一种最优排序 $\pi = \{x_{i_1}, x_{i_2}, \cdots, x_{i_n}\}$,使得根据这种排序所求得的 $\hat{p}_\pi(X)$ 与 $P(X)$ 尽可能保持一致,其中 $\hat{p}_\pi(X)$ 为

$$\hat{p}_\pi(X) = p(X_{i_1} \mid X_{i_2}) p(X_{i_2} \mid X_{i_3}) \cdots p(X_{i_{n-1}} \mid X_{i_n}) p(X_{i_n}) \tag{11-42}$$

两个分布之间的距离可通过 Kullback-Liebler divergence 概念的引入来衡量,其定义为:

$$D(p \| \hat{p}_\pi) = -h(p) + h(X_{i_1} \mid X_{i_2}) + \cdots + h(X_{i_{n-1}} \mid X_{i_n}) + h(X_{i_n}) \tag{11-43}$$

其中,$h(X) = -\sum_x p(X = x) \log p(X = x)$,$h(X \mid Y) = -\sum_y h(X \mid Y = y) p(Y = y)$,$h(X \mid Y) = -\sum_y p(X = x \mid Y = y) \log p(X = x \mid Y = y)$。只有在两个分布相同的情况下,$D(p \| \hat{p}_\pi)$ 的值才为 0。但是,如果通过枚举的方法搜索一种最优的排列 π 是使 $D(p \| \hat{p}_\pi)$ 的值最小,需要 $O(n!)$ 的计算量。为了减少计算量,MIMIC 引入了一种贪心算法来求最优排列,其流程如下。

①计算所有 $\hat{h}(X_j)$,将值最小的变量标号为 i_n,即 $i_n = \text{argmin}_j \hat{h}(X_j)$;令 $k = n - 1$。

②对所有 $j(j \neq i_{k+1} \cdots i_n)$ 计算 $\hat{h}(X_j \mid X_{i_{k+1}})$ 并将值最小的变量标号为 i_k,即

$$i_k = \text{argmin}_j \hat{h}(X_j \mid X_{i_{k+1}}), j \neq i_{k+1} \cdots i_n; \text{令} k = k - 1 \tag{11-44}$$

③若 $k = 0$ 则结束,否则执行②步。

当概率分布被确定好后,MIMIC 按如下流程从链尾到链首依次产生一个新样本。

①根据概率密度 $\hat{p}(X_{i_n})$,产生 X_{i_n}。

②对所有 $k = n - 1, n - 2, \cdots 2, 1$,根据 $\hat{p}(X_{i_k} \mid X_{i_{k+1}})$ 产生 X_{i_k}。

2. 树状概率模型

COMIT(Combining Optimizers with Mutual Information Trees)是 Baluja 于 1997 年提出的另一种变量相关分布估计算法。COMIT 与 MIMIC 都是解决双变量相关的分布估计算法,但与 MIMIC 不同的是,COMIT 采用一种树状结构来描述变量之间的关系,如图 11-36 所示。

COMIT 在概率模型的构造过程中采用的是机器学习领域中 Chou 和 Liu 提出的方法,并根据 MIMIC 的取样方式从概率模型中产生新样本。COMIT 构建概率模型和采样的流程由以下四步组成:

①定义数组 A,$A[X_i = a, X_j = b]$ 记录所有变量对 X_i 和 X_j,$X_i = a$ 和 $X_j = b$ 出现的次数。首先将 $A[X_i = a, X_j = b]$ 初始化为一个小常量,然后采用增量学习手法不断对其进行更新,使得最新出现的权重越大,即更新数组 A 时,首先所有值乘一个挥发因子

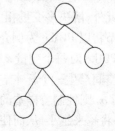

图 11-36　变量之间树状依赖关系的概率图模型

α，然后每出现一个 $X_i = a, X_j = b$，则 $A[X_i = a, X_j = b]$ 的值增加 1.0。

②根据 $A[X_i = a, X_j = b]$ 计算变量 X_i 和 X_j 之间的关联性。关联系数定义为

$$I(X_i, X_j) = \sum_{A,B} P(X_i = a, X_j = b) \log \frac{P(X_i = a, X_j = b)}{P(X_i = a) P(X_j = b)} \tag{11-45}$$

③根据关联系数信息，构建关联树。其构建过程可分为以下 3 个步骤：

- 随机选择一个结点 v_0 作为根，令 S 为已处理节点集合，则有 $S = \{v_0\}$。
- 从 $\bar{S}$ 中选择与 S 中的节点关联系数最大的节点 v_k 加入 $S, S = S \cup \{v_k\}$。
- 若 $\bar{S} \neq \phi$ 转②，否则结束。

④深度优先遍历关联树，产生新样本。

3. 贝叶斯网络概率模型

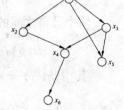

贝叶斯网络是描述变量之间概率依赖关系的数学模型，其拓扑结构是一个有向无环图（DAG），如图 11-37 所示，其中每个节点代表一个变量，变量之间的概率依赖关系是由每条边表示的。

图 11-37 贝叶斯网络拓扑结构图

贝叶斯网络提供了一种把联合概率分布分解为局部概率分布的方法。假设 $X = \{X_1, X_2, \cdots, X_n\}$ 为随机变量集，$x = \{x_1, x_2, \cdots, x_n\}$ 表示变量的集合，则基于贝叶斯网络的联合概率为：

$$P(x) = P(x_n \mid x_{n-1}, \cdots, x_1) \cdot P(x_{n-1} \mid x_{n-2}, \cdots, x_1) \cdot \cdots \cdot P(x_1 \mid x_2) \cdot P(x_1) \tag{11-46}$$

因此根据图 11-38 所示的贝叶斯网络，可求得 $P(x)$ 为

$$P(x_1, x_2, x_3, x_4, x_5, x_6)$$
$$= P(x_6 \mid x_4) \cdot P(x_4 \mid x_2, x_3) \cdot P(x_5 \mid x_1, x_3) \cdot P(x_2 \mid x_1) \cdot P(x_3 \mid x_1) \cdot P(x_1)$$

由于变量之间的复杂依赖关系可以通过贝叶斯网络很好地描述出来，Pelikan 等人于 1999 年提出基于叶斯网络模型的分布估计算法（The Bayesian Optimization Algorithm，BOA）[M]。BOA 采用贝叶斯网络概率模型，采样时根据贝叶斯网络拓扑结构图从父节点到子节点依次采样生成样本。其中，络结构的学习和参数的学习两个过程共同组成了构建贝叶斯网络模型的过程。Pelikan 等人的研究表明，BOA 在求解复杂优化问题时取得了很好的效果，其算法流程伪代码如图 11-38 所示。

4. 高斯概率模型

高斯分布又称为正态分布，通常记为 $N(\mu, \sigma^2)$，其中 μ 为分布的均值，σ 为分布的方差，其函数图像如图 11-39 所示。高斯概率模型是实数编码分布估计算法的经典概率模型。PBIL 和 UMDA 对应的实数编码分布估计算法 PBILc 和 UMDAc 所采用的概率模型都是高斯概率模型。此外，解决多变量相关的实数编码分布估计算法常采用的概率模型也是多元高斯模型。本小节将以 PBILc 为例介绍高斯概率模型解决连续空间的优化问题的流程。

PBILc 对每个变量 x_j 定义一个一元高斯分布 $N(\mu, \sigma_j^2)$，然后根据每个 $N(\mu, \sigma_j^2)$ 在整个定义域空间产生一个样本。μ_j 和 σ_j 的确立共同组成了构建概率模型的过程，μ_j 约束了样本的中心，而 σ_j 则控制着样本的多样性。随着种群的进化，μ_j 将逐渐逼近全局的最优解所在的位置，而 σ_j 将越来越小，从而使种群聚拢到全局最优解附近。具体地说，PBILc 的求解过程由如下四步组成。

①随机产生初始种群并计算种群中所有个体的适应度，同时根据公式（11-47）初始化概率

```
//功能：BOA 伪代码
procedure BOA
    D₀ ← Generate N individuals randomly
    l = 1
    while not met stopping criterion do
        Se(l) ← select Se⩽N individuals from Dₗ₋₁ according to a selection method
        Construct the network B using a chosen metric and constraints
        Generate a set of new individual T(l) according to the joint distribution
        encoded by B
        Create a new population Dₗ by replacing some individuals from Dₗ₋₁ with O(l)
        l = l + 1
    end while
end procedure
```

图 11-38　BOA 算法流程伪代码

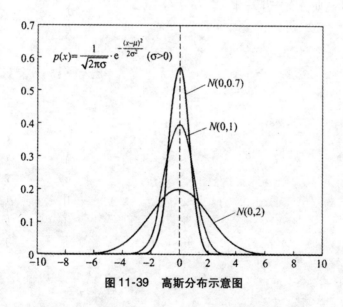

图 11-39　高斯分布示意图

模型。

$$
\begin{cases}
\mu_i = \dfrac{\sum\limits_{i=0}^{N-1} V[i][j]}{N} \\[4mm]
\sigma_j = \sqrt{\dfrac{\sum\limits_{i=0}^{N-1} (V[i][j] - \mu_j)^2}{N}}
\end{cases}
\tag{11-47}
$$

其中 $V[i][j]$ 为种群中个体 i 的变量 x_j 的值，N 为种群的规模。

　　②采用线性学习方式更新高斯分布的均值。设在第 t 代时，x_j 对应的高斯分布的均值为 μ_j^t，则有

$$\mu_j^{t+1} = (1 - \alpha) \cdot \mu_j^t + \alpha \cdot (x_j^{best,1} + x_j^{best,2} - x_j^{worst}) \tag{11-48}$$

其中 α 为学习因子，$x^{best,1}$、$x^{best,2}$ 和 x_j^{worst} 和种群中最优个体、次优个体和最差个体所对应的 x_j 值保持一一对应关系。

③采用线性学习方式更新高斯分布的方差。设在第 t 代时，x_j 对应的高斯分布的方差 σ_j^t，则有：

$$\sigma_j^{t+1} = (1 - \alpha) \cdot \sigma_j^t + \alpha \cdot \sqrt{\frac{\left(\sum_{k=0}^{K-1} (x_{jk} - \bar{x})\right)}{K}} \tag{11-49}$$

其中 x_{jk} 为种群按适应度从大到小排名第 $(k-1)$ 的个体 x_j 值，$\bar{x}$ 为选出的 K 个较优种群的 x_{jk} 的均值，即：

$$\bar{x} = \frac{\left(\sum_{k=0}^{K-1} x_{jk}\right)}{K} \tag{11-50}$$

④根据更新的高斯分布产生样本。

参 考 文 献

[1] 王秋芬等．算法设计与分析．北京:清华大学出版社,2011.

[2] 吕国英．算法设计与分析．第 2 版．北京:清华大学出版社,2009.

[3] T. H. Cormen. Introduction of Algorithms. 北京:机械工业出版社,2006.

[4] (美)克林伯格(Kleinberg, J.),(美)塔多斯(Tardos, E.)著;张立昂,屈婉玲译．算法设计．北京:清华大学出版社,2007.

[5] 屈婉玲．算法设计与分析．北京:清华大学出版社,2011.

[6] (美)莱维丁(Levitin, A.)著;潘彦译．算法设计与分析基础．第 2 版．北京:清华大学出版社,2007.

[7] 王晓东．计算机算法设计与分析．第 4 版．北京:电子工业出版社,2012.

[8] 谭浩强．C 程序设计．第 4 版．北京:清华大学出版社,2010.

[9] 朱青．计算机算法与程序设计．北京:清华大学出版社,2009.

[10] 冯俊．算法与程序设计基础教程．北京:清华大学出版社,2010.

[11] 王红梅．算法设计与分析．北京:清华大学出版社,2006.

[12] 陈朔鹰,陈英．C 语言趣味程序百例精解．北京:北京理工大学出版社,1994.

[13] 谭成予．C 程序设计导论．武汉:武汉大学出版社,2005.

[14] 王俊省等．Turbo C 语言程序设计 400 例．北京:电子工业出版社,1991.

[15] 杨克昌．计算机程序设计经典题解．北京:清华大学出版社,2007.

[16] 杨克昌,刘志辉．趣味 C 程序设计集锦．北京:中国水利水电出版社,2010.

[17] 王岳斌等．C 程序设计案例教程．北京:清华大学出版社,2006.

[18] 陈维兴,林小茶．C ++ 面向对象程序设计．北京:中国铁道出版社,2004.

[19] 霍红卫．算法设计与分析．西安:西安电子科技大学出版社,2005.

[20] 郑宗汉,郑晓明．算法设计与分析．北京:清华大学出版社,2005.

[21] 张军,詹志辉．计算智能．北京:清华大学出版社,2009.

[22] 梁田贵,张鹏．算法设计与分析．北京:冶金工业出版社,2004.

[23] 刘任任．算法设计与分析．武汉:武汉理工大学出版社,2003.

[24] 苏德富,钟诚．计算机算法设计与分析．北京:电子工业出版社,2001.

[25] 周培德．计算几何:算法设计与分析.第 3 版．北京:清华大学出版社,2008.

[26] 王建德,吴永辉．新编实用算法分析与程序设计．北京:人民邮电出版社,2008.

[27] 朱大铭,马绍汉．算法设计与分析．北京:高等教育出版社,2009.

[28] 郑莉,董渊．C ++ 语言程序设计．北京:清华大学出版社,2001.

[29] 卢开澄．计算机密码学.第 2 版．北京:清华大学出版社,1998.

[30] 王文霞．有向图的同构判定算法:出入度序列法[J].山西大同大学学报(自然科学版),2014,30(02):10 – 13..

[31]王文霞. LAOV 网络及其拓扑排序算法[J]. 廊坊师范学院学报(自然科学版),2014,14 (02):31-33.

[32]王文霞,王春红. 基于无向图转有向图的同构判别[J]. 山西师范大学学报(自然科学版),2014,28(02):9-13..

[33]王春红,王文霞. 快速排序算法的分析与研究[J]. 现代电子技术,2014,36(20):54-56.

[34]李萍,王春红,王文霞,任姚鹏. 最小生成树算法在旅行商问题中的应用[J]. 电脑开发与应用,2012,(1):66-67.

[35]王文霞,贺玉珍. 案例模拟教学法在"写者优先"问题中的应用[J]. 运城学院学报,2011,29(5):110-112.

[36]贺玉珍,王文霞. 操作系统中进程同步实现方法探讨[J]. 计算机时代,2011,(9):57-58.